Spring Security实战

[罗] 劳伦斯·斯皮尔卡(Laurenţiu Spilcă)　著

蒲　成　　　　　　　　　　译

清华大学出版社

北　京

北京市版权局著作权合同登记号 图字：01-2021-6182

Laurenţiu Spilcă
Spring Sccurity in Action
EISBN: 978-1-61729-773-1
Original English language edition published by Manning Publications, USA © 2020 by Manning
Publications. Simplified Chinese-language edition copyright © 2022 by Tsinghua University Press
Limited. All rights reserved.

图书在版编目(CIP)数据

Spring Security实战 / (罗)劳伦斯·斯皮尔卡著；蒲成译. 一北京：清华大学出版社，2021.12
（2022.11重印）
　　书名原文：Spring Security in Action
　　ISBN 978-7-302-59424-6

Ⅰ. ①S⋯　Ⅱ. ①劳⋯ ②蒲⋯　Ⅲ. ①JAVA 语言－程序设计　Ⅳ. ①TP312.8

中国版本图书馆 CIP 数据核字(2021)第 218640 号

责任编辑：王　军
装帧设计：孔祥峰
责任校对：成凤进
责任印制：朱雨萌

出版发行：清华大学出版社
　　　　　网　　　址：http://www.tup.com.cn，http://www.wqbook.com
　　　　　地　　　址：北京清华大学学研大厦 A 座　　　　邮　　编：100084
　　　　　社 总 机：010-83470000　　　　　　　　　　邮　　购：010-62786544
　　　　　投稿与读者服务：010-62776969，c-service@tup.tsinghua.edu.cn
　　　　　质 量 反 馈：010-62772015，zhiliang@tup.tsinghua.edu.cn
印 装 者：涿州市京南印刷厂
经　　销：全国新华书店
开　　本：170mm×240mm　　　印　　张：36.75　　　字　　数：740 千字
版　　次：2022 年 1 月第 1 版　　　印　　次：2022 年 11 月第 2 次印刷
定　　价：139.00 元

产品编号：090903-01

译 者 序

如今，人类社会已经全面迈进信息化时代。我们已经习惯于将工作、学习、娱乐、购物、社交等活动融入各种各样的 Web、移动端应用程序中。也正因如此，沉淀到各种公有云、私有云以及私有服务器上的数据呈指数级增长，而在这些数据为我们的生活带来便利的同时，我们也不禁会担心，与我们自身相关的数据是处于安全保护之下吗？它们会不会被泄露出去？这也是各类公司或组织中的技术团队所关心的问题，并且随着各国政府隐私数据的保护越来越重视，数据安全问题也应该成为这些技术团队必须放在首位的系统非功能特性。

目前，以应用最为广泛的开发语言 Java 和开发框架 Spring 所开发的应用程序可以说已经随处可见。那么，这些应用程序是基于什么原理实现，又如何保障其安全性的呢？

本书是一本关于 Spring Security 的应用指南，主要讲解了 Spring Security 的基础知识点、核心概念，以及围绕身份验证和授权过程的关键处理流程。书中采取了循序渐进、示例辅助的编写方式，以期让读者能够轻松入门并且随着对本书的深入阅读而能稳步得到技能提升，同时也逐渐加深对于 Spring Security 和身份验证以及授权过程的理解。相信在通读并深刻理解本书的内容之后，读者就能够熟练运用 Spring Security 对应用程序的各层进行安全配置。本书提供了许多应用示例，并且根据内容结构的编排还提供了 3 个动手实践的练习章节，这样，读者就能通过每一章的知识内容并且结合实践练习来巩固所学知识。

本书面向使用 Spring 框架构建企业级应用程序的开发人员。每个开发人员都应该从设计阶段就开始考虑应用程序的安全性问题。本书将讲解如何使用 Spring Security 配置应用程序级别的安全保障。使用 Spring 开发应用程序，开发人员必须了解如何正确地使用 Spring Security，以及如何在应用程序中应用安全配置。这是非常重要的，如果没有经过体系化的学习和实践就盲目地借助网络资源应用 Spring Security，那么所实现的安全配置势必有所缺失，从而造成应用程序存在漏洞或造成数据泄露的严重问题。有鉴于此，建议从事 Spring 应用程序开发的人员阅读本书并充分理解其中的内容。

在此要特别感谢清华大学出版社的编辑们，在本书的翻译过程中他们提供了颇有助益的帮助，没有其热情付出，本书将难以顺利付梓。

由于译者水平有限，书中难免会出现一些错误或翻译不准确的地方，如果读者能够指出并勘正，译者将不胜感激。

译者

序

安全性曾经是大多数人认为可以放心忽略的系统特性之一：除非是为美国中央情报局、军队、执法部门或谷歌工作才需要它，否则它也并非人们最关心的问题。毕竟，使用系统的大多数人可能都来自组织内部。但为什么有人要攻击我们的系统，而不是攻击一个更有意思的系统呢？

时代已经变了！随着破坏性的、代价高昂的、令人尴尬的安全事故的清单不断增加，随着越来越多的个人数据被泄露，随着越来越多的公司遭受勒索软件的攻击，很明显，安全性现在是每个人都要面对的问题。

我已经花了数年时间试图弥合软件开发和软件安全这两者的社区之间的历史隔阂，所以当发现我的同事 Laurenţiu Spilcă 正在计划写一本关于 Spring Security 的图书时，我真是喜出望外。我如此高兴的原因在于，作为我在 Endava 的同事，我知道 Laurenţiu 是一个非常称职的软件工程师和 Spring Security 专家。但更重要的是，他可以真正有效地交流复杂的主题，这一点可以由其在 Java 社区和其他领域的教育工作来清楚地证明。

在本书中，Laurenţiu 总结了一些关键的软件安全基础，尤其是当它应用于 Java Web 应用程序时，然后讲解了如何使用 Spring Security，以应对应用程序可能面临的许多安全威胁。

本书内容是为读者精心准备的。Laurenţiu 的方法切实可行，但他总是会确保读者能够理解概念以及语法，所以一旦阅读完本书，读者就会知道如何自信且正确地将本书中的信息应用到应用程序中。使用 Spring Security 并不能解决应用程序中的所有安全问题，但是遵循本书中的建议将能极大地提高应用程序的安全性。

总之，本书的出版非常适时，书中的内容很实用且结构清晰。我自然也打算在我的书架上放上一本。建议所有关心应用程序安全性的 Java 开发人员都购买一本作为参考书。

Eoin Woods

Endava 首席技术官

作 者 简 介

Laurenţiu Spilcă 是 Endava 极为敬业的一位领导和培训师，在 Endava，他领导着一个为北欧国家的金融市场所开发的项目。此前，他是一名软件开发人员，构建了全球广泛安装应用的最大型的企业资源规划解决方案之一。

Laurenţiu 坚信，重要的不仅仅是交付高质量的软件，分享知识，帮助他人学习和提高技能也是很重要的。这促使他设计和讲授与 Java 技术相关的课程，并且在美国和欧洲各地进行演讲以及参与研讨会。他的演讲活动包括 Voxxed Days、TechFlow、Bucharest Technology Week、JavaSkop、Oracle Code Explore、O'Reilly Software Architecture 和 Oracle Code One。

致　谢

　　如果没有许多聪慧、专业和友好的人在编著过程中帮助我，本书是不可能顺利完成的。首先，我想对我的未婚妻 Daniela 表示感谢，她一直在我身边，给了我很多宝贵的意见，并且不断地支持和鼓励我。我还想向 Adrian Buturugă 和 Eoin Woods 表达我的感激之情以及特别的致谢，他们为我提供了宝贵的建议：从本书的首个目录的内容和预案开始他们就一直给我提供帮助。特别感谢 Eoin 花时间为本书作序。

　　感谢整个 Manning 团队，他们的巨大帮助使本书成为一项宝贵的资源。我特别要感谢 Marina Michaels、Nick Watts 和 Jean François Morin 对我的极力支持和专业付出。他们的建议对本书而言很有价值。还要感谢项目编辑 Deirdre Hiam；文字编辑 Frances Buran；校对员 Katie Tennant 以及评审编辑 Mihaela Batinić。非常感谢他们。他们很棒，是真正的专业人士！

　　我想感谢我的朋友 Ioana Göz 为本书绘制图片。她的工作很出色，把我的想法变成了漫画，读者可以看到这些穿插于整本书中的画作。还要感谢每一个审阅过我的原稿并提供有用反馈的人，他们帮助我改进了本书的内容。这里要特别感谢 Manning 出版社的编辑们，他们是我的朋友并且为我提供了很多有用的建议：Diana Maftei、Adrian Buturugă、Raluca Diaconu、Paul Oros、Ovidiu Tudor、Roxana Stoica、Georgiana Dudanu、Marius Scarlat、Roxana Sandu、Laurenţiu Vasile、Costin Badea、Andreea Tudose 和 Maria Chiţu。

　　最后同样重要的是，我要感谢在此期间一直鼓励我的 Endava 的所有同事和朋友。他们的想法和关怀对我而言意义深远。

前　　言

　　自 2008 年以来，我一直担任软件开发工程师和软件开发培训师。可以这么说，虽然我同时喜欢这两个角色，但我还是倾向于成为一个培训师/老师。对我而言，分享知识和帮助他人提高技能一直是我放在首要位置的事情。但我坚信，在这个领域，不能非此即彼。在某种程度上，任何软件开发人员都必须扮演培训师或指导者的角色，如果不首先对如何在真实场景中应用所讲授的内容有一个透彻的理解，就不能胜任软件开发领域的培训师。

　　随着经验的积累，我逐渐理解了非功能性软件需求的重要性，比如安全性、可维护性、性能等。甚至可以说，我花费在学习非功能性方面的时间比我学习新技术和框架上的时间还多。实际上，发现和解决功能性问题通常比解决非功能性问题要容易得多。这可能就是我遇到的许多开发人员害怕处理混乱的代码、内存相关问题、多线程设计问题，当然还有安全漏洞的原因所在。

　　当然，安全性是最关键的非功能性软件特性之一。而 Spring Security 是当今应用程序中最广泛使用的安全框架之一。这是因为 Spring Framework——Spring 生态系统——被认为是 Java 和 JVM 领域中用于开发企业应用程序的技术的领导者。

　　但我特别关注的是，人们在学习正确使用 Spring Security 保护应用程序免受常见漏洞侵害时所面临的困难。人们总是可以在网上找到关于 Spring Security 的所有详细信息。但是，要将它们按照正确的顺序组合在一起以便只需花费最少的精力就可以使用该框架，还需要花费大量的时间和积累大量的经验。此外，不完整的知识可能会导致人们创建出难以维护和开发的解决方案，甚至可能暴露安全漏洞。很多时候，从事应用程序开发的团队都会向我咨询，发现 Spring Security 使用不当。而且，在许多情况下，其主要原因是对如何使用 Spring Security 缺乏透彻的理解。

　　正因为如此，我决定写一本书来帮助 Spring 开发人员理解如何正确使用 Spring Security。本书应该成为一项资源，帮助那些不了解 Spring Security 的人逐渐理解它。归根结蒂，我希望本书能给读者带来巨大的价值，让他们节省学习 Spring Security 的时间，以及避免在应用程序中引入所有可能的安全漏洞。

关 于 本 书

本书读者对象

本书面向使用 Spring 框架构建企业应用程序的开发人员。每个开发人员都应该在开发过程的最初阶段就考虑应用程序的安全性问题。本书将讲解如何使用 Spring Security 配置应用程序级别的安全性。在我看来，了解如何正确地使用 Spring Security 和在应用程序中应用安全性配置是任何开发人员都必须清楚的。这非常重要，我们不应该在不了解这些方面的内容的情况下承担实现应用程序的职责。

编著本书是为了给没有 Spring Security 经验的开发人员提供参考。读者应该已经知道如何使用 Spring 框架的一些基本能力，例如：

- 使用 Spring 上下文
- 实现 REST 端点
- 使用数据源

第 19 章将讨论如何为反应式应用程序应用安全配置。对于这一章，我还认为读者首先应该理解反应式应用程序以及如何使用 Spring 开发它们。整本书都会向读者推荐可以用作复习回顾或者学习需要知道的主题的资源，以便让读者对正在讨论的内容能够正确理解。

本书的示例都是用 Java 编写的。如果你是使用 Spring 框架的开发人员，那么我希望你也理解 Java。虽然在工作中确实可以使用其他语言，例如 Kotlin，但你可能更熟悉 Java。出于这个原因，这里选择使用 Java 编写本书的示例。如果你觉得有需要，那么所有这些示例也都可以很容易地用 Kotlin 重写。

本书内容结构：阅读路径

本书分为两部分，共 20 章。本书的第 I 部分包含前两章，这两章将从总体上讨论安全性，并将介绍如何创建一个使用 Spring Security 的简单项目。

- 第 1 章讨论软件应用程序中安全性的重要性，以及应该如何看待安全性和漏洞，其中将讲解如何使用 Spring Security 避免将这些漏洞引入应用程序中。这一章为本书的其余部分做了准备，其中将在应用的示例中使用 Spring Security。
- 第 2 章介绍如何使用 Spring Security 创建一个简单的 Spring Boot 项目，讨论了 Spring Security 身份验证和权限架构及其组件。首先介绍简单的示例，然后在本书中逐步学习如何对这些组件进行详细的自定义。

本书的第 II 部分共包含 18 章，逐步引导你了解在应用程序中使用 Spring Security 所需的所有实现细节。

- 第 3 章讲解如何使用与用户管理相关的 Spring Security 组件。你将学习如何使用 Spring Security 提供的接口描述用户，以及如何实现使应用程序能够加载和管理用户详细信息的功能。
- 第 4 章讲解如何使用 Spring Security 管理用户密码。其中将讨论加密、哈希化以及与密码验证相关的 Spring Security 组件。密码是敏感的详细信息，在大多数安全实现中扮演着重要的角色。知道如何管理密码是一项很有价值的技能，这一章将对其进行详细分析。
- 第 5 章讲解如何使用 Spring Security 组件自定义应用程序的身份验证逻辑。第 2 章介绍了 Spring Boot 为身份验证逻辑提供的默认实现之后，这一章将进一步讲解，对于现实场景中的特定需求，需要定义自定义的身份验证逻辑。
- 在第 6 章也就是本书的第一个动手实践练习中，将创建一个小型的、安全的 Web 应用程序。该章汇集了第 2~5 章讲解的所有内容，并且介绍了如何将其中涉及的组成部分组装成一个完全可以有效工作的应用程序。这个应用程序是一个更复杂的应用程序，它展示了如何将前面几章介绍过的各个自定义组件组装成一个可有效运行的应用程序。
- 第 7 章首先讨论授权配置，并讲解如何配置授权约束。作为几乎所有应用程序的一部分，我们需要确保只能通过已授权的调用执行操作。在第 2~6 章讲解了如何管理身份验证之后，这一章将为经过身份验证的用户配置是否具有执行某些操作的权限。这一章将介绍如何拒绝或允许对请求的访问。
- 第 8 章继续讨论授权，其中将讲解如何为特定的 HTTP 请求应用授权约束。在之前的第 7 章中，只提及了如何根据环境需要允许或拒绝请求。而这一章将介绍如何根据路径或 HTTP 方法为特定的请求应用不同的授权配置。
- 第 9 章讨论自定义过滤器链。其中将介绍过滤器链表示一个职责链，该职责链会拦截 HTTP 请求以便应用身份验证和授权配置。

- 第 10 章首先讨论跨站请求伪造防护的工作原理，并介绍如何使用 Spring Security 对其进行自定义。然后讨论跨源资源共享，其中讲解了如何配置更宽松的 CORS 策略以及应该在何时这样做。

- 第 11 章介绍了第二个动手实践练习，其中研究了一个实现自定义身份验证和授权的应用程序。在该练习中将应用本书已经讲解的知识，但还将介绍令牌是什么以及它们在授权中的用途。

- 第 12 章开始介入一个更复杂的主题，OAuth 2。这个主题将贯穿第 12~15 章。这一章将介绍 OAuth 2 是什么，其中将讨论客户端如何获取访问令牌以便调用后端应用程序所暴露端点的流程。

- 第 13 章介绍如何使用 Spring Security 构建一个自定义的 OAuth 2 授权服务器。

- 第 14 章介绍如何使用 Spring Security 在 OAuth 2 系统中构建资源服务器，以及资源服务器验证授权服务器所颁发的令牌的方法。

- 第 15 章以系统如何使用 JSON Web Token 进行授权来总结 OAuth 2 主题。

- 第 16 章讨论如何在方法级别应用授权配置。

- 第 17 章延续第 16 章的讨论，其中将介绍如何应用授权配置过滤表示方法输入和输出的值。

- 第 18 章讲解第三个动手实践练习，其中会将第 12~17 章讲解的知识应用到一个示例中。此外，还将讲解如何在 OAuth 2 系统中使用第三方工具 Keycloak 作为授权服务器。

- 第 19 章介绍如何为使用 Spring 框架开发的反应式应用程序应用安全性配置。

- 第 20 章是本书的结束章节，其中将介绍如何为安全性配置编写集成测试。

本书从第 1 章到最后一章内容的编排顺序是为了方便你阅读理解。在大多数情况下，要理解某个章节的讨论，都需要理解前面所讨论的主题。例如，如果没有理解第 2 章讨论的对于 Spring Security 主体架构的概述，那么阅读第 3 章讨论用户管理组件的自定义方面的内容就没有意义。你将发现，在首先理解如何检索用户详细信息之前，阅读密码管理方面的内容是比较困难的。按照本书顺序阅读第 1~10 章的内容会给你带来莫大的好处，特别是在你对 Spring Security 没有或只有很少经验的情况下。下图展示了阅读本书的路径。

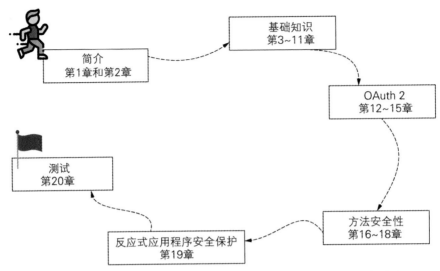

《Spring Security 实战》一书的完整路径。如果你是 Spring Security 的初学者，
那么最好按顺序阅读所有章节

　　如果你已经对 Spring Security 组件的工作原理有了一些了解，但只对使用 Spring Security 实现 OAuth 2 系统感兴趣，则可以直接阅读第 12 章，并一直阅读到第 15 章以了解 OAuth 2 方面的内容。但是请记住，第 1~11 章讨论的基础知识是非常重要的。经常会有仅了解基础知识的人试图理解更复杂的内容。不要落入这个陷阱。例如，我最近与想使用 JWT 的人进行了交流，他们并不知道基本的 Spring Security 架构是如何工作的。这种方式通常起不到任何作用，并且会导致挫败感。如果还不熟悉基础知识，并且想要学习 OAuth 2 应用程序，那么请从本书的开头开始阅读，而不要直接阅读第 15 章。

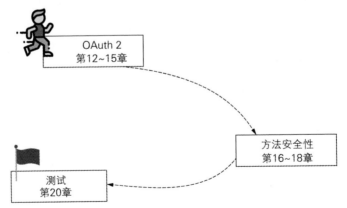

如果已经熟悉了基础知识，并且只对某个特定的主题感兴趣(如 OAuth 2)，
则可以跳到自己感兴趣的主题的那个起始章节

如果你对 OAuth 2 不感兴趣，也可以选择在第 11 章之后直接阅读第 16 章和第 17 章。在这种情况下，可以完全跳过 OAuth 2 部分。关于 OAuth 2 的那几章是需要按照顺序阅读的，即第 12~15 章要按顺序阅读。在读完 OAuth 部分以及第 16 章和第 17 章之后，阅读第 18 章这一最后的动手实践章节也是很有意义的。

你可以自行决定是否阅读第 19 章，它与反应式应用程序安全保护有关。这一章只与反应式应用程序相关，所以如果不感兴趣，可以跳过它。

在最后一章即第 20 章中，将讲解如何为安全性配置自定义集成测试。其中使用的示例在整本书中都阐释过，你需要理解前面所有章节中讨论过的概念。不过，本书把第 20 章分成了多个小节。每一节都与书中讨论过的主要概念直接相关。因此，如果需要学习如何编写集成测试，但又不关心反应式应用程序，那么仍然可以轻松地阅读第 20 章并跳过有关反应式应用程序的小节。

关于代码

本书提供了 70 多个项目，这些项目分布于第 2~19 章的内容中。在处理某个示例时，其中会提到实现该示例的项目的名称。建议你可以尝试从头开始结合书中的阐释编写自己的示例，然后只使用本书提供的项目对比自己的解决方案和本书的解决方案。这种方法可以帮助你更好地理解正在学习的安全配置。

每个项目都是用 Maven 构建的，这使得它很容易被导入任何 IDE 中。本书的项目都是使用 IntelliJ IDEA 编写的，但是也可以在 Eclipse、STS、NetBeans 或你选择的其他任何工具中运行它们。附录还将帮助你复习如何创建 Spring Boot 项目。

本书包含了许多源代码示例，既有编号的代码清单，也有正常的文本内容。在这两种情况下，源代码都进行了格式化。有时候，原始源代码会被重新格式化；其中添加了换行符并修改了缩进，以适应书中可用的页面空间。在极少数情况下，即使这样也还是不够的，所以代码清单中还包括续行标记(➥)。许多代码清单中都包含了代码说明，从而突出重要的概念。

封面插图简介

　　《Spring Security 实战》封面上的人物画像其标题为"穆尔西亚人"。这幅插图摘自 1788 年于法国出版的各国服饰选集，作者是 Jacques Grasset de Saint-Sauveur (1757—1810)，其书名为《不同国家的风俗习惯》。其中每张插图都经过了精心绘制和手工着色。Grasset de Saint-Sauveur 所编著的服饰选集中的多样化向人们生动地展示了 200 多年前世界各地绚丽多彩的文化。当时人们彼此隔绝，人们说着不同的方言甚至不同的语言。无论在城市街头还是乡村小径，只要看他们的穿着就能很容易地辨别出他们住在哪里，他们从事的行业或社会地位。

　　从那以后，人们的穿着方式发生了变化，当时如此丰富的地区差异也逐渐消失了。现在很难区分不同大陆的居民，更不用说不同的城镇、地区或国家了。也许人们已经用更多样化的个人生活取代了文化多样性——当然也就意味着更多样化和快节奏的科技型生活。

　　在这个难以区别多本计算机书籍的时代，Manning 出版社使用了源自两个世纪前地区化生活的丰富多样性的书籍封面来称颂计算机领域的创造性和进取性，而这正是通过 Grasset de Saint-Sauveur 的图片复现的。

目　　录

初　　识

Security(安全性)是软件系统必要的非功能特性之一。本书最重要的观点之一是，应该从应用程序开发的开始阶段就考虑安全性。第 1 章首先探讨安全性在应用程序开发过程中的定位。第 2 章将通过几个简单项目的实现来介绍 Spring Security 主干架构的基础组件。

第 I 部分内容的目的是让读者对于 Spring Security 建立起基本的认知，特别面向的是刚开始学习这个框架的读者。但是，即使读者已经了解了应用程序级别安全性方面的某些知识以及 Spring Security 的底层架构，也还建议你阅读这一部分作为复习。

第1章

安全性现状

本章内容

- Spring Security 是什么以及使用它能够解决哪些问题
- 对于软件应用程序而言，安全性意味着什么
- 为何软件安全性是必要的以及为何应该关注它
- 应用程序级别的常见漏洞

如今，越来越多的开发人员开始意识到安全性的重要性。遗憾的是，从软件应用程序开发的一开始就考虑安全性职责并非一种常见的实践。这种态度应该改变，参与软件系统开发的每一个人都必须学会从一开始就考虑安全性！

通常，作为开发人员，我们首先要了解的是，应用程序的目的是解决业务问题。这一目的指的是可以某种方式处理、持久化数据，并最终按照某些需求所指定的特定方式将数据呈现给用户。这类对于软件开发的概述，在开发人员学习这些技术的早期阶段就被灌输给他们了，但这类概述有一个令人遗憾的缺点，即隐藏了开发过程中关于实践方面的内容部分。虽然从用户的角度看，应用程序能够正常工作，并且最终实现了用户期望的功能，但最终的结果中其实隐藏了许多方面的内容。

非功能性软件特性(比如性能、可扩展性、可用性，当然还有安全性以及其他特性)会随着时间的推移(从短期到长期)而产生影响。如果早期不加以考虑，那么这些特性将会极大地影响应用程序所有者的收益。此外，忽视这些考虑因素还可能引发其他系统的故障，例如服务器不受控地参与分布式拒绝服务(DDoS)攻击。然而，非功能性需求的潜在内容(事实是，对于是否存在缺失或不完整的检查会更具挑战性)将使这些问题变得更加危险，如图1.1所示。

图 1.1 用户主要考虑功能需求。有时他们会意识到性能的重要性，这是一种非功能性的特性，但是，用户很少关心安全性。非功能性需求往往比功能性需求更容易被无视

在开发软件系统时，需要考虑多个非功能方面的特性。实际上，所有这些特性都很重要，并且需要在软件开发过程中明智地对其进行处理。本书将专注于其中的一个特性：安全性。读者将逐步学习如何使用 Spring Security 来保护应用程序的安全。

不过在开始阅读之前，最好先了解以下内容：如果经验不足，你可能会发现本章很晦涩。如果现在还不能完全理解所有内容，请不要太担心。本章将概括介绍与安全相关的概念。整本书中都将提供实践示例供你练习，并且在合适的时候将让你回顾本章所提供的描述。在合适的位置，本书还会进行更详细的描述。本书各处内容都包含关于特定主题的其他资料(书籍、文章、文档)的引用参考，这对于你的进一步阅读非常有用。

1.1 Spring Security 的定义与用途

本节将探讨 Spring Security 和 Spring 之间的联系。在开始使用它们之前，先了解它们之间的联系是很重要的。如果打开其官方网站 https://spring.io/projects/spring-security，就会看到 Spring Security 被描述为一种用于身份验证和访问控制的强大且高度可定制的框架。简言之，它就是一个极大简化了的让 Spring 应用程序具备安全性保障的框架。

Spring Security 是在 Spring 应用程序中实现应用程序级别安全性的主要选择。通常，其目的是提供一种高度可定制的实现身份验证、授权和防止常见攻击的方法。Spring Security 是在 Apache 2.0 许可下发布的开源软件。可以在 GitHub 的 https://github.com/spring-projects/spring-security/获取其源代码。强烈建议你也为这个项目做贡献。

提示：

Spring Security 可同时用于标准的 Web servlets 以及反应式应用程序。如果要使用它，至少需要使用 Java 8，不过本书中所有示例使用的都是 Java 11，这是最新的长期受支持版本。

如果你翻开这本书，并且正在开发 Spring 应用程序，那么你将对如何保护这些应用程序感兴趣。Spring Security 最有可能成为你的最佳选择。它是为 Spring 应用程序实现应用程序级别安全性的实际解决方案。不过，Spring Security 并不会自动对应用程序进行保护。它并不是保证应用程序无漏洞的灵丹妙药。开发人员需要了解如何根据应用程序的需要来配置和定制 Spring Security。如何做到这一点取决于从功能需求到架构的多种因素。

从技术角度看，在 Spring 应用程序中使用 Spring Security 是很简单的。你已经实现了 Spring 应用程序，所以应该知道，框架的原理是从 Spring 上下文的管理开始的。我们在 Spring 上下文中定义 bean，以允许框架根据所指定的配置来管理这些 bean。并且我们仅使用注释处理这些配置即可，而不必使用老式的 XML 配置样式！

我们使用注释告知 Spring 要做什么：公开端点、在事务中包装方法、拦截切面中的方法等。Spring Security 配置也是如此，这就是 Spring Security 发挥作用的地方。在定义应用程序级别安全性时，我们需要舒适自然地使用注释、bean 和 Spring 风格的配置样式。在 Spring 应用程序中，需要保护的行为是由方法定义的。

要考虑应用程序级别的安全性，可以思考一下我们的家以及允许进入家的方式。你把钥匙放在入口地毯下面了吗？有没有前门的钥匙？同样的概念也适用于应用程序，而 Spring Security 将帮助我们开发此功能。对于构建描述系统的精确映像而言，选项过多会让人感觉困扰。我们可以选择完全不锁门就离家而去，或者也可以决定不允许任何人进入我们的家。

配置安全性的方法可以很简单，比如把钥匙藏在地毯下；也可以很复杂，例如选择使用各种报警系统、摄像机和锁。在我们的应用程序中，也具有相同的选项，但是与现实生活中一样，所添加的复杂性越高，成本就越高。在应用程序中，此成本指的是安全性对于可维护性和性能的影响方式。

但如何在 Spring 应用程序中使用 Spring Security 呢？通常，在应用程序级别，最常遇到的使用案例之一就是当我们决定是否允许某人执行操作或使用某些数据的情形。根据配置，我们要编写拦截请求以及确保发出请求的人有权访问受保护资源的 Spring Security 组件。开发人员需要配置组件以精确地完成所需的工作。如果安装了警报系统，则应该确保窗户和门都接入该警报系统。如果忘记为窗户设置报警系统，那么当有人强行打开窗户时，报警系统就不会触发报警，这无法归罪于报警系统。

Spring Security 组件的其他职责与数据存储以及系统不同部分之间的数据传输有关。通过拦截对这些不同部分的调用，组件可以对数据进行操作。例如，在存储数据时，这些组件可以应用加密或哈希算法。数据编码使数据只能被授权实体访问。在 Spring 应用程序中，开发人员必须添加和配置组件，以便在需要的地方完成这部分工作。Spring Security 为我们提供了一个契约，通过这个契约我们就知道框架要求实现什么，并且我们要根据应用程序的设计来编写这些实现。对于数据传输而言也是如此。

在实际的实现中，我们会发现两个通信组件互不信任的情况。第一个组件如何知道第二个组件发送了一条特定消息，并且如何识别第二个组件的身份呢？想象一下，我们和某人通了个电话，又必须向其提供我们的私人信息。那么如何确保另一端确实是一个有权获得该数据的有效个体，而不是其他人呢？对于应用程序而言，情况也是如此。Spring Security 提供的组件允许我们以多种方式解决这些问题，但是我们必须知道要配置哪个部分，然后在系统中设置它。这样，Spring Security 就可以拦截消息并确保在应用程序使用发送或接收的任何类型的数据之前对通信进行验证。

就像其他框架一样，Spring 的主要目的之一就是让我们可以编写更少的代码来实现所需的功能。这也是 Spring Security 的目标。通过帮助我们编写更少的代码来执行安全性以保障这个应用程序最关键的特性之一，也就使 Spring 成为一个完整的框架。Spring Security 提供了预定义的功能来帮助我们免去编写样板代码或者在应用之间重复编写相同逻辑的枯燥工作。但是我们也可以配置它的任何一个组件，因而也就为我们提供了很大的灵活性。简单回顾一下这里探讨的内容。

- 以"Spring"的方式使用 Spring Security 以便将应用程序级别的安全性植入应用程序中。这意味着可以使用注解、bean、Spring Expression Language (SpEL)。
- Spring Security 是一个允许我们构建应用程序级别安全性的框架。不过，如何正确理解和使用 Spring Security 取决于我们自己，也就是开发人员。Spring Security 本身并不能开箱即用式地保护应用程序或者静态或运行中的敏感数据。
- 本书提供了有效使用 Spring Security 所需的信息。

Spring Security 的可替代项

这本书是关于 Spring Security 的，但是对于任何解决方案，我个人总是喜欢站在较高的层面对其进行审视。永远不要忘记，对于任何选择都要了解还有哪些备选项。随着年龄的增长，我学到的一件事就是，凡事并没有标准的对与错。"一切都是相对的"在这里也是适用的！

在保护 Spring 应用程序方面，并没有很多 Spring Security 的替代品。可以考虑的一个替代方案是 Apache Shiro(https://shiro.apache.org)。它提供了配置上的灵活性，并且很容易与 Spring 和 Spring Boot 应用程序进行集成。Apache Shiro 有时是 Spring Security 方式的一个很好的替代方案。

如果已经使用过 Spring Security，则会发现使用 Apache Shiro 很容易并且能够很顺畅地学习它。它提供了其专有的注释和基于 HTTP 过滤器的 Web 应用程序设计，这极大地简化了 Web 应用程序的开发。此外，使用 Shiro 不仅可以保护 Web 应用程序，还可以保护更小的命令行和移动应用程序以及大型企业级应用程序。尽管它很简单，但其功能强大，可以应用于从身份验证和授权到加密和会话管理的广泛场景。

但是，对于我们应用程序的需求而言，Apache Shiro 可能太"轻"了。Spring Security 不是单个工具，而是一整套工具的集合。它提供了更多更全面的可能性，并且是专门为 Spring 应用程序而设计的。此外，它还受益于更大的活跃开发人员社区，并且正不断地得到增强。

1.2 什么是软件安全性

如今的软件系统管理大量的数据，其中很大一部分被认为是敏感数据，特别是考虑当前通用数据保护条例(General Data Protection Regulations，GDPR)的要求。作为用户，我们认为属于隐私的任何信息对于软件应用程序而言都是敏感数据。敏感数据可能包括无害的信息，如电话号码、电子邮件地址或身份证号码；尽管如此，我们通常会更多地关心那些丢失后风险较高的数据，比如信用卡详细信息。应用程序应该确保外界没有机会访问、更改或拦截这些信息。除了用户本人外，任何一方都不能与该数据进行任何形式的交互。从广义上讲，这就是安全性的含义。

提示：

GDPR 于 2018 年推出后在全球范围内引起了很大的轰动。它通常代表一套有关数据保护的欧洲法律，让人们对自己的私人数据有更多的控制权。GDPR 适用于其用户位于欧洲的系统所有者。如果这些应用程序的所有者不遵守该条例，将面临严重的处罚。

我们要在应用程序的各个层中应用安全性,每个层需要不同的方法。可以将这些层与被保卫的城堡进行比较(见图 1.2)。黑客需要绕过几个障碍才能获得应用程序所管理的资源。每一层的安全程度越高,怀有恶意的人设法访问数据或执行未经授权操作的机会就越少。

图1.2 黑巫师(黑客)必须绕过多个障碍(安全层)才能从公主(我们的应用程序)那里偷取魔法之剑(用户资源)

安全性是一个复杂的主题。在软件系统中,安全性并不仅仅适用于应用程序级别。例如,对于网络通信而言,需要考虑一些问题和使用一些特定的实践,而对于存储,则完全是另一回事。类似地,在部署等方面也有不同的思想体系,这类情形不一而足。Spring Security 是一个属于应用程序级别安全性的框架。本节将介绍这样的安全性级别及其影响。

应用程序级别安全性(见图 1.3)是指应用程序为保护其执行所处的环境以及其处理和存储的数据而应该做的所有事情。请注意,这不仅与应用程序所影响和使用的数据有关。应用程序可能包含允许恶意人员损害整个系统的漏洞！

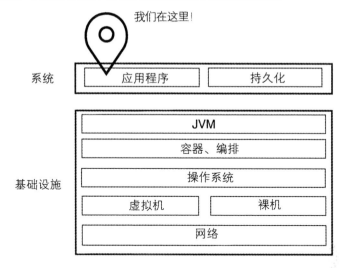

图 1.3 安全性作用于各个层中，并且每一层都依赖于其下的那些层。Spring Security 是一个用于在最顶层实现应用程序级别安全性的框架

为了让你更清晰地理解，让我们用一些实际案例进行讨论。我们将考虑部署如图 1.4 所示系统的情况。这种情况在使用微服务架构设计的系统中很常见，特别是在将其部署到云中的多个可用性区域时更是如此。

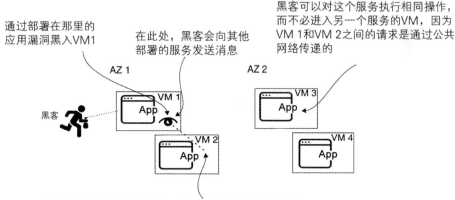

图 1.4 如果恶意用户设法访问虚拟机(VM)，并且没有应用应用程序级别的安全性，那么黑客就可以控制系统中的其他应用程序。如果在两个不同的可用性区域(AZ)之间进行通信，恶意人员将发现他们能够更容易地截获消息。这个漏洞允许他们窃取数据或冒充用户

对于这样的微服务体系架构而言，我们可能会遇到各种漏洞，因此应该谨慎使用。

如前所述，安全性是一个横切关注点，要在多个层上设计。在处理某个层的安全性问题时，最好的做法是尽可能假设其上的层并不存在。请思考图 1.2 中城堡的类比。如果我们管理的是一个有 30 名士兵的"层"，并且想让士兵们变得尽可能的强壮。虽然我们知道，在面对这 30 名士兵之前，闯入者需要穿过火桥。

有了这一考量，让我们思考一下，假设有一个怀有不良企图的人能够登录到托管第一个应用程序的虚拟机(VM)的情形。我们还要假设第二个应用程序并不会验证第一个应用程序所发送的请求。然后，攻击者就可以利用这个漏洞并通过模拟第一个应用程序来控制第二个应用程序。

另外，假设我们将这两个服务部署到两个不同的位置。这样，攻击者就不需要登录其中一台 VM，因为他们可以直接在这两个应用程序之间的通信中进行操作。

提示：

就云部署而言，可用性区域(图 1.4 中的 AZ)就是一个单独的数据中心。该数据中心与同一区域的其他数据中心在地理上相距足够远(并且有其他依赖关系)，因此，如果一个可用性区域出现故障，那么其他可用性区域也出现故障的概率非常小。就安全性而言，一个重要的方面是，两个不同数据中心之间的流量通常是通过公共网络传递的。

单体式与微服务

关于单体式和微服务架构风格的讨论需要另一部大部头著作来探讨。本书的多个地方都会提及它们，所以你至少应该了解这些术语。要了解与这两种架构风格有关的全面探讨，建议读者阅读 Chris Richardson 所著的 *Microservices Patterns* (Manning, 2018)。

单体式架构指的是在同一个可执行构件中实现所有职能的应用程序。请将其视为一个实现所有用例的应用程序。这些职能有时可以在不同的模块中实现，以便让应用程序更易于维护。但是不能在运行时将一个职能的逻辑与其他职能的逻辑分开。通常，单体式架构在扩展和部署管理方面所提供的灵活性较小。

使用微服务系统，就可以在不同的可执行构件中实现各种职能。我们可以将这类系统看作是由同时执行并在需要时通过网络相互通信的多个应用程序组成的。虽然这为扩展提供了更大的灵活性，但也带来了其他方面的困难。比如延迟、安全性、网络可靠性、分布式持久化和部署管理等问题。

前面提到了身份验证和授权。事实上，这些经常出现在大多数应用程序中。通过身份验证，应用程序就可以标识一个用户(个人或另一个应用程序)。识别这些信息是为了之后可以决定他们应该被允许做什么——这就是授权。从第 3 章开始，本书将持续提供很多关于身份验证和授权的详细介绍。

在应用程序中，我们经常发现需要在不同的场景中实现授权。思考另一种情况：大多数应用程序对于用户访问某些功能都有限制。要实现这一点，首先需要确定是谁发起了对某个特定特性的访问请求——这就是身份验证。此外，我们还需要知道其权限以便允许用户使用系统的这一有权访问部分。随着系统变得越来越复杂，我们将发现需要与身份验证和授权相关的特定实现的不同情况。

例如，如果希望针对代表用户的数据子集或操作对系统的特定组件进行授权，该怎么办呢？假设打印机需要访问权限来读取用户的文档。是否应该直接与打印机共享用户的凭据？但这样就会允许打印机获取到超过所需的更多权利！并且还会暴露用户的凭据。有没有一种合适的方法在不模拟用户的情况下做到这一点？这些都是至关重要的问题，也是在开发应用程序时会遇到的问题：这些不仅是本书想要解答的问题，而且在本书中也将介绍使用 Spring Security 的应用程序如何应对这些问题。

根据为系统选择的架构，我们将在整个系统的层面上以及为任意组件找到需要适用身份验证和授权的场景。正如本书将进一步介绍的，对于 Spring Security，我们有时甚至更愿意对同一组件的不同层使用授权。第 16 章将探讨更多关于全局方法安全性的内容，其中就会涉及这部分的内容讲解。当拥有一组预定义的角色和权限时，设计就会变得更复杂。

此外，还要请你注意数据存储。静态数据安全性也是应用程序的职责。应用程序不应该以可读的格式存储其所有数据。应用程序有时需要保存私钥用来加密数据或哈希数据。像凭据和私钥这样的加密数据也可以被视为静态数据。这些数据应该被谨慎地储存，通常会存储在一个私密的数据库中。

提示：

我们将数据分为"静态"和"转换中"两类。在这里，静态数据是指计算机存储中的数据，或者换句话说，就是持久化数据。转换中的数据适用于从一个位置交换到另一个位置的所有数据。因此，应该根据数据的类型实施不同的安全措施。

最后，处于执行中的应用程序还必须管理其内部内存。这可能听起来很奇怪，但是存储在应用程序堆中的数据也可能存在漏洞。有时类设计允许应用程序长时间存储敏感数据，如凭据或私钥。在这种情况下，有权进行堆转储的人可能会发现这些详细信息，然后恶意地使用它们。

通过对这些情况的简短描述，希望能够概述我们所说的应用程序安全性以及这个主题的复杂性。软件安全性是一个复杂的问题。愿意成为该领域专家的人需要理解(以及应用)它，然后对系统中协作的所有各层的解决方案进行测试验证。不过，本书将只专注于介绍 Spring Security 特别需要理解的所有细节内容。你将了解这个框架适用于什么地方以及不适用于什么地方，它如何帮助我们，以及为什么应该使用它。当然，本书将通过实际示例达成这一目的，如此你就应该能够将其适用到自己独特的用例中。

1.3　安全性为什么重要

开始思考安全性为什么重要的最好方法就是从用户的角度出发。和其他人一样，我们使用应用程序，而这些应用程序可以访问我们的数据。这些应用程序可以更改数据、使用数据或公开数据。想想我们使用的所有应用程序，从电子邮件到网上银行服务账户。我们如何评估由所有这些系统所管理的数据的敏感性？使用这些系统可以执行哪些操作呢？与数据类似，有些操作比其他操作更重要。其中的一些操作我们不必过多关注，但是其他的一些操作则较为重要。也许对我们来说，如果有人设法阅读我们的一些电子邮件并不那么重要。但你肯定会在乎别人是否能清空我们的银行账户。

一旦我们从自己的角度考虑安全性，则可以试图看到一个更客观的画面。同样的数据或操作对其他人可能会有不同程度的敏感性。有些人可能比我们更关心他们的电子邮件是否被访问以及是否有人可以阅读他们的信息。我们的应用程序应该确保按照期望的访问权限来保护所有内容。任何允许使用数据和功能以及应用程序来影响其他系统的泄露行为都要被认定为漏洞，并且我们需要解决该漏洞。

不严肃对待安全性是要付代价的，你一定不愿面对这样的损失。一般来说，也就是金钱的损失。但是其代价可能有大有小，并且造成利益损失的方式可能多种多样。这不仅是关于银行账户的损失或者趁着漏洞免费使用一项服务的问题。这些事情确实意味着成本代价。但品牌或公司的形象也是有价值的，而失去良好的形象其代价可能非常高昂，有时甚至比系统漏洞被利用所直接产生的费用还要昂贵！用户对应用程序的信任是应用程序最有价值的资产之一，并且它可以决定应用程序是成功还是失败。

下面是一些虚构的例子。思考作为用户将如何看待这些情形。这些情形将如何影响对其软件负责的组织？

- 后台业务应用程序应该管理组织的内部数据，但是不知何故，一些信息泄露了。
- 拼车应用程序的用户发现，拼车费用被记入了自己的账户，而这些费用并非由他们自己的出行行程所产生。
- 更新之后，银行移动端应用程序的用户看到了属于其他用户的交易记录。

在第一种情形中，使用该软件的组织及其员工都会受到影响。在某些情况下，公司可能要承担责任，并且可能会损失一大笔钱。在这种情况下，用户无法选择换一款应用程序使用，不过组织可以决定替换其软件的供应商。

在第二种情形中，用户可能会选择更换服务提供者。开发该应用程序的公司的形象将受到极大的影响。这种情况下，在金钱方面的损失比在形象方面的损失要小得多。即使付款被返还给受影响的用户，应用程序仍然会失去一些客户。这会影响盈利能力，甚至可能导致破产。在第三种情形中，该银行可能会在公信力和法律后果方面遭受巨大影响。

在大多数这类场景中，对安全防护进行投资要远好于有人可以利用系统中的漏洞。对于所有的例子来说，只要一个小小的缺陷就可能导致上述的每一种结果。对于第一个示例，这类缺陷可能是不完整的身份验证或跨站请求伪造(Cross-Site Request Forgery，CSRF)。对于第二个和第三个示例，这类缺陷可能是缺少方法访问控制。对于所有这些例子来说，我们所面临的可能是一组漏洞。

当然，基于此我们可以进一步探讨防御系统的安全性。如果认为钱很重要不愿投入，那如果事关人命又当如何？你能想象如果医疗系统受到影响会有什么结果吗？那么控制核能的系统呢？通过在应用程序的安全性方面尽早投入，并为安全防护专业人员分配足够的时间来开发和测试安全机制，就可以降低任何可能的风险。

提示：
从过往的失败经验总结来看，攻击的成本通常要比避免漏洞的投资成本要高。

在本书的其余内容中，将介绍一些应用 Spring Security 以避免出现类似情况的例子。我认为安全的重要性怎样强调都不为过。当我们必须对系统的安全性做出妥协时，请尝试正确地评估所面临的风险。

1.4　Web 应用程序中的常见安全漏洞

在讨论如何在应用程序中应用安全性之前，首先应该知道需要保护应用程序免受哪方面的损害。要做一些恶意的事情，攻击者就需要识别并利用应用程序的漏洞。我们经常将漏洞描述为允许执行非预期操作的缺陷，通常这类操作都是带有恶意意图的。

了解漏洞的一个好的起点就是了解开放式 Web 应用程序安全项目(Open Web Application Security Project)，也称为 OWASP(https://www.owasp.org)。在 OWASP 中，可以找到应该在应用程序中避免的最常见漏洞的描述。在第 2 章开始深入讲解应用 Spring Security 的概念之前，让我们花几分钟从理论上讨论这些概念。在应该意识到的常见漏洞中，我们会发现以下几点。

- 不完整的身份验证
- 会话固定

- 跨站脚本(XSS)
- 跨站请求伪造(CSRF)
- 注入
- 敏感数据暴露
- 缺乏方法访问控制
- 使用具有已知漏洞的依赖项

上面这几点都与应用程序级别的安全性相关，并且其中大多数也与使用 Spring Security 直接相关。在本书中，我们将详细探讨它们与 Spring Security 的关系，以及如何保护应用程序不受这些问题的影响。但首先，我们概括讨论一下。

1.4.1   身份验证和授权中的漏洞

本书将深入探讨身份验证和授权，你将了解使用 Spring Security 实现它们的几种方法。身份验证(Authentication)表示应用程序识别试图使用它的用户的过程。当某人或某个程序使用该应用程序时，我们希望找到他(它)们的身份，以便确定进一步的访问问是否被允许。在真实的应用程序中，我们还会发现匿名访问的情形。但在大多数情况下，只有在被识别的情况下才能使用数据或执行特定的操作。一旦获取了用户的身份，就可以处理授权了。

授权(Authorization)是确定经过身份验证的调用者是否具有使用特定功能和数据的权限的过程。例如，在银行移动端应用程序中，大多数经过身份验证的用户都可以转账，但只能使用他们自己的账户进行转账。

如果一个不怀好意的人以某种方式获得了不属于他的功能或数据的访问权，就可以说我们的授权被破坏了。像 Spring Security 这样的框架有助于减少此漏洞出现的可能性，但如果没有正确地使用，仍然有可能出现这种问题。例如，可以使用 Spring Security 为具有特定角色的经过身份验证的个人定义对特定端点的访问。如果在数据级别上没有限制，那么有些人可能会找到一种方法来使用属于另一个用户的数据。

请看图 1.5。经过身份验证的用户可以访问/products/{name}端点。在浏览器中，Web 应用程序可以调用这个端点以便从数据库中检索和显示用户的产品。但是，如果应用程序在返回这些产品时没有验证产品属于谁，会发生什么呢？一些用户可以找到获得另一个用户详细信息的方法。这种情况只是应用程序设计一开始就应该考虑的示例之一，这样才能避免这种情况的出现。

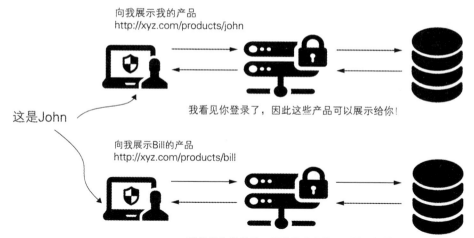

图 1.5　登录的用户可以看到他们的产品。如果应用程序服务器只检查用户是否登录，用户就可以调用相同的端点来检索其他用户的产品。这样，John 就可以看到属于 Bill 的数据。导致此问题的原因是应用程序还没有为数据检索对用户进行身份验证

整本书中都将提到漏洞。我们将在第 3 章从身份验证和授权的基本配置开始讨论漏洞。然后，将探讨漏洞与 Spring Security 和 Spring Data 的集成有何关系，以及如何使用 OAuth 2 设计一个应用程序来避免这些漏洞。

1.4.2　什么是会话固定

会话固定(session fixation)漏洞是 Web 应用程序的一个更为具体、更为严重的缺陷。如果存在该漏洞，攻击者就可以通过重用以前生成的会话 ID 来模拟有效用户。如果在认证过程中，Web 应用程序没有分配唯一的会话 ID，就会出现此漏洞。这可能会导致现有会话 ID 的重用。这个漏洞的利用过程包括获得一个有效的会话 ID 并且让目标受害者的浏览器使用它。

根据 Web 应用程序实现方式的不同，恶意攻击者可以通过各种方式利用此漏洞。例如，如果应用程序在 URL 中提供了会话 ID，受害者可能就会被诱骗单击恶意链接。如果应用程序使用了隐藏属性，攻击者就可以欺骗受害者使用外部表单，然后将其操作提交到服务器。如果应用程序将会话的值存储在 cookie 中，攻击者就可以注入一个脚本并强制受害者的浏览器执行它。

1.4.3　什么是跨站脚本(XSS)

跨站脚本(cross-site scripting)也称为XSS，它允许将客户端脚本注入服务器公开的Web服务中，从而允许其他用户运行这些脚本。在使用或存储请求之前，应该正确地"清理"请求，以避免期望之外的外部脚本的执行。其潜在的影响可能与账户模拟(结合会话固定)或参与分布式攻击(如DDoS)有关。

举例说明。用户在Web应用程序中发布消息或评论。在发布消息后，网站会显示它，以便访问该页面的每个人都能看到它。每天可能有数百人访问这个页面，这取决于该站点的受欢迎程度。就此处的示例而言，我们将把它看作一个知名站点，并且有相当多的人访问它的页面。如果该用户发布了一个脚本，那么在Web页面上出现该脚本时，浏览器执行该脚本又会发生什么呢(见图1.6和图1.7)？

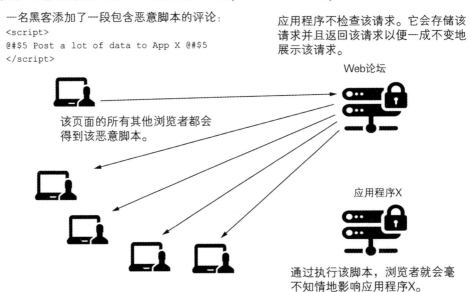

图1.6　用户在网络论坛上发布包含脚本的评论。用户定义了该脚本，以便它发出试图从另一个应用程序(应用程序X)发布或获取大量数据的请求，这个应用程序X就代表了攻击的受害者。如果该Web论坛应用程序允许跨站脚本(XSS)，那么所有显示带有该恶意评论页面的用户都会照单全收地接收到该脚本

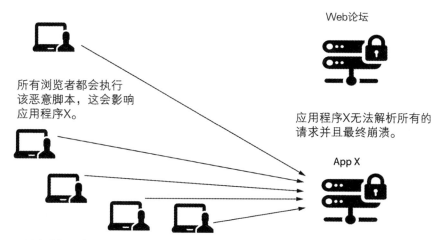

图 1.7　用户访问一个显示恶意脚本的页面。其浏览器会执行该脚本并且试图从应用程序 X 处发布
或者获取大量的数据

1.4.4　什么是跨站请求伪造(CSRF)

跨站请求伪造(CSRF)漏洞在 Web 应用程序中也很常见。CSRF 攻击会恶意利用可以从应用程序外部提取并重复使用能够调用特定服务器上操作的 URL(见图 1.8)。如果服务器信任该执行而不检查请求的来源，那么恶意攻击者就可以从任何其他地方执行其操作。借助 CSRF，攻击者可以通过隐藏操作来让用户在服务器上执行非预期的操作。通常，使用这个漏洞，攻击者会将更改系统中数据的操作作为目标。

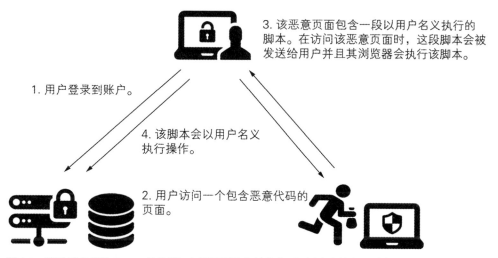

图 1.8　跨站请求伪造(CSRF)的步骤。在登录到他们的账户后，用户会访问一个包含伪造代码的页面。
然后，恶意代码将代表毫无戒心的用户执行操作

避免此漏洞的方法之一是使用令牌来标识请求或使用跨源资源共享(Cross-Origin Resource Sharing，CORS)限制。换句话说，就是要验证请求的来源。我们将在第 10 章中进一步研究 Spring Security 如何应对 CSRF 和 CORS 漏洞。

1.4.5　理解 Web 应用程序中的注入漏洞

对系统的注入攻击很普遍。在注入攻击中，攻击者会利用漏洞将特定数据引入系统。其目的是破坏系统、以非预期的方式更改数据，或者检索不该由攻击者访问的数据。

注入攻击有很多种类型。甚至我们在 1.4.3 节中提到的 XSS 也可以被视为一种注入漏洞。归根结底，注入攻击会通过某种方式注入客户端脚本来破坏系统。其他的例子还包括 SQL 注入、XPath 注入、OS 命令注入、LDAP 注入等。

注入类型的漏洞值得重视，因为利用这些漏洞可能会导致更改、删除或访问被破坏系统中的数据。例如，如果应用程序在某种程度上容易受到 LDAP 注入的攻击，则攻击者可以通过绕过身份验证而获益，并借此控制系统的基础部分。XPath 或 OS 命令注入也会发生同样的情况。

最古老的并且可能也是众所周知的注入漏洞类型之一就是 SQL 注入。如果应用程序存在 SQL 注入漏洞，则攻击者可以尝试变更或运行不同的 SQL 查询来更改数据、删除数据或者从系统中提取数据。在最高级的 SQL 注入攻击中，恶意攻击者可以在系统上运行 OS 命令，从而导致整个系统遭受破坏。

1.4.6　应对敏感数据暴露

就复杂性而言，即便机密数据的泄露似乎也是最容易理解和最不复杂的漏洞，这一观点仍旧是最常见的错误之一。出现这种情况的原因可能是，网上所能找到的大多数教程和示例，以及阐释不同概念的书籍。它们为了简单起见，都是直接在配置文件中定义凭据的。在最终目的是关注其他层面问题的假设示例中，这是合理的。

提示：
大多数时候，开发人员都会不断地从理论示例中进行学习。一般来说，示例的简化是为了让读者专注于特定的主题。但是这种简化的缺点就是开发人员会习惯错误的方法。开发人员可能会错误地认为他们所读到的所有内容都是一种好的实践。

这个方面与 Spring Security 有什么关系呢？那是因为我们将在本书的示例中处理凭据和私钥。我们可能会在配置文件中使用私密信息，但是本书会在这些情况下做一个说明，以便提醒你应该将敏感数据存储在数据库中。自然，对于已开发的系统而言，开发人员并不被允许在所有环境中查看这些敏感键的值。通常，至少在生产环境中，应该只允许一小部分人访问私有数据。

通过在配置文件中设置这样的值，比如在 Spring Boot 项目中的 application.properties 或 application.yml 文件中设置它们，就会让可以看到源代码的任何人能够访问这些私有值。此外，还可能会发现这些值的所有变更历史都存储在源代码的版本管理系统中。

与敏感数据暴露相关的还有应用程序写入控制台或存储在 Splunk 或 Elasticsearch 等数据库中的日志信息。我们常常会看到暴露了被开发人员所遗忘的敏感数据的日志。

提示：

永远不要记录非公开信息的内容。此处所说的公开是指任何人都可以看到或访问这些信息。像私钥或证书这样的东西不是公开内容，不应该与错误、警告或提示性消息一起被记录。

下次我们从应用程序中记录一些东西时，应确保所记录的东西看起来不包含以下这些类型的消息。

```
[error] The signature of the request is not correct. The correct key
    to be used should have been X.
```

```
[warning] Login failed for username X and password Y. User with username X
    has password Z.
```

```
[info] A login was performed with success by user X with password Y.
```

要注意服务器返回给客户端的内容，特别是(但不限于)应用程序遇到异常的情况。通常，由于缺乏时间或经验，开发人员会忘记实现所有这些异常情况。这样(通常发生在错误请求之后)，应用程序就会返回过多暴露实现的细节。

这类应用程序行为也是一个通过数据暴露而产生的漏洞。如果由于错误请求(例如该请求的一部分缺失了)而让应用程序遇到 NullPointerException，该异常就不应该出现在响应主体中。同时，HTTP 状态应该是 400，而不是 500。4XX 类型的 HTTP 状态码旨在用来表示客户端上的问题。错误请求归根结底是客户端的问题，因此应用程序应该相应地表示它。5XX 类型的 HTTP 状态码旨在通知我们服务器上有一个问题。看看以下代码片段中给出的响应有什么错误？

```
{
    "status": 500,
    "error": "Internal Server Error",
    "message": "Connection not found for IP Address 10.2.5.8/8080",
    "path": "/product/add"
}
```

这个异常的消息似乎透露了一个 IP 地址。攻击者可以使用这个地址了解网络配置，并最终找到控制基础设施中的虚拟机的方法。当然，只有这一部分数据，谁也不能对整个系统做出任何伤害。但是将不同的泄露信息片段收集到一起就可以获得对系统产生不利影响所需要的一切内容。在响应中使用异常堆栈也不是一个好的选择，例如：

```
at java.base/java.util.concurrent.ThreadPoolExecutor
➥.runWorker(ThreadPoolExecutor.java:1128) ~[na:na]
at java.base/java.util.concurrent.ThreadPoolExecutor$Worker
➥.run(ThreadPoolExecutor.java:628) ~[na:na]
at org.apache.tomcat.util.threads.TaskThread$WrappingRunnable
➥.run(TaskThread.java:61) ~[tomcat-embed-core-9.0.26.jar:9.0.26]
at java.base/java.lang.Thread.run(Thread.java:830) ~[na:na]
```

这种方法也暴露了应用程序的内部结构。从异常的堆栈中，我们可以看出命名规范以及用于特定操作的对象和它们之间的关系。不过更糟的是，日志有时会泄露应用程序所使用的依赖项的版本。

我们应该避免使用脆弱的依赖项。但是，如果我们发现自己错误地使用了一个脆弱的依赖项，至少我们会不希望暴露这个错误。即使依赖项并不被视为脆弱，但这可能是因为还没有人发现它的漏洞。像之前代码片段中的信息泄露可以促使攻击者找到特定版本中的漏洞，因为他们现在知道我们的系统使用了这个版本。这是在邀请他们来破坏系统。攻击者通常会利用最细微的信息细节来攻击系统，例如：

```
Response A:
{
    "status": 401,
    "error": "Unauthorized",
    "message": "Username is not correct",
    "path": "/login "
}
Response B:
{
```

```
    "status": 401,
    "error": " Unauthorized",
    "message": "Password is not correct",
    "path": "/login "
}
```

在这个示例中,响应 A 和响应 B 是调用相同身份验证端点的不同结果。它们似乎没有暴露任何与类设计或系统基础设施相关的信息,但它们隐含着另一个问题。如果消息暴露了上下文信息,那么这些信息也可能隐含着漏洞。基于提供给端点的不同输入所产生的不同消息可以被用于理解执行过程的上下文。在这个示例中,这些上下文可以用来知悉,用户名是正确的,但密码是错误的。这使得系统更容易遭受暴力破解。提供给客户端的响应不应该帮助识别对特定输入的可能猜测。在这个示例中,响应应该在这两种情况下都提供相同的消息。

```
{
    "status": 401,
    "error": " Unauthorized",
    "message": "Username or password is not correct",
    "path": "/login "
}
```

这种预防措施看起来微不足道,但如果不进行预防,那么在某些上下文中,敏感数据的暴露则可能会成为用于攻击系统的优良工具。

1.4.7　缺乏方法访问控制指的是什么

即使在应用程序级别,也不能只对其中一个层应用授权。有时候,必须确保完全不能调用特定的用例(例如,可能当前经过身份验证的用户的权限不允许这样做)。

假设有一个设计简单的 Web 应用程序。该应用程序有一个暴露端点的控制器。这个控制器会直接调用实现了某些逻辑的服务,并且该服务使用了存储库托管的持久化数据的服务(见图 1.9)。设想这样一种情况,授权仅在端点级别完成(假设可以通过 REST 端点访问该方法)。开发人员可能会尝试只在控制器层应用授权规则,如图 1.9 所示。

开发人员在控制器层中应用授权配置。

图 1.9　开发人员在控制器层应用授权规则。但是存储库并不洞察用户，也不限制数据的检索。如果
　　　服务请求不属于当前经过身份验证的用户的账户，存储库将返回这些账户

　　虽然图 1.9 中所展示的案例能够正常运行，但仅在控制器层应用授权规则可能产
生错误。这种情况下，某些未来的实现可能会在未经测试或未测试所有授权需求的情
况下暴露该用例。在图 1.10 中可以看到，如果开发人员添加了依赖于同一存储库的另
一个功能，将会发生什么。

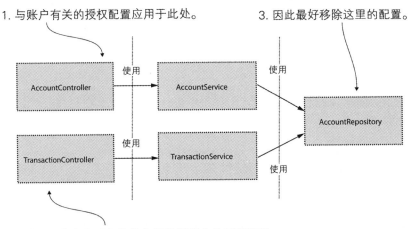

2. 不过，现在也需要在此处应用关于账户的授权配置。

图 1.10　新添加的 TransactionController 在其依赖链中使用了 AccountRepository。开发人员也必须在
此控制器中重新应用授权规则。但是，如果存储库本身能够确保不暴露不属于经过身份验证的用户的
　　　　　　　　　　　　　　　　数据，那就更好了

　　这些情况可能会出现，并且我们可能需要在应用程序的任何一个层应对这些情况，
而不仅仅是在存储库中。我们将在第 16 和 17 章探讨与此主题相关的更多内容。届时，
你还将了解如何在需要时对每个应用程序的层应用约束限制，以及在哪些情况下应该
避免这样做。

1.4.8　使用具有已知漏洞的依赖项

我们所使用的依赖项虽然与 Spring Security 不一定直接相关，但仍然是应用程序级别安全性的一个基本方面，因此需要关注这些依赖项。有时，存在漏洞的并不是我们所开发的应用程序，而是用于构建功能的库或框架等依赖项。需要始终留意所使用的依赖项，并去除已知包含漏洞的任何版本。

幸运的是，我们有多种静态分析可供选用，通过在 Maven 或 Gradle 配置中添加一个插件就可以快速完成。目前大多数应用程序都是基于开源技术开发的。甚至 Spring Security 也是一个开源框架。这种开发方法很棒，它使得快速演化成为可能，但这也会使我们更容易出错。

在开发任何一个软件时，都必须采取所有必要的措施来避免使用任何具有已知漏洞的依赖项。如果发现已经使用了这样一个依赖项，那么不仅必须快速地进行弥补，还必须调查该漏洞是否已经在应用程序中被恶意利用，然后采取必要的措施。

1.5　各种架构中所应用的安全性

本节将探讨如何根据系统设计应用安全性。不同的软件架构意味着存在不同的泄露和漏洞的可能，理解这一点很重要。在第 1 章中，希望你能够意识到贯穿全书的这一理念。

架构直接影响着为应用程序配置 Spring Security 的选择；功能性和非功能性需求也是如此。思考一种实实在在的要保护某种实物的情况，根据希望保护的对象的不同，我们可以使用金属门、防弹玻璃或者屏障。当然，不能在所有情况下都使用金属门。如果保护的是博物馆里的一幅昂贵的画作，我们自然仍旧会希望人们能够看到它。然而，我们不希望他们能够触摸它、损坏它，甚至带走它。在这种情况下，功能性需求会影响我们为系统安全防护所采取的解决方案。

我们可能需要考虑其他质量属性(例如性能)以便进行较好的妥协。这就像是在停车场入口处使用重金属门而不是轻质护栏一样。我们可以这样做，金属门当然会更安全，但它需要更多的时间打开和关闭。打开和关闭这扇沉重的门所花费的时间和成本是不值得的；当然，前提是这不是某种专门用于停放昂贵汽车的地方。

因为安全保障方法取决于我们实现的解决方案，所以 Spring Security 中的配置也会有所不同。本节将讨论一些基于不同架构方式的示例，这些示例中将考虑影响安全保障方法的各种需求。这些内容与我们将在接下来的章节中使用 Spring Security 处理的所有配置都是相关的。

本节将介绍一些我们可能必须处理的实际场景，这些场景将在本书的其余内容中逐步完成。如果你想了解关于在微服务系统中保护应用程序的技术的更为详尽的探讨，建议你同时阅读 Prabath Siriwardena 和 Nuwan Dias 所著的 *Microservices Security in Action*(Manning，2019)。

1.5.1　设计一个单体式 Web 应用程序

首先我们要开发一个代表 Web 应用程序的系统组件。在这个应用程序的开发过程中后台和前端没有直接分离。这类应用程序出现的方式通常是通过普通的 servlet 流：应用程序接收 HTTP 请求，然后将 HTTP 响应发送回客户端。有时候，可为每个客户端提供一个服务器端会话，以便存储更多 HTTP 请求的特定细节。在本书提供的示例中，我们使用了 Spring MVC(见图 1.11)。

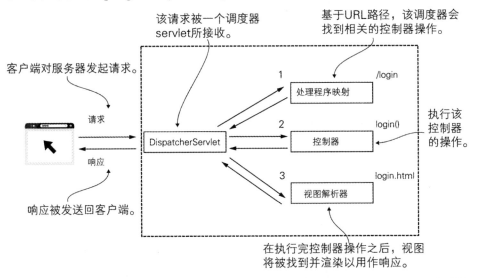

图 1.11　Spring MVC 流的最小化表示。DispatcherServlet 找到被请求路径到控制器方法(1)的映射，执行控制器方法(2)，并获得呈现的视图(3)。然后将 HTTP 响应发送回请求者，其浏览器将解释并显示该响应

在 Craig Walls 所著的 *Spring In Action*，Sixth Edition(Manning，2020)的第 2 章和第 6 章中，你可以阅读到关于使用 Spring 开发 Web 应用程序和 REST 服务的很多探讨性内容。

- https://livebook.manning.com/book/spring-in-action-sixth-edition/chapter-2/
- https://livebook.manning.com/book/spring-in-action-sixth-edition/chapter-6/

只要有一个会话，就需要考虑前面提到的会话固定漏洞以及 CSRF 的可能性。还必须考虑在 HTTP 会话本身中所存储的内容。

服务器端会话是准持久化的。它们是有状态的数据片段，因此它们的生命周期较长。它们在内存中驻留的时间越长，它们被访问的统计概率就越大。例如，能够访问堆转储的人可以读取应用程序内部内存中的信息。不要认为获取堆转储有太大的难度！特别是在使用 Spring Boot 开发应用程序时，你可能发现 Actuator 也是应用程序的一部分。Spring Boot Actuator 是一个很好的工具。根据其配置方式的不同，它可以只返回一个端点调用的堆转储。也就是说，并不一定需要 root 权限来访问 VM 才能获得转储文件。

在本例中，回到 CSRF 方面的漏洞，避免该漏洞的最简单方法就是使用反 CSRF 令牌。幸运的是，有了 Spring Security，这个功能就可以开箱即用了。默认情况下，CSRF 保护和原始 CORS 的验证都是启用了的。如果确定不想使用它，则必须禁用它。对于身份验证和授权，可以选择使用来自 Spring Security 的隐式登录表单配置。这样，我们就只需要重写登录和注销的外观，并且还可以获得与身份验证和授权配置的默认集成。我们还将免受会话固定漏洞的困扰。

如果实现身份验证和授权，这还意味着我们应该拥有一些具有有效凭据的用户。我们可以选择让应用程序管理用户的凭据，或者也可以选择依赖另一个系统来完成这项工作(例如，我们可能希望让用户使用其 Facebook、GitHub 或 LinkedIn 凭据进行登录)。在任何一种情况下，Spring Security 都可以帮助我们以一种相对简单的方式配置用户管理。可以选择将用户信息存储在数据库中、使用 Web 服务或者连接到另一个平台。Spring Security 架构中使用的抽象使其解耦化了，这样就可以选择适合我们应用程序的任何实现。

1.5.2　为前后端分离设计安全性

如今，在 Web 应用程序的开发中，我们经常看到前端和后端分离的选择(见图 1.12)。在这些 Web 应用程序中，开发人员使用 Angular、ReactJS 或 Vue.js 这样的框架开发前端。前端通过 REST 端点与后端通信。从第 11 章开始，我们将为这些架构实现应用 Spring Security 的示例。

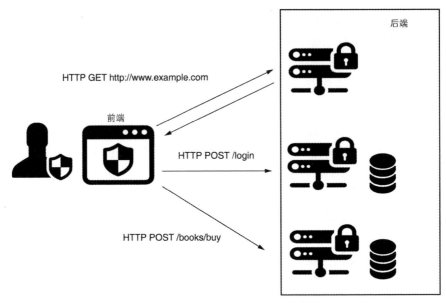

图 1.12　浏览器执行前端应用程序。此应用程序调用后端公开的 REST 端点来执行用户
请求的一些操作

我们通常会避免使用服务器端会话；客户端会话将替换这些会话。这类系统设计
类似于在移动应用中使用的系统设计。运行在 Android 或 iOS 操作系统上的应用程序
(可以是原生的或简单的渐进式 Web 应用程序)会通过 REST 端点调用后端。

就安全性而言，还有其他一些方面需要考虑。首先，CSRF 和 CORS 配置通常会
更复杂。我们可能要水平地扩展系统，但并不是必须将前端和后端放在同一个服务源
点上。对于移动应用，我们甚至无法获悉其服务源点。

作为一种实际的解决方案，最简单但最不理想方法就是使用 HTTP Basic 进行端
点身份验证。虽然这种方法很容易理解，并且通常会用于初始的理论身份验证示例，
但是它确实存在我们希望避免的漏洞。例如，使用 HTTP Basic 意味着在每次调用时发
送凭据。如第 2 章将介绍的，凭据没有加密。浏览器以 Base64 编码的方式发送用户名
和密码。这样，就可以在每个端点调用的头信息中获取流经网络的凭据。另外，假设
凭据代表了已登录的用户，我们就不会希望用户为每个请求都输入他们的凭据。也不
希望必须在客户端存储凭据。这种做法是不可取的。

考虑上述原因，第 12 章将介绍一种身份验证和授权的替代方法，其中提供了一种
更好的方法，即 OAuth 2 流程。下一节将概要介绍这种方法。

关于应用程序可扩展性的简要提醒

可扩展性指的是软件应用程序的一种特性，它意味着在调整所使用的资源的同时可以服务更多或更少的请求，而不需要更改应用程序或其架构。可扩展性主要可分为两类：垂直的和水平的。

当一个系统垂直扩展时，该系统执行所需的资源将适配应用程序的需要(例如，当有更多请求时，系统将增加更多的内存和处理能力)。

通过改变同一应用程序正在执行的实例数量就可以实现水平可扩展性(例如，如果有更多的请求，则启动另一个实例来满足增加的需求)。当然，这里是在假设新拉起的应用程序实例消耗的是额外硬件所提供的资源，有时这些实例甚至分布在多个数据中心。如果需求减少，则可以减少实例数量。

1.5.3　理解 OAuth 2 流程

本节将探讨 OAuth 2 流程的高度概述。主要是关注应用 OAuth 2 的原因，以及它与我们在 1.5.2 节中讨论的内容之间的关系。第 12~15 章将详细讨论这个话题。我们当然希望找到一种解决方案，以避免将每个请求的凭据重新发送到后端，并将其存储在客户端。在这些情况下，OAuth 2 流程提供了更好的实现身份验证和授权的方法。

OAuth 2 框架定义了两个独立的实体：授权服务器和资源服务器。授权服务器的目的是对用户进行授权，并为用户提供一个令牌，该令牌将指定用户可以使用的一组资源权限。实现此功能的后端部分被称为资源服务器。可以调用的端点则被视作受保护的资源。根据获得的令牌，完成授权后，对于资源的调用可能会被允许或拒绝。图 1.13 展示了标准 OAuth 2 授权流程的总体概况。其步骤如下：

(1) 用户访问应用程序中的用例(也称为客户端)。应用程序需要调用后端资源。

(2) 为了能够调用资源，应用程序首先必须获得访问令牌，因此它要调用授权服务器来获得该令牌。在请求中，应用程序会在某些情况下发送用户凭据或一个刷新令牌。

(3) 如果凭据或刷新令牌正确，则授权服务器将向客户端返回一个(新的)访问令牌。

(4) 在调用所需的资源时，在对资源服务器的请求的头信息中要使用访问令牌。

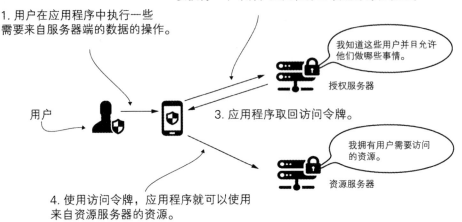

图 1.13 具有密码授权类型的 OAuth 2 授权流程。为了执行用户(1)请求的操作，应用程序需要从授权服务器(2)获得一个访问令牌。应用程序接收一个令牌(3)并使用该访问令牌(4)从资源服务器访问一个资源

令牌就像我们在办公大楼里使用的门禁卡。作为访客，首先要到前台，在那里经过身份验证后我们会得到一张门禁卡。该门禁卡可以打开一些门，但不一定可以打开所有的门。根据身份的不同，我们可以精确地进入被允许进入的那些门。访问令牌也是如此。经过身份验证之后，将向调用者提供一个令牌，基于该令牌，调用者可以访问其具有权限的资源。

令牌有固定的生命周期，通常是短期的。当一个令牌过期时，应用程序需要获得一个新的令牌。如果需要，服务器可以在令牌过期之前取消其资格。下面列出了这种流程的一些优点。

- 客户端不需要存储用户凭据。访问令牌，以至于刷新令牌是唯一需要保存的访问细节。
- 应用程序不公开用户凭据，这些凭据常常存在于网络上。
- 如果有人截获了一个令牌，我们可以取消该令牌的资格，而不需要使用户凭据失效。
- 令牌可以由第三方实体使用，从而以用户的名义访问资源，而不必模拟用户。当然，在这种情况下，攻击者可以窃取令牌。但是，由于令牌的生命周期通常较短，因此可以使用此漏洞的时间段也是有限的。

提示：

为了使其简单明了并且仅作概要介绍，这里只讲解了被称为密码授权类型的OAuth 2 流程。OAuth 2 定义了多种授权类型，如第 12~15 章将介绍的那样，客户端应用程序并不总是拥有凭据。如果我们使用授权代码进行赋权，那么应用程序会将浏览器中的身份验证直接重定向到授权服务器所实现的登录程序。本书后续内容将会有更多与此相关的介绍。

当然，即使使用 OAuth 2 流程，也不是所有一切就完美了，还需要使其适应应用程序设计。其中一个问题可能是，哪一种是管理令牌的最佳方式？在第 12~15 章将介绍的示例中，将涵盖多种可能选项。

- 将令牌持久化到应用程序的内存中
- 将令牌持久化到数据库中
- 使用加密签名和 JWT(JSON Web Tokens)

1.5.4　使用 API 键、加密签名和 IP 验证保护请求

在某些情况下，我们不需要用户名和密码来验证和授权调用者，但我们仍然希望确保没有人可以更改所交换的消息。在两个后端组件之间交换请求时，可能需要使用此方法。有时我们希望确保以某种方式验证这些服务之间的消息(例如，可能会将后端部署为一组服务，或者在系统外部使用另一个后端)。为此，有一些实践方法可供选择，其中包括：

- 在请求和响应头中使用静态键
- 使用加密签名对请求和响应进行签名
- 应用 IP 地址验证

使用静态键是最脆弱的方法。在请求和响应的头信息中，我们使用一个键。如果头信息的值不正确，则不接受请求和响应。当然，这是假设我们经常在网络中交换键值；如果数据流向数据中心之外，就很容易被拦截。获得键值的人可以重放该端点上的调用。当我们使用这种方法时，通常会将其与 IP 地址白名单一起结合使用。

一种测试通信真实性的更好方法是使用加密签名(见图 1.14)。使用这种方法，则要使用一个密钥对请求和响应进行签名。我们不需要在网络上发送这个密钥，这是相对于静态授权值的一个优点。双方可以使用其密钥验证签名。可以使用两个非对称密钥对完成该实现。这种方法的假设前提是我们绝不会交换私钥。更简单的版本是使用对称密钥，其配置需要进行一次首次交换。其缺点是签名的计算会消耗更多的资源。

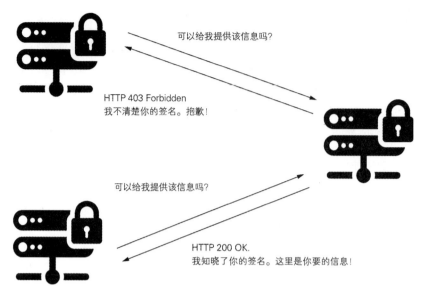

图 1.14　要成功调用另一个后端，请求应该具有正确的签名或共享密钥

　　如果知道请求应该来自的地址或地址范围，那么结合前面提到的解决方案之一，就可以应用 IP 地址验证。此方法意味着，如果请求来自配置为可接受的 IP 地址以外的 IP 地址，则应用程序将拒绝该请求。但是，在大多数情况下，IP 验证不是在应用程序级别进行的，而是在更早的时候在网络层进行的。

1.6　本书知识内容

　　本书提供了一个学习 Spring Security 的实用方法。在本书的其余部分，我们将一步步深入讲解 Spring Security，并用从简单到复杂的示例证明其概念。为了充分吸收本书内容，你应该熟悉 Java 编程以及 Spring 框架的基础知识。如果你还没有使用过 Spring 框架，或者在使用其基础功能时感觉不适应，那么建议你先阅读 Craig Walls 所著的 *Spring In Action*，Sixth Edition(Manning，2020)。另一个很好的资源是 Craig Walls 所著的 *Spring Boot In Action*(Manning，2015)。不过在本书中，你将学到：

- Spring Security 的架构和基础组件，以及如何使用它保护应用程序
- 使用 Spring Security 进行身份验证和授权，包括 OAuth 2 和 OpenID Connect 流程，以及如何将它们应用于将发布到生产环境的应用程序
- 如何在应用程序的不同层中实现 Spring Security
- 不同的配置样式以及在项目中使用它们的最佳实践
- 将 Spring Security 用于反应式应用程序

- 测试安全性实现

为了使所描述的每个概念的学习过程更加顺畅，本书将使用多个简单示例进行介绍。在每一个重要的主题结束时，我们将在标题以"动手实践"开头的章节中回顾之前已经通过一个更复杂的应用程序所学习到的基本概念。

阅读完本书之后，你将知道如何在最实际的场景中应用 Spring Security，并了解应该在何处使用它及其最佳实践。另外，强烈建议你研究本书内容中围绕解释说明的所有示例。

1.7　本章小结

- Spring Security 是保护 Spring 应用程序的主要选择。它提供了大量适用于不同风格和架构的备选方案。
- 应该为系统在其各个层中应用安全性，并且对于每一层，都需要使用不同的实践。
- 安全性是从软件项目一开始就应该考虑的一个横切关注点。
- 通常，攻击的成本比一开始就避免漏洞的投资成本要高。
- 当涉及漏洞和安全问题时，开放式 Web 应用程序安全项目(Open Web Application Security Project)是一个很好的参考所在。
- 有时最小的错误也会造成巨大的伤害。例如，通过日志或错误消息暴露敏感数据的做法常会在应用程序中留下漏洞。

第2章

Spring Security 初探

本章内容
- 使用 Spring Security 创建首个项目
- 使用基本参与者设计用于身份验证和授权的简单功能
- 应用基本契约理解这些参与者如何相互关联
- 为主要职能编写实现
- 重写 Spring Boot 的默认配置

Spring Boot 出现在使用 Spring 框架开发应用程序的演化阶段。Spring Boot 让我们不需要编写所有配置，它提供了一些预配置项，因此我们可以只重写与实现不匹配的配置。我们也称这种方法为约定优于配置(convention-over-configuration)原则！

在这种开发应用程序的方式出现之前，开发人员需要为他们必须创建的所有应用程序一次又一次地编写几十行代码。在过去，当我们以单体架构方式开发大多数架构时，这种情况还不太明显。在单体式架构中，只需要在开始时编写这些配置一次就可以了，之后很少需要接触它们。当面向服务的软件架构发展起来时，我们开始感受到需要编写用于配置每个服务的样板代码的痛苦。如果你对这一点感兴趣，可以参看 Willie Wheeler 和 Joshua White 合著的 *Spring in Practice*(Manning，2013)的第 3 章，其中描述了如何使用 Spring 3 编写 Web 应用程序。这样，你就会了解必须为一个小的单页 Web 应用程序编写多少配置了。以下是该章内容的链接：

https://livebook.manning.com/book/spring-in-practice/chapter-3/

因此，随着最近应用程序的开发，特别是针对微服务的应用程序，Spring Boot 变得越来越流行。Spring Boot 为项目提供了自动配置，并缩短了设置所需的时间。这里想说的是，对于今天的软件开发来说，其理念是非常合适的。

本章首先讲解我们使用 Spring Security 的首个应用程序。对于使用 Spring 框架开发的应用程序而言，Spring Security 是实现应用程序级别安全性的最佳选择。我们将使用 Spring Boot 并且探讨自动配置的默认项，还会简要介绍如何重写这些默认项。就默认配置而言，它提供了很好的关于 Spring Security 的介绍，还揭示了身份验证的概念。

开始讲解第一个项目之后，我们将更详细地讨论各种身份验证选项。在第 3~6 章，将继续为出现在第一个示例中的每个不同职能进行更具体的配置。还将介绍如何根据架构风格应用这些配置的不同方法。本章所采用的步骤如下。

(1) 创建一个仅具有 Spring Security 和 Web 依赖项的项目，看看如果不添加任何配置的话，该项目会如何运行。通过这种方式，我们将了解从默认的身份验证和授权配置中可以预期得到什么。

(2) 更改项目以添加用于用户管理的功能，这是通过重写默认值来定义自定义用户和密码而实现的。

(3) 在研究了应用程序默认情况下对所有端点都进行身份验证之后，需要了解这一点也是可以定制的。

(4) 将同一配置做不同样式的应用，以便理解最佳实践。

2.1　开始构建首个项目

现在创建第一个项目，以便为第一个示例做一些工作。这个项目是一个小型 Web 应用程序，它公开了一个 REST 端点。你将看到 Spring Security 如何使用 HTTP 基本身份验证在不做太多处理的情况下保护这个端点。只需要创建项目并添加正确的依赖项，Spring Boot 就会应用默认配置，其中包括启动应用程序时的用户名和密码。

提示：

可以使用多种方法创建 Spring Boot 项目。有些开发环境让我们可以直接创建项目。如果在创建 Spring Boot 项目时需要帮助，则可以找到附录中描述的几种方法。至于更多细节，建议你阅读 Craig Walls 所著的 *Spring Boot in Action*(Manning，2016)。*Spring Boot in Action* 的第 2 章准确地描述了如何用 Spring Boot 创建一个 Web 应用程序 (https://livebook.manning.com/book/spring-boot-in-action/chapter-2/)。

本书中的示例均提供了源代码。对于每个示例，其中还指定了需要添加到 pom.xml 文件中的依赖项。可以(也建议你这样做)从 https://www.manning.com/downloads/2105 下载随书提供的项目和可用的源代码。如果你在实际练习中遇到困难，这些项目将会帮助到你。你也可以使用这些资源验证最终的解决方案。

提示：
本书中的示例并不依赖于所选择的构建工具。可以使用 Maven 或者 Gradle。但是为了保持一致性，本书所有示例都是使用 Maven 构建的。

第一个项目也是最小的项目。如前所述，它是一个简单的应用程序，公开了一个 REST 端点，可以调用该端点，然后接收响应，如图 2.1 所示。这个项目足以让你理解使用 Spring Security 开发应用程序时的初始步骤。它展示了用于身份验证和授权的 Spring Security 架构的基础。

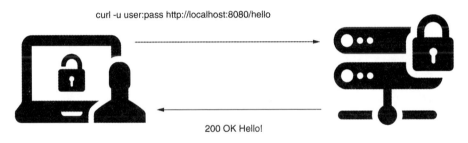

图 2.1　我们的第一个应用程序使用 HTTP Basic 针对一个端点对用户进行身份验证和授权。该应用程序在定义的路径(/hello)上公开 REST 端点。对于成功的调用，响应将返回一个 HTTP 200 状态消息和一个主体。这个示例演示了 Spring Security 默认配置的身份验证和授权如何工作

我们通过创建一个空项目并将其命名为 ssia-ch2-ex1 来开启 Spring Security 的学习(也可以在本书提供的项目中找到同名的这个示例)。需要为我们的第一个项目编写的唯一依赖项是 spring-boot-starter-web 和 spring-boot-starter-security，如代码清单 2.1 所示。创建项目之后，请确保将这些依赖项添加到 pom.xml 文件中。构建这个项目的主要目的是查看具有 Spring Security 默认配置的应用程序的运行情况。我们还希望了解哪些组件是这个默认配置的一部分，以及它们的用途。

代码清单 2.1　首个 Web 应用程序的 Spring Security 依赖项

```
<dependency>
  <groupId>org.springframework.boot</groupId>
  <artifactId>spring-boot-starter-web</artifactId>
</dependency>
```

```
<dependency>
  <groupId>org.springframework.boot</groupId>
  <artifactId>spring-boot-starter-security</artifactId>
</dependency>
```

现在可以直接启动该应用程序。Spring Boot 会根据添加到项目中的依赖项来应用 Spring 上下文的默认配置。但是，如果连确保一个端点的安全性都做不到的话，我们就无法了解太多关于安全性的知识了。让我们创建一个简单的端点并调用它，看看会发生什么。因此，我们需要向空项目中添加一个类，并将这个类命名为 HelloController。为此，需要将类添加到 Spring Boot 项目的主名称空间中一个名为 controllers 的包中。

提示：

Spring Boot 只会扫描包(及其子包)中包含的用 @SpringBootApplication 注解的类的组件。如果在主包之外的 Spring 中使用任何原型组件来注解类，则必须使用 @ComponentScan 注解显式地声明其位置。

在代码清单 2.2 中，HelloController 类为我们的示例定义了一个 REST 控制器和一个 REST 端点。

代码清单 2.2　HelloController 类和一个 REST 端点

```
@RestController
public class HelloController {

  @GetMapping("/hello")
  public String hello() {
    return "Hello!";
  }
}
```

@RestController 注解会在上下文中注册 bean，并告知 Spring 应用程序将这个实例用作 Web 控制器。此外，该注解还会指定应用程序必须从 HTTP 响应体中设置返回值。@GetMapping 注解会将/hello 路径映射到所实现的方法。一旦运行该应用程序，那么除了控制台的其他行信息之外，还应该看到类似下面的信息。

```
Using generated security password: 93a01cf0-794b-4b98-86ef-
54860f36f7f3
```

每次运行该应用程序时，它都会生成一个新密码，并在控制台中打印此密码，如前面的代码片段所示。必须使用此密码调用该应用程序的任何一个具有 HTTP Basic

身份验证的端点。首先，让我们尝试在不使用 Authorization 头信息的情况下调用端点。

```
curl http://localhost:8080/hello
```

提示：

在本书中，我们使用 cURL 调用所有示例中的端点。我认为 cURL 是最易读的解决方案。但如果你愿意，也可以使用自己选择的工具。例如，可能你希望有一个更舒适的图形界面。这种情况下，Postman 会是一个很好的选择。如果所使用的操作系统没有安装这些工具中的任何一个，那么你可能需要自己安装它们。

该调用的响应如下：

```
{
  "status":401,
  "error":"Unauthorized",
  "message":"Unauthorized",
  "path":"/hello"
}
```

该响应状态为 HTTP 401 Unauthorized。由于没有使用正确的凭据进行身份验证，因此我们预期到会出现这个结果。默认情况下，Spring Security 期望的是默认用户名(user)和所提供的密码(在本示例中也就是以 93a01 开头的密码)。让我们再试一次，但是现在使用正确的凭据。

```
curl -u user:93a01cf0-794b-4b98-86ef-54860f36f7f3
http://localhost:8080/hello
```

该调用的响应现在是：

```
Hello!
```

提示：

HTTP 401 Unauthorized 这个状态代码是有点模棱两可的。通常，它用于表示失败的身份验证，而不是授权。开发人员在设计应用程序时使用它处理丢失或错误凭据等情况。对于失败的授权，我们可能使用 403 Forbidden 状态。通常，HTTP 403 意味着服务器识别了请求的调用者，但它们并不具有试图进行的调用所需的权限。

一旦发送了正确的凭据，就可以在响应体中准确地看到我们早先定义的HelloController 方法所返回的内容。

使用 HTTP Basic 身份验证调用端点

通过使用 cURL，就可以使用-u 标记设置 HTTP 基本用户名和密码。在后台，cURL 会以 Base64 编码字符串\<username\>:\<password\>，并将其作为带 Basic 字符串前缀的 Authorization 头信息的值来发送。对于 cURL，使用-u 标记可能较为容易。但了解真实的请求到底是什么也很重要。因此，让我们尝试一下，手动创建 Authorization 头信息。

在第一步中，需要使用\<username\>:\<password\>字符串并使用 Base64 编码它。当应用程序进行调用时，我们需要知道如何为 Authorization 头信息组织正确的值。可以在 Linux 控制台中使用 Base64 工具完成此操作。也可以找到一个用 Base64 编码字符串的 Web 页面，比如 https://www.base64encode.org。这段代码显示了 Linux 或 Git Bash 控制台中的命令。

```
echo -n user:93a01cf0-794b-4b98-86ef-54860f36f7f3 | base64
```

运行这个命令会返回这个 Base64 编码的字符串。

```
dXNlcjo5M2EwMWNmMC03OTRiLTRiOTgtODZlZi01NDg2MGYzNmY3ZjM=
```

现在可以使用 Base64 编码的值作为调用的 Authorization 头信息的值。这个调用应该与使用-u 选项的调用生成相同的结果。

```
curl -H "Authorization: Basic dXNlcjo5M2EwMWNmMC03OTRiLTRiOTgtODZlZi01
➥NDg2MGYzNmY3ZjM=" localhost:8080/hello
```

该调用的结果是：

```
Hello!
```

就默认项目而言，并没有重要的安全配置好讨论。我们主要使用默认配置来证明正确的依赖项已经就位。默认配置很少用于身份验证和授权。我们不希望在可用于生产环境的应用程序中看到这种实现。但是默认项目是一个很好的示例，可以将其作为初始学习的基石。

第一个示例运行起来之后，至少我们知道 Spring Security 已经就绪了。下一步是更改配置，使其适用于我们项目的需求。首先，我们将深入了解 Spring Boot 在 Spring Security 方面的配置，然后了解如何重写这些配置。

2.2　默认配置有哪些

本节将探讨整个架构中参与身份验证和授权过程的主要参与者。你需要了解这方面的内容，因为我们必须重写这些预配置的组件来满足应用程序的需求。首先将描述用于认证和授权的 Spring Security 架构是如何工作的，然后把它应用到本章的项目中。一下子讨论所有这些可能会太多，因此为了尽量减轻你在本章中的学习压力，本章将高度概述式地讨论每个组件。接下来的章节将详细介绍每一个组件。

2.1 节介绍了执行身份验证和授权的一些逻辑。其中有一个默认用户，每次启动应用程序时我们都会得到一个随机密码。可以使用这个默认的用户和密码来调用端点。但是这一逻辑是在哪里实现的呢？你可能已经知道，Spring Boot 会为我们设置一些组件，这取决于所使用的依赖项。

在图 2.2 中，可以看到 Spring Security 架构中主要参与者的总体概况以及它们之间的关系。这些组件在第一个项目中有一个预配置的实现。本章将讲解应用程序中 Spring Boot 在 Spring Security 方面的配置。本章还将探讨作为身份验证流程一部分的实体之间的关系。

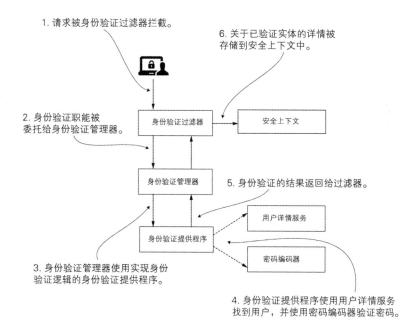

图 2.2　参与 Spring Security 身份验证过程中的主要组件以及它们之间的关系。这个架构代表了使用 Spring Security 实现身份验证的骨架主干。在讨论身份验证和授权的不同实现时，将在整本书中经常提到这个架构

在图 2.2 中，可以看出：

- 身份验证过滤器将身份验证请求委托给身份验证管理器，并根据响应配置安全上下文。
- 身份验证管理器使用身份验证提供程序处理身份验证。
- 身份验证提供程序实现了身份验证逻辑。
- 用户详情服务实现了用户管理职能，身份验证提供程序将在身份验证逻辑中使用该职能。
- 密码编码器实现了密码管理，身份验证提供程序将在身份验证逻辑中使用它。
- 安全上下文在身份验证过程结束后保留身份验证数据。

在后面几段内容中，将探讨这两个自动配置的 bean。

- UserDetailsService
- PasswordEncoder

也可以在图 2.2 中看到这两个 bean 的身影。身份验证提供程序会使用这两个 bean 查找用户并检查他们的密码。首先介绍提供身份验证所需凭据的方式。

使用 Spring Security 实现 UserDetailsService 契约的对象会管理关于用户的详细信息。到目前为止，我们使用的都是 Spring Boot 提供的默认实现。这个实现只在应用程序的内部内存中注册默认凭据。这些默认凭据就是具有默认密码的"user"，它是一个通用唯一标识符(UUID)。这个密码是在加载 Spring 上下文时随机生成的。此时，应用程序会将密码写入控制台，我们可以看到它。因此，可以在本章刚刚处理的示例中使用它。

这个默认的实现只是作为概念的证明，并允许我们查看依赖项是否就位。该实现将凭据存储在内存中——应用程序不持久化凭据。这种方法适用于示例或概念证明，但在可用于生产环境的应用程序中应避免使用它。

然后看看 PasswordEncoder。PasswordEncoder 承担着两个任务：

- 将密码进行编码。
- 验证密码是否与现有编码相匹配。

尽管不像 UserDetailsService 对象那样明显，但 PasswordEncoder 对于基本的身份验证流程也是必需的。最简单的实现是以纯文本方式管理密码，而不对这些密码进行编码。我们将在第 4 章详细探讨这个对象的实现。目前，你应该知道 PasswordEncoder 和默认的 UserDetailsService 是同时存在的。在替换 UserDetailsService 的默认实现时，还必须指定一个 PasswordEncoder。

在配置默认值时，Spring Boot 还选择了一种身份验证方法，即 HTTP Basic 访问身份验证。这是最简单明了的访问身份验证方法。Basic 身份验证只要求客户端通过 HTTP Authorization 头信息发送用户名和密码。在头信息的值中，客户端要附加前缀

Basic，后面还要加上包含用户名和密码的字符串的 Base64 编码，用冒号(:)分隔。

提示：

HTTP Basic 身份验证不提供凭据的保密性支持。Base64 只是一种方便传输的编码方法；它并非是加密或哈希方法。在传输过程中，如果被拦截，那么任何人都可以看到凭据。通常，我们不会使用 HTTP Basic 身份验证，除非至少使用了 HTTPS 提供保密性支持。可以在 RFC 7617 中阅读 HTTP Basic 的详细定义(https://tools.ietf.org/html/rfc7617)。

AuthenticationProvider 定义了身份验证逻辑，其中委托了用户和密码管理。AuthenticationProvider 的默认实现使用了为 UserDetailsService 和 PasswordEncoder 提供的默认实现。应用程序隐式地保护了所有端点。因此，在我们的示例中，唯一需要做的就是添加端点。而且，只有一个用户可以访问任何端点，因此可以说，在本示例中不必对授权做什么处理。

HTTP 与 HTTPS 对比

你可能已经注意到了，在之前的示例中，只使用了 HTTP。然而，在实践中，应用程序仅会通过 HTTPS 进行通信。对于本书中讨论的示例而言，无论使用 HTTP 还是 HTTPS，与 Spring Security 相关的配置都是相同的。为了让你能够专注于与 Spring Security 相关的示例，本书将不会为示例中的端点配置 HTTPS。但是，如果愿意，可以为这段补充内容中介绍的任何端点启用 HTTPS。

在系统中配置 HTTPS 有几种模式。某些情况下，开发人员会在应用程序级别配置 HTTPS；在其他情况下，他们可能会使用服务网格，或者他们可以选择在基础设施级别设置 HTTPS。使用 Spring Boot，就可以轻松地在应用程序级别启用 HTTPS，正如这段补充内容的下一个示例中将介绍的那样。

在所有这些配置场景中，都需要一个由证书颁发机构(CA)签名的证书。使用此证书，调用端点的客户端就会知道响应是否来自身份验证服务器，并且明白没有人拦截通信。可以购买这样的证书，但必须对其进行更新。如果只需要配置 HTTPS 来测试应用程序，则可以使用 OpenSSL 这样的工具生成自签名证书。接下来要生成一份自签名证书，然后在项目中配置它。

```
openssl req -newkey rsa:2048 -x509 -keyout key.pem -out cert.pem -days 365
```

在终端中运行 openssl 命令后，我们将被要求输入密码和 CA 的详细信息。由于它只是用于测试的自签名证书，因此可以在那里输入任何数据；只要记住密码就行了。该命令会输出两个文件：key.pem(私钥)和 cert.pem(公共证书)。我们将进一步使用这些文件来生成启用 HTTPS 的自签名证书。在大多数情况下，该证书都是 Public Key Cryptography Standards #12(PKCS12) 格式的。在很少的情况下，我们会使用 Java KeyStore(JKS) 格式。我们用 PKCS12 格式继续我们的示例。关于密码加密的精彩讨论，推荐你阅读 David Wong 撰著的 *Real-World Cryptography*(Manning，2020)。

```
openssl pkcs12 -export -in cert.pem -inkey key.pem -out certificate.p12
 -name "certificate"
```

我们使用的第二个命令会接收第一个命令生成的两个文件作为输入，并输出自签名证书。注意，如果在 Windows 系统的 Bash shell 中运行这些命令，可能需要在该命令之前添加 winpty，如下面的代码片段所示。

```
winpty openssl req -newkey rsa:2048 -x509 -keyout key.pem -out cert.pem
 -days 365
winpty openssl pkcs12 -export -in cert.pem -inkey key.pem -out
 certificate.p12 -name "certificate"
```

最后，有了自签名证书，就可以为端点配置 HTTPS。将 certificate.p12 文件复制到 Spring Boot 项目的 resources 文件夹中，并将以下代码行添加到 application.properties 文件中。

```
server.ssl.key-store-type=PKCS12
server.ssl.key-store=classpath:certificate.p12
server.ssl.key-store-password=12345   ←──── 密码的值是运行第二个命令生成
                                             PKCS12 证书文件时所指定的值
```

运行生成证书的命令后，提示符会请求密码(在本示例中是 12345)。这就是在命令中看不到它的原因。现在添加一个测试端点到我们的应用程序，然后使用 HTTPS 调用它。

```
@RestController
public class HelloController {

    @GetMapping("/hello")
    public String hello() {
        return "Hello!";
    }

}
```

如果使用自签名证书，则应该配置用于进行端点调用的工具，以便它可以跳过证书的真实性验证。如果该工具对证书的真实性进行验证，它将无法识别证书的真实性，调用也就无法执行。使用 cURL，就可以使用-k 选项跳过证书的真实性验证。

```
curl -k https://localhost:8080/hello!
```

该调用的响应是：

```
Hello!
```

请记住，即使使用了 HTTPS，系统组件之间的通信也不是无懈可击的。我多次听到人们说，"我不再加密了，我使用 HTTPS！"虽然 HTTPS 有助于保护通信，但它只是系统安全性的一小部分而已。我们要始终以负责任的态度对待系统的安全性，并且要关注其中涉及的所有层。

2.3　重写默认配置

现在我们已经知道了第一个项目的默认配置，接下来看看如何替换它们。我们需要了解重写默认组件的选项，因为这是插入自定义实现并应用适合应用程序的安全性的方法。并且，正如接下来将介绍的，开发过程还涉及如何编写配置以保持应用程序的高度可维护性。在我们将要进行的项目中，常常可以采用多种方法重写配置。这种灵活性会造成混乱。经常出现的情况是，在同一个应用程序中混合使用不同风格的 Spring Security 的不同部分的配置，这是不可取的。因此，对于这种灵活性需要慎重。我们需要学习如何从这些选项中做出选择，因此本节介绍我们面临哪些选项。

在某些情况下，开发人员会选择使用 Spring 上下文中的 bean 进行配置。在其他情况下，他们会出于相同的目的而重写各种方法。Spring 生态系统演化的速度可能是产生这么多种不同方法的主要因素之一。使用混合方式配置项目是不可取的，因为这会使代码难以理解，并影响应用程序的可维护性。了解我们可用的选项以及如何使用它们是一项很有价值的技能，它可以帮助我们更好地理解应该如何在项目中配置应用程序级别的安全性。

本节将介绍如何配置 UserDetailsService 和 PasswordEncoder。这两个组件参与身份验证的处理，大多数应用程序都会根据其需求对它们进行自定义。虽然第 3 章和第 4 章将讨论自定义这两个组件的细节，但了解如何插入自定义实现也是很重要的。本章所使用的实现都是由 Spring Security 提供的。

2.3.1　重写 UserDetailsService 组件

本章将探讨的第一个组件就是 UserDetailsService。如之前所述，应用程序在身份验证过程中会使用此组件。本节将讲解如何定义 UserDetailsService 类型的自定义 bean。这样做是为了重写 Spring Security 提供的默认项。正如第 3 章将介绍的更多细节，我们可以选择创建自己的实现，或者使用 Spring Security 提供的预定义实现。本章不打算详细介绍 Spring Security 提供的实现，也不打算创建我们自己的实现。此处将使用 Spring Security 提供的一个名为 InMemoryUserDetailsManager 的实现。通过这个示例，你将了解如何将这类对象插入架构中。

提示：

Java 中的接口定义了对象之间的契约。在应用程序的类设计中，我们使用接口解耦彼此依赖的对象。本书在讨论这些接口时，为了强化这一接口特性，主要会将它们称为契约。

为了向你展示如何用所选择的实现重写此组件的方法，我们将对第一个示例进行修改。这样就可以拥有自己管理的凭据并将其用于身份验证。对于该示例，我们不会实现类，但需要使用 Spring Security 提供的实现。

本示例使用了 InMemoryUserDetailsManager 实现。尽管这个实现稍稍超出了 UserDetailsService 本身，但目前我们只从 UserDetailsService 的角度看待它。这个实现会将凭据存储在内存中，然后 Spring Security 可以使用这些凭据对请求进行身份验证。

提示：

InMemoryUserDetailsManager 实现并不适用于生产环境下的应用程序，但它是用于示例或概念证明的优秀工具。在某些情况下，我们所需要的只是用户。我们不需要花时间实现这部分功能。在这里的示例中，我们使用它理解如何重写默认的 UserDetailsService 实现。

首先定义一个配置类。通常，我们会在一个名为 config 的单独包中声明配置类。代码清单 2.3 显示了 configuration 类的定义。也可以在项目 ssia-ch2-ex2 中找到该示例。

提示：

本书中的例子是使用 Java 11 设计的，它是最新的长期受支持的 Java 版本。基于这个原因，期望越来越多的生产环境应用程序使用 Java 11。所以在本书的示例中使用这个版本是很有意义的。

有时代码中会使用 var。Java 10 引入了保留类型名 var，但只能将其用于局部声明。在本书中，使用 var 可以让语法更简洁，并且可以隐藏变量类型。我们将在后面的章节中讨论 var 所隐藏的类型，所以在正确分析它之前，不必考虑其类型。

代码清单 2.3　用于 UserDetailsService bean 的配置类

```
                          @Configuration 注解会将
                          类标记为一个配置类
@Configuration  ◁──────
public class ProjectConfig {

                                           @Bean 注解会指示 Spring 将返回
  @Bean                                    值添加为 Spring 上下文中的 bean
  public UserDetailsService userDetailsService() {  ◁──────
    var userDetailsService =
        new InMemoryUserDetailsManager();  ◁────  var 关键字会让语法更简洁并且
                                                  隐藏一些细节
    return userDetailsService;
  }
}
```

使用@Configuration 注解这个类。@Bean 注解会指示 Spring 将方法返回的实例添加到 Spring 上下文。如果完全按照目前的方式执行代码，将不会在控制台中看到自动生成的密码。目前应用程序使用了添加到上下文中的 UserDetailsService 类型的实例，而不是默认的自动配置实例。但是，与此同时，我们将不能再访问端点了，原因如下。

● 还没有任何用户。

● 还没有 PasswordEncoder。

在图 2.2 中，可以看到身份验证还依赖于 PasswordEncoder。让我们逐步解决这两个问题。我们需要：

(1) 至少创建一个具有一组凭据(用户名和密码)的用户。

(2) 添加要由 UserDetailsService 实现管理的用户。

(3) 定义一个 PasswordEncoder 类型的 bean，应用程序可以使用它验证为 UserDetailsService 存储和管理的用户所指定的密码。

首先，需要声明并且添加一组凭据，用于对 InMemoryUserDetailsManager 的实例进行身份验证。第 3 章将更多地讨论用户以及如何管理他们。现在，让我们使用一个预定义的构建器创建 UserDetails 类型的对象。

在构建实例时，必须提供用户名、密码和至少一个权限。权限是该用户被允许执行的操作，为此可以使用任意字符串。代码清单 2.4 将权限命名为 read，但由于暂时不使用这个权限，因此这个名称并不重要。

代码清单 2.4 使用 User 构造类创建用于 UserDetailsService 的用户

```
@Configuration
public class ProjectConfig {

    @Bean
    public UserDetailsService userDetailsService() {
        var userDetailsService =
            new InMemoryUserDetailsManager();

        var user = User.withUsername("john")          使用指定用户名、
                .password("12345")                     密码和权限列表
                .authorities("read")                   构建用户
                .build();

        userDetailsService.createUser(user);

        return userDetailsService;        ◄──── 添加要被 UserDetailsService
    }                                            管理的用户
}
```

提示:

可以在 org.springframework.security.core.userdetails 包中找到 User 这个类。它是用于创建代表用户的对象的构造器实现。另外,作为本书的通用规则,如果没有在代码清单中说明如何编写类,则意味着 Spring Security 已经提供了它。

如代码清单 2.4 所示,我们必须为用户名提供一个值、为密码提供一个值,并且至少为权限也提供一个值。但这仍然不足以让我们调用端点。还需要声明一个PasswordEncoder。

在使用默认的 UserDetailsService 时,PasswordEncoder 也会自动配置。因为我们重写了 UserDetailsService,所以还必须声明一个 PasswordEncoder。现在尝试执行这个示例,你将在调用端点时看到一个异常。当尝试进行身份验证时,Spring Security 会意识到它不知道如何管理密码并且出错。在下一个代码片段中,该异常看起来会像这样,应用程序的控制台应该会显示该异常。客户端将返回一条 HTTP 401 Unauthorized 的消息和一个空的响应体。

```
curl -u john:12345 http://localhost:8080/hello
```

在应用程序控制台中，该调用的结果如下。

```
java.lang.IllegalArgumentException: There is no PasswordEncoder mapped
  ➡for the id "null"
   at org.springframework.security.crypto.password
      ➡.DelegatingPasswordEncoder$UnmappedIdPasswordEncoder
      ➡.matches(DelegatingPasswordEncoder.java:244)
      ➡~[spring-security-core-5.1.6.RELEASE.jar:5.1.6.RELEASE]
```

要解决这个问题，可以在上下文中添加一个 PasswordEncoder bean，就像我们对 UserDetailsService 所做的处理一样。对于这个 bean，需要使用 PasswordEncoder 的现有实现。

```
@Bean
public PasswordEncoder passwordEncoder() {
  return NoOpPasswordEncoder.getInstance();
}
```

提示：

NoOpPasswordEncoder 实例会将密码视为普通文本。它不会对密码进行加密或者哈希操作。为了进行匹配，NoOpPasswordEncoder 只会使用 String 类的底层 equals(Object o)方法来比较字符串。不应在一个可用于生产环境的应用程序中使用这类 PasswordEncoder。对于那些我们不希望关注密码的哈希算法的示例而言，NoOpPasswordEncoder 是一个很好的选择。因此，这个类的开发人员要将其标记为 @Deprecated，我们的开发环境将用删除线显示其名称。

可以在代码清单 2.5 中看到该配置类的完整代码。

代码清单 2.5　该配置类的完整定义

```
@Configuration
public class ProjectConfig {

  @Bean
  public UserDetailsService userDetailsService() {
    var userDetailsService = new InMemoryUserDetailsManager();

    var user = User.withUsername("john")
            .password("12345")
            .authorities("read")
            .build();
```

```
    userDetailsService.createUser(user);

    return userDetailsService;
}

@Bean
public PasswordEncoder passwordEncoder() {
    return NoOpPasswordEncoder.getInstance();
}
}
```

一个使用@Bean 注解的新方法，用于向上下文添加一个 PasswordEncoder

现在使用用户名为 john、密码为 12345 的新用户尝试访问该端点。

```
curl -u john:12345 http://localhost:8080/hello
Hello!
```

提示：

如果清楚单元测试和集成测试的重要性，那么有些读者可能已经想知道为什么不为示例编写测试代码。本书提供的所有示例中都包含相关的 Spring Security 集成测试。不过，为了帮助你专注于每章所讲解的主题，本书会将关于 Spring Security 集成测试的讨论分开进行讲解，并且将在第 20 章进行详细介绍。

2.3.2　重写端点授权配置

有了新的用户管理，如 2.3.1 节所述，现在就可以讨论端点的身份验证方法和配置。在第 7~9 章，将探讨大量有关授权配置的内容。但在深入细节之前，我们必须了解全局。最好的方法就是使用第一个示例进行理解。使用默认配置时，所有端点都会假定有一个由应用程序管理的有效用户。此外，在默认情况下，应用程序会使用 HTTP Basic 身份验证作为授权方法，但我们可以轻松地重写该配置。

正如下一章将介绍的，HTTP Basic 身份验证并不适用于大多数应用程序架构。有时我们希望修改它以适配我们的应用程序。同样，也并非应用程序的所有端点都需要被保护，对于那些需要保护的端点，可能需要选择不同的授权规则。要进行这样的更改，首先需要扩展 WebSecurityConfigurerAdapter 类。扩展这个类使得我们可以重写 configure(HttpSecurity http)方法，如代码清单 2.6 所示。本示例将继续在项目 ssia-ch2-ex2 中编写代码。

代码清单 2.6　扩展 WebSecurityConfigurerAdapter

```
@Configuration
public class ProjectConfig
  extends WebSecurityConfigurerAdapter {

  // Omitted code

  @Override
  protected void configure(HttpSecurity http) throws Exception {
    // ...
  }
}
```

然后，可以使用 HttpSecurity 对象的不同方法更改配置，如代码清单 2.7 所示。

代码清单 2.7　使用 HttpSecurity 参数修改配置

```
@Configuration
public class ProjectConfig
  extends WebSecurityConfigurerAdapter {
  // Omitted code

  @Override
  protected void configure(HttpSecurity http) throws Exception {
    http.httpBasic();
     http.authorizeRequests()
         .anyRequest().authenticated();          所有请求都需要身
  }                                               份验证
}
```

代码清单 2.7 所示的代码会将端点授权行为配置为与默认授权行为相同。可以再次调用端点，以查看它的行为与 2.3.1 节中的上一个测试是否相同。只需要稍作更改，就可以使所有端点都可被访问，而不需要凭据。在代码清单 2.8 中，将展示如何做到这一点。

代码清单 2.8　使用 permitAll() 修改授权配置

```
@Configuration
public class ProjectConfig extends WebSecurityConfigurerAdapter {

  // Omitted code
```

```
@Override
protected void configure(HttpSecurity http) throws Exception {
  http.httpBasic();
  http.authorizeRequests()
      .anyRequest().permitAll();
}
}
```

这些请求都不需要
身份验证

现在，可以调用/hello 端点而不需要凭据。配置中的 permitAll()调用以及
anyRequest()方法会使所有端点都可以访问，而无凭据。

```
curl http://localhost:8080/hello
```

该调用的响应体是：

```
Hello!
```

此示例的目的是让你感受如何重写默认配置。第 7 章和第 8 章将详细介绍授权。

2.3.3　以不同方式设置配置

使用 Spring Security 创建配置的一个令人困惑的方面是，有多种方式可以进行相
同的配置。本节将介绍配置 UserDetailsService 和 PasswordEncoder 的替代方案。了解
所拥有的选项是非常重要的，这样就可以在本书或其他来源(比如博客和文章)的示例
中识别这些选项。理解如何以及何时在应用程序中使用这些选项也很重要。后续章节
将列举扩展本节所做处理的不同示例。

我们来看第一个项目。在创建了默认应用程序之后，通过在 Spring 上下文中添加
新的实现作为 bean 来重写 UserDetailsService 和 PasswordEncoder。现在来看另一种为
UserDetailsService 和 PasswordEncoder 做相同配置的方法。

在配置类中，相较于将这两个对象定义为 bean，这次我们要通过
configure(AuthenticationManagerBuilder auth)方法设置它们。需要从 WebSecurity-
ConfigurerAdapter 类重写此方法，并使用其类型为 AuthenticationManagerBuilder 的参
数来设置 UserDetailsService 和 PasswordEncoder，如代码清单 2.9 所示。可以在项目
ssia-ch2-ex3 中找到这个示例。

代码清单 2.9　在 configure()中设置 UserDetailsService 和 PasswordEncoder

```
@Configuration
public class ProjectConfig
    extends WebSecurityConfigurerAdapter {

  // Omitted code

  @Override
  protected void configure(
      AuthenticationManagerBuilder auth)
        throws Exception {
   var userDetailsService =
       new InMemoryUserDetailsManager();    ◁——— 声明 UserDetailsService，以便
                                                  将用户存储在内存中

   var user = User.withUsername("john")
              .password("12345")            定义具有所有
              .authorities("read")          详情的用户
              .build();

      userDetailsService.createUser(user);  ◁——— 添加该用户以便让
                                                  UserDetailsSevice 对其进行管理

      auth.userDetailsService(userDetailsService)   ◁—
        .passwordEncoder(NoOpPasswordEncoder.getInstance());
  }                         UserDetailsService 和 PasswordEncoder 现在
}                           是在 configure()方法中设置的
```

在代码清单 2.9 中，可以看到使用了与代码清单 2.5 相同的方式声明 UserDetailsService。不同之处在于，现在这是在第二个重写方法的内部本地完成的。我们还从 AuthenticationManagerBuilder 处调用了 userDetailsService()方法来注册 userDetailsService 实例。此外，还调用了 passwordEncoder() 方法来注册 PasswordEncoder。代码清单 2.10 显示了该配置类的全部内容。

提示：

WebSecurityConfigurerAdapter 类包含 3 个不同的重写的 configure()方法。代码清单 2.9 中重写了一个与代码清单 2.8 不同的方法。在下一章中，我们将更详细地讨论这三者。

代码清单 2.10　该配置类的完整定义

```
@Configuration
public class ProjectConfig extends WebSecurityConfigurerAdapter {

  @Override
  protected void configure
➡ (AuthenticationManagerBuilder auth) throws Exception {
    var userDetailsService =
            new InMemoryUserDetailsManager();        创建
                                                    InMemoryUserDetails-
                                                    Manager()的实例

    var user = User.withUsername("john")
          .password("12345")
          .authorities("read")                      创建一个新
          .build();                                 用户


        userDetailsService.createUser(user);        添加该用户以便让
                                                    UserDetailsService 对
                                                    其进行管理

    auth.userDetailsService(userDetailsService)
      .passwordEncoder(                             配置
         NoOpPasswordEncoder.getInstance());        UserDetailsService 和
                                                    PasswordEncoder
  }


  @Override
  protected void configure(HttpSecurity http) throws Exception {
    http.httpBasic();
    http.authorizeRequests()
         .anyRequest().authenticated();             指定所有的请求都需
  }                                                 要经过身份验证
}
```

　　这些配置选项都是正确的。在第一个选项中，我们将 bean 添加到了上下文，以便可以将值注入可能需要它们的另一个类中。但如果实际情况不需要那样做，第二个选项也同样不错。但是，还是建议你避免混合配置，因为它可能会造成混淆。例如，代码清单 2.11 中的代码可能会让我们想知道 UserDetailsService 和 PasswordEncoder 之间的联系在哪里。

代码清单 2.11　混合配置方式

```
@Configuration
public class ProjectConfig
    extends WebSecurityConfigurerAdapter {

    @Bean
    public PasswordEncoder passwordEncoder() {
        return NoOpPasswordEncoder.getInstance();
    }
```

将 PasswordEncoder
设计为一个 bean

```
    @Override
    protected void configure
    (AuthenticationManagerBuilder auth) throws Exception {
        var userDetailsService = new InMemoryUserDetailsManager();

        var user = User.withUsername("john")
                    .password("12345")
                    .authorities("read")
                    .build();

        userDetailsService.createUser(user);

        auth.userDetailsService(userDetailsService);
    }
```

直接在 configure()
方法中配置
userDetailsService

```
    @Override
    protected void configure(HttpSecurity http) throws Exception {
        http.httpBasic();
        http.authorizeRequests()
            .anyRequest().authenticated();
    }
}
```

　　从功能上讲，代码清单 2.11 的代码可以良好运行，但是要再次建议你避免将这两种方法混合使用，以保持代码干净并且更易于理解。使用 AuthenticationManagerBuilder，就可以直接配置用于身份验证的用户。在本示例中，它会为我们创建 UserDetailsService。然而，其语法会变得更加复杂，并且可能会被认为难以理解。我多次看到过这种选择，即使是在可用于生产环境的系统中。

这个示例可能看起来不错，因为我们使用了内存方法配置用户。但在生产环境的应用程序中，情况并非如此。在生产环境中，可能将用户存储在数据库中，或者从另一个系统访问他们。这种情况下，配置可能会变得非常长且难看。代码清单 2.12 显示了为内存中的用户编写配置的方法。这个示例应用于项目 ssia-ch2-ex4 中。

代码清单 2.12　配置内存中用户的管理

```
@Override
protected void configure
➥(AuthenticationManagerBuilder auth) throws Exception {
  auth.inMemoryAuthentication()
      .withUser("john")
      .password("12345")
      .authorities("read")
  .and()
      .passwordEncoder(NoOpPasswordEncoder.getInstance());
}
```

一般来说，我们并不推荐这种方法，因为更好的做法是在应用程序中以尽可能解耦的方式分离和编写职责。

2.3.4　重写 AuthenticationProvider 实现

如你所见，Spring Security 组件提供了很大的灵活性，这为我们在将这些组件适用于应用程序的架构时提供了许多选项。到目前为止，你已经了解了 UserDetailsService 和 PasswordEncoder 在 Spring Security 架构中的用途。你看到了几种配置它们的方法。接下来将介绍，我们也可以对委托给这两个组件的组件进行自定义，即 AuthenticationProvider。

图 2.3 展示了 AuthenticationProvider，它实现了身份验证逻辑并且委托给 UserDetailsService 和 PasswordEncoder 以便进行用户和密码管理。因此在本节中，我们将进一步深入探讨身份验证和授权架构，以便了解如何使用 AuthenticationProvider 实现自定义身份验证逻辑。

由于这是第一个示例，因此这里只进行了概要的介绍，以便你更好地理解架构中组件之间的关系。但我们将在第 3~5 章进行详细介绍。在这些章节中将实现 AuthenticationProvider，并且在本书的第 6 章还有一个更重要的练习，即第一个"动手实践"部分。

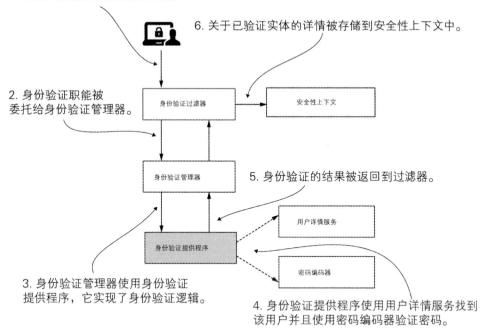

1. 该请求被身份验证过滤器拦截。

6. 关于已验证实体的详情被存储到安全性上下文中。

2. 身份验证职能被委托给身份验证管理器。

5. 身份验证的结果被返回到过滤器。

3. 身份验证管理器使用身份验证提供程序，它实现了身份验证逻辑。

4. 身份验证提供程序使用用户详情服务找到该用户并且使用密码编码器验证密码。

图 2.3　AuthenticationProvider 会实现身份验证逻辑。它接收来自 AuthenticationManager 的请求，并将查找用户的任务委托给 UserDetailsService，然后验证 PasswordEncoder 接收到的密码

　　建议你遵循 Spring　Security 架构中设计的职能。此架构与细粒度的职能是松耦合的。这种设计是使 Spring　Security 变得灵活且易于集成到应用程序中的原因之一。不过，根据我们利用它的灵活性的方式的不同，我们也可以更改其设计。必须小心使用这些方法，因为它们会使解决方案复杂化。例如，我们可以选择以不再需要 UserDetailsService 或 PasswordEncoder 的方式重写默认的 AuthenticationProvider。基于此，代码清单 2.13 展示了如何创建自定义身份验证提供程序。可以在项目 ssia-ch2-ex5 中找到这个示例。

代码清单 2.13　实现 AuthenticationProvider 接口

```java
@Component
public class CustomAuthenticationProvider
➥implements AuthenticationProvider {

    @Override
    public Authentication authenticate
    ➥(Authentication authentication) throws AuthenticationException {
```

```
    // authentication logic here
}

@Override
public boolean supports(Class<?> authenticationType) {

    // type of the Authentication implementation here
}
}
```

　　authenticate(Authentication authentication)方法表示所有用于身份验证的逻辑，因此
我们将像代码清单2.14中那样添加一个实现。第5章将详细解释supports()方法的用法。
就目前而言，建议你将其实现视为理所当然的。对于当前的示例，它不是必需的。

代码清单2.14　实现身份验证逻辑

```
@Override
public Authentication authenticate
➥(Authentication authentication)
  throws AuthenticationException {                    getName()方法被
                                                      Authentication 从 Principal
                                                      接口处继承
  String username = authentication.getName();    ◁─┘
  String password = String.valueOf(authentication.getCredentials());

  if ("john".equals(username) &&
        "12345".equals(password)) {             ◁───   这个条件通常会调用
                                                        UserDetailsService 和
                                                        PasswordEncoder 用来测
    return new UsernamePasswordAuthenticationToken      试用户名和密码
    ➥(username, password, Arrays.asList());
  } else {
    throw new AuthenticationCredentialsNotFoundException
    ➥("Error in authentication!");
  }
}
```

　　如你所见，在此处 if-else 子句的条件替换了 UserDetailsService 和 PasswordEncoder
的职能。这里不需要使用这两个 bean，但如果使用用户和密码进行身份验证，则强烈
建议将它们的管理逻辑分开。即使在重写身份验证实现时，也要像 Spring Security 架
构所设计的那样应用它。

你可能会发现，通过实现我们自己的 AuthenticationProvider 来替换身份验证逻辑是很有用的。如果默认实现不能完全满足应用程序的需求，则可以选择实现自定义身份验证逻辑。完整的 AuthenticationProvider 实现类似于代码清单 2.15 中的实现。

代码清单 2.15　身份验证提供程序的完整实现

```
@Component
public class CustomAuthenticationProvider
➡implements AuthenticationProvider {

  @Override
  public Authentication authenticate
  ➡(Authentication authentication)
     throws AuthenticationException {

     String username = authentication.getName();
     String password = String.valueOf(authentication.
getCredentials());

     if ("john".equals(username) &&
         "12345".equals(password)) {
     return new UsernamePasswordAuthenticationToken
       ➡(username, password, Arrays.asList());
  } else {
     throw new AuthenticationCredentialsNotFoundException("Error!");
    }
  }

  @Override
  public boolean supports(Class<?> authenticationType) {
     return UsernamePasswordAuthenticationToken.class
                 .isAssignableFrom(authenticationType);
  }
}
```

在该配置类中，可以在代码清单 2.16 所示的 configure(AuthenticationManagerBuilder auth)方法中注册 AuthenticationProvider。

代码清单 2.16　注册 AuthenticationProvider 的新实现

```
@Configuration
```

```
public class ProjectConfig extends WebSecurityConfigurerAdapter {

  @Autowired
  private CustomAuthenticationProvider authenticationProvider;

  @Override
  protected void configure(AuthenticationManagerBuilder auth) {
    auth.authenticationProvider(authenticationProvider);
  }

  @Override
  protected void configure(HttpSecurity http) throws Exception {
    http.httpBasic();
    http.authorizeRequests().anyRequest().authenticated();
  }
}
```

现在可以调用该端点，只有由认证逻辑定义的被识别用户——John，并且使用密码 12345 才能访问该端点。

```
curl -u john:12345 http://localhost:8080/hello
```

其响应体是：

```
Hello!
```

第 5 章将介绍更多关于 AuthenticationProvider 的细节，以及如何重写它在身份验证过程中的行为。在第 5 章，我们还将讨论 Authentication 接口及其实现，比如 UserPasswordAuthenticationToken。

2.3.5 在项目中使用多个配置类

在前面实现的示例中只使用了一个配置类。然而，即使对于配置类而言，职责分离也是一种很好的实践。我们需要这种分离，因为配置开始变得更加复杂。在可用于生产环境的应用程序中，可能会比第一个示例中具有更多的声明。我们可能还会发现，使用多个配置类以使项目具有可读性是很有用的。

每个职能只有一个类总是一个好的实践。对于本示例而言，可以将用户管理配置与授权配置分开。可以通过定义两个配置类实现这一点：UserManagementConfig(代码清单 2.17 中定义)和 WebAuthorizationConfig(代码清单 2.18 中定义)。可以在项目

ssia-ch2-ex6 中找到这个示例。

代码清单 2.17　定义用于用户和密码管理的配置类

```
@Configuration
public class UserManagementConfig {

  @Bean
  public UserDetailsService userDetailsService() {
    var userDetailsService = new InMemoryUserDetailsManager();

    var user = User.withUsername("john")
                .password("12345")
                .authorities("read")
                .build();

    userDetailsService.createUser(user);
    return userDetailsService;
  }

  @Bean
  public PasswordEncoder passwordEncoder() {
      return NoOpPasswordEncoder.getInstance();
  }
}
```

在本示例中，UserManagementConfig 类只包含负责用户管理的两个 bean：
UserDetailsService 和 PasswordEncoder。此处将这两个对象配置为 bean，是因为这个类
不能扩展 WebSecurityConfigurerAdapter。代码清单 2.18 显示了这一定义。

代码清单 2.18　定义用于授权管理的配置类

```
@Configuration
public class WebAuthorizationConfig extends
WebSecurityConfigurerAdapter {

  @Override
  protected void configure(HttpSecurity http) throws Exception {
    http.httpBasic();
    http.authorizeRequests().anyRequest().authenticated();
  }
}
```

此处的 WebAuthorizationConfig 类需要扩展 WebSecurityConfigurerAdapter 并重写 configure(HttpSecurity http)方法。

提示：

在这种情况下，不能让两个类都扩展 WebSecurityConfigurerAdapter。如果这样做，依赖注入将失败。可以通过使用@Order 注解设置注入的优先级来解决依赖注入的问题。但是，从功能上讲，这是行不通的，因为配置会相互排除而不是合并。

2.4　本章小结

- 在将 Spring Security 添加到应用程序的依赖项时，Spring Boot 提供了一些默认配置。

- 实现身份验证和授权的基本组件：UserDetailsService、PasswordEncoder 和 AuthenticationProvider。

- 可以使用 User 类定义用户。用户至少应该具有用户名、密码和权限。权限就是允许用户在应用程序上下文中执行的操作。

- Spring Security 提供的 UserDetailsService 的一个简单实现是 InMemoryUser-DetailsManager。可以将用户添加到这样的 UserDetailsService 实例中，以便在应用程序内存中管理用户。

- NoOpPasswordEncoder 是 PasswordEncoder 契约的一个实现，它使用明文形式的密码。这种实现对于学习示例和(可能的)概念证明很有帮助，但不适用于可用于生产环境的应用程序。

- 可以使用 AuthenticationProvider 契约在应用程序中实现自定义身份验证逻辑。

- 编写配置的方法有很多种，但在单个应用程序中，应该选择并坚持使用一种方法。这有助于使代码更干净且更易于理解。

实　现

在第 I 部分中，我们讨论了安全性的重要性，以及如何使用 Spring Security 作为依赖项来创建 Spring Boot 项目。我们还探讨了身份验证的基本组件。现在我们有了一个很好的起点。

第 II 部分构成了这本书的大部分内容。我们将深入研究在应用程序开发中如何使用 Spring Security。其中将详细介绍每个 Spring Security 组件，并讨论在开发实际的应用程序时所需要了解的不同方法。在第 II 部分中，将介绍在使用 Spring Security 的应用程序中开发安全特性需要了解的所有内容，其中包括大量的示例项目和两个实践练习。这一部分将引导你了解多个主题的知识，从基础知识到 OAuth 2 的使用，从使用命令式编程保护应用程序到在反应式应用程序中应用安全性。将确保所讨论的内容与作者在使用 Spring Security 的经验中所学到的知识相结合。

第 3 和第 4 章将介绍自定义用户管理和如何处理密码。许多情况下，应用程序依赖凭据对用户进行身份验证。基于这个原因，讨论用户凭据的管理就会打开进一步探讨身份验证和授权的大门。第 5 章将继续自定义身份验证逻辑。在第 6~11 章中，我们将讨论与授权相关的组件。在所有这些章节中，将讲解如何处理基本元素，比如用户详细信息管理器、密码编码器、身份验证提供程序和过滤器。了解如何应用这些组件并正确地理解它们，可以帮助我们应对实际场景中所面临的安全性需求。

如今，许多应用，特别是部署在云端的系统，都通过 OAuth 2 规范实现身份验证和授权。第 12~15 章将介绍如何使用 Spring Security 在 OAuth 2 应用程序中实现身份验证和授权。第 16 和 17 章将讨论如何在方法层面上应用授权规则。这一方式使我们能够在非 Web 应用程序中使用所学到的 Spring Security 知识。它还为我们在 Web 应用程序中应用限制条件提供了更大的灵活性。第 19 章将讲解如何将 Spring Security 应用到反应式应用程序中。而且，由于测试是开发过程的必经环节，所以在第 20 章中，将介绍如何为安全性实现编写集成测试。

在整个第 II 部分中，某些章节将使用一种不同的方式处理我们手头的主题。在这些章节的每一章中，我们都将研究一个需求，它有助于更新我们所学到的知识，理解我们所讨论的更多主题是如何结合在一起的，并理解用于处理新任务的应用程序。本书将这些章节称为"动手实践"章节。

第3章

管 理 用 户

本章内容

- 使用 UserDetails 接口描述一个用户
- 在身份验证流程中使用 UserDetailsService
- 创建 UserDetailsService 的一个自定义实现
- 创建 UserDetailsManager 的一个自定义实现
- 在身份验证流程中使用 JdbcUserDetailsManager

我在大学有个同事的菜做得很好。他不是高级餐厅的厨师，但他对烹饪有热情。有一天，在一次思想讨论会上，我问他是怎么记住那么多菜谱的。他告诉我这很容易。"你不需要记住整个食谱，但要记住基本食材搭配的方式。这就像现实世界中的一些契约，它们会告诉你什么可以混合，什么不应该混合。然后对于每个食谱，你只需要记得一些技巧即可。"

这个类比类似于架构运作的方式。对于任何健壮的框架而言，我们都要使用契约将框架的实现与构建在其上的应用程序解耦。在 Java 中，我们使用接口定义契约。程序员就像一个厨师，知道各种材料如何共同"协作"以便选择正确的"实现"。程序员知道框架的抽象并使用它们与之集成。

本章将让你详细理解第 2 章处理过的首个示例中所遇到的一个基本角色——UserDetailsService。除了 UserDetailsService，本章还将讨论：

- UserDetails，它会描述 Spring Security 的用户。
- GrantedAuthority，它允许我们定义用户可以执行的操作。
- UserDetailsManager，它扩展了 UserDetailsService 契约。除了所继承的行为之外，它还描述了像创建用户和修改或删除用户密码这样的操作。

在第 2 章中，我们已经对 UserDetailsService 和 PasswordEncoder 在身份验证过程中的角色有了大致的了解。但是其中仅讨论了如何插入所定义的实例，而不是使用 Spring Boot 配置的默认实例。另外还有更多细节要讨论：

- Spring Security 提供了哪些实现以及如何使用它们。
- 如何为契约定义一个自定义实现以及何时需要这样做。
- 真实应用程序中使用的实现接口的方式。
- 使用这些接口的最佳实践。

本章首先介绍 Spring Security 如何理解用户定义。为此，我们将讨论 UserDetails 和 GrantedAuthority 契约。然后将详细说明 UserDetailsService 和 UserDetailsManager 如何扩展这个契约。之后要为这些接口应用实现(如 InMemoryUserDetailsManager、JdbcUserDetailsManager 和 LdapUserDetailsManager)。当这些实现不是很适合我们的系统时，则可以编写一个自定义实现。

3.1　在 Spring Security 中实现身份验证

第 2 章初步介绍了 Spring Security。在第一个示例中，我们探讨了 Spring Boot 如何定义一些默认值，这些默认值定义了新应用程序初始化运行的方式。还介绍了如何使用经常在应用程序中发现的各种替代方法重写这些默认值。但之前只考虑了这些任务的表层处理，以便你对于要做的处理能够有个概念。在本章以及第 4 章和第 5 章中，我们将更详细地讨论这些接口及其不同的实现，以及在实际应用程序中它们所处的位置。

图 3.1 展示了 Spring Security 中的身份验证流程。这个架构是 Spring Security 实现的身份验证过程的支柱。理解它很重要，因为我们在任何 Spring Security 实现中都要依赖它。几乎在本书的所有章节中都讨论了这个架构的部分内容。由于将经常看到该架构，因此你很可能会牢记它，这是很好的事情。如果了解了这个架构，我们就会像一个厨师一样知道它们的原材料，并且可以组合出任何食谱。

在图 3.1 中，阴影框表示首先要处理的组件：UserDetailsService 和 PasswordEncoder。这两个组件主要关注流程的部分，通常将其称为"用户管理部分"。在本章中，UserDetailsService 和 PasswordEncoder 是直接处理用户详细信息及其凭据的组件。第 4 章将详细讨论 PasswordEncoder；本书还会详细介绍可以在身份验证流程中自定义的其他组件；第 5 章将研究 AuthenticationProvider 和 SecurityContext；第 9 章将研究过滤器。

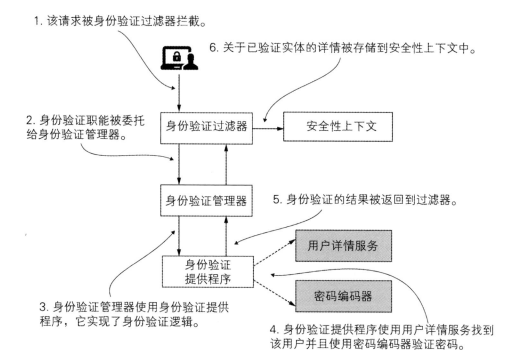

1. 该请求被身份验证过滤器拦截。

6. 关于已验证实体的详情被存储到安全性上下文中。

2. 身份验证职能被委托给身份验证管理器。

3. 身份验证管理器使用身份验证提供程序，它实现了身份验证逻辑。

5. 身份验证的结果被返回到过滤器。

4. 身份验证提供程序使用用户详情服务找到该用户并且使用密码编码器验证密码。

图 3.1　Spring Security 的身份验证流程。AuthenticationFilter 拦截请求并将身份验证职能委托给 AuthenticationManager。为了实现身份验证逻辑，AuthenticationManager 会使用身份验证提供程序。

为了检查用户名和密码，AuthenticationProvider 会使用 UserDetailsService 和 PasswordEncoder

　　作为用户管理的一部分，我们使用了 UserDetailsService 和 UserDetailsManager 接口。UserDetailsService 只负责按用户名检索用户。此操作是框架完成身份验证所需的唯一操作。UserDetailsManager 添加了指向添加、修改或删除用户的行为，这是大多数应用程序中必需的功能。两个契约之间的分离是接口分离原则的一个很好的例子。分离接口可以提供更好的灵活性，因为框架不会强迫我们在应用程序不需要的时候实现行为。如果应用程序只需要验证用户，那么实现 UserDetailsService 契约就足以覆盖所需的功能。要管理用户，UserDetailsService 和 UserDetailsManager 组件需要一种方法表示它们。

　　Spring Security 提供了 UserDetails 契约，我们必须实现它以便用框架理解的方式描述用户。正如本章将介绍的，在 Spring Security 中，用户拥有一组权限，这些权限就是用户被允许执行的操作。在第 7 和第 8 章中讨论授权时，我们将详细讨论这些权限。不过目前，Spring Security 表示的就是用户可以使用 GrantedAuthority 接口所执行的操作。我们通常称这些可以执行的操作为权限，用户具有一个或多个权限。在图 3.2 中，可以看到身份验证流程用户管理部分的组件之间关系的表示。

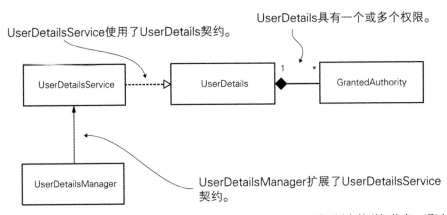

图 3.2　用户管理中涉及的组件之间的依赖关系。UserDetailsService 返回用户的详细信息，通过用户名查找用户。UserDetails 契约描述用户。一个用户有一个或多个权限，由 GrantedAuthority 接口表示。为了向用户添加诸如创建、删除或更改密码之类的操作，UserDetailsManager 契约扩展了 UserDetailsService 来添加操作

　　理解 Spring Security 架构中这些对象之间的联系以及实现它们的方法，可以为我们在处理应用程序时提供广泛的选项以供选择。这些选项可能是正在开发的应用程序中的一块拼图，我们需要明智地做出选择。但是为了能够做出选择，首先需要知道有哪些选项可供选择。

3.2　描述用户

　　本节将介绍如何描述应用程序的用户，以便 Spring Security 能够理解他们。学习如何表示用户并让框架知悉用户，这是构建身份验证流程的关键步骤。应用程序会根据用户决定是否允许调用某个功能。要与用户打交道，首先需要了解如何在应用程序中定义用户的原型。本节将通过示例描述如何在 Spring Security 应用程序中为用户建立模型。

　　对于 Spring Security，用户定义应该遵循 UserDetails 契约。UserDetails 契约代表着 Spring Security 所理解的用户。描述用户的应用程序类必须实现这个接口，通过这种方式，框架才能理解它。

3.2.1　阐明 UserDetails 契约的定义

　　本节将介绍如何实现 UserDetails 接口来描述应用程序中的用户。我们将讨论

UserDetails 契约所声明的方法，以便理解如何以及为何要实现其中每一个方法。首先
看看代码清单 3.1 所示的接口。

代码清单 3.1　UserDetails 接口

```
public interface UserDetails extends Serializable {
    String getUsername();                          这些方法会返回用
    String getPassword();                          户凭据
    Collection<? extends GrantedAuthority>
    ➥getAuthorities();
    boolean isAccountNonExpired();                 将应用程序允许用户执行的操作返回成
                                                   一个 GrantedAuthority 实例集合
    boolean isAccountNonLocked();
    boolean isCredentialsNonExpired();             出于不同的原因，这 4 个方
    boolean isEnabled();                           法会启用或禁用账户
}
```

getUsername()和 getPassword()方法会返回用户名和密码。应用程序在身份验证过
程中将使用这些值，并且这些值是与本契约中身份验证相关的唯一详情。其他 5 种方
法都与授权用户访问应用程序资源有关。

通常，应用程序应该会允许用户做一些在应用程序上下文中有意义的操作。例如，
用户应该能够读取、写入或删除数据。我们通常会说用户拥有或没有执行某个行为的
权利，而权限则代表用户所拥有的权利。这里实现了 getAuthorities()方法来返回授予
用户的权限组。

提示：

正如第 7 章将介绍的，Spring Security 使用权限指代细粒度权利或角色，角色也就
是权限分组。为了让阅读理解更为轻松，本书将细粒度的权利称为权限。

此外，正如 UserDetails 契约所示，用户可以：

● 使账户过期。
● 锁定账户。
● 使凭据过期。
● 禁用账户。

如果选择在应用程序的逻辑中实现这些用户约束限制，则需要重写以下方法：
isAccountNonExpired()、isAccountNonLocked()、isCredentialsNonExpired()、isEnabled()，
这样那些需要被启用的就会返回 true。并不是所有应用程序都有过期账户或在某些条
件下被锁定的账户。如果不需要在应用程序中实现这些功能，那么只需要让这 4 个方
法返回 true 即可。

提示：

UserDetails 接口中最后 4 个方法的名称听起来可能很奇怪。有人可能会说，从干净的编码和可维护性的角度来看，这些名称的选用并不明智。例如，名称 isAccountNonExpired()看起来像一个双重否定，乍一看可能会造成混淆。但是要仔细分析这 4 个方法名称。它们的命名使它们在授权应该失败的情况下都返回 false，否则返回 true。这是正确的做法，因为人脑倾向于把"假"和负面联系起来，而把"真"和正面的场景联系起来。

3.2.2 GrantedAuthority 契约详述

正如在 3.2.1 节对 UserDetails 接口的定义中所能看到的，授予用户的操作被称为权限。在第 7 和第 8 章中，我们将基于这些用户权限编写授权配置。所以知道如何定义它们是很重要的。

权限代表用户可以在应用程序中做什么。没有权限的话，所有用户都是平等的。虽然在一些简单的应用程序中，用户是平等的，但在大多数实际场景中，应用程序都定义了多种类型的用户。应用程序的某些用户可能只能读取特定的信息，而其他用户还可以修改数据。我们需要根据应用程序的功能需求(即用户需要的权限)让应用程序对其进行区分。要描述 Spring Security 中的权限，可以使用 GrantedAuthority 接口。

在讨论如何实现 UserDetails 之前，让我们先了解 GrantedAuthority 接口。我们要在用户详细信息的定义中使用这个接口。它表示授予用户的权限。用户可以没有任何权限，也可以拥有任意数量的权限，通常他们至少有一个权限。下面是 GrantedAuthority 定义的实现：

```
public interface GrantedAuthority extends Serializable {
    String getAuthority();
}
```

要创建一个权限，只需要为该权限找到一个名称即可，以便稍后在编写授权规则时引用它。例如，用户可以读取由应用程序管理的记录或删除它们。可以根据给这些操作赋予的名称编写授权规则。第 7 和第 8 章将讲解如何基于用户权限编写授权规则。

本章将实现 getAuthority()方法，以便以 String 形式返回权限的名称。GrantedAuthority 接口只有一个抽象方法，本书包含许多使用 lambda 表达式实现它的例子。另一种可能是使用 SimpleGrantedAuthority 类创建权限实例。

SimpleGrantedAuthority 类提供了一种创建 GrantedAuthority 类型的不可变实例的方法。在构建实例时需要提供权限名称。下面的代码片段中包含实现 GrantedAuthority 的两个示例。这里使用了一个 lambda 表达式,然后使用了 SimpleGrantedAuthority 类。

```
GrantedAuthority g1 = () -> "READ";
GrantedAuthority g2 = new SimpleGrantedAuthority("READ");
```

提示:
在使用 lambda 表达式实现接口之前,最好先用@FunctionalInterface 注解验证该接口是否被标记为功能性接口。这样做的原因是,如果接口没有被标记为功能性接口,则可能意味着它的开发人员保留在未来版本中向其添加更抽象方法的权利。在 Spring Security 中,GrantedAuthority 接口没有被标记为功能性接口。不过,在本书中我们将使用 lambda 表达式实现该接口,从而使代码更简洁、更易于阅读理解,虽然在真实的项目中并不建议你这样做。

3.2.3　编写 UserDetails 的最小化实现

本节将编写 UserDetails 契约的第一个实现。我们从一个基本实现开始,其中每个方法都返回一个静态值。然后要将其更改为实际场景中更容易使用的版本,并且允许使用多个不同的用户实例。既然我们已经知道了如何实现 UserDetails 和 GrantedAuthority 接口,就可以为应用程序编写最简单的用户定义。

可以使用一个名为 DummyUser 的类实现一个用户的最小描述,如代码清单 3.2 所示。这里使用这个类主要是为了揭示如何实现 UserDetails 契约的方法。这个类的实例总是仅指向一个用户"bill",他的密码是"12345",权限是"READ"。

代码清单 3.2　DummyUser 类

```
public class DummyUser implements UserDetails {

  @Override
  public String getUsername() {
    return "bill";
  }

  @Override
  public String getPassword() {
    return "12345";
  }
```

```
// Omitted code

}
```

代码清单 3.2 中的类实现了 UserDetails 接口，并且需要实现它的所有方法。这里是 getUsername()和 getPassword()的实现。在本示例中，这些方法仅为每个属性返回一个固定值。

接下来，要为权限列表添加一个定义。代码清单 3.3 显示了 getAuthorities()方法的实现。此方法返回一个集合，其中只有一个 GrantedAuthority 接口的实现。

代码清单 3.3　getAuthorities()方法的实现

```
public class DummyUser implements UserDetails {

  // Omitted code

  @Override
  public Collection<? extends GrantedAuthority> getAuthorities() {
      return List.of(() -> "READ");
  }

  // Omitted code

}
```

最后，必须为 UserDetails 接口的最后 4 个方法添加一个实现。对于 DummyUser 类，它们总是返回 true，这意味着用户永远是活动的和可用的。可以在代码清单 3.4 中找到示例。

代码清单 3.4　最后 4 个 UserDetails 接口方法的实现

```
public class DummyUser implements UserDetails {

  // Omitted code

  @Override
  public boolean isAccountNonExpired() {
      return true;
  }
```

```java
@Override
public boolean isAccountNonLocked() {
    return true;
}

@Override
public boolean isCredentialsNonExpired() {
    return true;
}

@Override
public boolean isEnabled() {
    return true;
}

// Omitted code

}
```

当然，这种最小化实现意味着类的所有实例都代表同一个用户。这是理解该契约的良好开端，但在实际应用程序中并不会这样做。对于一个真实的应用程序而言，我们应该创建一个类，用于生成可以代表不同用户的实例。本示例中的定义至少应该将用户名和密码作为类中的属性，如代码清单 3.5 所示。

代码清单 3.5　UserDetails 接口的一个更为实际的实现

```java
public class SimpleUser implements UserDetails {

    private final String username;
    private final String password;

    public SimpleUser(String username, String password) {
        this.username = username;
        this.password = password;
    }

    @Override
    public String getUsername() {
        return this.username;
    }
```

```
@Override
public String getPassword() {
  return this.password;
}

// Omitted code

}
```

3.2.4　使用构造器创建 UserDetails 类型的实例

有些应用程序很简单，不需要使用 UserDetails 接口的自定义实现。本节将介绍如何使用 Spring Security 提供的构造器类创建简单的用户实例。我们不用在应用程序中再声明一个类，而是可以使用 User 构造器类快速获得一个表示用户的实例。

来自 org.springframework.security.core.userdetails 包的 User 类是构建 UserDetails 类型实例的一种简单方法。使用这个类可以创建 UserDetails 的不可变实例。其中至少需要提供用户名和密码，并且用户名不能是空字符串。代码清单 3.6 揭示了如何使用这个构造器。以这种方式构建用户，就不需要使用 UserDetails 契约的实现。

代码清单 3.6　使用 User 构造器类构造一个用户

```
UserDetails u = User.withUsername("bill")
                .password("12345")
                .authorities("read", "write")
                .accountExpired(false)
                .disabled(true)
                .build();
```

以前面的代码清单为例，让我们进一步分析 User 构造器类。User.withUsername (String username) 方法会返回嵌套在 User 类中的构造器类 UserBuilder 的实例。另一种创建构造器的方法首先要使用另一个 UserDetails 实例。在代码清单 3.7 中，第一行代码构造了一个 UserBuilder，从以字符串形式给出的用户名开始。随后，我们将看到如何从一个已经存在的 UserDetails 实例开始创建构造器。

代码清单 3.7　创建 User.UserBuilder 实例

```
User.UserBuilder builder1 =
➥User.withUsername("bill");      ◁──── 使用用户名称构建
                                        用户
```

```
UserDetails u1 = builder1
                  .password("12345")
                  .authorities("read", "write")
                  .passwordEncoder(p -> encode(p))      ← 密码编码器仅是
                  .accountExpired(false)                   一个执行编码的
                  .disabled(true)                          函数而已
                  .build();         ←  在构建管道结束时，调用
                                       build()方法

User.UserBuilder builder2 = User.withUserDetails(u);   ←
                                       也可以从一个已有的 UserDetails
                                       实例中构建用户
UserDetails u2 = builder2.build();
```

可以看到，对于代码清单 3.7 中定义的任何构造器，都可以使用该构造器获取由
UserDetails 契约表示的用户。在构建管道的最后，调用了 build()方法。如果提供一个
密码，那么该方法将使用所定义的函数对密码进行编码，然后构造 UserDetails 的实例
并返回它。

提示：
这里的密码编码器与我们在第 2 章中讨论的 bean 不同。其名称可能会让人混淆，
但这里我们只使用了一个 Function <String, String>。该函数的唯一职责就是以给定编码
转换密码。下一节将详细讨论第 2 章使用的来自 Spring Security 的 PasswordEncoder
契约。

3.2.5　合并与用户相关的多个职能

上一节介绍了如何实现 UserDetails 接口。在真实的场景中，情况通常更加复杂。
在大多数情况下，存在多个职能与用户相关的情况。如果将用户存储在数据库中，那
么在应用程序中，就还需要一个类来表示该持久化实体。或者，如果通过 Web 服务
从另一个系统检索用户，那么可能需要一个数据传输对象来表示用户实例。假设是第
一种情况，这是一种简单但也典型的情况，并且假设在 SQL 数据库中有一个存储用户
的表。为了让示例更简洁，我们只给每个用户一个权限。代码清单 3.8 显示了映射该
表的实体类。

代码清单 3.8　定义 JPA User 实体类
```
@Entity
public class User {
```

```
@Id
private Long id;
private String username;
private String password;
private String authority;

// Omitted getters and setters

}
```

　　如果让同一个类也实现用于用户详细信息的 Spring Security 契约，那么这个类就会变得更加复杂。你认为代码清单 3.9 中的代码会是什么样子的？在我看来，它将一团糟。我们会迷失在其中。

代码清单 3.9　User 类具有两个职能

```
@Entity
public class User implements UserDetails {

  @Id
  private int id;
  private String username;
  private String password;
  private String authority;

  @Override
  public String getUsername() {
    return this.username;
  }

  @Override
  public String getPassword() {
    return this.password;
  }

  public String getAuthority() {
    return this.authority;
  }

  @Override
  public Collection<? extends GrantedAuthority> getAuthorities() {
```

```
    return List.of(() -> this.authority);
  }

  // Omitted code

}
```

这个类包含 JPA 注解、获取器和设置器，其中 getUsername()和 getPassword()都重写了 UserDetails 契约中的方法。它有一个返回 String 的 getAuthority()方法，以及一个返回 Collection 的 getAuthority()方法。getAuthority()方法只是类中的一个获取器，而 getAuthority()在 UserDetails 接口中实现了该方法。向其他实体添加关系时，事情就会变得更加复杂。同样，这段代码一点也不友好！

如何才能把这段代码写得更干净呢？前一个代码示例混乱方面的根源是混合了两种职能。虽然在应用程序中确实需要这两者，但在这个示例中，并不是必须将它们放到同一个类中。让我们尝试通过定义一个名为 SecurityUser 的单独类来分离它们，这个类修饰了 User 类。如代码清单 3.10 所示，SecurityUser 类实现了 UserDetails 契约并使用它将用户插入 Spring Security 架构中。User 类只剩下它的 JPA 实体职能了。

代码清单 3.10　实现仅用作 JPA 实体的 User 类

```
@Entity
public class User {

  @Id
  private int id;
  private String username;
  private String password;
  private String authority;

  // Omitted getters and setters

}
```

代码清单 3.10 中的 User 类只剩下它的 JPA 实体职能，因此可读性更强。如果阅读这段代码，那么现在可以专注于与持久化相关的细节了，这些细节从 Spring Security 的角度来看并不重要。代码清单 3.11 实现了 SecurityUser 类用来包装 User 实体。

代码清单 3.11　SecurityUser 类实现 UserDetails 契约

```
public class SecurityUser implements UserDetails {
```

```
private final User user;

public SecurityUser(User user) {
    this.user = user;
}

@Override
public String getUsername() {
    return user.getUsername();
}

@Override
public String getPassword() {
    return user.getPassword();
}

@Override
public Collection<? extends GrantedAuthority> getAuthorities() {
    return List.of(() -> user.getAuthority());
}

// Omitted code

}
```

如上所示，使用 SecurityUser 类仅仅是为了将系统中的用户详情映射到 Spring Security 能够理解的 UserDetails 契约。为了说明没有 User 实体 SecurityUser 就毫无意义这一事实，我们将该字段设置为 final。必须通过该构造函数提供用户。SecurityUser 类装饰了 User 实体类，并且添加了与 Spring Security 契约相关的所需代码，而不会将代码混合到 JPA 实体中，从而实现多个不同的任务。

提示：

可以找到不同的方法分离这两种职能。本节介绍的方法不一定是最好的或唯一的。通常，选择实现类设计的方式要视情况而定。但其主要思想是相同的：避免混合职能，并尝试编写尽可能解耦的代码，以提高应用程序的可维护性。

3.3 指示 Spring Security 如何管理用户

上一节中实现了 UserDetails 契约来描述用户，以便 Spring Security 能够理解他们。但是 Spring Security 如何管理用户呢？比较凭据时它们是从哪里获取这些凭据的，以及如何添加新用户或更改现有用户？第 2 章介绍过，框架定义了身份验证过程委托用户管理的特定组件：UserDetailsService 实例。我们甚至定义了一个 UserDetailsService 实例，用来重写 Spring Boot 提供的默认实现。

本节将尝试实现 UserDetailsService 类的各种方法。通过实现示例中 UserDetailsService 契约所描述的职能，你将了解用户管理是如何工作的。在此之后，将讲解 UserDetailsManager 接口如何向 UserDetailsService 定义的契约添加更多行为。在本节的最后，将使用 Spring Security 所提供的 UserDetailsManager 接口的实现。我们将编写一个示例项目，其中将使用 Spring Security 提供的最著名的实现之一，JdbcUserDetailsManager。了解这些之后，你将知道如何告知 Spring Security 在哪里寻找用户，这在身份验证流程中是非常重要的。

3.3.1 理解 UserDetailsService 契约

本节将介绍 UserDetailsService 接口定义。在理解如何以及为何执行它之前，必须首先理解其契约。现在详细介绍 UserDetailsService 以及如何使用该组件的实现。UserDetailsService 接口只包含一个方法，如下所示。

```
public interface UserDetailsService {

  UserDetails loadUserByUsername(String username)
     throws UsernameNotFoundException;
}
```

身份验证实现调用 loadUserByUsername(String username)方法通过指定的用户名获取用户的详细信息(见图 3.3)。用户名当然会被视作唯一的。此方法返回的用户是UserDetails 契约的实现。如果用户名不存在，则该方法将抛出一个UsernameNotFoundException 异常。

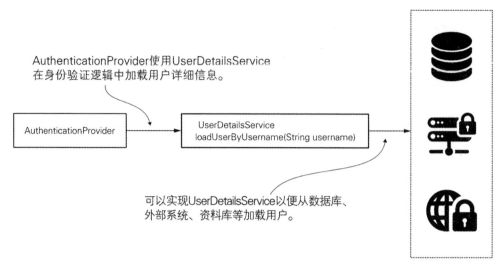

AuthenticationProvider使用UserDetailsService
在身份验证逻辑中加载用户详细信息。

AuthenticationProvider

UserDetailsService
loadUserByUsername(String username)

可以实现UserDetailsService以便从数据库、
外部系统、资料库等加载用户。

图 3.3   AuthenticationProvider 是实现身份验证逻辑并使用 UserDetailsService 加载关于用户的详细信
息的组件。为了按用户名查找用户，它会调用 loadUserByUsername(String username)方法

提示：

UsernameNotFoundException 是一个 RuntimeException。UserDetailsService 接口中
的 throws 子句仅用于文档格式化目的。UsernameNotFoundException 直接继承
AuthenticationException 类型，它是与身份验证过程相关的所有异常的父类。
AuthenticationException 进一步继承了 RuntimeException 类。

3.3.2   实现 UserDetailsService 契约

本节将使用一个实际示例揭示 UserDetailsService 的实现。应用程序会管理有关凭
据和用户其他方面的详细信息。它们可能存储在数据库中，或者由通过 Web 服务或其
他方式访问的另一个系统处理(见图 3.3)。不管系统中关于此的处理机制如何，Spring
Security 唯一需要从中得到的就是一个按用户名检索用户的实现。

在下一个示例中，我们编写了一个 UserDetailsService，它有一个存在于内存中的
用户列表。第 2 章使用了自带的 InMemoryUserDetailsManager 实现来执行相同的功能。
由于你已经熟悉了这个实现的运行方式，因此此处选择了一个类似的功能，但这一次
需要我们自己实现。在创建 UserDetailsService 类的实例时，需要提供一个用户列表。
可以在项目 sia-ch3-ex1 中找到这个示例。在名为 model 的包中，我们定义了代码清单
3.12 所示的 UserDetails。

代码清单 3.12 UserDetails 接口的实现

```java
public class User implements UserDetails {

  private final String username;
  private final String password;
  private final String authority;

  public User(String username, String password, String authority) {
    this.username = username;
    this.password = password;
    this.authority = authority;
  }

  @Override
  public Collection<? extends GrantedAuthority> getAuthorities() {
    return List.of(() -> authority);
  }

  @Override
  public String getPassword() {
    return password;
  }

  @Override
  public String getUsername() {
    return username;
  }

  @Override
  public boolean isAccountNonExpired() {
    return true;
  }

  @Override
  public boolean isAccountNonLocked() {
    return true;
  }
```

User 类是不可变的。在构建实例时要为这 3 个属性提供值,这些值在以后将不能更改

为了使示例简单,用户只有一个权限

返回一个仅包含 GrantedAuthority 对象的列表,该对象的名称与构建实例时所提供的名称相同

账户不会过期或被锁定

```
@Override
public boolean isCredentialsNonExpired() {
  return true;
}


@Override
public boolean isEnabled() {
  return true;
}
}
```

在名为 services 的包中，我们创建了一个名为 InMemoryUserDetailsService 的类。代码清单 3.13 显示了如何实现这个类。

代码清单 3.13 UserDetailsService 接口的实现

```
public class InMemoryUserDetailsService implements UserDetailsService{

  private final List<UserDetails> users;          ◁—— UserDetailsService 将管理内
                                                       存中的用户列表

  public InMemoryUserDetailsService(List<UserDetails> users) {
    this.users = users;
  }


  @Override
  public UserDetails loadUserByUsername(String username)
    throws UsernameNotFoundException {

    return users.stream()
      .filter(                                     ◁—— 从用户列表中筛选具有
                                                       所请求用户名的用户
        u -> u.getUsername().equals(username)
      )
      .findFirst()                                 ◁—— 如果该用户存在，则
                                                       返回它
      .orElseThrow(
        () -> new UsernameNotFoundException("User not found")  ◁
      );                                           如果不存在具有此用户名的
    }                                              用户，则抛出一个异常
}
```

loadUserByUsername(String username)方法会根据指定用户名搜索用户列表，并返回所需的 UserDetails 实例。如果没有该用户名的实例，则会抛出一个 UsernameNot-

FoundException 异常。现在可以使用这个实现作为我们的 UserDetailsService。代码清单 3.14 显示了如何将它作为一个 bean 添加到配置类中，并在其中注册一个用户。

代码清单 3.14　在配置类中注册为 bean 的 UserDetailsService

```
@Configuration
public class ProjectConfig {

  @Bean
  public UserDetailsService userDetailsService() {
    UserDetails u = new User("john", "12345", "read");
    List<UserDetails> users = List.of(u);
    return new InMemoryUserDetailsService(users);
  }

  @Bean
  public PasswordEncoder passwordEncoder() {
      return NoOpPasswordEncoder.getInstance();
  }
}
```

最后，要创建一个简单的端点并测试该实现。代码清单 3.15 定义了这个端点。

代码清单 3.15　用于测试实现的端点定义

```
@RestController
public class HelloController {

  @GetMapping("/hello")
  public String hello() {
    return "Hello!";
  }
}
```

当使用 cURL 调用该端点时，将看到对于密码为 12345 的用户 John，我们得到了一个 HTTP 200 OK。而如果使用其他信息进行调用，则应用程序会返回 401 Unauthorized。

```
curl -u john:12345 http://localhost:8080/hello
```

其响应体是：

```
Hello!
```

3.3.3　实现 UserDetailsManager 契约

本节将讨论如何使用和实现 UserDetailsManager 接口。此接口扩展了 UserDetailsService 契约且添加了更多方法。Spring Security 需要 UserDetailsService 契约进行身份验证。但通常，在应用程序中，还需要管理用户。大多数时候，应用程序应该能够添加新用户或删除现有用户。这个示例实现了一个由 Spring Security 定义的更特殊接口 UserDetailsManager。它扩展了 UserDetailsService 并添加了我们需要实现的更多操作。

```java
public interface UserDetailsManager extends UserDetailsService {
  void createUser(UserDetails user);
  void updateUser(UserDetails user);
  void deleteUser(String username);
  void changePassword(String oldPassword, String newPassword);
  boolean userExists(String username);
}
```

第 2 章使用的 InMemoryUserDetailsManager 对象实际上是一个 UserDetailsManager。当时，我们只考虑了它的 UserDetailsService 特性，但是现在你可以更好地理解为什么能在实例上调用 createUser() 方法。

1. 将 JdbcUserDetailsManager 用于用户管理

除了 InMemoryUserDetailsManager，我们还经常使用另一个 UserDetailsManager，即 JdbcUserDetailsManager。JdbcUserDetailsManager 会管理 SQL 数据库中的用户。它通过 JDBC 直接连接到数据库。这样，JdbcUserDetailsManager 就会独立于与数据库连接相关的任何其他框架或规范之外。

要理解 JdbcUserDetailsManager 是如何运行的，最好通过一个示例实践它。在下例中，我们将实现一个使用 JdbcUserDetailsManager 管理 MySQL 数据库中的用户的应用程序。图 3.4 概述了 JdbcUserDetailsManager 实现在身份验证流程中的位置。

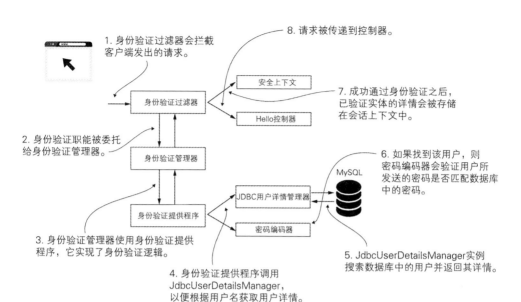

图 3.4　Spring Security 身份验证流程。这里使用了一个 JDBCUserDetailsManager 作为
UserDetailsService 组件。JdbcUserDetailsManager 使用数据库管理用户

创建一个数据库和两张表，以便开始处理关于如何使用 JdbcUserDetailsManager 的演示应用程序。本示例将数据库命名为 spring，并将其中一张表命名为 users，另一张表命名为 authorities。这些名称是 JdbcUserDetailsManager 已知的默认表名称。在本节结尾你将了解到，JdbcUserDetailsManager 的实现是很灵活的，如果需要，它可以让我们重写这些默认名称。users 表的目的是保存用户记录。JdbcUserDetails Manager 实现需要 users 表中的 3 列：username、password 和 enabled，可以使用 enabled 列禁用用户。

可以选择使用数据库管理系统(DBMS)的命令行工具或者客户端应用程序来自行创建数据库及其结构。例如，对于 MySQL，可以选择使用 MySQL Workbench 完成这项工作。但是最简单的方法是让 Spring Boot 自己运行脚本。为此，只需要在 resources 文件夹中将两个文件添加到项目中：schema.sql 和 data.sql。在 schema.sql 文件中，添加与数据库结构相关的查询，比如创建、修改或删除表。在 data.sql 文件中，添加处理表内数据的查询，比如 INSERT、UPDATE 或 DELETE。当启动应用程序时，Spring Boot 会自动运行这些文件。对于构建需要数据库的示例而言，一个更简单的解决方案是使用 H2 内存数据库。这样就不需要安装一个单独的 DBMS 解决方案。

提示：
如果愿意，在开发本书介绍的应用程序时也可以使用 H2。这里选择了使用外部

DBMS 实现示例，以明确它是系统的外部组件，并且以这种方式避免混淆。

使用代码清单 3.16 中的代码以便用 MySQL 服务器创建 users 表。可以将此脚本添加到 Spring Boot 项目的 schema.sql 文件中。

代码清单 3.16 用于创建 users 表的 SQL 查询

```
CREATE TABLE IF NOT EXISTS `spring`.`users` (
  `id` INT NOT NULL AUTO_INCREMENT,
  `username` VARCHAR(45) NOT NULL,
  `password` VARCHAR(45) NOT NULL,
  `enabled` INT NOT NULL,
PRIMARY KEY (`id`));
```

authorities 表存储每个用户的权限。每条记录会存储一个用户名以及授予使用该用户名的用户的权限(见代码清单 3.17)。

代码清单 3.17 用于创建 authorities 表的 SQL 查询

```
CREATE TABLE IF NOT EXISTS `spring`.`authorities` (
  `id` INT NOT NULL AUTO_INCREMENT,
  `username` VARCHAR(45) NOT NULL,
  `authority` VARCHAR(45) NOT NULL,
  PRIMARY KEY (`id`));
```

提示:
为了简单起见，本书提供的示例中跳过了索引或外键的定义。

为了确保有一个用于测试的用户，需要在每个表中插入一条记录。可以在 Spring Boot 项目 resources 文件夹的 data.sql 文件中添加这些查询:

```
INSERT IGNORE INTO `spring`.`authorities` VALUES (NULL, 'john',
'write');
INSERT IGNORE INTO `spring`.`users` VALUES (NULL, 'john', '127345',
'1');
```

对于此处的项目，至少需要添加代码清单 3.18 列出的依赖项。检查 pom.xml 文件，确保添加了这些依赖项。

代码清单 3.18 开发示例项目所需的依赖项

```
<dependency>
    <groupId>org.springframework.boot</groupId>
    <artifactId>spring-boot-starter-security</artifactId>
```

```
</dependency>
<dependency>
    <groupId>org.springframework.boot</groupId>
    <artifactId>spring-boot-starter-web</artifactId>
</dependency>
<dependency>
    <groupId>org.springframework.boot</groupId>
    <artifactId>spring-boot-starter-jdbc</artifactId>
</dependency>
<dependency>
    <groupId>mysql</groupId>
    <artifactId>mysql-connector-java</artifactId>
    <scope>runtime</scope>
</dependency>
```

提示:

在这些示例中, 只要向依赖项添加正确的 JDBC 驱动程序, 就可以使用任何 SQL
数据库技术。

可以在项目的 application.properties 文件中配置数据源, 或者将其作为一个单独的
bean。如果选择使用 application.properties 文件, 则需要将以下代码行添加到该文件。

```
spring.datasource.url=jdbc:mysql://localhost/spring
spring.datasource.username=<your user>
spring.datasource.password=<your password>
spring.datasource.initialization-mode=always
```

在项目的配置类中, 需要定义 UserDetailsService 和 PasswordEncoder。JdbcUser-
DetailsManager 需要 DataSource 连接到数据库。数据源可以通过方法的一个参数(如代
码清单 3.19 所示)或类的一个属性自动装配。

代码清单 3.19　在配置类中注册 JdbcUserDetailsManager

```
@Configuration
public class ProjectConfig {

  @Bean
  public UserDetailsService userDetailsService(DataSource dataSource){
      return new JdbcUserDetailsManager(dataSource);
  }
```

```
@Bean
public PasswordEncoder passwordEncoder() {
    return NoOpPasswordEncoder.getInstance();
    }
}
```

为了访问应用程序的任何端点，现在需要对数据库中存储的用户之一使用 HTTP Basic 身份验证。为了证明这一点，我们创建了代码清单 3.20 所示的新端点，然后使用 cURL 调用它。

代码清单 3.20　检查该实现的测试端点

```
@RestController
public class HelloController {

    @GetMapping("/hello")
    public String hello() {
        return "Hello!";
    }
}
```

在下面的代码片段中，你将看到使用正确的用户名和密码调用端点时的结果。

```
curl -u john:12345 http://localhost:8080/hello
```

该调用的响应是：

```
Hello!
```

JdbcUserDetailsManager 还允许我们配置所使用的查询。在上一个示例中，我们确保使用了表和列的确切名称，正如 JdbcUserDetailsManager 实现所期望的那样。但对于实际应用程序而言，这些名称可能不是最佳选择。代码清单 3.21 显示了如何重写 JdbcUserDetailsManager 的查询。

代码清单 3.21　修改 JdbcUserDetailsManager 的查询以便查找用户

```
@Bean
public UserDetailsService userDetailsService(DataSource dataSource) {
    String usersByUsernameQuery =
        "select username, password, enabled
        ➥from users where username = ?";
    String authsByUserQuery =
        "select username, authority
```

```
➡from spring.authorities where username = ?";

    var userDetailsManager = new JdbcUserDetailsManager(dataSource);
    userDetailsManager.setUsersByUsernameQuery(usersByUsernameQuery);
    userDetailsManager.setAuthoritiesByUsernameQuery
    (authsByUserQuery);
    return userDetailsManager;
}
```

以相同方式可以更改 JdbcUserDetailsManager 实现使用的所有查询。

练习：编写一个类似的应用程序，以不同的方式在数据库中命名表和列。重写 JdbcUserDetailsManager 实现的查询(例如，身份验证使用新的表结构执行)。项目 sia-ch3-ex2 提供了一个可能的解决方案。

2. 将 LdapUserDetailsManager 用于用户管理

Spring Security 还提供了用于 LDAP 的 UserDetailsManager 实现。虽然它不如 JdbcUserDetailsManager 受欢迎，但如果需要与 LDAP 系统集成来进行用户管理，那么 也可以使用它。项目 ssia-ch3-ex3 中包含一个使用 LdapUserDetailsManager 的简单演示。 由于无法在这个演示中使用真正的 LDAP 服务器，因此在 Spring Boot 应用程序中设置 了一个嵌入式服务器。为了设置该嵌入式 LDAP 服务器，其中定义了一个简单的 LDAP 数据交换格式(LDAP Data Interchange Format，LDIF)文件。代码清单 3.22 显示了这个 LDIF 文件的内容。

代码清单 3.22　LDIF 文件的定义

```
dn: dc=springframework,dc=org        ◁──── 定义基础实体
objectclass: top
objectclass: domain
objectclass: extensibleObject
dc: springframework

dn: ou=groups,dc=springframework,dc=org    ◁──── 定义 group 实体
objectclass: top
objectclass: organizationalUnit
ou: groups

dn: uid=john,ou=groups,dc=springframework,dc=org    ◁──── 定义用户
objectclass: top
objectclass: person
```

```
objectclass: organizationalPerson
objectclass: inetOrgPerson
cn: John
sn: John
uid: john
userPassword: 12345
```

这个 LDIF 文件中只添加了一个用户,我们需要在本示例的最后使用这个用户测试应用程序的行为。可以直接将该 LDIF 文件添加到 resources 文件夹中。这样,它就会自动位于类路径中,因此可以在以后方便地引用它。将该 LDIF 文件命名为 server.ldif。要使用 LDAP 并允许 Spring Boot 启动嵌入式 LDAP 服务器,需要向 pom.xml 添加依赖项,如下面的代码片段所示。

```xml
<dependency>
    <groupId>org.springframework.security</groupId>
    <artifactId>spring-security-ldap</artifactId>
</dependency>
<dependency>
    <groupId>com.unboundid</groupId>
    <artifactId>unboundid-ldapsdk</artifactId>
</dependency>
```

在 application.properties 文件中,还需要为嵌入式 LDAP 服务器添加配置,如下面的代码片段所示。应用程序启动嵌入式 LDAP 服务器所需的值包括 LDIF 文件的位置、LDAP 服务器的一个端口和基础域组件(DN)标签值。

```
spring.ldap.embedded.ldif=classpath:server.ldif
spring.ldap.embedded.base-dn=dc=springframework,dc=org
spring.ldap.embedded.port=33389
```

有了用于身份验证的 LDAP 服务器之后,就可以配置应用程序使用它了。代码清单 3.23 展示了如何配置 LdapUserDetailsManager,以便使应用程序能够通过 LDAP 服务器对用户进行身份验证。

代码清单 3.23 配置文件中的 LdapUserDetailsManager 的定义

```java
@Configuration
public class ProjectConfig extends WebSecurityConfigurerAdapter {

    @Bean          ◄─── 将 UserDetailsService 实现添加到 Spring 上下文
```

```
public UserDetailsService userDetailsService() {
    var cs = new DefaultSpringSecurityContextSource(
      "ldap://127.0.0.1:33389/dc=springframework,dc=org");
    cs.afterPropertiesSet();

    var manager = new LdapUserDetailsManager(cs);

    manager.setUsernameMapper(
      new DefaultLdapUsernameToDnMapper("ou=groups", "uid"));

    manager.setGroupSearchBase("ou=groups");

    return manager;
}

@Bean
public PasswordEncoder passwordEncoder() {
  return NoOpPasswordEncoder.getInstance();
}
}
```

创建一个上下文
源来指定 LDAP
服务器的地址

创建
LdapUserDetailsManager
实例

设置用户名映射器来指示
LdapUserDetailsManager 如
何搜索用户

设置应用程序搜索用
户所需的群组搜索库

还要创建一个简单的端点来测试安全性配置。这里添加了一个控制器类，如下面
的代码片段所示。

```
@RestController
public class HelloController {
  @GetMapping("/hello")
  public String hello() {
    return "Hello!";
  }
}
```

现在启动应用程序并调用/hello 端点。如果希望应用程序允许调用该端点，则需要
使用用户 John 进行身份验证。下一个代码片段展示了使用 cURL 调用该端点的结果。

```
curl -u john:12345 http://localhost:8080/hello
```

该调用的响应是：

```
Hello!
```

3.4　本章小结

- UserDetails 接口是 Spring Security 中用来描述用户的契约。
- UserDetailsService 接口是 Spring Security 希望在身份验证架构中实现的契约，用于描述应用程序获取用户详细信息的方式。
- UserDetailsManager 接口扩展了 UserDetailsService 并添加了与创建、更改或删除用户相关的行为。
- Spring Security 提供了 UserDetailsManager 契约的一些实现。其中包括 InMemoryUserDetailsManager、JdbcUserDetailsManager 和 LdapUserDetails-Manager。
- JdbcUserDetailsManager 的优点是可以直接使用 JDBC，并且不会将应用程序锁定在其他框架中。

第 **4** 章

密 码 处 理

本章内容
- 实现和使用 PasswordEncoder
- 使用 Spring Security Crypto 模块提供的工具

第 3 章中讨论了在使用 Spring Security 实现的应用程序中如何管理用户。但是密码呢？它们当然是身份验证流程中的必要部分。本章将讲解如何在使用 Spring Security 实现的应用程序中管理密码和密钥。我们将讨论 PasswordEncoder 契约和 Spring Security Crypto 模块(SSCM)提供的用于管理密码的工具。

4.1　理解 PasswordEncoder 契约

在第 3 章中你应该已对 UserDetails 接口以及使用其实现的多种方式有了一个清晰的了解。但如第 2 章所述，不同参与者会在身份验证和授权过程中对用户的表示进行管理。其中还介绍了，一些参与者是具有默认设置的，比如 UserDetailsService 和 PasswordEncoder。现在我们知道可以重写默认值。接下来将继续深入讲解这些 bean 以及实现它们的方法，因此在本节中，我们将分析 PasswordEncoder。图 4.1 回顾了 PasswordEncoder 在身份验证过程中处于什么位置。

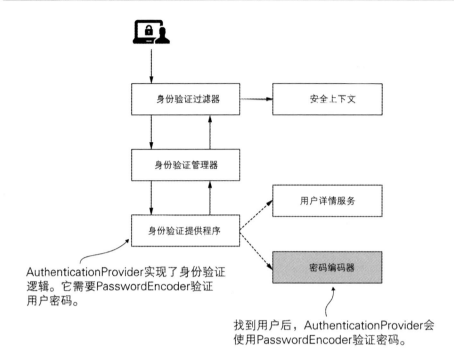

图 4.1　Spring Security 身份验证过程。AuthenticationProvider 使用 PasswordEncoder 在身份验证过程中验证用户的密码

　　一般而言，系统并不以明文形式管理密码，因此密码通常要经过某种转换，这使得读取和窃取密码变得较为困难。对于这一职责，Spring Security 定义了一个单独的契约。为了在本节中方便地解释它，其中提供了大量与 PasswordEncoder 实现相关的代码示例。本节将从理解其契约开始讲解，然后要在项目中编写其实现。4.1.3 节将介绍 Spring Security 所提供的 PasswordEncoder 最著名和最广泛使用的实现列表。

4.1.1　PasswordEncoder 契约的定义

　　本节将讨论 PasswordEncoder 契约的定义。实现这个契约是为了告知 Spring Security 如何验证用户的密码。在身份验证过程中，PasswordEncoder 会判定密码是否有效。每个系统都会存储以某种方式编码过的密码。最好把密码哈希化存储起来，这样别人就不会读到明文密码了。PasswordEncoder 还可以对密码进行编码。契约声明的 encode() 和 matches() 方法实际上是其职责的定义。这两个方法都是同一契约的一部分，因为它们彼此紧密相连。应用程序对密码进行编码的方式与验证密码的方式相关。我们首先回顾 PasswordEncoder 接口的内容。

```
public interface PasswordEncoder {

  String encode(CharSequence rawPassword);
  boolean matches(CharSequence rawPassword, String encodedPassword);

  default boolean upgradeEncoding(String encodedPassword) {
    return false;
  }
}
```

该接口定义了两个抽象方法，其中一个具有默认实现。在处理 PasswordEncoder 实现时，最常见的是抽象的 encode()和 matches()方法。

encode(CharSequence rawPassword)方法的目的是返回所提供字符串的转换。就 Spring Security 功能而言，它用于为指定密码提供加密或哈希化。之后可以使用 matches(CharSequence rawPassword, String encodedPassword)方法检查已编码的字符串是否与原始密码匹配。可以在身份验证过程中使用 matches()方法根据一组已知凭据来检验所提供的密码。第三个方法被称为 upgradeEncoding(CharSequence encoded-Password)，在契约中默认设置为 false。如果重写它以返回 true，那么为了获得更好的安全性，将重新对已编码的密码进行编码。

某些情况下，对已编码的密码进行编码会使从结果中获得明文密码变得更难。总的来说，我个人并不喜欢这种晦涩的编码方式。但如果你认为这个框架适用于自身的情况，它就提供了这种可能的选择。

4.1.2 实现 PasswordEncoder 契约

可以看到，matches()和 encode()这两个方法具有很强的关联性。如果重写它们，应该确保它们始终在功能方面有所对应：由 encode()方法返回的字符串应该始终可以使用同一个 PasswordEncoder 的 matches()方法进行验证。本节将实现 PasswordEncoder 契约并定义接口声明的两个抽象方法。了解如何实现 PasswordEncoder 之后，就可选择应用程序为身份验证过程管理密码的方式了。最直截了当的实现是一个以普通文本形式处理密码的密码编码器。也就是说，它不对密码进行任何编码。

用明文管理密码正是 NoOpPasswordEncoder 的实例所做的工作。第 2 章的第一个示例中使用了这个类。如果要自己编写一个，它将类似于代码清单 4.1。

代码清单 4.1　PasswordEncoder 的最简单实现

```java
public class PlainTextPasswordEncoder
  implements PasswordEncoder {

  @Override
  public String encode(CharSequence rawPassword) {
    return rawPassword.toString();          ◁——— 我们并不变更密码,
  }                                                而只是原样返回它

  @Override
  public boolean matches(
    CharSequence rawPassword, String encodedPassword) {
      return rawPassword.equals(encodedPassword);   ◁——— 检查两个字符
  }                                                       串是否相等
}
```

编码的结果总是与原密码相同。因此,要检查它们是否匹配,只需要使用 equals() 对两个字符串进行比较。PasswordEncoder 的一个简单实现使用了哈希算法 SHA-512, 如代码清单 4.2 所示。

代码清单 4.2　实现使用 SHA-512 的 PasswordEncoder

```java
public class Sha512PasswordEncoder
  implements PasswordEncoder {

  @Override
  public String encode(CharSequence rawPassword) {
      return hashWithSHA512(rawPassword.toString());
  }

  @Override
  public boolean matches(
      CharSequence rawPassword, String encodedPassword) {
      String hashedPassword = encode(rawPassword);
      return encodedPassword.equals(hashedPassword);
  }

  // Omitted code

}
```

代码清单 4.2 中使用了一个方法对字符串值进行 SHA-512 哈希化。代码清单 4.2 中省略了这个方法的实现,不过可以在代码清单 4.3 中找到它。我们从 encode()方法调用这个方法,该方法现在返回其输入的哈希值。为了针对输入来验证哈希值,matches() 方法会将其输入中的原始密码进行哈希化,并将其与执行验证的哈希值进行比较以判断是否相等。

代码清单 4.3　用 SHA-512 对输入进行哈希化的方法实现

```
private String hashWithSHA512(String input) {
  StringBuilder result = new StringBuilder();
  try {
    MessageDigest md = MessageDigest.getInstance("SHA-512");
    byte [] digested = md.digest(input.getBytes());
    for (int i = 0; i < digested.length; i++) {
        result.append(Integer.toHexString(0xFF & digested[i]));
    }
  } catch (NoSuchAlgorithmException e) {
     throw new RuntimeException("Bad algorithm");
  }
  return result.toString();
}
```

下一节将介绍完成此任务的更好选择,现在不要过多苦思这段代码。

4.1.3　从 PasswordEncoder 提供的实现中选择

虽然知道如何实现 PasswordEncoder 是很有用的,但还必须知道 Spring Security 已经提供了一些有价值的实现。如果其中一个适用于应用程序,就不需要重写它。在本节中,我们将讨论 Spring Security 提供的 PasswordEncoder 实现选项。选项如下:

- NoOpPasswordEncoder——不编码密码,而保持明文。我们仅将此实现用于示例。因为它不会对密码进行哈希化,所以永远不要在真实场景中使用它。
- StandardPasswordEncoder——使用 SHA-256 对密码进行哈希化。这个实现现在已经不推荐了,不应该在新的实现中使用它。不建议使用它的原因是,它使用了一种目前看来已经不够强大的哈希算法,但我们可能仍然会在现有的应用程序中发现这种实现。
- Pbkdf2PasswordEncoder——使用基于密码的密钥派生函数 2 (PBKDF2)。
- BCryptPasswordEncoder——使用 bcrypt 强哈希函数对密码进行编码。
- SCryptPasswordEncoder——使用 scrypt 哈希函数对密码进行编码。

关于哈希和这些算法的更多信息, 可在 David Wong 所著的 *Real-World Cryptography* (Manning, 2020)的第 2 章中找到一段很好的探讨内容。其链接如下:

```
https://livebook.manning.com/book/real-world-cryptography/chapter-2/
```

让我们通过一些示例了解如何创建这些类型的 PasswordEncoder 实现的实例。NoOpPasswordEncoder 不会对密码进行编码。它的实现类似于代码清单 4.1 示例中的 PlainTextPasswordEncoder。出于这个原因, 我们只在理论示例中使用这个密码编码器。另外, NoOpPasswordEncoder 类被设计为一个单例。不能直接从类外部调用它的构造函数, 但是可以使用 NoOpPasswordEncoder.getInstance()方法获得类的实例, 如下所示。

```
PasswordEncoder p = NoOpPasswordEncoder.getInstance();
```

Spring Security 提供的 StandardPasswordEncoder 实现使用 SHA-256 对密码进行哈希化。对于 StandardPasswordEncoder, 可以提供一个用于哈希过程的密钥。可以通过构造函数的参数设置这个密钥的值。如果选择调用无参数构造函数, 那么实现会将空字符串用作键的值。然而, StandardPasswordEncoder 现在已经不推荐使用了, 不建议你在新的实现中使用它。我们可以找到仍在使用它的旧应用程序或遗留代码, 而这就是你应该了解它的原因。下一个代码片段展示了如何创建这个密码编码器的实例。

```
PasswordEncoder p = new StandardPasswordEncoder();
PasswordEncoder p = new StandardPasswordEncoder("secret");
```

Spring Security 提供的另一个选项是 Pbkdf2PasswordEncoder 实现, 它使用 PBKDF2 进行密码编码。要创建 Pbkdf2PasswordEncoder 的实例, 有以下选项可供选择。

```
PasswordEncoder p = new Pbkdf2PasswordEncoder();
PasswordEncoder p = new Pbkdf2PasswordEncoder("secret");
PasswordEncoder p = new Pbkdf2PasswordEncoder("secret", 185000, 256);
```

PBKDF2 是一个非常简单的慢哈希函数, 它按照迭代参数指定的次数执行 HMAC。最后一次调用所接收的 3 个参数是用于编码过程的键值、用于密码编码的迭代次数以及哈希值的大小。第二个和第三个参数会影响结果的强度。可以选择更多或更少次迭代, 以及结果的长度。哈希值越长, 密码就越不容易被破解。但是, 也要注意性能受这些值的影响: 迭代次数越多, 应用程序消耗的资源就越多。应该在生成哈希值所消耗的资源和所需的编码强度之间做出明智的平衡折中选择。

提示:

本书提到了几个你可能想了解更多的密码学概念。要了解有关 HMAC 和其他密码学细节的相关信息,推荐你阅读 David Wong 所著的 *Real-World Cryptography* (Manning,2020)。这本书的第 3 章提供了关于 HMAC 的详细信息。可以在 https://livebook.manning.com/book/realworld-cryptography/chapter-3/找到这本书。

如果没有为 Pbkdf2PasswordEncoder 实现指定第二个或第三个值中的一个,那么迭代次数的默认值为 185000,结果长度的默认值为 256。可以通过选择另外两个重载构造函数之一来指定迭代次数和结果长度的自定义值:不带参数的构造函数 Pbkdf2PasswordEncoder(),或者只接收密钥值作为参数的构造函数 Pbkdf2PasswordEncoder("secret")。

Spring Security 提供的另一个优秀选项是 BCryptPasswordEncoder,它使用 bcrypt 强哈希函数对密码进行编码。可以通过调用无参数构造函数来实例化 BCryptPasswordEncoder。不过也可以选择指定一个强度系数来表示编码过程中使用的对数轮数(log rounds,即 logarithmic rounds)。此外,还可以更改用于编码的 SecureRandom 实例。

```
PasswordEncoder p = new BCryptPasswordEncoder();
PasswordEncoder p = new BCryptPasswordEncoder(4);

SecureRandom s = SecureRandom.getInstanceStrong();
PasswordEncoder p = new BCryptPasswordEncoder(4, s);
```

我们提供的对数轮数的值会影响哈希操作使用的迭代次数。这里使用的迭代次数为 $2^{\log rounds}$。对于迭代次数计算,对数轮数的值只能是 4~31。可以通过调用第二个或第三个重载构造函数之一来指定这个值,如前面的代码片段所示。

可以选择的最后一个选项是 SCryptPasswordEncoder(见图 4.2)。此密码编码器使用了 scrypt 哈希函数。对于 ScryptPasswordEncoder,有两个选项可用于创建其实例。

```
PasswordEncoder p = new SCryptPasswordEncoder();
PasswordEncoder p = new SCryptPasswordEncoder(16384, 8, 1, 32, 64);
```

前面示例中的值就是通过调用无参数构造函数创建实例时所用的值。

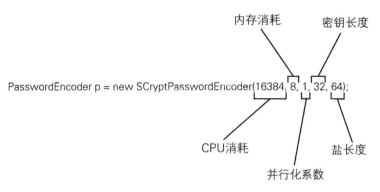

图 4.2　SCryptPasswordEncoder 构造函数有 5 个参数，以便允许我们配置 CPU 消耗、内存消耗、密钥长度和盐长度

4.1.4　使用 DelegatingPasswordEncoder 实现多种编码策略

本节将讨论身份验证流程必须应用各种实现来匹配密码的情况。还将介绍如何在应用程序中应用一个充当 PasswordEncoder 的有用工具。这个工具没有自己的实现，而是委托给实现 PasswordEncoder 接口的其他对象。

在某些应用程序中，我们可能会发现使用各种密码编码器很有用，并且会根据特定的配置进行选择。从实际情况看，在生产环境应用程序中使用 DelegatingPasswordEncoder 的常见场景是当编码算法从应用程序的特定版本开始更改的时候。假设有人在当前使用的算法中发现了一个漏洞，而我们想为新注册的用户更改该算法，但又不想更改现有凭据的算法。所以最终会有多种哈希算法。我们要如何应对这种情况？虽然并非应对此场景的唯一方法，但一个好的选择是使用 DelegatingPasswordEncoder 对象。

DelegatingPasswordEncoder 是 PasswordEncoder 接口的一个实现，这个实现不是实现它自己的编码算法，而是委托给同一契约的另一个实现实例。其哈希值以一个前缀作为开头，该前缀表明了用于定义该哈希值的算法。DelegatingPasswordEncoder 会根据密码的前缀委托给 PasswordEncoder 的正确实现。

这听起来很复杂，但通过一个示例就可以看出它其实相当简单。图 4.3 展示了 PasswordEncoder 实例之间的关系。DelegatingPasswordEncoder 具有一个它可以委托的 PasswordEncoder 实现的列表。DelegatingPasswordEncoder 会将每个实例存储在一个映射中。NoOpPasswordEncoder 被分配的键是 noop，而 BCryptPasswordEncoder 实现被分配的键是 bcrypt。当密码具有前缀{noop}时，DelegatingPasswordEncoder 会将操作委托给 NoOpPasswordEncoder 实现。如果前缀是 {bcrypt}，则操作将被委托给 BCryptPasswordEncoder 实现，如图 4.4 所示。

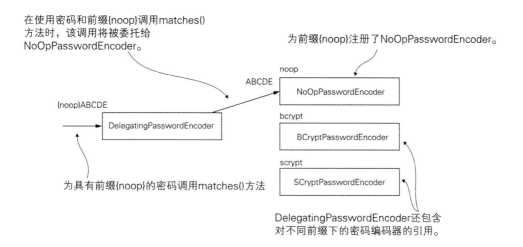

图 4.3　在本示例中，DelegatingPasswordEncoder 会为前缀{noop}注册一个 NoOpPasswordEncoder，为
前缀{bcrypt}注册一个 BCryptPasswordEncoder，并且为前缀{scrypt}注册一个 SCryptPasswordEncoder。
如果密码具有前缀{noop}，则 DelegatingPasswordEncoder 会将该操作转发给 NoOpPasswordEncoder
实现

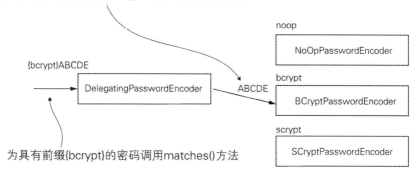

图 4.4　在本示例中，DelegatingPasswordEncoder 会为前缀{noop}注册一个 NoOpPasswordEncoder，为
前缀{bcrypt}注册一个 BCryptPasswordEncoder，并且为前缀{scrypt}注册一个 SCryptPasswordEncoder。
当密码具有前缀{bcrypt}时，DelegatingPasswordEncoder 会将该操作转发给 BcryptPasswordEncoder
实现

　　接下来看看如何定义 DelegatingPasswordEncoder。首先创建所需的 PasswordEncoder
实现的实例集合，然后将这些实例放在一个 DelegatingPasswordEncoder 中，如代码
清单 4.4 所示。

代码清单 4.4 创建 DelegatingPasswordEncoder 的实例

```
@Configuration
public class ProjectConfig {

  // Omitted code

  @Bean
  public PasswordEncoder passwordEncoder() {
    Map<String, PasswordEncoder> encoders = new HashMap<>();

    encoders.put("noop", NoOpPasswordEncoder.getInstance());
    encoders.put("bcrypt", new BCryptPasswordEncoder());
    encoders.put("scrypt", new SCryptPasswordEncoder());

    return new DelegatingPasswordEncoder("bcrypt", encoders);
  }
}
```

DelegatingPasswordEncoder 只是一个充当 PasswordEncoder 的工具，在必须从一组实现中进行选择时，就可以使用它。在代码清单 4.4 中，用 DelegatingPasswordEncoder 声明的实例包含对 NoOpPasswordEncoder、BCryptPasswordEncoder 和 SCryptPasswordEncoder 的引用，并将默认值委托给 BCryptPasswordEncoder 实现。基于哈希值的前缀，DelegatingPasswordEncoder 将使用正确的 PasswordEncoder 实现来匹配密码。这个前缀具有从编码器映射中标识出要使用的密码编码器的键。如果没有前缀，DelegatingPasswordEncoder 将使用默认的编码器。默认的 PasswordEncoder 就是在构造 DelegatingPasswordEncoder 实例时作为第一个参数所提供的那个。对于代码清单4.4 中的代码，默认的 PasswordEncoder 是 bcrypt。

提示：

大括号是哈希前缀的一部分，键名应该位于大括号中。例如，如果所提供的哈希值是{noop}12345，则 DelegatingPasswordEncoder 将委托给我们为前缀 noop 所注册的 NoOpPasswordEncoder。同样，不要忘记在前缀中必须使用大括号。

如果哈希值看起来像下一个代码片段所示，那么所使用的密码编码器就是我们分配给前缀{bcrypt}的那个，也就是 BCryptPasswordEncoder。如果没有任何前缀，那么应用程序也将委托给它，因为我们将它定义为默认实现。

```
{bcrypt}$2a$10$xn3LI/AjqicFYZFruSwve.681477XaVNaUQbr1gioaWPn4t1KsnmG
```

为方便起见，Spring Security 提供了一种方法创建一个 DelegatingPasswordEncoder，它有一个映射指向 PasswordEncoder 提供的所有标准实现。PasswordEncoderFactories 类提供了一个 createDelegatingPasswordEncoder()静态方法，该方法会返回使用 bcrypt 作为默认编码器的 DelegatingPasswordEncoder 的实现。

```
PasswordEncoder passwordEncoder =
        PasswordEncoderFactories.createDelegatingPasswordEncoder();
```

编码、加密、哈希化三者之间的对比

前几节中经常使用术语编码、加密和哈希化，这里会简要阐明这些术语以及整本书中使用它们的方式。

编码指的是对指定输入的任何转换。例如，如果有一个函数 x 用于反转一个字符串，那么函数 x -> y 应用于 ABCD 会生成 DCBA。

加密是一种特殊类型的编码，为获得输出，需要同时提供输入值和密钥。这个密钥使得我们以后可以选择谁应该能够逆向函数(从输出中获得输入)。将加密表示为函数的最简单形式就会像下面这样：

(x, k) -> y

其中 x 是输入，k 是密钥，而 y 则是加密结果。这样，一个人知道了密钥就可以使用一个已知的函数从输出(y, k) -> x 中获得输入，我们称之为逆向函数解密。如果用于加密的密钥与用于解密的密钥相同，则通常称其为对称密钥。

如果加密$((x, k_1) -> y)$和解密$((y, k_2) -> x)$使用两个不同的密钥，则可以说加密是用非对称密钥完成的。这样的话(k_1, k_2)就被称为密钥对。用于加密的密钥 k_1 也称为公钥，而 k_2 称为私钥。这样，就只有私钥的所有者才能解密数据。

哈希化是一种特殊类型的编码，只不过其函数是单向的。也就是说，从哈希函数的输出 y 中，不能回溯到输入 x。但是，应该总是有一种方法检查输出 y 是否对应输入 x，因此可以把哈希化理解为一对进行编码和匹配的函数。如果哈希化是 x -> y，那么也应该有一个匹配函数(x,y) -> boolean。

有时哈希函数也可以使用添加到输入(x, k) -> y 中的一个随机值，我们称这个值为盐(salt)。盐会让函数更加强大，它增加了应用逆向函数从结果中获得输入的难度。

为了总结在本书中到目前为止所讨论和应用的契约，表 4.1 简要地描述了每一个组件。

表 4.1 Spring Security 中表示身份验证流程的主要契约的接口

契约	描述
UserDetails	代表 Spring Security 所看到的用户
GrantedAuthority	定义应用程序目的范围内允许用户执行的操作(例如，读、写、删除等)
UserDetailsService	表示用于按用户名检索用户详细信息的对象
UserDetailsManager	一个较为特殊的 UserDetailsService 契约。除了按用户名检索用户外，它还可以用于更改用户集合或特定用户
PasswordEncoder	指定如何对密码进行加密或哈希化，以及如何检查给定的已编码字符串是否与明文密码匹配

4.2 Spring Security Crypto 模块的更多知识

本节将讨论 Spring Security Crypto 模块(SSCM)，这是 Spring Security 中处理密码学的相关部分。Java 语言并没有提供使用加密和解密函数以及生成密钥的现成方法。当添加为这些特性提供更易于访问的方法的依赖项时,这会限制开发人员的发挥空间。

为了使我们的工作更轻松,Spring Security 还提供了自己的解决方案,它允许通过免除使用单独库的需要来减少项目的依赖性。密码编码器也是 SSCM 的一部分,不过我们在前面的部分中已经将它们分开处理了。本节将讨论 SSCM 还提供了哪些与密码学相关的选项。将介绍如何使用 SSCM 的两个基本特性的例子:

- 密钥生成器——用于为哈希化和加密算法生成密钥的对象。
- 加密器——用于加密和解密数据的对象。

4.2.1 使用密钥生成器

本节将讨论密钥生成器。密钥生成器是用于生成特定类型密钥的对象,加密或哈希算法通常需要用到它。Spring Security 所提供的密钥生成器的实现是很好的实用工具。你应该会更喜欢使用这些实现,而不是为应用程序添加另一个依赖项,这就是建议你了解它们的原因。让我们看一些代码示例,了解如何创建和应用密钥生成器。

有两个接口表示两种主要类型的密钥生成器: BytesKeyGenerator 和 StringKeyGenerator。可以使用工厂类 KeyGenerators 直接构建它们。可以使用 StringKeyGenerator 契约表示的字符串密钥生成器来获取作为字符串的密钥。通常,我们会将此密钥用作哈希化或加密算法的盐值。可以在这个代码片段中找到

StringKeyGenerator 契约的定义。

```
public interface StringKeyGenerator {

    String generateKey();

}
```

该生成器只有一个 generateKey()方法，该方法会返回表示键值的字符串。下一个代码片段展示了如何获取 StringKeyGenerator 实例以及如何使用它获取盐值。

```
StringKeyGenerator keyGenerator = KeyGenerators.string();
String salt = keyGenerator.generateKey();
```

该生成器会创建一个 8 字节的密钥，并将其编码为十六进制字符串。该方法将这些操作的结果作为字符串返回。另一个描述密钥生成器的接口是 BytesKeyGenerator，它的定义如下。

```
public interface BytesKeyGenerator {

  int getKeyLength();
  byte[] generateKey();
}
```

除了以 byte[]的形式返回密钥的 generateKey()方法之外，该接口还定义了另一个以字节数返回密钥长度的方法。默认的 ByteKeyGenerator 会生成 8 字节长度的密钥。

```
BytesKeyGenerator keyGenerator = KeyGenerators.secureRandom();
byte [] key = keyGenerator.generateKey();
int keyLength = keyGenerator.getKeyLength();
```

在前面的代码片段中，密钥生成器会生成 8 字节长的密钥。如果想指定一个不同的密钥长度，则可以在获得密钥生成器实例时通过为 KeyGenerators.secureRandom()方法提供所需的值来实现。

```
BytesKeyGenerator keyGenerator = KeyGenerators.secureRandom(16);
```

使用 KeyGenerators. secureRandom ()方法创建的 BytesKeyGenerator 所生成的密钥对于 generateKey()方法的每次调用都是唯一的。

在某些情况下，我们更想要一种实现，该实现会为相同的键生成器的每次调用返回相同的键值。在这种情况下就可以使用 KeyGenerators.shared(int length)方法来创建

BytesKeyGenerator。在这个代码片段中，key1 和 key2 具有相同的值。

```
BytesKeyGenerator keyGenerator = KeyGenerators.shared(16);
byte [] key1 = keyGenerator.generateKey();
byte [] key2 = keyGenerator.generateKey();
```

4.2.2　将加密器用于加密和解密操作

本节将使用代码示例应用 Spring Security 所提供的加密器的实现。加密器是实现加密算法的对象。在讨论安全性时，加密和解密是常见的操作，因此可以预见应用程序将需要这些操作。

我们经常需要加密数据，无论是在系统组件之间发送数据还是在持久化数据的时候。加密器提供的操作是加密和解密。SSCM 定义了两种类型的加密器：BytesEncryptor和 TextEncryptor。虽然它们有相似的职责，但它们处理的是不同的数据类型。TextEncryptor 将数据作为字符串管理。它的方法会接收字符串作为输入，返回字符串作为输出，这一点可以从其接口定义中看出来。

```
public interface TextEncryptor {

  String encrypt(String text);
  String decrypt(String encryptedText);

}
```

BytesEncryptor 则更加通用。它的输入数据需要作为一个字节数组提供。

```
public interface BytesEncryptor {

  byte[] encrypt(byte[] byteArray);
  byte[] decrypt(byte[] encryptedByteArray);

}
```

让我们看看有哪些选项可以用于构建和使用加密器。工厂类 Encryptors 为我们提供了多种可能的选择。对于 BytesEncryptor，可以使用 Encryptors.standard()或Encryptors.stronger()方法，如下所示。

```
String salt = KeyGenerators.string().generateKey();
String password = "secret";
```

```
String valueToEncrypt = "HELLO";

BytesEncryptor e = Encryptors.standard(password, salt);
byte [] encrypted = e.encrypt(valueToEncrypt.getBytes());
byte [] decrypted = e.decrypt(encrypted);
```

在后台，标准字节加密器会使用 256 字节 AES 加密方式来加密输入。要构建一个更强的字节加密器实例，则可以调用 Encryptors.stronger()方法。

```
BytesEncryptor e = Encryptors.stronger(password, salt);
```

其差异很小并且是在后台执行的，其中 256 位的 AES 加密使用了 Galois/Counter Mode(GCM)作为操作模式。标准模式使用的是密码块链接(CBC)，它被认为是一种较弱的方法。

TextEncryptors 有 3 种主要类型。可以通过调用 Encryptors.text()、Encryptors.delux()或 Encryptors.queryableText()方法创建这 3 种类型。除了这些创建加密器的方法外，还有一个返回虚拟 TextEncryptor 的方法，该方法不对值进行加密。可以使用虚拟 TextEncryptor 演示示例，或者用于希望测试应用程序性能而不需要在加密上花费时间的场景。返回这个无操作加密器的方法就是 Encryptors.noOpText()。在下面的代码片段中，你将看到一个使用 TextEncryptor 的示例。即使是对加密器的调用，在本示例中，encrypted 和 valueToEncrypt 也是相同的。

```
String valueToEncrypt = "HELLO";
TextEncryptor e = Encryptors.noOpText();
String encrypted = e.encrypt(valueToEncrypt);
```

Encryptors.text() 加 密 器 使 用 Encryptors.standard()方 法 来 管 理 加 密 操 作 ，而 Encryptors.delux()方法使用了 Encryptors.stronger()实例，如下所示。

```
String salt = KeyGenerators.string().generateKey();
String password = "secret";
String valueToEncrypt = "HELLO";

TextEncryptor e = Encryptors.text(password, salt); ←——┐   创建使用盐和密码
String encrypted = e.encrypt(valueToEncrypt);            的 TextEncryptor
String decrypted = e.decrypt(encrypted);                 对象
```

对于 Encryptors.text()和 Encryptors.delux()而言，使用相同输入反复调用 encrypt()方法会生成不同的输出结果。生成不同输出结果的原因是加密过程中使用了随机生成

的初始化向量。在现实世界中，我们会发现不希望这种情况发生的场景，例如在使用 OAuth API 键的情况下。我们将在第 12~15 章进一步讨论 OAuth 2。这种类型的输入被称为可查询文本，在这种情况下，就可以使用 Encryptors.queryableText()实例。此加密器会确保序列化加密操作为相同的输入生成相同的输出。在下面的示例中，encrypted1 变量的值等于 encrypted2 变量的值。

```
String salt = KeyGenerators.string().generateKey();
String password = "secret";
String valueToEncrypt = "HELLO";

TextEncryptor e =
    Encryptors.queryableText(password, salt);      ←——  创建一个可查询文
                                                          本加密器

String encrypted1 = e.encrypt(valueToEncrypt);

String encrypted2 = e.encrypt(valueToEncrypt);
```

4.3　本章小结

- PasswordEncoder 在身份验证逻辑中有一个最关键的职责——处理密码。
- Spring Security 在哈希算法方面提供了几种备选方案，这使得在实现时只要进行选择即可。
- Spring Security Crypto 模块(SSCM)为密钥生成器和加密器的实现提供了各种备选方案。
- 密钥生成器是帮助我们生成与加密算法一起使用的密钥的实用对象。
- 加密器是帮助我们应用数据加密和解密的实用对象。

第5章

实现身份验证

本章内容
- 使用自定义 AuthenticationProvider 实现身份验证逻辑
- 使用 HTTP Basic 和基于表单的登录身份验证方法
- 理解和管理 SecurityContext 组件

第 3 章和第 4 章介绍了一些在身份验证流程中发挥作用的组件。其中讨论了 UserDetails 以及如何在 Spring Security 中定义原型来描述用户。然后，我们在示例中使用了 UserDetails，其中讲解了 UserDetailsService 和 UserDetailsManager 契约是如何工作的，以及如何实现它们。示例中还讨论并使用了这些接口的主要实现。最后介绍了 PasswordEncoder 如何管理密码和如何使用密码，Spring Security Crypto 模块(SSCM)以及加密器和密钥生成器。

不过，AuthenticationProvider 层会负责身份验证逻辑。在 AuthenticationProvider 中可以找到判定是否对请求进行身份验证的条件和指令。将此职责委托给 AuthenticationProvider 的组件是 AuthenticationManager，它会从 HTTP 过滤器层接收请求。第 9 章将详细讨论过滤器层。在本章中，让我们看看身份验证过程，它只有两个可能的结果。

- 发出请求的实体没有经过身份验证。用户无法被识别，而应用程序拒绝该请求且没有委托给授权过程。通常，在这种情况下，发送回客户端的响应状态为 HTTP 401 Unauthorized。

- 发出请求的实体通过了身份验证。有关请求者的详细信息会被存储，以便应用程序可以使用这些信息进行授权。正如本章将介绍的那样，SecurityContext接口是存储当前已验证请求的详细信息的实例。

为了回顾参与者及其之间的联系，图 5.1 提供了第 2 章也出现过的图表。

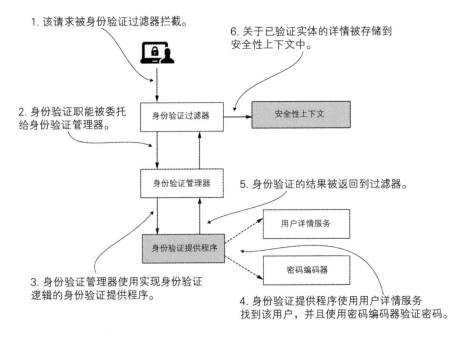

图 5.1　Spring Security 中的身份验证流程。这个过程定义了应用程序如何识别请求者的身份。在图中，本章讨论的组件是用阴影表示的。此处，身份验证提供程序在此过程中实现了身份验证逻辑，而安全性上下文存储了有关经过身份验证的请求的详细信息

　　本章将介绍身份验证流程的其余部分(图 5.1 中的阴影框)。然后，第 7 章和第 8 章将讲解授权是如何工作的，这是 HTTP 请求中身份验证之后的过程。首先，我们需要讨论如何实现 AuthenticationProvider 接口。你需要知道 Spring Security 在身份验证过程中如何理解请求。

　　为了清楚地描述如何表示请求，将从 Authentication 接口开始探讨。讨论完这一点后，可以进一步研究身份验证成功后会对请求的详细信息进行哪些处理。在身份验证成功之后，将探讨 SecurityContext 接口以及 Spring Security 管理它的方式。本章结尾处将介绍如何自定义 HTTP Basic 身份验证方法。还将讨论可以在应用程序中使用的另一种身份验证选项——基于表单的登录。

5.1　理解 AuthenticationProvider

在企业级应用程序中，你可能会发现自己处于这样一种情况：基于用户名和密码的身份验证的默认实现并不适用。另外，当涉及身份验证时，应用程序可能需要实现几个场景(见图 5.2)。例如，我们可能希望用户能够通过使用在 SMS 消息中接收到的或由特定应用程序显示的验证码来证明自己的身份。或者，也可能需要实现某些身份验证场景，其中用户必须提供存储在文件中的某种密钥。我们甚至可能需要使用用户指纹的表示来实现身份验证逻辑。框架的目的是要足够灵活，以便允许我们实现这些所需场景中的任何一个。

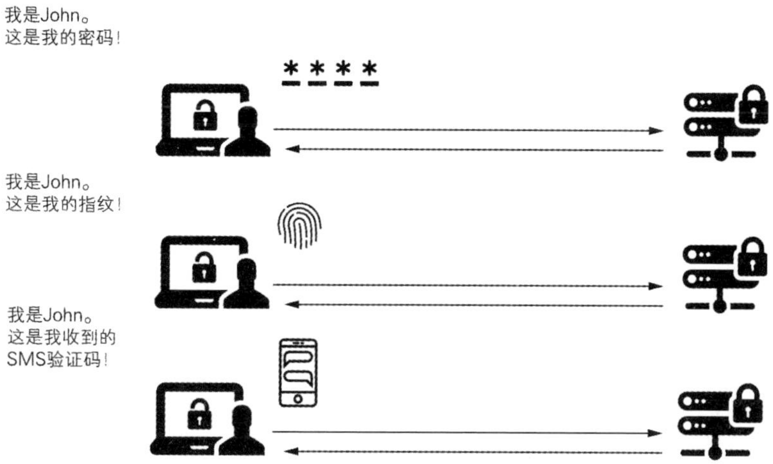

图5.2　对于应用程序，可能需要以不同的方式实现身份验证。虽然在大多数情况下，用户名和密码就足够了，但在某些情况下，用户身份验证场景可能更加复杂

框架通常会提供一组最常用的实现，但它必然不能涵盖所有可能的选项。就 Spring Security 而言，可以使用 AuthenticationProvider 契约来定义任何自定义的身份验证逻辑。本节将介绍如何通过实现 Authentication 接口表示身份验证事件，然后使用 AuthenticationProvider 创建自定义身份验证逻辑。为了实现该目标：

- 5.1.1 节将分析 Spring Security 如何表示身份验证事件。
- 5.1.2 节将讨论 AuthenticationProvider 契约，它负责身份验证逻辑。
- 5.1.3 节将通过在一个示例中实现 AuthenticationProvider 契约来编写自定义身份验证逻辑。

5.1.1　在身份验证期间表示请求

本节将讨论 Spring Security 在身份验证过程中如何表示请求。在深入研究如何实现自定义身份验证逻辑之前，一定要了解这一点。正如 5.1.2 节将介绍的那样，要实现自定义 AuthenticationProvider，首先需要理解如何表示身份验证事件本身。本节将介绍表示身份验证的契约，并讨论我们需要了解的方法。

身份验证(Authentication)也是处理过程中涉及的其中一个必要接口的名称。Authentication 接口表示身份验证请求事件，并且会保存请求访问应用程序的实体的详细信息。可以在身份验证过程期间和之后使用与身份验证请求事件相关的信息。请求访问应用程序的用户被称为主体(principal)。如果你曾经在任何应用程序中使用过 Java Security API，就会知道，在 Java Security API 中，名为 Principal 的接口表示相同的概念。Spring Security 的 Authentication 接口扩展了这个契约(见图 5.3)。

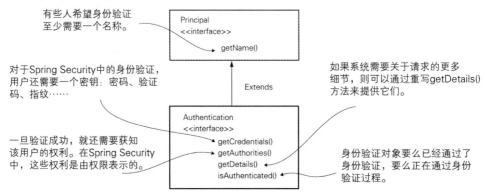

图 5.3　Authentication 契约继承自 Principal 契约。Authentication 添加了一些需求，比如需要一个密码，或者可能会指定关于身份验证请求的更多详情。其中一些详情，比如权限列表，是与 Spring Security 相关的

Spring Security 中的 Authentication 契约不仅代表了一个主体，还添加了关于身份验证过程是否完成的信息以及权限集合。实际上，这个契约是为了扩展 Java Security API 的 Principal 契约而设计的，这在与其他框架和应用程序实现的兼容性方面是一个加分项。这种灵活性让我们可以从以另一种方式实现身份验证的应用程序更容易地迁移到 Spring Security。

可以从代码清单 5.1 中了解关于 Authentication 接口设计的更多信息。

代码清单 5.1　Spring Security 中声明的 Authentication 接口

```
public interface Authentication extends Principal, Serializable {
```

```
Collection<? extends GrantedAuthority> getAuthorities();
Object getCredentials();
Object getDetails();
Object getPrincipal();
boolean isAuthenticated();
void setAuthenticated(boolean isAuthenticated)
  throws IllegalArgumentException;
}
```

目前，仅有的需要了解的该契约的几个方法如下：

- isAuthenticated()——如果身份验证过程结束，则返回 true；如果身份验证过程仍在进行，则返回 false。
- getCredentials()——返回身份验证过程中使用的密码或任何密钥。
- getAuthorities()——返回身份验证请求的授权集合。

后续章节将讨论身份验证契约的其他方法，这些方法适用于后续将介绍的实现。

5.1.2　实现自定义身份验证逻辑

本节将讨论如何实现自定义身份验证逻辑。我们要通过分析与此职责相关的 Spring Security 契约来理解其定义。有了这些细节知识，就可以使用 5.1.3 节中的代码示例实现自定义身份验证逻辑。

Spring Security 中的 AuthenticationProvider 负责身份验证逻辑。AuthenticationProvider 接口的默认实现会将查找系统用户的职责委托给 UserDetailsService。它还使用 PasswordEncoder 在身份验证过程中进行密码管理。代码清单 5.2 给出了 AuthenticationProvider 的定义，我们需要实现它来为应用程序定义自定义身份验证提供者。

代码清单 5.2　AuthenticationProvider 接口

```
public interface AuthenticationProvider {

  Authentication authenticate(Authentication authentication)
    throws AuthenticationException;

  boolean supports(Class<?> authentication);
}
```

AuthenticationProvider 的职责是与 Authentication 契约紧密耦合在一起的。authenticate()方法会接收一个 Authentication 对象作为参数并返回一个 Authentication 对

象。需要实现 authenticate()方法来定义身份验证逻辑。可以通过以下 3 个要点快速总
结应该如何实现 authenticate()方法：

- 如果身份验证失败，则该方法应该抛出 AuthenticationException 异常。
- 如果该方法接收到的身份验证对象不被 AuthenticationProvider 实现所支持，那
  么该方法应该返回 null。这样，就有可能使用在 HTTP 过滤器级别上分离的多
  个 Authentication 类型。第 9 章将详细讨论这方面的内容。第 11 章还会讲解一
  个使用多个 AuthorizationProvider 类的示例，这也是本书的第二个动手实践
  章节。
- 该方法应该返回一个 Authentication 实例，该实例表示一个完全通过了身份验
  证的对象。对于这个实例，isAuthenticated()方法会返回 true，并且它包含关于
  已验证实体的所有必要细节。通常，应用程序还会从这个实例中移除密码等
  敏感数据。实现之后，就不再需要密码了，因为保留这些细节可能会将它们
  暴露给不希望看到的人。

AuthenticationProvider 接口中的第二个方法是 supports(Class<?> authentication)。如
果当前的 AuthenticationProvider 支持作为 Authentication 对象而提供的类型，则可以实
现此方法以返回 true。注意，即使该方法对一个对象返回 true，authenticate()方法仍然
有可能通过返回 null 来拒绝请求。Spring Security 这样的设计是较为灵活的，使得我们
可以实现一个 AuthenticationProvider，它可以根据请求的详细信息来拒绝身份验证请
求，而不仅仅是根据请求的类型来判断。

就身份验证管理器和身份验证提供程序共同协作以判定身份验证请求有效或无效
的方式而言，一个恰当的类比就是为我们的门设置更复杂的锁。我们可以使用卡或老
式的实体钥匙来打开这把锁(见图 5.4)。锁本身是身份验证管理器，它会判定是否打开
门。为了做出判定，它会委托给两个身份验证提供程序：一个知道如何验证卡，另一
个知道如何验证实体钥匙。如果提供一张卡片来开门，那么仅使用实体钥匙的身份验
证提供程序就会因不清楚这类身份验证方式而报错。但是另一个提供程序支持这类身
份验证并且会验证卡与门是否匹配。这实际上就是 supports()方法的目的。

除了检测身份验证类型，Spring Security 还增加了一层灵活性。这类似于门锁可以
识别多种卡片。在这种情况下，当提供一张卡片时，其中一个身份验证提供程序可能
会说，"我将其理解为一张卡片。但它不是我可以验证的卡片类型！"当 supports()返回
true 而 authenticate()返回 null 时，就会发生这种情况。

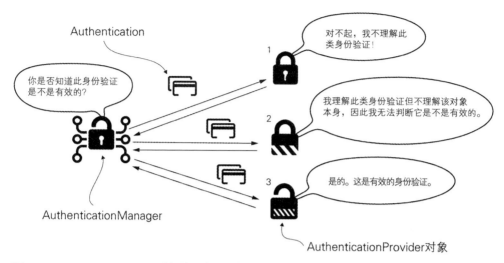

图 5.4 AuthenticationManager 委托给一个可用的身份验证提供程序。AuthenticationProvider 可能不支持所提供的身份验证类型。另一方面，如果它确实支持该对象类型，它也可能不知道如何验证该特定对象。身份验证将被评估，而 AuthenticationProvider 可以判断请求是否正确，并为 AuthenticationManager 提供响应

5.1.3 应用自定义身份验证逻辑

本节将实现自定义身份验证逻辑。可以在项目 ssia-ch5-ex1 中找到这个示例。这个示例将应用 5.1.1 节和 5.1.2 节中介绍的关于 Authentication 和 AuthenticationProvider 接口的知识。代码清单 5.3 和 5.4 将逐步构建一个如何实现自定义 AuthenticationProvider 的示例。这些步骤如下所示，图 5.5 中也展示了这些步骤。

(1) 声明一个实现 AuthenticationProvider 契约的类。

(2) 确定新的 AuthenticationProvider 支持哪种类型的 Authentication 对象：

> 重写 supports(Class<?> c)方法以指定所定义的 AuthenticationProvider 支持哪种类型的身份验证。

> 重写 authenticate(Authentication a)方法以实现身份验证逻辑。

(3) 在 Spring Security 中注册新的 AuthenticationProvider 实现的一个实例。

代码清单 5.3 重写 AuthenticationProvider 的 supports()方法

```
@Component
public class CustomAuthenticationProvider
  implements AuthenticationProvider {

  // Omitted code
```

```
@Override
public boolean supports(Class<?> authenticationType) {
    return authenticationType
            .equals(UsernamePasswordAuthenticationToken.class);
}
}
```

代码清单 5.3 定义了一个实现 AuthenticationProvider 接口的新的类。其中使用了 @Component 来标记这个类，以便在 Spring 管理的上下文中使用其类型的实例。然后，我们必须决定这个 AuthenticationProvider 支持哪种类型的 Authentication 接口实现。这取决于我们希望将哪种类型作为 authenticate()方法的参数来提供。如果不在身份验证过滤器级别做任何定制修改，那么 UsernamePasswordAuthenticationToken 类就会定义其类型。这个类是 Authentication 接口的实现，它表示一个使用用户名和密码的标准身份验证请求。

通过这个定义，就可以让 AuthenticationProvider 支持特定类型的密钥。一旦指定了 AuthenticationProvider 的作用域，就可以通过重写 authenticate()方法来实现身份验证逻辑，如代码清单 5.4 所示。

代码清单 5.4　实现身份验证逻辑

```
@Component
public class CustomAuthenticationProvider
  implements AuthenticationProvider {

    @Autowired
    private UserDetailsService userDetailsService;

    @Autowired
    private PasswordEncoder passwordEncoder;

    @Override
    public Authentication authenticate(Authentication authentication) {
    String username = authentication.getName();
    String password = authentication.getCredentials().toString();

    UserDetails u = userDetailsService.loadUserByUsername(username);

    if (passwordEncoder.matches(password, u.getPassword())) {
```

```
return new UsernamePasswordAuthenticationToken(
        username,
        password,
        u.getAuthorities());  ◁──── 如果密码匹配，则返回 Authentication 契约
} else {                                 的实现以及必要的详细信息
throw new BadCredentialsException
        ("Something went wrong!");  ◁────
}
}                                    如果密码不匹配，则抛出类型为
// Omitted code                      AuthenticationException 的异常。
}                                    BadCredentialsException 继承自
                                     AuthenticationException
```

代码清单 5.4 中的逻辑很简单，图 5.5 直观地展示了这个逻辑。可以使用 UserDetailsService 实现来获得 UserDetails。如果用户不存在，则 loadUserByUsername() 方法应该抛出 AuthenticationException 异常。在本示例中，身份验证过程停止了，而 HTTP 过滤器将响应状态设置为 HTTP 401 Unauthorized。如果用户名存在，则可以从上下文中使用 PasswordEncoder 的 matches()方法进一步检查用户的密码。如果密码不匹配，那么同样应该抛出 AuthenticationException 异常。如果密码正确，则 AuthenticationProvider 会返回一个标记为"authenticated"的身份验证实例，其中包含有关请求的详细信息。

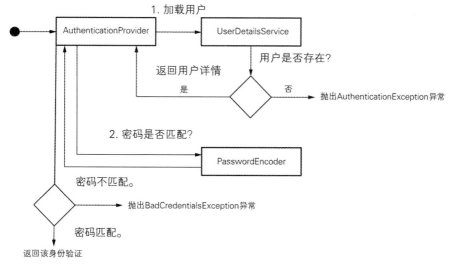

图 5.5　由 AuthenticationProvider 实现的自定义身份验证流程。为了验证身份验证请求，AuthenticationProvider 会使用所提供的 UserDetailsService 实现来加载用户详细信息，并且如果密码匹配，则会使用 PasswordEncoder 验证密码。如果用户不存在或密码不正确，AuthenticationProvider 将抛出 AuthenticationException 异常

要 插 入 AuthenticationProvider 的 新 实 现 ， 请 在 项 目 的 配 置 类 中 重 写
WebSecurityConfigurerAdapter 类的 configure(AuthenticationManagerBuilder auth)方法。
如代码清单 5.5 所示。

代码清单 5.5　在配置类中注册 AuthenticationProvider

```
@Configuration
public class ProjectConfig extends WebSecurityConfigurerAdapter {

    @Autowired
    private AuthenticationProvider authenticationProvider;

    @Override
    protected void configure(AuthenticationManagerBuilder auth) {
        auth.authenticationProvider(authenticationProvider);
    }

    // Omitted code
}
```

提示：

代码清单 5.5 在被声明为 AuthenticationProvider 的字段上使用了@Autowired 注解。
Spring 会将 AuthenticationProvider 识别为一个接口(其实这是一个抽象)。但是 Spring
知道它需要在其上下文中找到那个特定接口的实现实例。在我们的示例中，该实现就
是 CustomAuthenticationProvider 的实例，它是我们使用@Component 注解声明并添加
到 Spring 上下文的这个类型的唯一实例。

就是这样！现在已经成功地自定义了 AuthenticationProvider 的实现。接下来可以
在需要的地方为应用程序定制身份验证逻辑了。

应用程序设计的失败是如何导致的

不正确地使用框架会导致应用程序难以维护。更糟糕的是，有时那些框架使用失
败的人会认为这是框架的错。有个故事想给你讲讲。

一年冬天，我曾在其中担任顾问职务的公司的开发主管打电话给我，让我帮助他
们实现一个新特性。他们需要在 Spring 刚发布时就使用 Spring 开发的系统组件中应用
自定义身份验证方法。但是，在实现应用程序的类设计时，开发人员没有正确地遵循
Spring Security 的主干架构。他们只借助了过滤器链，而将 Spring Security 的全部特性
作为自定义代码重新实现。

开发人员发现，随着时间的推移，自定义变得越来越困难。但是没有人采取行动正确地重新设计组件以便使用 Spring Security 中预期的契约。其中很多困难点都来自于不了解 Spring 的能力。一个主要开发人员说："这只是 Spring Security 的错！这个框架很难应用，而且很难与任何自定义代码一起使用。"他的话让我有点震惊。我知道 Spring Security 有时很难理解，并且该框架以难于学习而闻名。但是我从来没有遇到过无法使用 Spring Security 设计一个易于定制的类的情况！

我们一起进行了调查，我意识到应用程序开发人员只使用了 Spring Security 所提供的大约 10%的特性。然后，我举办了一个为期两天的关于 Spring Security 的研讨会，重点是针对他们需要更改的特定系统组件，我们可以做什么(以及如何做)。

最后，他们决定完全重写大量的自定义代码，以便正确地借助于 Spring Security，从而使应用程序更容易扩展，以满足他们对安全性实现的关切。我们还发现了一些与 Spring Security 无关的其他问题，但那是另一个故事了。

你可以从这个故事中学到一些东西：

- 一个框架，特别是在应用程序中广泛使用的框架，是在许多聪明人的参与下编写而成的。因此通常其实现应该不会很糟糕。在宣称任何问题都是框架的错之前，一定要分析应用程序本身。
- 在决定使用一个框架时，要确保我们至少很好地理解了它的基础知识。
  - ➤ 请留意用于学习该框架的资源。有时在 Web 上找到的文章会告诉我们如何快速地解决问题，而不一定是如何正确地实现类的设计。
  - ➤ 在调研时要使用多种资料源。为了澄清可能的误解，当不确定如何使用某个框架时，应该编写一份概念证明尝试运行一下。
- 如果决定使用一个框架，请尽可能多地使用它来达到预期的目的。例如，假设我们使用了 Spring Security，并且观察到对于安全性实现，我们倾向于编写更多的自定义代码，而不是依赖于框架提供的特性。则应该思考一下为什么会发生这种情况。

当我们依赖于框架实现的功能时，可以享受到一些好处。我们知道它们已经经过了测试，并且很少出现包含漏洞的变更。另外，一个好的框架依赖于抽象，它有助于创建可维护的应用程序。请记住，在编写我们自己的实现时，其实更容易隐含漏洞在其中。

5.2　使用 SecurityContext

本节将讨论安全上下文。我们将分析它是如何工作的、如何从其中访问数据，以及应用程序如何在具有不同的与线程有关的场景中管理它。阅读完本节之后，你将了解如何为各种情况配置安全上下文。这样，在第 7 章和第 8 章中配置授权时，你就可以使用安全上下文存储的关于已验证用户的详细信息了。

在身份验证过程结束后，我们可能需要获取关于已验证实体的详细信息。例如，可能需要引用当前经过身份验证的用户的用户名或权限。身份验证过程结束后，该信息还可以访问吗？一旦 AuthenticationManager 成功完成身份验证过程，它将为请求的其余部分存储 Authentication 实例。存储 Authentication 对象的实例就被称为安全上下文(见图 5.6)。

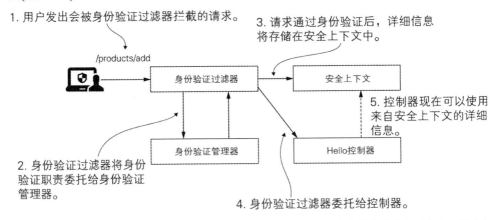

图 5.6　身份验证成功后，身份验证筛选器会将已验证实体的详细信息存储在安全上下文中。从安全上下文中，实现映射到请求的动作的控制器可以在需要时访问这些详细信息

Spring Security 的安全上下文是由 SecurityContext 接口描述的。代码清单 5.6 定义了这个接口。

代码清单 5.6　SecurityContext 接口

```
public interface SecurityContext extends Serializable {

    Authentication getAuthentication();
    void setAuthentication(Authentication authentication);
}
```

可以从其契约定义中观察到，SecurityContext 的主要职责是存储身份验证对象。但是 SecurityContext 本身是如何被管理的呢？Spring Security 提供了 3 种策略来管理 SecurityContext，其中都用到了一个对象来扮演管理器的角色。该对象被命名为 SecurityContextHolder。

- MODE_THREADLOCAL——允许每个线程在安全上下文中存储自己的详细信息。在每个请求一个线程的 Web 应用程序中，这是一种常见的方法，因为每个请求都有一个单独的线程。
- MODE_INHERITABLETHREADLOCAL——类似于 MODE_THREADLOCAL，但还会指示 Spring Security 在异步方法的情况下将安全上下文复制到下一个线程。这样，就可以说运行@Async 方法的新线程继承了该安全上下文。
- MODE_GLOBAL——使应用程序的所有线程看到相同的安全上下文实例。

除了 Spring Security 提供的这 3 种管理安全上下文的策略外，本节还将讨论在定义 Spring 所不知道的我们自己的线程时会发生什么情况。你将了解到，对于这些情况，需要显式地将详细信息从安全上下文复制到新线程。Spring Security 不能自动管理不在 Spring 上下文中的对象，但是它为此提供了一些很好的实用工具类。

5.2.1　将一种保持策略用于安全上下文

管理安全上下文的第一个策略是 MODE_THREADLOCAL 策略。这个策略也是 Spring Security 用于管理安全上下文的默认策略。使用这种策略，Spring Security 就可以使用 ThreadLocal 管理上下文。ThreadLocal 是 JDK 提供的实现。该实现作为数据集合来执行，但会确保应用程序的每个线程只能看到存储在集合中的数据。这样，每个请求都可以访问其安全上下文。没有哪个线程可以访问其他线程的 ThreadLocal。这意味着在 Web 应用程序中，每个请求只能看到自己的安全上下文。可以认为这也是后端 Web 应用程序通常希望具有的特性。

图 5.7 提供了该功能的概述。每个请求(A、B 和 C)都具有分配给自己的线程(T1、T2 和 T3)。这样，每个请求就只能看到存储在其安全上下文中的详细信息。但这也意味着，如果创建了一个新线程(例如，在调用异步方法时)，新线程也将拥有自己的安全上下文。来自父线程(请求的原始线程)的详细信息不会复制到新线程的安全上下文。

提示：
这里我们讨论了一个传统的 servlet 应用程序，其中每个请求都绑定到一个线程。这种架构仅适用于传统的 servlet 应用程序，其中每个请求都被分配了自己的线程。它不适用于反应式应用程序。第 19 章将详细讨论反应式方法的安全性。

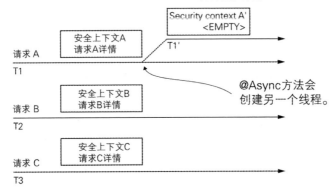

身份验证之后，请求A将获得安全
上下文A中已验证实体的详细信息。

新线程有自己的安全上下文A'，
但是请求的原始线程的详细信息
没有被复制。

Security context A'
<EMPTY>

安全上下文A
请求A详情

请求 A
T1

T1'

@Async方法会
创建另一个线程。

安全上下文B
请求B详情

请求 B
T2

安全上下文C
请求C详情

请求 C
T3

每个请求都有其自己的线程并且可以访问一个安全上下文。

图 5.7 每个请求都有自己的线程，用箭头表示。每个线程只能访问自己的安全上下文详情。当创建
一个新线程(例如通过@Async 方法)时，不会复制父线程的详情

作为管理安全上下文的默认策略，此过程不需要显式配置。在身份验证过程结束
后，只要在需要的地方使用静态 getContext()方法从持有者处请求安全上下文即可。代
码清单 5.7 展示了在应用程序的其中一个端点上获取安全上下文的示例。从安全上下
文中，可以进一步获得 Authentication 对象，该对象存储着有关已验证实体的详细信息。
本节所讨论的示例是项目 sia-ch5-ex2 的一部分。

代码清单 5.7 从 SecurityContextHolder 获取 SecurityContext

```
@GetMapping("/hello")
public String hello() {
  SecurityContext context = SecurityContextHolder.getContext();
  Authentication a = context.getAuthentication();

  return "Hello, " + a.getName() + "!";
}
```

从上下文获得身份验证在端点级别上更方便，因为 Spring 知道将其直接注入方法
参数中。不需要每次都显式地引用 SecurityContextHolder 类。如代码清单 5.8 所示的这
种方法更好。

代码清单 5.8 Spring 在方法的参数中注入 Authentication 值

```
@GetMapping("/hello")
public String hello(Authentication a) {        ◄──    Spring Boot 在方法参数中注入
                                                       当前的 Authentication
```

```
    return "Hello, " + a.getName() + "!";
}
```

当使用正确的用户调用端点时，响应体会包含用户名。例如：

```
curl -u user:99ff79e3-8ca0-401c-a396-0a8625ab3bad http://localhost:
8080/hello Hello, user!
```

5.2.2　将保持策略用于异步调用

使用管理安全上下文的默认策略很容易。在很多情况下，它就是我们唯一需要的东西。MODE_THREADLOCAL 提供了为每个线程隔离安全上下文的能力，它使安全上下文更容易理解和管理。但在有些情况下，这并不适用。

如果必须处理每个请求的多个线程，情况就会变得更加复杂。看看如果让端点异步化会发生什么。执行该方法的线程将不再是服务该请求的线程。思考代码清单 5.9 中展示的端点。

代码清单 5.9　由另一个线程提供服务的@Async 方法

```
@GetMapping("/bye")
@Async                    ◄─── 由于是@Async，因此该方法在单
public void goodbye() {        独的线程上执行
  SecurityContext context = SecurityContextHolder.getContext();
  String username = context.getAuthentication().getName();

  // do something with the username
}
```

为了启用@Async 注解的功能，这里还创建了一个配置类并使用@EnableAsync 注解它，如下所示。

```
@Configuration
@EnableAsync
public class ProjectConfig {

}
```

提示：

有时在一些文章或论坛中，我们会发现配置注解放置在主类上。例如，我们可能会发现某些示例直接在主类上使用@EnableAsync 注解。这种方法在技术上是正确的，

因为我们使用@SpringBootApplication 注解来注解 Spring Boot 应用程序的主类,其中包含@Configuration 特性。但是在真实的应用程序中,我们倾向于将职责分离,并且从不使用主类作为配置类。为了使本书中的示例尽可能清晰,本书倾向于保留这些注解而不是@Configuration 类,这类似于在实际场景中出现的注解。

如果尝试运行现在的代码,它会在从身份验证获得名称的代码行上抛出NullPointerException 异常,也就是:

```
String username = context.getAuthentication().getName()
```

这是因为该方法现在在另一个不继承安全上下文的线程上执行。因此,Authorization 对象为 null,并且在本文代码的上下文中会导致 NullPointerException 异常。在这种情况下,可以通过使用 MODE_INHERITABLETHREADLOCAL 策略来解决这个问题。这可以通过调用 SecurityContextHolder.setStrategyName()方法或使用系统属性 spring.security.strategy 来设置。通过设置这个策略,框架就会知道要将请求的原始线程的详情复制到异步方法新创建的线程(见图5.8)。

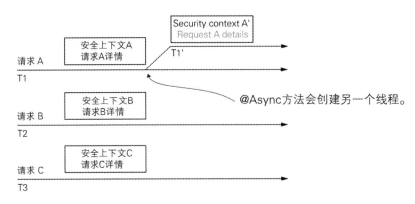

图5.8 在使用 MODE_INHERITABLETHREADLOCAL 时,框架会将安全上下文详情从请求的原始线程复制到新线程的安全上下文

代码清单 5.10 展示了通过调用 setStrategyName()方法设置安全上下文管理策略的方式。

代码清单 5.10 使用 InitializingBean 设置 SecurityContextHolder 模式

```
@Configuration
```

```
@EnableAsync
public class ProjectConfig {

  @Bean
  public InitializingBean initializingBean() {
     return () -> SecurityContextHolder.setStrategyName(
         SecurityContextHolder.MODE_INHERITABLETHREADLOCAL);
  }
}
```

调用端点时，我们将看到安全上下文已被 Spring 正确地传播到下一个线程。此外，Authentication 不再为 null 了。

提示：

不过，只有在框架本身创建线程时(例如，在使用@Async 方法时)，这种方法才有效。如果代码创建了线程，那么即使使用 MODE_INHERITABLETHREADLOCAL 策略，也会遇到同样的问题。这是因为，这样，框架并不知道代码所创建的线程。我们将在 5.2.4 节和 5.2.5 节中讨论如何解决这些情况的问题。

5.2.3 将保持策略用于独立应用程序

如果需要的是一个由应用程序的所有线程共享的安全上下文，那么可以将策略更改为 MODE_GLOBAL(见图 5.9)。不建议将此策略用于 Web 服务器，因为它不符合应用程序的总体情况。后端 Web 应用程序独立地管理它接收到的请求，因此将安全上下文隔离到每个请求，而不是所有请求使用一个上下文，这样做确实更有意义。但 MODE_GLOBAL 对于独立应用程序来说是一个很好的使用场景。

如下面的代码片段所示，可以使用与处理 MODE_INHERITABLETHREADLOCAL 时相同的方法更改策略。可以使用方法 SecurityContextHolder.setStrategyName()或者系统属性 spring.security.strategy。

```
@Bean
public InitializingBean initializingBean() {
  return () -> SecurityContextHolder.setStrategyName(
    SecurityContextHolder.MODE_GLOBAL);
}
```

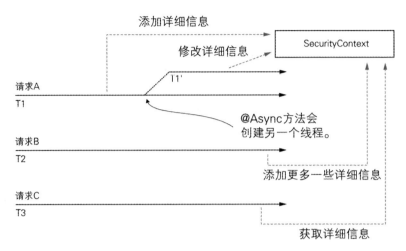

图 5.9 使用 MODE_GLOBAL 作为安全上下文管理策略时，所有线程都会访问同一个安全上下文。这意味着它们都可以访问相同的数据，并且可以更改该信息。因此，可能会出现竞态条件，并且必须注意同步的问题

另外，要注意 SecurityContext 不是线程安全的。因此，在这个策略中，应用程序的所有线程都可以访问 SecurityContext 对象，我们需要关注并发访问的问题。

5.2.4 使用 DelegatingSecurityContextRunnable 转发安全上下文

前面介绍了可以使用 Spring Security 提供的 3 种模式管理安全上下文：MODE_THREADLOCAL、MODE_INHERITEDTHREADLOCAL 和 MODE_GLOBAL。默认情况下，框架只会确保为请求的线程提供安全上下文，并且该安全上下文仅可由该线程访问。但是框架并不关心新创建的线程(例如，异步方法所创建的线程)。前文还讲到，对于这种情况，必须为安全上下文的管理显式地设置另一种模式。但是仍然有一个疑问：当代码在框架不知道的情况下启动新线程时会发生什么？有时我们将这些线程称为自管理线程，因为管理它们的是我们自己，而不是框架。本节将应用 Spring Security 提供的一些实用工具，它们有助于将安全上下文传播到新创建的线程。

SecurityContextHolder 的无指定策略为我们提供了一个自管理线程的解决方案。在这种情况下，我们需要处理安全上下文传播。用于此目的的一种解决方案是使用 DelegatingSecurityContextRunnable 装饰想要在单独线程上执行的任务。DelegatingSecurityContextRunnable 扩展了 Runnable。当不需要预期的值时，则可以在任务执行之后使用它。如果存在返回值，则可以使用 Callable<T>作为替代，即 DelegatingSecurityContextCallable<T>。这两个类都代表异步执行的任务，就像其他任何 Runnable 或 Callable 一样。而且，它们会确保为执行任务的线程复制当前安全上下

文。如图 5.10 所示，这些对象装饰了原始任务，并将安全上下文复制到新线程。

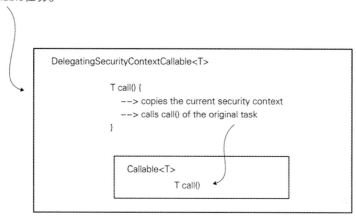

DelegatingSecurityContextCallable会装饰将在
单独线程上执行的Callable任务。

DelegatingSecurityContextCallable<T>

T call() {
    --> copies the current security context
    --> calls call() of the original task
}

Callable<T>
    T call()

图 5.10　DelegatingSecurityContextCallable 被设计为 Callable 对象的装饰器。在构建此类对象时，需
要提供应用程序异步执行的可调用任务。DelegatingSecurityContextCallable 会将详细信息从安全上下
文复制到新线程，然后执行任务

代码清单 5.11 展示了 DelegatingSecurityContextCallable 的使用。首先定义一个简
单的端点方法，该方法将声明一个 Callable 对象。这个 Callable 任务会从当前安全上
下文中返回用户名。

代码清单 5.11　定义 Callable 对象，并将其作为任务在单独的线程上执行

```
@GetMapping("/ciao")
public String ciao() throws Exception {
  Callable<String> task = () -> {
      SecurityContext context = SecurityContextHolder.getContext();
      return context.getAuthentication().getName();
  };

  ...
}
```

通过将任务提交给 ExecutorService 来继续处理该示例。执行的响应会由端点检索
到并作为响应体返回(见代码清单 5.12)。

代码清单 5.12　定义 ExecutorService 并提交任务

```
@GetMapping("/ciao")
public String ciao() throws Exception {
  Callable<String> task = () -> {
      SecurityContext context = SecurityContextHolder.getContext();
      return context.getAuthentication().getName();
  };
  ExecutorService e = Executors.newCachedThreadPool();
  try {
      return "Ciao, " + e.submit(task).get() + "!";
  } finally {
      e.shutdown();
  }
}
```

如果原封不动地运行该应用程序，则只会得到一个 NullPointerException 异常。在新创建的运行此可调用任务的线程中，身份验证不再存在，安全上下文则为空。为了解决这个问题，需要使用 DelegatingSecurityContextCallable 装饰任务，它会将当前上下文提供给新线程，如代码清单 5.13 所示。

代码清单 5.13　运行 DelegatingSecurityContextCallable 装饰的任务

```
@GetMapping("/ciao")
public String ciao() throws Exception {
  Callable<String> task = () -> {
    SecurityContext context = SecurityContextHolder.getContext();
    return context.getAuthentication().getName();
  };

  ExecutorService e = Executors.newCachedThreadPool();
  try {
    var contextTask = new DelegatingSecurityContextCallable<>(task);
    return "Ciao, " + e.submit(contextTask).get() + "!";
  } finally {
    e.shutdown();
  }
}
```

现在调用端点，可以看到 Spring 将安全上下文传播到执行任务的线程。

```
curl -u user:2eb3f2e8-debd-420c-9680-48159b2ff905
```

➥http://localhost:8080/ciao

这个调用的响应体是

Ciao, user!

5.2.5　使用 DelegatingSecurityContextExecutorService 转发安全上下文

在处理代码启动的线程而框架并不知道这些线程时，我们必须管理从安全上下文
到下一个线程的详细信息的传播。5.2.4 节中应用了一种技术，以便通过使用任务本身
来从安全上下文复制详细信息。Spring Security 提供了一些很好的实用工具类，比如
DelegatingSecurityContextRunnable 和 DelegatingSecurityContextCallable。这些类可以装
饰异步执行的任务，并负责从安全上下文复制详细信息，以便我们的实现可以从新创
建的线程访问这些详细信息。不过还有第二个选项处理安全上下文传播到新线程的问
题，这就是从线程池而不是从任务本身管理传播。本节将介绍如何通过使用 Spring
Security 提供的更优秀的实用工具类来应用此技术。

装饰任务的另一种方法是使用特定类型的执行器。在下一个示例中，可以看到任
务仍然是一个简单的 Callable<T>，但是线程仍然会管理安全上下文。安全上下文的传
播是因为一个名称为 DelegatingSecurityContextExecutorService 的实现装饰了
ExecutorService。DelegatingSecurityContextExecutorService 还负责安全上下文的传播，
如图 5.11 所示。

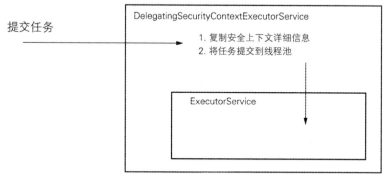

图 5.11　DelegatingSecurityContextExecutorService 装饰了一个 ExecutorService，并在提交任务之前将
安全上下文详细信息传播给下一个线程

代码清单 5.14 中的代码展示了如何使用 DelegatingSecurityContextExecutorService
装饰 ExecutorService，这样当提交任务时，它就会负责传播安全上下文的详细信息。

代码清单 5.14　传播 SecurityContext

```
@GetMapping("/hola")
public String hola() throws Exception {
  Callable<String> task = () -> {
    SecurityContext context = SecurityContextHolder.getContext();
    return context.getAuthentication().getName();
  };
  ExecutorService e = Executors.newCachedThreadPool();
  e = new DelegatingSecurityContextExecutorService(e);
  try {
    return "Hola, " + e.submit(task).get() + "!";
  } finally {
    e.shutdown();
  }
}
```

调用端点来测试 DelegatingSecurityContextExecutorService 是否正确地委托了安全上下文。

```
curl -u user:5a5124cc-060d-40b1-8aad-753d3da28dca
http://localhost:8080/hola
```

此调用的响应体为

```
Hola, user!
```

提示：
关于与安全上下文的并发支持相关的类，建议你留意表 5.1 给出的类。

Spring 提供了各种实用工具类的实现，在创建我们自己的线程时，可以在应用程序中使用这些实用工具类管理安全上下文。5.2.4 节中实现了 DelegatingSecurityContextCallable。本节将使用 DelegatingSecurityContextExecutor-Service。如果需要为调度任务实现安全上下文的传播，那么 Spring Security 还提供了一个名为 DelegatingSecurityContextScheduledExecutorService 的装饰器。此机制与本节中所介绍的 DelegatingSecurityContextExecutorService 类似，不同之处在于它装饰了一个 ScheduledExecutorService，以便允许我们处理计划任务。

此外，为了获得更大的灵活性，Spring Security 还提供了一个更抽象的装饰器版本，它被称为 DelegatingSecurityContextExecutor。这个类直接装饰一个 Executor，它是这个线程池层次结构中最抽象的契约。当希望能够使用该语言提供的任何选项替换线程池的实现时，则可以为应用程序的设计选择它。

表 5.1 负责将安全上下文委托给单独线程的对象

类	描述
DelegatingSecurityContextExecutor	实现 Executor 接口，并被设计用来装饰 Executor 对象，使其具有将安全上下文转发给由其线程池创建的线程的能力
DelegatingSecurityContextExecutorService	实现 ExecutorService 接口，并被设计用来装饰 ExecutorService 对象，使其具有将安全上下文转发给由其线程池创建的线程的能力
DelegatingSecurityContextScheduled-ExecutorService	实现 ScheduledExecutorService 接口，并被设计用来装饰 ScheduledExecutorService 对象，使其具有将安全上下文转发到由其线程池创建的线程的能力
DelegatingSecurityContextRunnable	实现 Runnable 接口，表示在另一个线程上执行而不返回响应的任务。除了常规 Runnable 所承担的职责之外，它还能够传播安全上下文，以便在新线程上使用
DelegatingSecurityContextCallable	实现 Callable 接口，表示在另一个线程上执行并最终返回响应的任务。除了常规 Callable 所承担的职责之外，它还能够传播安全上下文，以便在新线程上使用

5.3 理解 HTTP Basic 和基于表单的登录身份验证

到目前为止，我们只使用了 HTTP Basic 作为身份验证方法，但本书还将介绍其他的可能性。HTTP Basic 身份验证方法很简单，这使它成为用于示例和演示目的或者概念证明的极佳选择。但出于同样的原因，它可能不适合我们需要实现的所有现实场景。

本节将介绍与 HTTP Basic 相关的更多配置。此外，还将探究一种名为 formLogin 的新身份验证方法。在本书的其余部分，我们将讨论其他的身份验证方法，这些方法与不同类型的架构能够很好地适配。我们将对它们进行比较，以便你理解身份验证的最佳实践和反模式。

5.3.1　使用和配置 HTTP Basic

你已经知道 HTTP Basic 是默认的身份验证方法，我们已经在第 3 章的多个示例中观察了它的工作方式。本节将讲解关于此身份验证方法配置的更多细节。

对于理论场景，HTTP Basic 身份验证提供的默认值就非常够用了。但是在更复杂的应用程序中，你可能会发现需要自定义其中一些设置。例如，我们可能想为身份验证过程失败的情况实现特定的逻辑。在这种情况下，我们甚至可能需要为发送回客户端的响应设置一些值。因此，让我们通过实际的例子考虑这些情况，以便理解如何实现它。这里要再次指出如何显式地设置这个方法，如代码清单 5.15 所示。可以在项目 ssia-ch5-ex3 中找到这个示例。

代码清单 5.15　设置 HTTP Basic 身份验证方法

```
@Configuration
public class ProjectConfig
  extends WebSecurityConfigurerAdapter {

  @Override
  protected void configure(HttpSecurity http)
    throws Exception {
    http.httpBasic();
  }
}
```

还可以使用 Customizer 类型的参数调用 HttpSecurity 实例的 httpBasic()方法。这个参数允许设置一些与身份验证方法相关的配置，例如区域名(realm name)，如代码清单 5.16 所示。可以将区域视为使用特定身份验证方法的保护空间。要获得完整的描述，请参考 https://tools.ietf.org/html/rfc2617。

代码清单 5.16　为失败身份验证的响应配置区域名

```
@Override
protected void configure(HttpSecurity http) throws Exception {
  http.httpBasic(c -> {
    c.realmName("OTHER");
  });

  http.authorizeRequests().anyRequest().authenticated();
}
```

代码清单 5.16 给出了更改区域名称的示例。其中使用的 lambda 表达式实际上是 Customizer<HttpBasicConfigurer<HttpSecurity>>类型的对象。类型为 HttpBasicConfigurer< HttpSecurity>的参数允许我们调用 realmName()方法来重命名区域。可以使用带有-v 标记的 cURL 获得一个详细的 HTTP 响应，其中的区域名确实发生了更改。但是，请注意，只有当 HTTP 响应状态为 401 Unauthorized 而不是 200 OK 时，响应中才会出现 WWW-Authenticate 头信息。下面是对 cURL 的调用。

```
curl -v http://localhost:8080/hello
```

该调用的响应是

```
/
...
< WWW-Authenticate: Basic realm="OTHER"
...
```

此外，通过使用 Customizer，就可以自定义失败身份验证的响应。如果在身份验证失败的情况下，系统的客户端期望响应中有特定的内容，就需要这样做。我们可能需要添加或删除一个或多个头信息。或者可以使用一些逻辑来过滤主体信息，以确保应用程序不会向客户端公开任何敏感数据。

提示：
对于在系统外部公开的数据，请始终保持谨慎。最常见的错误之一(也是 OWASP 十大漏洞之一)就是暴露敏感数据。处理应用程序发送给客户端的失败身份验证的详细信息一直是泄露机密信息的一个风险点。

为了自定义失败身份验证的响应，可以实现 AuthenticationEntryPoint。它的 commence()方法会接收 HttpServletRequest、HttpServletResponse 和导致身份验证失败的 AuthenticationException。代码清单 5.17 揭示了一种实现 AuthenticationEntryPoint 的方法，该方法会向响应添加一个头信息，并将 HTTP 状态设置为 401 Unauthorized。

提示：
在身份验证失败时，AuthenticationEntryPoint 接口的名称并没有反映其使用情况，这有点含糊不清。在 Spring Security 架构中，它由名称为 ExceptionTranslationManager 的组件直接使用，该组件会处理过滤链中抛出的任何 AccessDeniedException 和 AuthenticationException 异常。可以将 ExceptionTranslationManager 看作 Java 异常和 HTTP 响应之间的桥梁。

代码清单 5.17　实现 AuthenticationEntryPoint

```
public class CustomEntryPoint
  implements AuthenticationEntryPoint {

  @Override
  public void commence(
    HttpServletRequest httpServletRequest,
    HttpServletResponse httpServletResponse,
    AuthenticationException e)
      throws IOException, ServletException {

    httpServletResponse
      .addHeader("message", "Luke, I am your father!");
    httpServletResponse
      .sendError(HttpStatus.UNAUTHORIZED.value());
  }
}
```

然后可以使用配置类中的 HTTP Basic 方法注册 CustomEntryPoint。代码清单 5.18
展示了自定义入口点的配置类。

代码清单 5.18　设置自定义的 AuthenticationEntryPoint

```
@Override
protected void configure(HttpSecurity http)
  throws Exception {

  http.httpBasic(c -> {
      c.realmName("OTHER");
      c.authenticationEntryPoint(new CustomEntryPoint());
  });

  http.authorizeRequests()
        .anyRequest()
        .authenticated();
}
```

如果现在调用一个端点，导致身份验证失败，则应该会在响应中发现新添加的头
信息。

```
curl -v http://localhost:8080/hello
```

该调用的响应是

```
...
< HTTP/1.1 401
< Set-Cookie: JSESSIONID=459BAFA7E0E6246A463AD19B07569C7B; Path=/;
HttpOnly
< message: Luke, I am your father!
...
```

5.3.2　使用基于表单的登录实现身份验证

在开发 Web 应用程序时，我们可能希望提供一个对用户友好的登录表单，用户可以在其中输入他们的凭据。同样，我们可能希望通过身份验证的用户能够在登录后浏览 Web 页面并能够注销。对于小型 Web 应用程序，可以利用基于表单的登录方法。本节将介绍如何为应用程序应用和配置这一身份验证方法。为此，我们编写了一个使用基于表单登录的小型 Web 应用程序。图 5.12 描述了我们将实现的流程。本节中的示例是项目 ssia-ch5-ex4 的一部分。

提示：
本节将此方法与一个小型 Web 应用程序联系了起来，因为通过这种方式，就可以使用一个服务器端会话管理安全上下文。对于需要水平可伸缩性的大型应用程序而言，使用服务器端会话管理安全上下文是不可取的。第 12~15 章在处理 OAuth 2 时将更详细地讨论这些方面的内容。

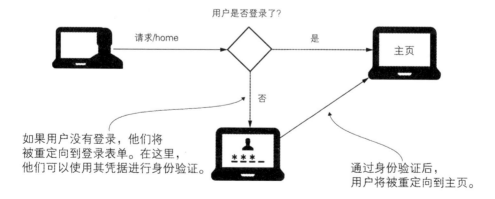

图 5.12　使用基于表单的登录。未经过身份验证的用户会被重定向到一个表单，在这个表单中他们可以使用自己的凭据进行身份验证。一旦应用程序验证了它们，它们将被重定向到应用程序的主页

要将身份验证方法更改为基于表单的登录，可以在配置类的 configure(HttpSecurity http)方法而非 httpBasic()中，调用 HttpSecurity 参数的 formLogin()方法。代码清单 5.19 展示了这个更改。

代码清单 5.19　将身份验证方法修改为基于表单的登录

```
@Configuration
public class ProjectConfig
  extends WebSecurityConfigurerAdapter {

  @Override
  protected void configure(HttpSecurity http)
    throws Exception {
    http.formLogin();
    http.authorizeRequests().anyRequest().authenticated();
  }
}
```

即使对于这一最小配置，Spring Security 也已经为我们的项目配置了一个登录表单和一个注销页面。启动应用程序并使用浏览器访问它，这样的话应该会将访问者重定向到一个登录页面(见图 5.13)。

图 5.13　使用 formLogin()方法时 Spring Security 自动配置的默认登录页面

只要没有注册 UserDetailsService，就可以使用所提供的默认凭据进行登录。正如在第 2 章中了解到的，默认凭据就是用户名 user 和应用程序启动时在控制台中打印的 UUID 密码。成功登录后，由于没有定义其他页面，访问者将被重定向到默认错误页面。应用程序依赖于前面示例中使用的相同的身份验证架构。因此，如图 5.14 所示，我们需要为应用程序的主页实现一个控制器。不同之处在于，我们希望端点返回的 HTML 可以被浏览器解释为我们的 Web 页面，而不是简单的 JSON 格式的响应。有鉴于此，这里选择使用 Spring MVC 流程，并且在控制器中定义的操作执行之后从文件中呈现视图。图 5.14 展示了用于呈现应用程序主页的 Spring MVC 流程。

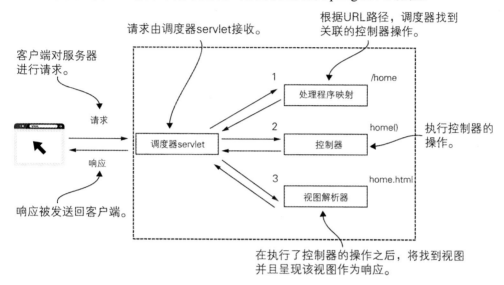

图 5.14 Spring MVC 流程的简单表示。在本示例中，调度器会查找与指定路径/home 关联的控制器操作。在执行控制器操作之后，将呈现视图，并将响应发送回客户端

要向应用程序添加一个简单的页面，首先必须在项目的 resources/static 文件夹中创建一个 HTML 文件。这里将这个文件称为 home.html。在其中输入一些文本，随后将能够在浏览器中呈现它们。可以只添加一个标题(例如，<h1>Welcome</h1>)。创建 HTML 页面之后，控制器需要定义从路径到视图的映射。代码清单 5.20 给出了控制器类中 home.html 页面的操作方法的定义。

代码清单 5.20　为 home.html 页面定义控制器的操作方法

```
@Controller
public class HelloController {

  @GetMapping("/home")
  public String home() {
    return "home.html";
  }
}
```

请注意,该控制器不是@RestController,而是一个简单的@Controller。因此,Spring不会在 HTTP 响应中发送方法返回的值。相反,它会找到并呈现名为 home.html 的视图。

现在尝试访问/home 路径时,首先会询问是否想要登录。成功登录后,访问者将被重定向到主页,在那里将显示欢迎消息。现在可以访问/logout 路径,这将把访问者重定向到注销页面(见图 5.15)。

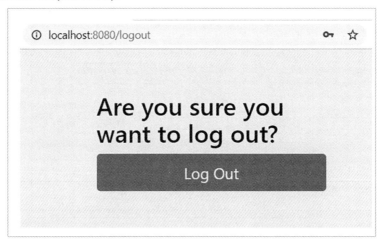

图 5.15 由 Spring Security 为基于表单登录的身份验证方法配置的注销页面

尝试在未登录的情况下访问路径后,用户将被自动重定向到登录页面。成功登录后,应用程序会将用户重定向回他们最初试图访问的路径。如果该路径不存在,则应用程序将显示一个默认错误页面。 formLogin() 方法会返回类型为 FormLoginConfigurer<HttpSecurity>的对象,该对象允许我们进行自定义。例如,可以通过调用 defaultSuccessUrl()方法来实现这一点,如代码清单 5.21 所示。

代码清单 5.21 为登录表单设置默认的成功 URL

```
@Override
protected void configure(HttpSecurity http)
  throws Exception {
    http.formLogin()
        .defaultSuccessUrl("/home", true);

    http.authorizeRequests()
        .anyRequest().authenticated();
}
```

如果需要就此进行更深入的处理,可以使用 AuthenticationSuccessHandler 和

AuthenticationFailureHandler 对象所提供的更详细的自定义方法。这两个接口允许实现一个对象，通过该对象可以应用为身份验证而执行的逻辑。如果希望自定义成功身份验证的逻辑，则可以定义 AuthenticationSuccessHandler。onAuthenticationSuccess()方法会接收 servlet 请求、servlet 响应和 Authentication 对象作为参数。代码清单 5.22 包含一个实现 onAuthenticationSuccess()方法的示例，该方法会根据对已登录用户授予的权限进行不同的重定向。

代码清单 5.22　实现 AuthenticationSuccessHandler

```
@Component
public class CustomAuthenticationSuccessHandler
  implements AuthenticationSuccessHandler {

  @Override
  public void onAuthenticationSuccess(
    HttpServletRequest httpServletRequest,
    HttpServletResponse httpServletResponse,
    Authentication authentication)
      throws IOException {

    var authorities = authentication.getAuthorities();

    var auth =
          authorities.stream()
            .filter(a -> a.getAuthority().equals("read"))
            .findFirst();          ◁— 如果 read 权限不存在，则返回
                                      一个空的 Optional 对象
    if (auth.isPresent()) {  ◁— 如果 read 权限存在，则重定向
      httpServletResponse         到/home
        .sendRedirect("/home");
    } else {
      httpServletResponse
        .sendRedirect("/error");
    }
  }
}
```

在实际的场景中，客户端在身份验证失败时需要某种格式的响应。客户端可能期望一个不同的 HTTP 状态码，而不是 401 Unauthorized 或响应体中额外的信息。应用程序中出现的最典型的情况是发送请求标识符。这个请求标识符有一个唯一的值，用

于在多个系统之间跟踪请求。如果身份验证失败，那么应用程序可以在响应体中发送它。另一种情况是希望对响应进行清理，以确保应用程序不会将敏感数据暴露到系统外部。我们可能需要为失败的身份验证定义自定义逻辑，可能只需要记录事件以供进一步研究即可。

如果想要自定义应用程序在身份验证失败时执行的逻辑，则可以使用 AuthenticationFailureHandler 实现来类似地执行此操作。例如，如果打算为所有失败的身份验证添加一个特定的头信息，则可以执行如代码清单 5.23 所示的操作。当然，也可以在这里实现任何逻辑。对于 AuthenticationFailureHandler，onAuthenticationFailure() 会接收请求、响应和 Authentication 对象。

代码清单 5.23　实现 AuthenticationFailureHandler

```
@Component
public class CustomAuthenticationFailureHandler
  implements AuthenticationFailureHandler {

  @Override
  public void onAuthenticationFailure(
    HttpServletRequest httpServletRequest,
    HttpServletResponse httpServletResponse,
    AuthenticationException e) {
    httpServletResponse
       .setHeader("failed", LocalDateTime.now().toString());
  }
}
```

要使用这两个对象，需要在 formLogin() 方法返回的 FormLoginConfigurer 对象上的 configure() 方法中注册它们。代码清单 5.24 显示了如何做到这一点。

代码清单 5.24　在配置类中注册处理程序对象

```
@Configuration
public class ProjectConfig
  extends WebSecurityConfigurerAdapter {

  @Autowired
  private CustomAuthenticationSuccessHandler
  authenticationSuccessHandler;

  @Autowired
```

```
private CustomAuthenticationFailureHandler
authenticationFailureHandler;

@Override
protected void configure(HttpSecurity http)
  throws Exception {

  http.formLogin()
      .successHandler(authenticationSuccessHandler)
      .failureHandler(authenticationFailureHandler);

  http.authorizeRequests()
      .anyRequest().authenticated();
  }
}
```

现在，如果尝试使用 HTTP Basic 和正确的用户名和密码访问/home 路径，则将返回一个状态为 HTTP 302 Found 的响应。此响应状态代码是应用程序告诉我们它正在尝试进行重定向的方式。即使提供了正确的用户名和密码，它也不会考虑这些，而是尝试将访问者重定向到 formLogin 方法所要求的登录表单。不过，可以更改配置以同时支持 HTTP Basic 和基于表单的登录方法，如代码清单 5.25 所示。

代码清单 5.25　同时使用基于表单的登录和 HTTP Basic

```
@Override
protected void configure(HttpSecurity http)
  throws Exception {

  http.formLogin()
      .successHandler(authenticationSuccessHandler)
      .failureHandler(authenticationFailureHandler)
  .and()
      .httpBasic();

  http.authorizeRequests()
      .anyRequest().authenticated();
}
```

访问/home 路径现在可以同时使用基于表单的登录和 HTTP Basic 身份验证方法，如下所示。

```
curl -u user:cdd430f6-8ebc-49a6-9769-b0f3ce571d19
➥http://localhost:8080/home
```

该调用的响应是

```
<h1>Welcome</h1>
```

5.4　本章小结

- AuthenticationProvider 是允许我们实现自定义身份验证逻辑的组件。
- 在实现自定义身份验证逻辑时，保持职责解耦是一个很好的实践。对于用户管理，Authentication Provider 会委托给一个 UserDetailsService；对于密码验证职责，AuthenticationProvider 会委托给一个 PasswordEncoder。
- 在成功的身份验证之后，SecurityContext 会保存有关已验证实体的详细信息。
- 可 以 使 用 3 种 策 略 管 理 安 全 上 下 文： MODE_THREADLOCAL 、 MODE_INHERITABLETHREADLOCAL 和 MODE_GLOBAL。根据所选择模式的不同，从不同线程访问安全上下文细节的工作方式也会不同。
- 请记住，在使用共享线程本地模式时，它只适用于由 Spring 管理的线程。框架不会为不受其控制的线程复制安全上下文。
- Spring Security 提供了很好的实用工具类来管理由代码创建的线程，这样框架就能获知这些线程。要管理所创建线程的 SecurityContext，可以使用
  - ➢ DelegatingSecurityContextRunnable
  - ➢ DelegatingSecurityContextCallable
  - ➢ DelegatingSecurityContextExecutor
- Spring Security 会为用于登录自动配置一个表单并且为使用基于表单的登录的身份验证方法 formLogin()自动配置一个注销的选项。在开发小型 Web 应用程序时，这样的用法是很简单的。
- formLogin 身份验证方法是高度可定制的。此外，还可以将这种类型的身份验证与 HTTP Basic 方法一起使用。

第 **6** 章

动手实践：一个小型且安全的 Web 应用程序

本章内容如下：
- 在一个动手实践示例中应用身份验证
- 使用 UserDetails 接口定义用户
- 定义自定义 UserDetailsService
- 使用 PasswordEncoder 提供的实现
- 通过实现 AuthenticationProvider 定义身份验证逻辑
- 设置表单登录身份验证方法

在前面几章中，我们已经取得了很大的进展，并且已经讨论了关于身份验证的大量细节。不过我们已经分别应用了这些新细节的特性。现在是时候在一个更复杂的项目中将所学到的知识整合起来了。这个动手实践示例将有助于我们更好地理解到目前为止我们讨论的所有组件是如何在实际应用程序中一起工作的。

6.1 项目需求和设置

本节将实现一个小型 Web 应用程序，在该应用程序中，用户在成功进行身份验证之后，可以在主页上看到产品列表。可以在 ssia-ch6-ex1 中找到所提供项目的完整实现。

就这个项目而言，数据库将存储此应用程序的产品和用户。每个用户的密码会用

bcrypt 或 scrypt 进行哈希化。这里选择了两种哈希算法，以便给出一个理由来自定义
示例中的身份验证逻辑。users 表中的一个列会存储加密类型。还有第三个表会存储用
户权限。

图 6.1 描述了此应用程序的身份验证流程。这里已经将要以不同方式进行自定义
的组件设置了阴影。对于其他组件，将使用 Spring Security 提供的默认值。请求将遵
循第 2~5 章中所讨论的标准身份验证流程。这里用箭头表示图中的请求，箭头上有一
条连续的线。AuthenticationFilter 会拦截请求，然后将身份验证责任委托给
AuthenticationManager，后者会使用 AuthenticationProvider 对请求进行身份验证。它将
返回成功通过身份验证的调用的详细信息，以便 AuthenticationFilter 可以将这些信息
存储在 SecurityContext 中。

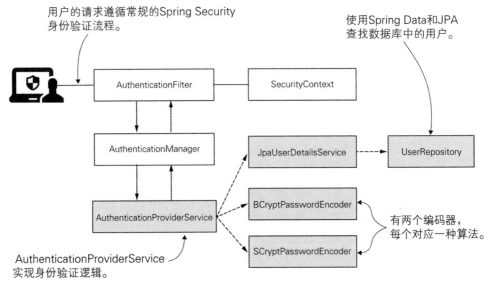

图6.1 该动手实践 Web 应用程序中的身份验证流程。自定义身份验证提供程序会实现身份验证逻辑。
为此，AuthenticationProvider 将使用一个 UserDetailsService 实现和两个 PasswordEncoder 实现，每个
实现对应一个请求的哈希算法。该 UserDetailsService 实现被称为 JpaUserDetailsService，它使用 Spring
Data 和 JPA 来处理数据库并获取用户的详细信息

本示例中实现的是 AuthenticationProvider 以及与身份验证逻辑相关的所有内容。如
图 6.1 所示，其中创建了 AuthenticationProviderService 类，它实现了 AuthenticationProvider
接口。这个实现定义了身份验证逻辑，其中需要调用 UserDetailsService 从数据库中查
找用户详细信息，并通过 PasswordEncoder 验证密码是否正确。对于这个应用程序，
我们创建了一个 JpaUserDetailsService，它使用 Spring Data JPA 与数据库进行交互。由于
这个原因，它依赖于 Spring Data JpaRepository，这个示例中将其命名为 UserRepository。

本示例中需要两个密码编码器，因为应用程序需要验证用 bcrypt 哈希化的密码和用 scrypt 哈希化的密码。作为一个简单的 Web 应用程序，它需要一个标准的登录表单来允许用户进行身份验证。为此，需要配置 formLogin 作为身份验证方法。

提示：

在本书的一些示例中，我们使用了 Spring Data JPA。这种方法更易于阐释使用 Spring Security 的真实应用程序。你不需要成为 JPA 方面的专家才能理解这些示例。从 Spring Data 和 JPA 的角度来看，这些用例将被限制在简单的语法上，并且重点关注 Spring Security。不过，如果想更多地了解 JPA 以及像 Hibernate 这样的 JPA 实现，强烈建议你阅读 Christian Bauer 等人编著的 *Java Persistence with Hibernate*，Second Edition(Manning，2015)。关于 Spring Data 的精彩讨论，可以阅读 Craig Walls 所著的 *Spring in Action*，Fifth Edition(Manning，2018)。

该应用程序还有一个主页，用户可以在成功登录后访问该主页。此页面显示了存储在数据库中的产品的详细信息。图 6.2 为所创建的组件设置了阴影。其中需要一个 MainPageController，它将定义应用程序在请求主页时所执行的操作。 MainPageController 会在主页上显示用户名，这就是它依赖于 SecurityContext 的原因。它会从安全上下文获取用户名，并从一个被称为 ProductService 的服务中获取要显示的产品列表。ProductService 将使用 ProductRepository 从数据库获取产品列表，ProductRepository 是一个标准的 Spring Data JPA 存储库。

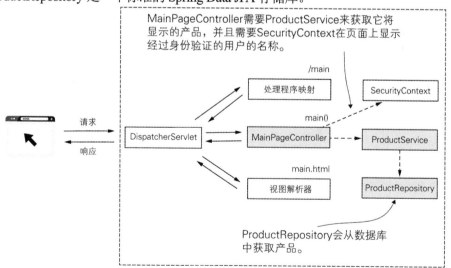

图 6.2　MainPageController 为应用程序的主页提供请求服务。为了显示来自数据库的产品，它使用了一个 ProductService，该服务通过一个名为 ProductRepository 的 JpaRepository 获得产品。 MainPageController 还会使用 SecurityContext 中经过身份验证的用户名

　　该数据库包含 3 张表：user、authority 和 product。图 6.3 展示了这些表之间的实体关系图(Entity Relationship Diagram，ERD)。

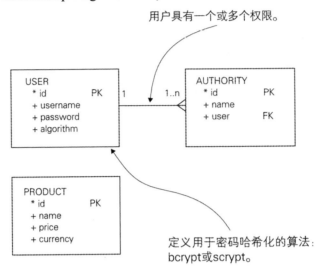

图 6.3　当前示例数据库的实体关系图(ERD)。user 表存储用户名、密码和用于对密码进行哈希化的算法。此外，用户还拥有一个或多个存储在 authority 表中的权限。第三个表名为 product，存储了产品记录的详细信息：名称(name)、价格(price)和货币(currency)。主页显示了该表中存储的所有产品的详细信息

　　用于实现该项目的主要步骤如下：

(1) 设置数据库。

(2) 定义用户管理。

(3) 实现身份验证逻辑。

(4) 实现主页面。

(5) 运行并且测试应用程序。

　　接下来开始动手实现。首先要创建表。这里使用的数据库的名称是 spring。首先应该使用命令行工具或一个客户端来创建数据库。如果正在使用 MySQL，那么就像本书中的示例一样，可以使用 MySQL Workbench 创建数据库并最终运行脚本。不过，我本人更愿意让 Spring Boot 运行创建数据库结构并向其添加数据的脚本。为此必须在项目的 resources 文件夹中创建 schema.sql 和 data.sql 文件。这个 schema.sql 文件包含创建或更改数据库结构的所有查询，而 data.sql 文件则会存储所有处理数据的查询。代码清单 6.1~6.3 定义了应用程序使用的这 3 张表。

　　user 表的字段如下：

● id——表示定义为自动递增的表的主键。

- username——存储用户名。
- password——存储密码哈希值(使用 bcrypt 或 scrypt 进行哈希化)。
- algorithm——存储 BCRYPT 或 SCRYPT 这两个值中的一个，并且该字段将决定当前记录的密码所用的哈希方法。

代码清单 6.1 提供了 user 表的定义。可以手动运行此脚本，也可以将其添加到 schema.sql 文件，以便在项目启动时让 Spring Boot 运行它。

代码清单 6.1　用于创建 user 表的脚本

```
CREATE TABLE IF NOT EXISTS `spring`.`user` (
  `id` INT NOT NULL AUTO_INCREMENT,
  `username` VARCHAR(45) NOT NULL,
  `password` TEXT NOT NULL,
  `algorithm` VARCHAR(45) NOT NULL,
  PRIMARY KEY (`id`));
```

authority 表的字段如下：
- id——表示定义为自动递增的表的主键。
- name——表示权限的名称。
- user——表示 user 表的外键。

代码清单 6.2 提供了 authority 表的定义。可以手动运行此脚本，也可以将其添加到 schema.sql 文件，以便在项目启动时让 Spring Boot 运行它。

代码清单 6.2　用于创建 authority 表的脚本

```
CREATE TABLE IF NOT EXISTS `spring`.`authority` (
  `id` INT NOT NULL AUTO_INCREMENT,
  `name` VARCHAR(45) NOT NULL,
  `user` INT NOT NULL,
  PRIMARY KEY (`id`));
```

第三张表的名称为 product。它会存储用户成功登录后显示的数据。该表的字段如下。
- id——表示定义为自动递增的表的主键。
- name——表示产品的名称，它是一个字符串。
- price——表示产品的价格，它是一个双精度浮点数。
- currency——表示货币类型(比如 USD、EUR 等)，它是一个字符串。

代码清单 6.3 提供了 product 表的定义。可以手动运行此脚本，也可以将其添加到 schema.sql 文件，以便在项目启动时让 Spring Boot 运行它。

代码清单 6.3 用于创建 product 表的脚本

```sql
CREATE TABLE IF NOT EXISTS `spring`.`product` (
  `id` INT NOT NULL AUTO_INCREMENT,
  `name` VARCHAR(45) NOT NULL,
  `price` VARCHAR(45) NOT NULL,
  `currency` VARCHAR(45) NOT NULL,
  PRIMARY KEY (`id`));
```

提示：

建议在权限和用户之间建立多对多关系。为了从持久层的角度使示例更简单，并将重点放在 Spring Security 的基本要素方面，这里决定使用一对多的关系。

接下来添加一些用于测试该应用程序的数据。可以手动运行这些 INSERT 查询或者将它们添加到项目 resources 文件夹的 data.sql 文件中，以便在启动应用程序时允许 Spring Boot 运行它们。

```sql
INSERT IGNORE INTO `spring`.`user` (`id`, `username`, `password`,
  `algorithm`) VALUES ('1', 'john', '$2a$10$xn3LI/
AjqicFYZFruSwve.681477XaVNaUQbr1gioaWPn4t1KsnmG', 'BCRYPT');

INSERT IGNORE INTO`spring`.`authority`(`id`,`name`,`user`)VALUES
  ('1','READ', '1');
INSERT IGNORE INTO `spring`.`authority` (`id`, `name`, `user`) VALUES
  ('2','WRITE', '1');

INSERT IGNORE INTO `spring`.`product`(`id`,`name`,`price`,`currency`)
  VALUES ('1', 'Chocolate', '10', 'USD');
```

在此代码片段中，对于用户 John，使用了 bcrypt 对密码进行哈希。其原始密码是 12345。

提示：

使用示例中的 schema.sql 和 data.sql 文件的做法是很常见的。在实际的应用程序中，可以选择允许对 SQL 脚本进行版本化的解决方案。这通常是通过诸如 Flyway (https://flywaydb.org/)或 Liquibase(https://www.liquibase.org/)的依赖项完成的。

现在我们有了一个数据库和一些测试数据，接下来开始处理其实现。首先创建一个新项目，并添加以下依赖项，如代码清单 6.4 所示。

- spring-boot-starter-data-jpa—— 使用 Spring Data 连接到数据库。

- spring-boot-starter-security——列出 Spring Security 依赖项。
- spring-boot-starter-thymeleaf——添加 Thymeleaf 作为模板引擎以便简化 Web 页面的定义。
- spring-boot-starter-web——列出标准的 Web 依赖项。
- mysql-connector-java——实现 MySQL JDBC 驱动。

代码清单 6.4　示例项目开发所需的依赖项

```
<dependency>
    <groupId>org.springframework.boot</groupId>
    <artifactId>spring-boot-starter-data-jpa</artifactId>
</dependency>
<dependency>
    <groupId>org.springframework.boot</groupId>
    <artifactId>spring-boot-starter-security</artifactId>
</dependency>
<dependency>
    <groupId>org.springframework.boot</groupId>
    <artifactId>spring-boot-starter-thymeleaf</artifactId>
</dependency>
<dependency>
    <groupId>org.springframework.boot</groupId>
    <artifactId>spring-boot-starter-web</artifactId>
</dependency>
<dependency>
    <groupId>mysql</groupId>
    <artifactId>mysql-connector-java</artifactId>
    <scope>runtime</scope>
</dependency>
```

application.properties 文件需要像这样声明数据库连接参数。

```
spring.datasource.url=jdbc:mysql://localhost/
➥spring?useLegacyDatetimeCode=false&serverTimezone=UTC
spring.datasource.username=<your_username>
spring.datasource.password=<your_password>
spring.datasource.initialization-mode=always
```

提示：

这里再次强调，请确保永远不要暴露密码！在本示例中，这样做是可以的，但是在真实的场景中，绝对不应该在 application.properties 文件中写入像凭据或私钥这样的敏感数据。相反，应该使用一个秘密资料库达到这个目的。

6.2 实现用户管理

本节将讨论如何实现应用程序的用户管理部分。就 Spring Security 而言，用户管理的代表性组件是 UserDetailsService。我们至少需要实现这个契约，以便指示 Spring Security 如何检索用户的详细信息。

现在我们已经准备好了一个项目并配置了数据库连接，现在该考虑与应用程序安全性相关的实现。需要采取以下步骤来构建应用程序的这一负责用户管理的部分。

(1) 为这两种哈希算法定义密码编码器对象。

(2) 定义 JPA 实体来表示存储身份验证过程中所需的详细信息的 user 表和 authority 表。

(3) 为 Spring Data 声明 JpaRepository 契约。本示例中只需要直接引用用户即可，因此声明了一个名为 UserRepository 的存储库。

(4) 创建一个在 User JPA 实体上实现 UserDetails 契约的装饰器。这里使用了 3.2.5 节中讨论的方法分离职责。

(5) 实现 UserDetailsService 契约。为此，要创建一个名为 JpaUserDetailsService 的类。这个类使用步骤(3)中创建的 UserRepository 从数据库中获取关于用户的详细信息。如果 JpaUserDetailsService 找到了用户，它会将这些用户作为步骤(4)中所定义的装饰器的实现返回。

首先要考虑用户和密码管理。从示例的需求我们知道，应用程序用于哈希化密码的算法是 bcrypt 和 scrypt。首先创建一个配置类，并将这两个密码编码器声明为 bean，如代码清单 6.5 所示。

代码清单 6.5 为每个 PasswordEncoder 注册一个 bean

```
@Configuration
public class ProjectConfig {

    @Bean
    public BCryptPasswordEncoder bCryptPasswordEncoder() {
        return new BCryptPasswordEncoder();
    }

    @Bean
```

```
public SCryptPasswordEncoder sCryptPasswordEncoder() {
    return new SCryptPasswordEncoder();
}
}
```

对于用户管理，需要声明一个 UserDetailsService 实现，该实现会通过用户名从数据库中检索用户。它需要返回用户作为 UserDetails 接口的实现，需要实现两个 JPA 实体来进行身份验证：User 和 Authority。代码清单 6.6 显示了如何定义 User。它与 Authority 实体具有一对多的关系。

代码清单 6.6　User 实体类

```
@Entity
public class User {

    @Id
    @GeneratedValue(strategy = GenerationType.IDENTITY)
    private Integer id;

    private String username;
    private String password;

    @Enumerated(EnumType.STRING)
    private EncryptionAlgorithm algorithm;

    @OneToMany(mappedBy = "user", fetch = FetchType.EAGER)
    private List<Authority> authorities;

    // Omitted getters and setters
}
```

EncryptionAlgorithm 是一个枚举，它定义了在请求中指定的两种受支持的哈希算法。

```
public enum EncryptionAlgorithm {
    BCRYPT, SCRYPT
}
```

代码清单 6.7 展示了如何实现 Authority 实体。它与 User 实体具有多对一关系。

代码清单 6.7 Authority 实体类

```
@Entity
public class Authority {

    @Id
    @GeneratedValue(strategy = GenerationType.IDENTITY)
    private Integer id;

    private String name;

    @JoinColumn(name = "user")
    @ManyToOne
    private User user;

    // Omitted getters and setters
}
```

必须声明存储库，以便能够通过用户名从数据库中检索用户。代码清单 6.8 显示了如何做到这一点。

代码清单 6.8 User 实体的 Spring Data 存储库定义

```
public interface UserRepository extends JpaRepository<User,Integer> {

    Optional<User> findUserByUsername(String u);  ◄
}
```

> 编写查询不是必须的。
> Spring Data 会转换所需
> 查询中的方法名称

这里使用了 Spring Data JPA 存储库。然后 Spring Data 会实现接口中声明的方法，并根据其名称执行查询。该方法会返回一个 Optional 实例，该实例包含 User 实体，并且其名称会作为参数提供。如果数据库中不存在这样的用户，则该方法将返回一个空的 Optional 实例。

要从 UserDetailsService 返回用户，需要将其表示为 UserDetails。在代码清单 6.9 中，CustomUserDetails 类实现了 UserDetails 接口并包装了 User 实体。

代码清单 6.9 UserDetails 契约的实现

```
public class CustomUserDetails implements UserDetails {

    private final User user;
```

```
public CustomUserDetails(User user) {
    this.user = user;
}

// Omitted code

public final User getUser() {
    return user;
}
}
```

CustomUserDetails 类实现了 UserDetails 接口的方法。代码清单 6.10 显示了这是如何实现的。

代码清单 6.10　实现 UserDetails 接口的其余方法

```
@Override
public Collection<? extends GrantedAuthority> getAuthorities() {
  return user.getAuthorities().stream()
    .map(a -> new SimpleGrantedAuthority(
                a.getName())))         ◁────  将在数据库中找到的该用户的每个权限
    .collect(Collectors.toList());  ◁┐        名称映射到一个 SimpleGrantedAuthority
}
                                     │
                                     └─ 以列表形式收集并返回
                                        SimpleGrantedAuthority 的所有实例

@Override
public String getPassword() {
  return user.getPassword();
}

@Override
public String getUsername() {
  return user.getUsername();
}

@Override
public boolean isAccountNonExpired() {
  return true;
}

@Override
```

```
public boolean isAccountNonLocked() {
  return true;
}

@Override
public boolean isCredentialsNonExpired() {
  return true;
}

@Override
public boolean isEnabled() {
  return true;
}
```

提示:

代码清单 6.10 中使用了 SimpleGrantedAuthority,这是 GrantedAuthority 接口的一个简单实现。Spring Security 提供了这种实现。

现在可以实现如代码清单 6.11 所示的 UserDetailsService。如果应用程序通过用户名找到了用户,它就会在 CustomUserDetails 实例中包装并返回 User 类型的实例。如果用户不存在,则服务应该抛出类型为 UsernameNotFoundException 的异常。

代码清单 6.11　UserDetailsService 契约的实现

```
@Service
public class JpaUserDetailsService implements UserDetailsService {

  @Autowired
  private UserRepository userRepository;                          声明一个 supplier 来
                                                                  创建异常实例
  @Override
  public CustomUserDetails loadUserByUsername(String username) {
    Supplier<UsernameNotFoundException> s =                    ◁───
            () -> new UsernameNotFoundException(
                "Problem during authentication!");

                                                              返回包含用户的 Optional
                                                              实例。如果用户不存在,
    User u = userRepository                                   则返回空的 Optional 实例
            .findUserByUsername(username)      ◁───
            .orElseThrow(s);          ◁───     如果 Optional 实例为空,则抛出由所定义的
                                               Supplier 创建的异常;否则,它将返回 User 实例
```

```
    return new CustomUserDetails(u);
  }
}
```

使用 CustomUserDetails 装饰器
包装 User 实例并返回它

6.3　实现自定义身份验证逻辑

完成用户和密码管理之后，接下来可以开始编写自定义身份验证逻辑了。为此，必须实现一个 AuthenticationProvider(见代码清单 6.12)并将其注册到 Spring Security 身份验证架构中。编写身份验证逻辑所需的依赖项是 UserDetailsService 实现和两个密码编码器。除了自动装配这些依赖项，我们还重写了 authenticate()和 supports()方法。需要实现 supports()方法将受支持的 Authentication 实现类型指定为 UsernamePassword-AuthenticationToken。

代码清单 6.12　实现 AuthenticationProvider

```
@Service
public class AuthenticationProviderService
  implements AuthenticationProvider {

  @Autowired
  private JpaUserDetailsService userDetailsService;

  @Autowired
  private BCryptPasswordEncoder bCryptPasswordEncoder;

  @Autowired
  private SCryptPasswordEncoder sCryptPasswordEncoder;

  @Override
  public Authentication authenticate(
    Authentication authentication)
      throws AuthenticationException {
        // ...
  }

  @Override
  public boolean supports(Class<?> aClass) {
    return return UsernamePasswordAuthenticationToken.class
```

注入必要的依赖项，也
就是 UserDetailsService
和两个 PasswordEncoder
实现

```
                      .isAssignableFrom(aClass);
      }
  }
```

authenticate()方法首先会根据用户的用户名加载用户，然后会验证密码是否与数据库中存储的哈希值相匹配(见代码清单 6.13)。验证过程要依赖用于哈希化用户密码的算法。

代码清单 6.13 通过重写 authenticate()来定义身份验证逻辑

```
@Override
public Authentication authenticate(
➥Authentication authentication)
    throws AuthenticationException {
    String username = authentication.getName();
    String password = authentication
                          .getCredentials()
                          .toString();              使用 UserDetailsService 从数据
                                                    库中查找用户详细信息
    CustomUserDetails user =
          userDetailsService.loadUserByUsername(username);

                                                       根据特定于用户的哈
    switch (user.getUser().getAlgorithm()) {           希算法来验证密码
      case BCRYPT:
          return checkPassword(user, password, bCryptPasswordEncoder);
      case SCRYPT:
          return checkPassword(user, password, sCryptPasswordEncoder);
    }

    throw new BadCredentialsException("Bad credentials");
  }                                                   如果使用 bcrypt 哈希化了
                                                      用户的密码，则要使用
否则，使用 SCryptPasswordEncoder                        BCryptPasswordEncoder
```

在代码清单 6.13 中选择了 PasswordEncoder，用于根据用户的算法属性值验证密码。在代码清单 6.14 中包含 checkPassword()方法的定义。此方法使用作为参数发送的密码编码器来验证从用户输入处接收到的原始密码是否与数据库中的编码匹配。如果密码有效，则返回 Authentication 契约实现的实例。UsernamePasswordAuthenticationToken 类是 Authentication 接口的实现。代码清单 6.14 中所调用的构造函数还会将验证过的值设置为 true。这个细节很重要，因为 AuthenticationProvider 的 authenticate()方法必须返回一个经过身份验证的实例。

代码清单 6.14　身份验证逻辑中使用的 checkPassword() 方法

```
private Authentication checkPassword(CustomUserDetails user,
                                     String rawPassword,
                                     PasswordEncoder encoder) {

  if (encoder.matches(rawPassword, user.getPassword())) {
    return new UsernamePasswordAuthenticationToken(
                    user.getUsername(),
                    user.getPassword(),
                    user.getAuthorities());
  } else {
    throw new BadCredentialsException("Bad credentials");
  }
}
```

现在需要在配置类中注册 AuthenticationProvider。代码清单 6.15 展示了如何做到这一点。

代码清单 6.15　在配置类中注册 AuthenticationProvider

```
@Configuration
public class ProjectConfig extends WebSecurityConfigurerAdapter {

  @Autowired
  private AuthenticationProviderService authenticationProvider;
```
　　　　　　　　　　　　　　　　　从上下文获取 AuthenticationProviderService
　　　　　　　　　　　　　　　　　的实例
```
  @Bean
  public BCryptPasswordEncoder bCryptPasswordEncoder() {
    return new BCryptPasswordEncoder();
  }

  @Bean
  public SCryptPasswordEncoder sCryptPasswordEncoder() {
    return new SCryptPasswordEncoder();
  }

  @Override
  protected void configure(AuthenticationManagerBuilder auth) {
    auth.authenticationProvider(
```

```
                authenticationProvider);     ◄──  通过重写 configure()方法，为 Spring
    }                                              Security 注册身份验证提供程序
  }
```

在配置类中，我们希望将身份验证实现设置为 formLogin 方法，并将路径/main 设置为默认的成功验证后要跳转的 URL，如代码清单 6.16 所示。我们希望将此路径实现为 Web 应用程序的主页面。

代码清单 6.16　将 formLogin 配置为身份验证方法

```java
@Override
protected void configure(HttpSecurity http)
  throws Exception {

  http.formLogin()
      .defaultSuccessUrl("/main", true);

  http.authorizeRequests()
      .anyRequest().authenticated();
}
```

6.4　实现主页面

最后，既然安全部分已经就绪，就可以实现应用程序的主页了。它是一个简单的页面，其中会显示 product 表的所有记录。此页面仅在用户登录后才可访问。为了从数据库获取产品记录，必须向项目中添加一个 Product 实体类和一个 ProductRepository 接口。代码清单 6.17 定义了 Product 类。

代码清单 6.17　定义 Product JPA 实体

```java
@Entity
public class Product {

  @Id
  @GeneratedValue(strategy = GenerationType.IDENTITY)
  private Integer id;

  private String name;
  private double price;
```

```
@Enumerated(EnumType.STRING)
private Currency currency;

// Omitted code
}
```

Currency 枚举声明了应用程序中允许作为货币的类型。例如：

```
public enum Currency {
    USD, GBP, EUR
}
```

ProductRepository 接口只需要继承 JpaRepository 即可。因为应用程序场景要求显示所有产品，所以需要使用从 JpaRepository 接口所继承的 findAll()方法，如代码清单 6.18 所示。

代码清单 6.18　ProductRepository 接口的定义

```
public interface ProductRepository
    extends JpaRepository<Product, Integer> {
}
```

该接口不需要声明任何方法。只使用从 Spring Data 实现的 JpaRepository 接口所继承的方法即可

ProductService 类使用了 ProductRepository 以便从数据库检索所有产品(见代码清单 6.19)。

代码清单 6.19　ProductService 类的实现

```
@Service
public class ProductService {

  @Autowired
  private ProductRepository productRepository;

  public List<Product> findAll() {
      return productRepository.findAll();
  }
}
```

最后，MainPageController 定义了页面的路径，并且使用页面将要显示的内容填充 Model 对象(见代码清单 6.20)。

代码清单 6.20　控制器类的定义

```
@Controller
public class MainPageController {

    @Autowired
    private ProductService productService;

    @GetMapping("/main")
    public String main(Authentication a, Model model) {
        model.addAttribute("username", a.getName());
        model.addAttribute("products", productService.findAll());
        return "main.html";
    }
}
```

main.html 页面存储在 resources/templates 文件夹中，并且会显示产品和登录用户的名称(见代码清单 6.21)。

代码清单 6.21　主页面的定义

```
<!DOCTYPE html>
<html lang="en" xmlns:th="http://www.thymeleaf.org">   ◁——  声明前缀 th，这样
    <head>                                                   就可以在页面中
        <meta charset="UTF-8">                                使用 Thymeleaf 组
        <title>Products</title>                              件了
    </head>
    <body>
        <h2 th:text="'Hello, ' + ${username} + '!'" />  ◁——
        <p><a href="/logout">Sign out here</a></p>           在页面上显示此消
                                                             息。在控制器操作执
                                                             行之后，${username}
        <h2>These are all the products:</h2>                 就是从模型注入页面
        <table>                                              的变量
            <thead>
                <tr>
                    <th> Name </th>
                    <th> Price </th>
                </tr>
            </thead>
                                                             如果模型的列表中
            <tbody>                                          没有产品，则显示一
                <tr th:if="${products.empty}">      ◁——      条消息
                    <td colspan="2"> No Products Available </td>
```

```
    </tr>
     <tr th:each="book : ${products}">
      <td><span th:text="${book.name}"> Name </span></td>
      <td><span th:text="${book.price}"> Price </span></td>
    </tr>
    </tbody>
   </table>
  </body>
</html>
```

对于在模型列表中找到的每个产品，都要在表中创建一行

6.5　运行和测试应用程序

到此已经完成了本书中第一个动手实践项目的代码编写。现在是时候验证它是否按照需求规定来运行了。因此要运行该应用程序并尝试登录。运行应用程序后，可以在浏览器中通过输入地址 http://localhost:8080 访问它。标准的登录表单如图 6.4 所示。存储在数据库中的用户(以及本章开头给出的脚本中的用户)是 john，其密码为 12345，该密码使用了 bcrypt 进行哈希化处理。可以使用这些凭据进行登录。

图 6.4　应用程序的登录表单

提示：
在真实的应用程序中，应该绝不允许用户定义简单的密码，如"12345"。这么简单的密码很容易被猜到，存在安全风险。维基百科在 https://en.wikipedia.org/wiki/Password_strength 上提供了一篇关于密码的内容丰富的文章。其中不仅解释了设置强

密码的规则，而且还说明了如何计算密码强度。

登录后，应用程序会将访问者重定向到主页(见图6.5)。在这里，从安全上下文获取的用户名将出现在页面上，同时显示来自数据库的产品列表。

图 6.5　应用程序的主页面

当单击 Sign Out Here 链接时，应用程序会重定向到标准的注销确认页面(见图6.6)。这是 Spring Security 预先定义好的，因为我们使用的是 formLogin 身份验证方法。

图 6.6　标准的注销确认页面

单击 Log Out 后，访问者将被重定向回登录页面。如果想订购更多巧克力，则可以再次登录(见图6.7)。

图6.7　从应用程序注销后将出现登录页面

　　我们已经实现了第一个动手实践示例，并将本书中已经讨论过的一些基本内容整合在一起。在这个示例中，我们开发了一个小型 Web 应用程序，其中使用了 Spring Security 管理其身份验证。我们使用了表单登录的身份验证方法，并将用户详细信息存储在数据库中。还实现了自定义身份验证逻辑。

　　在结束本章之前，这里还想再阐述一些观点。就像任何软件需求一样，我们可以不同的方式实现相同的应用程序。这里选择这个实现是为了尽可能多地应用前面讨论过的内容。主要是希望有一个实现自定义 AuthenticationProvider 的理由。作为练习，可以使用第 4 章中讨论的 DelegatingPasswordEncoder 简化该实现。

6.6　本章小结

- 在真实的应用程序中，依赖项需要相同概念的不同实现是很常见的。比如 Spring Security 的 UserDetails 和 JPA 实现的 User 实体，就像本章示例中一样。一个好建议是在不同的类中解耦职责，以增强可读性。
- 大多数情况下都会有多种方法实现相同的功能。应该选择最简单的解决方案。使代码更容易理解以便减少出错的可能，从而减少安全性漏洞。

第7章

配置权限：限制访问

本章内容
- 定义权限和角色
- 在端点上应用授权规则

几年前，我在美丽的喀尔巴阡山脉滑雪时，看到了一个有趣的场景。大概有 10~15 个人排队进入缆车客舱以便登上滑雪坡顶。一位著名的流行歌手在两名保镖的陪同下出现了。他自信地大步走了过来，以为自己会因为有名气而不用去排队。但当他到达队伍的前部时，意外的事情发生了。"请出示您的票！"负责管理客舱的人说，然后他不得不解释说："嗯，您首先需要一张票，其次，这次客舱乘坐没人有优先权，对不起。排队请到那边。"他指了指队伍的末尾。就像生活中的大多数情况一样，你是谁并不重要。对于软件应用程序，我们也可以这样说。在尝试访问特定功能或数据时，访问者本身是谁并不重要！

到目前为止，我们只讨论了身份验证，正如之前介绍过的，身份验证是应用程序标识资源的调用者的过程。前几章的示例中并没有实现任何决定是否批准请求的规则。其中仅关注了系统是否知道该用户。在大多数应用程序中，并非系统识别出的所有用户都能访问系统中的每个资源。本章将讨论授权。授权是系统决定已识别的客户端是否有权限访问所请求的资源的过程(见图 7.1)。

图 7.1　授权是应用程序决定是否允许经过身份验证的实体访问资源的过程。授权总是在身份验证之后发生

　　在 Spring Security 中，一旦应用程序结束身份验证流程，它就会将请求委托给一个授权过滤器。该过滤器会根据所配置的授权规则来允许或拒绝请求(见图 7.2)。

　　本章将按照以下步骤讨论授权的所有必要细节。

　　(1) 了解权限是什么，并基于用户的权限对所有端点应用访问规则。

　　(2) 了解如何按角色对权限进行分组，以及如何基于用户的角色应用授权规则。

　　在第 8 章中，我们将继续选择将对其应用授权规则的端点。现在，让我们看看权限和角色，以及它们如何限制对应用程序的访问。

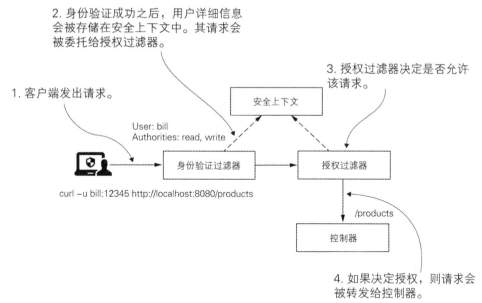

图 7.2 当客户端发出请求时，身份验证过滤器会对用户进行身份验证。身份验证成功后，身份验证过滤器会将用户详细信息存储在安全上下文中，并将请求转发给授权过滤器。授权过滤器决定是否允许调用。为了决定是否授权请求，授权过滤器会使用来自安全上下文的详细信息

7.1 基于权限和角色限制访问

本节将介绍授权和角色的概念。可以使用它们保护应用程序的所有端点。你需要理解这些概念，然后才能将它们应用到实际场景中，其中不同的用户具有不同的权利。根据用户拥有的权利，他们只能执行特定的操作。应用程序会将权利作为权限和角色来提供。

第 3 章中实现了 GrantedAuthority 接口。在讨论另一个基本组件 UserDetails 接口时介绍过这个契约。当时并没有使用 GrantedAuthority，因为本章将介绍，该接口主要与授权过程相关。我们现在可以回到 GrantedAuthority 研究它的用途。图 7.3 展示了 UserDetails 契约和 GrantedAuthority 接口之间的关系。探讨完这个契约之后，将介绍如何单独使用这些规则或将其用于特定的请求。

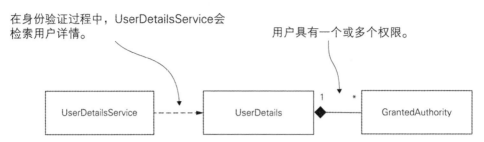

在身份验证过程中，UserDetailsService会检索用户详情。

用户具有一个或多个权限。

图7.3 用户拥有一个或多个权限(用户可以执行的操作)。在身份验证过程中，UserDetailsService 会获取关于用户的所有详情，其中包括权限。应用程序在成功地对用户进行身份验证之后，将使用由 GrantedAuthority 接口表示的权限对用户进行授权

代码清单 7.1 显示了 GrantedAuthority 契约的定义。权限就是用户可以使用系统资源执行的操作。一个权限具有一个名称，对象的 getAuthority()行为会将该名称作为 String 返回。在定义自定义授权规则时，可以使用权限的名称。授权规则通常是这样的："Jane 被允许删除(delete)产品记录"或"John 被允许读取(read)文档记录"。在这种情况下，删除和读取就是被授予的权限。该应用程序允许用户 Jane 和 John 执行这些操作，这些操作的名称通常是读、写或删除。

代码清单 7.1 GrantedAuthority 契约

```
public interface GrantedAuthority extends Serializable {
  String getAuthority();
}
```

UserDetails 是 Spring Security 中描述用户的契约，它有一个 GrantedAuthority 实例的集合，如图 7.3 所示。可以允许用户拥有一个或多个权限。getAuthorities()方法会返回 GrantedAuthority 实例的集合。可以在代码清单 7.2 的 UserDetails 契约中查看这个方法。之所以实现这个方法，是为了让它返回授予用户的所有权限。身份验证结束后，权限就会是已登录用户的详细信息的一部分，应用程序可以使用它授予权限。

代码清单 7.2 来自 UserDetails 契约的 getAuthorities()方法

```
public interface UserDetails extends Serializable {
  Collection<? extends GrantedAuthority> getAuthorities();

  // Omitted code
}
```

7.1.1　基于用户权限限制所有端点的访问

本节将讨论如何限制特定用户对端点的访问。到目前为止，在我们的示例中，任何经过身份验证的用户都可以调用应用程序的任何端点。从现在开始，将讲解如何自定义此访问行为。对于生产环境中的应用程序而言，即使没有经过身份验证，我们也可以调用应用程序的一些端点；而对于其他应用程序，则可能需要特殊的特权(见图7.4)。接下来我们将编写几个示例，以便理解在 Spring Security 中应用这些限制的各种方法。

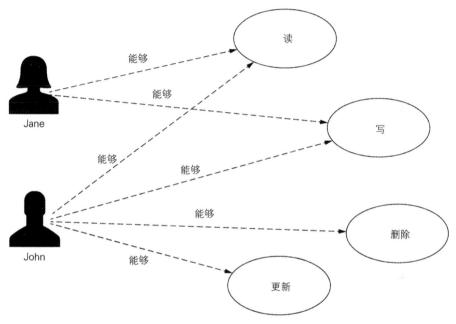

图 7.4　权限是用户可以在应用程序中执行的操作。基于这些操作，需要实现授权规则。只有拥有特定权限的用户才能向某个端点发出特定请求。例如，Jane 只能在端点上执行读和写操作，而 John 则可以在端点上执行读、写、删除和更新操作

现在你已经记住了 UserDetails 和 GrantedAuthority 契约以及它们之间的关系，是时候编写一个应用授权规则的小应用程序了。这个示例将介绍一些基于用户权限配置端点访问的备选方法。这里开启了一个新项目，并将其命名为 ssia-ch7-ex1。下面展示了 3 种方法，可以像之前介绍的那样使用这些方法配置访问。

- hasAuthority()——仅接收应用程序为其配置限制的一个权限作为参数。只有拥有该权限的用户才能调用端点。

- hasAnyAuthority()——可以接收应用程序为其配置限制的多个权限。这个方法
  大约等同于"具有任何给定的权限。"用户必须拥有至少一个指定的权限才
  能发出请求。

为了简单起见，建议使用此方法或 hasAuthority()方法，具体取决于分配给用户的
权限数量。在配置中很容易读取它们，并且会让代码更容易理解。

- access()——为配置访问提供了无限的可能性，因为应用程序会基于 Spring
  Expression Language(SpEL)构建授权规则。但是，它会让代码更难阅读和调
  试。出于这个原因，建议将它作为次要的解决方案，并且仅在不能应用
  hasAnyAuthority()或 hasAuthority()方法时才使用它。

pom.xml 文件中唯一需要的依赖项是 spring-boot-starter-web 和 spring-boot-
starter-security。这两个依赖项足以实现前面列举的所有三个解决方案。可以在项目 ssia-
ch7-ex1 中找到这个示例。

```
<dependency>
  <groupId>org.springframework.boot</groupId>
  <artifactId>spring-boot-starter-security</artifactId>
</dependency>
<dependency>
  <groupId>org.springframework.boot</groupId>
  <artifactId>spring-boot-starter-web</artifactId>
</dependency>
```

我们还在应用程序中添加了一个端点来测试授权配置。

```
@RestController
public class HelloController {

  @GetMapping("/hello")
  public String hello() {
      return "Hello!";
  }
}
```

在一个配置类中，我们声明了一个 InMemoryUserDetailsManager 作为
UserDetailsService，并添加了两个用户，John 和 Jane，它们会由这个实例管理。每个
用户都有不同的权限。可以在代码清单 7.3 中看到如何做到这一点。

代码清单 7.3　声明 UserDetailsService 并指定用户

```
@Configuration
```

```
public class ProjectConfig {

  @Bean
  public UserDetailsService userDetailsService() {
    var manager = new InMemoryUserDetailsManager();
    var user1 = User.withUsername("john")
                    .password("12345")
                    .authorities("READ")
                    .build();

    var user2 = User.withUsername("jane")
                    .password("12345")
                    .authorities("WRITE")
                    .build();

    manager.createUser(user1);
    manager.createUser(user2);

    return manager;
  }

  @Bean
  public PasswordEncoder passwordEncoder() {
    return NoOpPasswordEncoder.getInstance();
  }
}
```

该方法返回的 UserDetailsService 会被添加到 SpringContext 中

声明一个存储两个用户的 InMemoryUserDetailsManager

第一个用户 john 具有 READ 权限

第二个用户 jane 具有 WRITE 权限

用户是由 UserDetailsService 添加和管理的

不要忘记还需要 PasswordEncoder

接下来要做的就是添加授权配置。在第 2 章中，当我们处理第一个示例时，讲解了如何使所有端点对每个人都可访问。为此，我们扩展了 WebSecurityConfigurerAdapter 类并重写了 configure()方法，类似于代码清单 7.4 中展示的内容。

代码清单 7.4　使每个人都可以在不进行身份验证的情况下访问所有端点

```
@Configuration
public class ProjectConfig extends WebSecurityConfigurerAdapter {

  // Omitted code

  @Override
  protected void configure(HttpSecurity http) throws Exception {
    http.httpBasic();
```

```
http.authorizeRequests()
        .anyRequest().permitAll();    ←———  允许访问所有请求
}
}
```

authorizeRequests()方法允许我们继续在端点上指定授权规则。anyRequest()方法表明，该规则适用于所有请求，无论使用的是 URL 还是 HTTP 方法。permitAll()方法允许访问所有请求，无论是否经过身份验证。

假设我们想确保只有拥有 WRITE 权限的用户才能访问所有端点。就本示例而言，这意味着只有 Jane 才行。这个目标是可以实现的，并且可以基于用户的权限限制这次的访问。看看代码清单 7.5 中的代码。

代码清单 7.5　限制只有拥有 WRITE 权限的用户才能访问

```
@Configuration
public class ProjectConfig extends WebSecurityConfigurerAdapter {

    // Omitted code

    @Override
    protected void configure(HttpSecurity http) throws Exception {
        http.httpBasic();

        http.authorizeRequests()
            .anyRequest()
            .hasAuthority("WRITE");    ←———  指定用户可以访问
    }                                         端点的条件
}
```

可以看到，其中使用 hasAuthority()方法替换了 permitAll()方法。可以将允许用户使用的权限名称作为 hasAuthority()方法的参数来提供。应用程序首先需要对请求进行身份验证，然后根据用户的权限决定是否允许调用。

现在，可以通过分别使用这两个用户调用端点来测试应用程序。当使用用户 Jane 调用端点时，HTTP 响应状态为 200 OK，并且响应体为 "Hello!"。当使用用户 John 调用它时，HTTP 响应状态为 403 Forbidden，将返回一个空的响应体。例如，使用用户 Jane 调用这个端点：

```
curl -u jane:12345 http://localhost:8080/hello
```

将得到以下响应：

Hello!

而使用用户 John 调用该端点：

curl -u john:12345 http://localhost:8080/hello

将得到以下响应：

```
{
  "status":403,
  "error":"Forbidden",
  "message":"Forbidden",
  "path":"/hello"
}
```

可以通过类似方式使用 hasAnyAuthority()方法。该方法具有参数 varargs；这样，它就可以接收多个权限名称。如果用户拥有作为方法参数提供的至少一个权限，应用程序就会允许其请求。可以将代码清单 7.5 中的 hasAuthority() 替换为 hasAnyAuthority("WRITE")，在这种情况下，应用程序的运行方式是完全相同的。但是，如果将 hasAuthority()替换为 hasAnyAuthority("WRITE", "READ")，那么来自具有任意一个权限的用户的请求都将被接受。对于本示例而言，应用程序将允许来自 John 和 Jane 的请求。代码清单 7.6 中展示了如何应用 hasAnyAuthority()方法。

代码清单 7.6　应用 hasAnyAuthority()方法

```
@Configuration
public class ProjectConfig extends WebSecurityConfigurerAdapter {

  // Omitted code

  @Override
  protected void configure(HttpSecurity http) throws Exception {
    http.httpBasic();

    http.authorizeRequests()
        .anyRequest()
          .hasAnyAuthority("WRITE", "READ");   ←── 允许具有 WRITE 和
  }                                                 READ 权限的用户请求
}
```

现在可以用两个用户中的任何一个成功地调用端点。John 的调用如下:

```
curl -u john:12345 http://localhost:8080/hello
```

其响应体是:

```
Hello!
```

而 Jane 的调用是:

```
curl -u jane:12345 http://localhost:8080/hello
```

其响应体是:

```
Hello!
```

要根据用户权限指定访问权限,可以在实践中应用的第三种方法是 access()方法。不过,access()方法更为通用。它会接收一个指定授权条件的 Spring 表达式(SpEL)作为参数。这种方法很强大,并且它不仅只适用于权限方面。然而,这种方法也会使代码更难阅读和理解。出于这个原因,建议将它作为最后一个选项,并且仅当不能应用本节前面介绍的 hasAuthority()或 hasAnyAuthority()方法时才使用它。

为了使这个方法更容易理解,这里首先将它作为使用 hasAuthority() 和 hasAnyAuthority()方法指定权限的替代方法。正如本示例中表明的,其中必须提供一个 Spring 表达式作为方法的参数。而所定义的授权规则阅读起来则更加困难,这就是为什么不建议对简单规则使用这种方法的原因。但是,access()方法的优点是允许通过作为参数提供的表达式来自定义规则。这真的很强大!如果使用 SpEL 表达式,那么基本上可以定义任何条件。

提示:
在大多数情况下,都可以使用 hasAuthority()和 hasAnyAuthority()方法实现所需的限制,并且建议你使用它们。只有在这两个选项不适合并且希望实现更通用的授权规则时,才使用 access()方法。

这里会从一个简单的示例开始,以满足与前面示例相同的需求。如果只需要测试用户是否具有特定的权限,那么需要与 access()方法一起使用的表达式就可以是以下表达式之一。

- hasAuthority('WRITE')——规定用户需要 WRITE 权限来调用端点。
- hasAnyAuthority('READ', 'WRITE')——指定用户需要一个 READ 或 WRITE 权限。使用此表达式,就可以枚举希望允许访问的所有权限。

注意，这些表达式的名称与本节前面介绍的方法相同。代码清单 7.7 展示了如何才能使用 access()方法。

代码清单 7.7　使用 access()方法配置端点访问

```
@Configuration
public class ProjectConfig extends WebSecurityConfigurerAdapter {

  // Omitted code

  @Override
  protected void configure(HttpSecurity http) throws Exception {
    http.httpBasic();

    http.authorizeRequests()
            .anyRequest()
              .access("hasAuthority('WRITE')");   ◁── 使用 WRITE 权限对
  }                                                    来自用户的请求进
}                                                      行授权
```

代码清单 7.7 中给出的示例证明，如果将 access()方法用于简单的需求，它就会使语法变得复杂。在这种情况下，应该直接使用 hasAuthority()或 hasAnyAuthority()方法。但是 access()方法并非一无是处。如前所述，它可以提供灵活性。在真实的场景中，我们将发现可以使用它编写更复杂的表达式，应用程序将根据这些表达式授予访问权限。如果没有 access()方法，就无法实现这些场景。

代码清单 7.8 将 access()方法与一个不容易编写的表达式结合在一起应用。确切地说，代码清单 7.8 中的配置定义了两个用户，John 和 Jane，他们拥有不同的权限。用户 John 只有读权限，而 Jane 则有读、写和删除权限。拥有读权限的用户应该可以访问端点，而拥有删除权限的用户则不能。

提示：

在 Spring 应用程序中，可以找到用于命名权限的各种风格和约定。一些开发人员使用全大写字母，而另一些则使用全小写字母。在我看来，只要在应用程序中保持风格一致，那么所有这些选择都是可以的。本书示例中使用了不同的风格，这样你就可以观察到更多可能在现实场景中遇到的方法。

当然，这是一个假设示例，但是它足够简单且易于理解，也足够复杂，可以证明为什么 access()方法更强大。要用 access()方法实现这一点，可以使用反映需求的表达式。例如：

```
"hasAuthority('read') and !hasAuthority('delete')"
```

代码清单 7.8 说明了如何将 access()方法应用于更复杂的表达式。可以在名为
ssia-ch7-ex2 的项目中找到这个示例。

代码清单 7.8　使用更复杂的表达式应用 access()方法

```
@Configuration
public class ProjectConfig extends WebSecurityConfigurerAdapter {

  @Bean
  public UserDetailsService userDetailsService() {
    var manager = new InMemoryUserDetailsManager();

    var user1 = User.withUsername("john")
            .password("12345")
            .authorities("read")
            .build();

    var user2 = User.withUsername("jane")
            .password("12345")
            .authorities("read", "write", "delete")
            .build();

    manager.createUser(user1);
    manager.createUser(user2);

    return manager;
  }

  @Bean
  public PasswordEncoder passwordEncoder() {
    return NoOpPasswordEncoder.getInstance();
  }

  @Override
  protected void configure(HttpSecurity http)
      throws Exception {

      http.httpBasic();
```

```
String expression =
        "hasAuthority('read') and
    ➡!hasAuthority('delete')";

http.authorizeRequests()
        .anyRequest()
        .access(expression);
    }
}
```

声明用户必须拥有读权限而不是
删除权限

现在让我们通过为用户 John 调用/hello 端点来测试该应用程序。

```
curl -u john:12345 http://localhost:8080/hello
```

其响应体是：

```
Hello!
```

再使用用户 Jane 调用该端点。

```
curl -u jane:12345 http://localhost:8080/hello
```

其响应体是：

```
{
  "status":403,
  "error":"Forbidden",
  "message":"Forbidden",
  "path":"/hello"
}
```

用户 John 只有读权限，可以成功调用端点。但是 Jane 还有删除权限，因此没有权限调用端点。使用 Jane 进行调用的 HTTP 状态是 403 Forbidden。

通过这些示例，我们可以了解如何设置有关用户访问某些指定端点所需的权限的约束。当然，这里还没有讨论如何根据路径或 HTTP 方法来选择保护哪些请求。相反，我们为所有请求应用了规则，而不管应用程序公开的端点是什么。为用户角色完成相同的配置后，将讨论如何选择将授权配置应用到哪些端点。

7.1.2　基于用户角色限制所有端点的访问

本节将讨论如何基于角色限制对端点的访问。角色是表示用户可以做什么的另一种方式(见图 7.5)。现实世界的应用程序中也会包含这类角色,这就是理解角色以及角色和权限之间的区别很重要的原因。本节将应用几个使用角色的示例,以便你了解应用程序使用角色的所有实际场景,以及如何为这些场景编写配置。

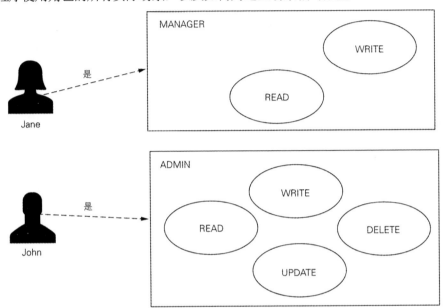

图 7.5 角色是粗粒度的。具有特定角色的每个用户只能执行该角色授予的操作。在授权中应用此原理时,就可以允许基于系统中用户的目的进行请求。只有具有特定角色的用户才能调用某个端点

Spring Security 将权限视为对其应用限制的细粒度权利。角色就像是用户的徽章。它们为用户提供一组操作的权利。有些应用程序总是为特定用户提供相同的权限组。假设在一个应用程序中,用户要么只有读权限,要么拥有所有权限:读、写和删除权限。在这种情况下,让那些只能读的用户拥有一个名为 READER 的角色,而其他用户拥有一个名为 ADMIN 的角色可能会更加合适。拥有 ADMIN 角色意味着应用程序会授予用户读、写、更新和删除权利。当然也可能会有更多的角色。例如,如果某些时候请求指定还需要一个只允许读和写的用户,那么就可以为应用程序创建第三个名为 MANAGER 的角色。

提示:

在应用程序中使用角色的方法时,将不再需要定义权限。在这种情况下权限只是作为一个概念存在,并且可以出现在实现需求中。但是在应用程序中,只需要定义一个角色来覆盖用户有权执行的一个或多个这样的操作即可。

为角色提供的名称与为权限提供的名称类似——这取决于我们自己。与权限相比,

可以认为角色是粗粒度的。无论如何，在后台，角色都是使用 Spring Security 中的相同契约表示的，即 GrantedAuthority。在定义角色时，其名称应该以 ROLE_ 前缀开头。在实现层面，这个前缀表明了角色和权限之间的区别。可以在项目 ssia-ch7-ex3 中找到这一节中所使用的示例。代码清单 7.9 展示了对上一个示例所做的更改。

代码清单 7.9　为用户设置角色

```
@Configuration
public class ProjectConfig extends WebSecurityConfigurerAdapter {

    @Bean
    public UserDetailsService userDetailsService() {
        var manager = new InMemoryUserDetailsManager();

        var user1 = User.withUsername("john")
                        .password("12345")
                        .authorities("ROLE_ADMIN")      ⟵
                        .build();

        var user2 = User.withUsername("jane")
                        .password("12345")
                        .authorities("ROLE_MANAGER")
                        .build();

        manager.createUser(user1);
        manager.createUser(user2);

        return manager;
    }


    // Omitted code

}
```

使用 ROLE_ 前缀，GrantedAuthority 现在就表示一个角色

要为用户角色设置约束，可以使用以下方法之一。

- hasRole()——作为参数接收的角色名，应用程序会为其请求授权。
- hasAnyRole()——作为参数接收的角色名，应用程序会批准其请求。
- access()——使用 Spring 表达式指定一个或多个角色，应用程序会为其请求授权。就角色而言，可以使用 hasRole()或 hasAnyRole()作为 SpEL 表达式。

正如你看到的，这些方法的名称类似于 7.1.1 节中介绍的方法。我们以相同的方式使用它们，但现在是为角色而不是为权限应用配置。也建议你进行类似的实践：使用 hasRole() 或 hasAnyRole() 方法作为第一选择，只有在前两个方法不适用时才使用 access()。代码清单 7.10 展示了 configure() 方法现在的样子。

代码清单 7.10　配置应用程序以便只接受来自管理员的请求

```
@Configuration
public class ProjectConfig extends WebSecurityConfigurerAdapter {

  // Omitted code

  @Override
  protected void configure(HttpSecurity http) throws Exception {
    http.httpBasic();

    http.authorizeRequests()
        .anyRequest().hasRole("ADMIN");     ◁——— hasRole()方法现在会指定允
  }                                               许访问端点的角色。请注意，
}                                               这里没有出现 ROLE_ 前缀
```

提示：

需要注意的一个关键问题是，使用 ROLE_ 前缀只是为了声明角色。但是在使用角色时，只会用到其名称。

在测试应用程序时，应该发现用户 John 可以访问端点，而 Jane 则会接收到 HTTP 403 Forbidden。若要使用用户 John 调用端点，请使用：

```
curl -u john:12345 http://localhost:8080/hello
```

其响应体是：

```
Hello!
```

而使用用户 Jane 调用端点，则要使用：

```
curl -u jane:12345 http://localhost:8080/hello
```

其响应体是：

```
{
    "status":403,
```

```
    "error":"Forbidden",
    "message":"Forbidden",
    "path":"/hello"
}
```

正如本节示例中所做的那样，在使用 User 构建器类构建用户时，可以使用 roles()
方法指定角色。此方法会创建 GrantedAuthority 对象，并自动将 ROLE_ 前缀添加到所
提供的名称中。

提示：

要确保为 roles()方法提供的参数不包含 ROLE_ 前缀。如果该前缀无意中包含在
role()参数中，则该方法将抛出异常。简而言之，在使用 authorities()方法时，要包含
ROLE_ 前缀。而在使用 roles()方法时，不要包含 ROLE_ 前缀。

代码清单 7.11 展示了，在基于角色设计访问时使用 roles()方法替代 authorities()方
法的正确方式。

代码清单 7.11　使用 roles()方法设置角色

```
@Configuration
public class ProjectConfig extends WebSecurityConfigurerAdapter {

  @Bean
  public UserDetailsService userDetailsService() {
    var manager = new InMemoryUserDetailsManager();

    var user1 = User.withUsername("john")
                    .password("12345")
                    .roles("ADMIN")          ◁——  roles()方法指定了用
                    .build();                      户的角色

    var user2 = User.withUsername("jane")
                    .password("12345")
                    .roles("MANAGER")
                    .build();

    manager.createUser(user1);
    manager.createUser(user2);

        return manager;
```

```
    }

    // Omitted code
}
```

> **关于 access()方法的更多内容**
>
> 7.1.1 节和 7.1.2 节中介绍了使用 access()方法应用引用权限和角色的授权规则。通常，在应用程序中，授权限制与权限和角色相关。但是重要的是要记住，access()方法是通用的。这里提供的示例重点介绍了如何将其应用于权限和角色，但在实践中，它会接收任何 SpEL 表达式。这些表达式不需要与权限和角色相关。
>
> 一个简单的示例是将对端点的访问配置为只允许在中午 12 点以后访问。要解决类似的问题，可以使用下面的 SpEL 表达式。
>
> ```
> T(java.time.LocalTime).now().isAfter(T(java.time.LocalTime).of(12,
> 0))
> ```
>
> 更多关于 SpEL 表达式的信息，请参见 Spring Framework 文档。
>
> ```
> https://docs.spring.io/spring/docs/current/spring-framework-
> reference/core.html#expressions
> ```
>
> 可以这么说，通过 access()方法，基本上可以实现任何类型的规则。其可能性是无限的。只是不要忘记，在应用程序中，应该总是努力保持语法尽可能地简单。只有在没有其他选择的情况下才可以将配置复杂化。这个示例应用于项目 ssia-ch7-ex4 中。

7.1.3　限制对所有端点的访问

本节将讨论如何限制对所有请求的访问。第 5 章中介绍过，通过使用 permitAll()方法，就可以允许对所有请求的访问。其中还讲解到，可以基于权限和角色来应用访问规则。不过也可以拒绝所有请求。denyAll()方法正好与 permitAll()方法相反。代码清单 7.12 将展示如何使用 denyAll()方法。

代码清单 7.12　使用 denyAll()方法限制对端点的访问

```
@Configuration
public class ProjectConfig extends WebSecurityConfigurerAdapter {

    // Omitted code
```

```
@Override
protected void configure(HttpSecurity http) throws Exception {
  http.httpBasic();

  http.authorizeRequests()
        .anyRequest().denyAll();  ⟵
}
}
```

使用 denyAll() 限制
每一个人的访问

那么，在哪里可以使用这样的限制呢？实际上该方法使用的频率要小于其他方法，但是在某些情况下，其中的需求会使得它成为必要的方法。接下来展示几个示例澄清这一点。

假设有一个端点作为路径(path)变量来接收电子邮件地址。这里需要的是允许具有地址以.com 结尾的变量值的请求。我们不希望应用程序接受电子邮件地址的任何其他格式(下一节将介绍如何根据该路径和 HTTP 方法，对一组请求甚至路径变量来应用限制)。对于这个需求，可以使用一个正则表达式对匹配规则的请求进行分组，然后使用 denyAll()方法指示应用程序拒绝所有这些请求(见图 7.6)。

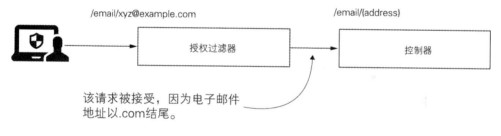

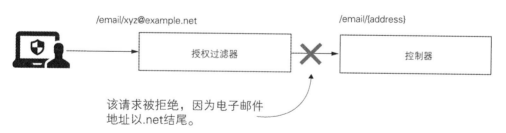

图 7.6　当用户使用具有以.com 结尾的参数值调用该端点时，应用程序会接受请求。当用户调用端点并提供一个以.net 结尾的电子邮件地址时，应用程序会拒绝该调用。要实现这种行为，可以为所有端点将 denyAll()方法用于不以.com 结尾的参数值

　　还可以设想一个如图 7.7 所示设计的应用程序。一些服务实现了应用程序的用例，可以通过调用不同路径上可用的端点来访问这些用例。但是为了调用端点，客户端需要请求另一个被称为网关(gateway)的服务。在这个架构中，有两个这种类型的独立服务。图 7.7 中将这两个网关称为网关 A 和网关 B。如果客户端想访问/products 路径，则请求网关 A。但是对于/articles 路径，客户端必须请求网关 B。每个网关服务都被设计为拒绝所有对这些服务不支持的其他路径的请求。这个简化的场景可以帮助我们轻松地理解 denyAll()方法。在生产环境的应用程序中，可以在更复杂的架构中发现类似的场景。

　　生产环境中的应用程序面临着各种架构需求，这些需求有时候看起来会很奇怪。框架必须为可能遇到的任何情况提供所需的灵活性。基于这个原因，denyAll()方法和本章所介绍的其他方法一样重要。

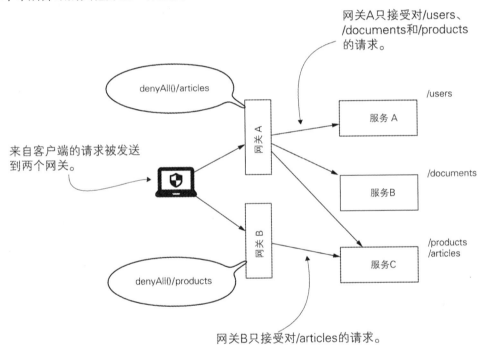

图 7.7　访问是通过网关 A 和网关 B 完成的。每个网关只允许发送特定路径的请求，并拒绝所有其他请求

7.2　本章小结

- 授权是应用程序决定是否允许通过身份验证的请求的过程。授权总是在身份验证之后发生。
- 可以根据经过身份验证的用户的权限和角色来配置应用程序如何授权请求。
- 在应用程序中，还可以指定某些请求可以用于未经身份验证的用户。
- 可以配置应用程序使用 denyAll() 方法拒绝所有请求，或者使用 permitAll() 方法允许任何请求。

第8章

配置权限：应用限制

本章内容
- 使用匹配器方法选择要应用限制的请求
- 了解每个匹配器方法的最佳使用场景

第 7 章讲解了如何基于权限和角色配置访问。但是其中只应用了针对所有端点的配置。本章将介绍如何对特定的请求分组应用授权约束。在生产环境的应用程序中，不太可能对所有请求应用相同的规则。其中将具有只有某些特定用户才能调用的端点，而其他端点则可能每个用户都可以访问。根据业务需求，每个应用程序都有自己的自定义授权配置。接下来要讨论在编写访问配置时必须为不同请求考虑使用的选项。

虽然没有特别强调，但要使用的第一个匹配器方法是 anyRequest()方法。正如在前几章中使用它那样，现在我们知道它覆盖了所有请求，而不管其路径或 HTTP 方法。这就是处理"任何请求"或者"任何其他请求"的方式。

首先讨论通过路径选择请求；然后还可以将 HTTP 方法添加到场景中。要选择应用授权配置的请求，可以使用匹配器方法。Spring Security 提供了 3 种类型的匹配方法。
- MVC 匹配器——将 MVC 表达式用于路径以便选择端点。
- Ant 匹配器——将 Ant 表达式用于路径以便选择端点。
- regex 匹配器——将正则表达式(regex)用于路径以便选择端点。

8.1 使用匹配器方法选择端点

本节将介绍通常要如何使用匹配器方法，以便在 8.2~8.4 节中可以继续讲解我们所拥有的 3 个选项：MVC、Ant 和 regex。在本章结束时，你将能够在任何可能需要为满足应用程序需求而编写的授权配置中应用匹配器方法。首先看一个简单的示例。

我们要创建一个暴露两个端点的应用程序，这两个端点是/hello 和/ciao。我们希望确保只有具有 ADMIN 角色的用户才能调用/hello 端点。类似地，我们希望确保只有具有 MANAGER 角色的用户才能调用/ciao 端点。可以在项目 ssia-ch8-ex1 中找到这个示例。代码清单 8.1 提供了其控制器类的定义。

代码清单 8.1 控制器类的定义

```
@RestController
public class HelloController {

  @GetMapping("/hello")
  public String hello() {
    return "Hello!";
  }

  @GetMapping("/ciao")
  public String ciao() {
    return "Ciao!";
  }

}
```

该配置类中声明了一个 InMemoryUserDetailsManager 作为 UserDetailsService 实例，并且添加了两个具有不同角色的用户。用户 John 具有 ADMIN 角色，而 Jane 具有 MANAGER 角色。为了指定只有具有 ADMIN 角色的用户才能在授权请求时调用端点/hello，需要使用 mvcMatchers()方法。代码清单 8.2 给出了该配置类的定义。

代码清单 8.2 配置类的定义

```
@Configuration
public class ProjectConfig extends WebSecurityConfigurerAdapter {

  @Bean
  public UserDetailsService userDetailsService() {
    var manager = new InMemoryUserDetailsManager();

    var user1 = User.withUsername("john")
         .password("12345")
         .roles("ADMIN")
         .build();
```

```
    var user2 = User.withUsername("jane")
        .password("12345")
        .roles("MANAGER")
        .build();

    manager.createUser(user1);
    manager.createUser(user2);

    return manager;
}


@Bean
public PasswordEncoder passwordEncoder() {
    return NoOpPasswordEncoder.getInstance();
}


@Override
protected void configure(HttpSecurity http) throws Exception {
    http.httpBasic();

    http.authorizeRequests()
        .mvcMatchers("/hello").hasRole("ADMIN")
        .mvcMatchers("/ciao").hasRole("MANAGER");
}

}
```

只有当用户具有 ADMIN 角色时才能调用路径/hello

只有当用户具有 Manager 角色时才能调用路径/ciao

可以运行并测试此应用程序。当使用用户 John 调用端点/hello 时，将获得一个成功的响应。但如果使用用户 Jane 调用相同的端点，则响应状态将返回 HTTP 403 Forbidden。类似地，对于端点/ciao，只能使用 Jane 获得成功的结果。而对于用户 John，响应状态将返回一个 HTTP 403 Forbidden。在以下代码片段中可以看到使用 cURL 的示例调用。要为用户 John 调用端点/hello，请使用：

```
curl -u john:12345 http://localhost:8080/hello
```

其响应体是：

```
Hello!
```

要为用户 Jane 调用端点/hello，请使用：

```
curl -u jane:12345 http://localhost:8080/hello
```

其响应体是：

```
{
    "status":403,
    "error":"Forbidden",
    "message":"Forbidden",
    "path":"/hello"
}
```

要为用户 Jane 调用端点/ciao，请使用：

```
curl -u jane:12345 http://localhost:8080/ciao
```

其响应体是：

```
Hello!
```

要为用户 John 调用端点/ciao，请使用：

```
curl -u john:12345 http://localhost:8080/ciao
```

其响应体是：

```
{
    "status":403,
    "error":"Forbidden",
    "message":"Forbidden",
    "path":"/ciao"
}
```

如果现在向应用程序添加任何其他端点，那么默认情况下任何人都可以访问它，即使是未经身份验证的用户。假设添加了一个新的端点/hola，如代码清单 8.3 所示。

代码清单 8.3　向应用程序添加路径/hola 的新端点

```
@RestController
public class HelloController {

    // Omitted code
```

```
@GetMapping("/hola")
public String hola() {
    return "Hola!";
}
}
```

现在，当访问这个新端点时，我们会看到无论是否拥有有效用户都可以访问它。下面的代码片段展示了这种行为。若要调用端点/hola 而不进行身份验证，请使用：

```
curl http://localhost:8080/hola
```

其响应体是：

```
Hola!
```

要为用户 John 调用端点/hola，请使用：

```
curl -u john:12345 http://localhost:8080/hola
```

其响应体是：

```
Hola!
```

如果愿意，可以通过使用 permitAll()方法来让此行为更加明显。可以使用配置链末端的 anyRequest()匹配器方法进行请求授权，如代码清单 8.4 所示。

提示：
让所有规则都明确清晰是一种很好的做法。代码清单 8.4 清楚而明确地表明，除了端点/hello 和/ciao 之外，允许所有用户请求其余端点。

代码清单 8.4　显式地将其他请求标记为可访问，而不需要身份验证

```
@Configuration
public class ProjectConfig extends WebSecurityConfigurerAdapter {

    // Omitted code

    @Override
    protected void configure(HttpSecurity http) throws Exception {
        http.httpBasic();

        http.authorizeRequests()
```

```
        .mvcMatchers("/hello").hasRole("ADMIN")
        .mvcMatchers("/ciao").hasRole("MANAGER")
        .anyRequest().permitAll();  ◁
    }
}
```

permitAll()方法声明了，允许在不进行身
份验证的情况下访问所有其他请求。

提示：

当使用匹配器指向请求时，规则的顺序应该是从特殊到一般。这就是为什么在更
具体的匹配器方法(比如 mvcMatchers())之前不能调用 anyRequest()方法的原因。

未经身份验证与身份验证失败

如果设计了一个任何人都可以访问的端点，那么就可以在不提供用于身份验证的
用户名和密码的情况下调用它。在这种情况下，Spring Security 不会进行身份验证。但
是，如果提供了用户名和密码，则 Spring Security 会在身份验证过程中评估它们。如
果用户名和密码是错误的(系统无法匹配)，则身份验证失败，响应状态为 401
Unauthorized。更准确地说，如果为代码清单 8.4 中提供的配置调用/hola 端点，应用程
序将返回响应体 "hola!"，正如预期的那样，其响应状态是 200 OK。例如：

```
curl http://localhost:8080/hola
```

其响应体是：

```
Hola!
```

但是，如果使用无效凭据调用该端点，则响应的状态为 401 Unauthorized。下面的
调用中使用了一个无效的密码：

```
curl -u bill:abcde http://localhost:8080/hola
```

其响应体是：

```
{
    "status":401,
    "error":"Unauthorized",
    "message":"Unauthorized",
    "path":"/hola"
}
```

框架的这种行为可能看起来很奇怪，但如果在请求中提供用户名和密码，那么框
架就对其进行评估，这样的做法也是合理的。正如第 7 章介绍的，应用程序总是会在
授权之前进行身份验证，如图 8.1 所示。

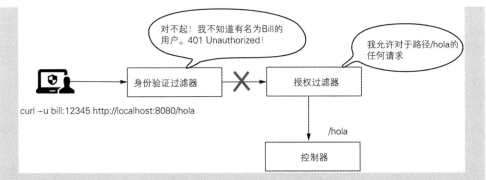

图 8.1　授权过滤器允许对/hola 路径的任何请求。但因为应用程序首先会执行身份验证逻辑，所以请求永远不会转发到授权过滤器。相反，身份验证过滤器会用一个 HTTP 401 Unauthorized 回复

总之，任何身份验证失败的情况都将生成状态为 401 Unauthorized 的响应，并且应用程序不会将调用转发给端点。permitAll()方法仅指向授权配置，如果身份验证失败，将不再允许调用。

当然，也可以决定让所有其他端点仅供经过身份验证的用户访问。为此，需要使用 authenticated()更改 permitAll()方法，如代码清单 8.5 所示。类似地，甚至可以使用 denyAll()方法拒绝所有其他请求。

代码清单 8.5　让所有经过身份验证的用户都可以访问其他请求

```
@Configuration
public class ProjectConfig extends WebSecurityConfigurerAdapter {

    // Omitted code

    @Override
    protected void configure(HttpSecurity http)
        throws Exception {
        http.httpBasic();

        http.authorizeRequests()
            .mvcMatchers("/hello").hasRole("ADMIN")
            .mvcMatchers("/ciao").hasRole("MANAGER")
            .anyRequest().authenticated();   ⟵  所有其他请求只能
    }                                            由经过身份验证的
}                                                用户访问
```

这里，在本节的最后，你已经熟悉了应该如何使用匹配器方法指向需要为其配置授权限制的请求。现在我们必须更深入地了解可以使用的语法。

在大多数实际场景中，多个端点可以具有相同的授权规则，因此不必逐个端点设置它们。而且，有时还需要指定 HTTP 方法，而不仅仅是路径，正如我们到目前为止所做的那样。有时，只需要在使用 HTTP GET 调用端点路径时为其配置规则即可。在这种情况下，需要为 HTTP POST 和 HTTP DELETE 定义不同的规则。下一节将使用每一种类型的匹配器方法并详细讨论这些内容。

8.2　使用 MVC 匹配器选择用于授权的请求

本节将讨论 MVC 匹配器。使用 MVC 表达式是指向请求以应用授权配置的常见方法。因此，相信你会有很多机会在所开发的应用程序中使用此方法指向请求。

这个匹配器使用标准的 MVC 语法指向路径。该语法与我们在编写带有 @RequestMapping、@GetMapping、@PostMapping 等注解的端点映射时所使用的语法相同。可用于声明 MVC 匹配器的两种方法如下。

- mvcMatchers(HttpMethod method, String...patterns)——允许指定要应用限制的 HTTP 方法和路径。如果希望对同一路径的不同 HTTP 方法应用不同的限制，则此方法非常有用。
- mvcMatchers(String... patterns)——如果只需要应用基于路径的授权限制，那么这个方法使用起来会更加简单。这些限制可以自动应用于与该路径一起使用的任何 HTTP 方法。

本节将介绍使用 mvcMatchers()方法的多种方式。为了揭示这一点，首先编写一个暴露多个端点的应用程序。

这里首次编写了可以使用除 GET 之外的其他 HTTP 方法调用的端点。到目前为止，我们一直在避免使用其他 HTTP 方法。这样做的原因是，在默认情况下，Spring Security 应用了防止跨站点请求伪造(CSRF)的保护。第 1 章中描述了 CSRF，它是 Web 应用程序最常见的漏洞之一。长期以来，CSRF 一直是 OWASP 中存在的十大漏洞之一。第 10 章将讨论 Spring Security 如何通过使用 CSRF 令牌来弥补这个漏洞。但是为了使当前示例更加简单，并且能够调用所有端点，包括那些通过 POST、PUT 或 DELETE 公开的端点，需要在 configure()方法中禁用 CSRF 保护。

```
http.csrf().disable();
```

提示：

我们现在禁用 CSRF 保护，只是为了让你暂时专注于所讨论的主题：匹配器方法。但不要急于认为这是一个好方法。在第 10 章中，我们将详细讨论 Spring Security 所提供的 CSRF 保护。

首先定义 4 个端点以便在测试中使用：

- /a 使用 HTTP 方法 GET。
- /a 使用 HTTP 方法 POST。
- /a/b 使用 HTTP 方法 GET。
- /a/b/c 使用 HTTP 方法 GET。

有了这些端点，就可以考虑不同的授权配置场景。在代码清单 8.6 中，可以看到这些端点的定义。可以在项目 ssia-ch8-ex2 中找到这个示例。

代码清单 8.6　为其配置授权的 4 个端点的定义

```
@RestController
public class TestController {

  @PostMapping("/a")
  public String postEndpointA() {
    return "Works!";
  }

  @GetMapping("/a")
  public String getEndpointA() {
    return "Works!";
  }

  @GetMapping("/a/b")
  public String getEnpointB() {
    return "Works!";
  }

  @GetMapping("/a/b/c")
  public String getEnpointC() {
    return "Works!";
  }
}
```

我们还需要几个具有不同角色的用户。为了保持简单，将继续使用 InMemoryUserDetailsManager。在代码清单8.7中，可以看到配置类中UserDetailsService的定义。

代码清单8.7　UserDetailsService 的定义

```
@Configuration
public class ProjectConfig extends WebSecurityConfigurerAdapter {

  @Bean
  public UserDetailsService userDetailsService() {
    var manager = new InMemoryUserDetailsManager();         ◄
                                              定义 InMemoryUserDetailsManager
                                              以便存储用户
    var user1 = User.withUsername("john")
                    .password("12345")
                    .roles("ADMIN")      ◄
                    .build();                  用户 john 具有 ADMIN
                                               角色

    var user2 = User.withUsername("jane")
                    .password("12345")
                    .roles("MANAGER")    ◄
                    .build();                  用户 jane 具有 MANAGER
                                               角色

    manager.createUser(user1);
    manager.createUser(user2);

    return manager;
  }

  @Bean
  public PasswordEncoder passwordEncoder() {
    return NoOpPasswordEncoder.getInstance();    ◄
  }                                            不要忘记还需要添
}                                              加 PasswordEncoder
```

首先处理第一个场景。对于为/a 路径使用 HTTP GET 方法完成的请求，应用程序需要对用户进行身份验证。对于相同路径，使用 HTTP POST 方法的请求不需要身份验证。应用程序会拒绝所有其他请求。代码清单8.8显示了实现此设置所需编写的配置。

代码清单 8.8　用于第一个场景/a 的授权配置

```
@Configuration
public class ProjectConfig extends WebSecurityConfigurerAdapter {

  // Omitted code

  @Override
  protected void configure(HttpSecurity http) throws Exception {
    http.httpBasic();

    http.authorizeRequests()
          .mvcMatchers(HttpMethod.GET, "/a")
            .authenticated()
          .mvcMatchers(HttpMethod.POST, "/a")
            .permitAll()
          .anyRequest()
            .denyAll();

    http.csrf().disable();
  }
}
```

对于使用 HTTP GET 方法调用的路径/a 的请求，应用程序需要对用户进行身份验证

允许任何人通过 HTTP POST 方法调用路径/a 的请求

拒绝对其他任何路径的其他任何请求

禁用 CSRF 以启用使用 HTTP POST 方法对/a 路径的调用

下一个代码片段分析对应用了代码清单 8.8 中所示的配置的端点进行调用的结果。对于使用 HTTP 方法 POST 调用路径/a 而不进行身份验证的场景，可以使用这个 cURL 命令。

```
curl -XPOST http://localhost:8080/a
```

其响应体是：

```
Works!
```

在使用 HTTP GET 调用路径/a 而不进行身份验证时，要使用：

```
curl -XGET http://localhost:8080/a
```

其响应是：

```
{
  "status":401,
  "error":"Unauthorized",
```

```
    "message":"Unauthorized",
    "path":"/a"
}
```

如果希望将响应更改为成功的响应，则需要使用有效的用户进行身份验证。对于以下调用：

```
curl -u john:12345 -XGET http://localhost:8080/a
```

其响应体是：

```
Works!
```

但是用户 John 被禁止调用路径/a/b，所以用他的凭据对这个调用进行身份验证会生成一个 403 Forbidden。

```
curl -u john:12345 -XGET http://localhost:8080/a/b
```

其响应是：

```
{
    "status":403,
    "error":"Forbidden",
    "message":"Forbidden",
    "path":"/a/b"
}
```

通过这个示例，我们现在知道了如何根据 HTTP 方法区分请求。但是，如果多个路径具有相同的授权规则呢？当然，我们可以枚举应用授权规则的所有路径，但是如果路径太多，代码阅读起来就会让人不舒服。此外，我们还可能从一开始就知道具有相同前缀的一组路径总是具有相同的授权规则。我们希望确保，如果开发人员向同一分组中添加了新路径，也不会改变授权配置。为了应对这些情况，需要使用路径表达式。让我们用一个示例证明。

对于当前项目，我们希望确保相同的规则适用于以/a/b 开始的所有路径请求。在这个示例中，这些路径就是/a/b 和/a/b/c。为了实现这一点，需要使用**操作符(Spring MVC 从 Ant 中借用了路径匹配语法)。可以在项目 ssia-ch8-ex3 中找到这个示例。

代码清单 8.9　对多个路径的配置类进行的更改

```
@Configuration
public class ProjectConfig extends WebSecurityConfigurerAdapter {
```

```
// Omitted code

@Override
protected void configure(HttpSecurity http) throws Exception {
  http.httpBasic();

  http.authorizeRequests()
        .mvcMatchers( "/a/b/**")
          .authenticated()
        .anyRequest()
          .permitAll();

  http.csrf().disable();
  }
}
```

/a/b/** 表达式指向的是所有以 /a/b 为前缀的路径

使用代码清单 8.9 中给出的配置，就可以在不经过身份验证的情况下调用路径/a，但是对于所有以/a/b 为前缀的路径，应用程序需要对用户进行身份验证。下面的代码片段展示了调用/a、/a/b 和/a/b/c 端点的结果。首先，要在不进行身份验证的情况下调用/a 路径，请使用：

```
curl http://localhost:8080/a
```

其响应体是：

```
Works!
```

若要调用/a/b 路径而不进行身份验证，请使用：

```
curl http://localhost:8080/a/b
```

其响应是：

```
{
  "status":401,
  "error":"Unauthorized",
  "message":"Unauthorized",
  "path":"/a/b"
}
```

若要调用/a/b/c 路径而不进行身份验证，请使用：

```
curl http://localhost:8080/a/b/c
```

其响应是：

```
{
    "status":401,
    "error":"Unauthorized",
    "message":"Unauthorized",
    "path":"/a/b/c"
}
```

如前面的示例所示，**操作符可以指向任意数量的路径名。可以像上一个示例中所做的那样使用它，以便可以用具有已知前缀的路径来匹配请求。还可以在路径中间使用它指向任意数量的路径名，或者指向以特定模式(比如/a/**/c)结束的路径。因此，/a/**/c 不仅匹配/a/b/c，还会匹配/a/b/d/c 和 a/b/c/d/e/c 等。如果你想匹配一个路径名，那么可以使用单个*。例如，a/*/c 将匹配 a/b/c 和 a/d/c，而不是 a/b/d/c。

因为通常会使用路径变量，所以实际上为这类请求应用授权规则会非常有用。甚至可以应用指向路径变量值的规则。还记得 8.1 节中关于 denyAll()方法和限制所有请求的讨论吗？

现在看一个更适合本节中所介绍内容的示例。其中有一个带有路径变量的端点，并且我们希望拒绝所有使用路径变量值中包含除数字以外的字符的请求。可以在项目 ssia-ch8-ex4 中找到这个示例。代码清单 8.10 展示了其控制器。

代码清单 8.10　控制器类中带有路径变量的端点定义

```
@RestController
public class ProductController {

  @GetMapping("/product/{code}")
  public String productCode(@PathVariable String code) {
    return code;
  }
}
```

代码清单 8.11 展示了如何配置授权，以便始终只允许使用仅包含数字的值进行的调用，而拒绝所有其他调用。

代码清单 8.11　将授权配置为只允许特定数字

```
@Configuration
public class ProjectConfig extends WebSecurityConfigurerAdapter {
```

```
@Override
protected void configure(HttpSecurity http) throws Exception {
  http.httpBasic();

  http.authorizeRequests()
      .mvcMatchers
    ➡ ("/product/{code:^[0-9]*$}") ◁────── 该正则表达式指的是任何长
        .permitAll()                        度、包含任何数字的字符串
      .anyRequest()
        .denyAll();
  }
}
```

提示：

当使用带有正则表达式的参数表达式时，请确保在参数名称、冒号(:)和正则表达式之间没有空格，如代码清单 8.11 所示。

运行此示例，可以看到如下代码片段所示的结果。应用程序只在路径变量值仅包含数字时才接受调用。要使用值 1234a 调用端点，请使用：

```
curl http://localhost:8080/product/1234a
```

其响应是：

```
{
    "status":401,
    "error":"Unauthorized",
    "message":"Unauthorized",
    "path":"/product/1234a"
}
```

要使用值 12345 调用端点，请使用：

```
curl http://localhost:8080/product/12345
```

其响应是：

```
12345
```

关于如何使用 MVC 匹配器指向请求，我们进行了大量讨论，并提供了大量示例。表 8.1 是对本节中使用的 MVC 表达式的复习。如果希望记住它们，则可以直接参考

这个表。

表 8.1　用于使用 MVC 匹配器进行路径匹配的通用表达式

表达式	描述
/a	仅匹配路径/a
/a/*	操作符*会替换一个路径名。在这种情况下，它将匹配/a/b 或/a/c，而不是/a/b/c
/a/**	操作符**会替换多个路径名。在这种情况下，/a 以及/a/b 和/a/b/c 都是这个表达式的匹配项
/a/{param}	这个表达式适用于具有给定路径参数的路径/a
/a/{param:regex}	只有当参数的值与给定正则表达式匹配时，此表达式才应用于具有给定路径参数的路径/a

8.3　使用 Ant 匹配器选择用于授权的请求

本节将讨论 Ant 匹配器，它用于选择应用程序要为之应用授权规则的请求。由于 Spring 借用了 MVC 表达式从 Ant 中匹配端点的路径，因此可以在 Ant 匹配器中使用的语法与 8.2 节中介绍过的语法相同。不过本节将介绍一个技巧——我们应该知道的一个重要区别。正是由于这个区别，才建议使用 MVC 匹配器而不是 Ant 匹配器。然而，在过去，在应用程序中大量使用 Ant 匹配器的情况很普遍。同样出于这个原因，希望你能够意识到这种区别。如今，我们仍然可以在生产环境的应用程序中找到 Ant 匹配器，这使得它们非常重要。使用 Ant 匹配器的 3 种方法如下。

- antMatchers(HttpMethod method, String patterns)——允许指定应用限制的 HTTP 方法和指向路径的 Ant 模式。如果希望对同一组路径的不同 HTTP 方法应用不同的限制，则此方法非常有用。
- antMatchers(String patterns)——如果只需要应用基于路径的授权限制，则这一方法使用起来更加简单。这些限制会自动适用于任何 HTTP 方法。
- antMatchers(HttpMethod method)，它等同于 antMatchers(httpMethod, "/**")——允许引用特定的 HTTP 方法，而不考虑路径。

应用这些工具的方式类似于上一节中介绍的 MVC 匹配器。此外，用于引用路径的语法也是相同的。那么有什么不同之处呢？MVC 匹配器指的是 Spring 应用程序如何理解将请求与控制器操作相匹配。有时多个路径可以被 Spring 解析为匹配相同的操作。下面是我最喜欢的一个示例，这个示例很简单，但在安全性方面产生了重大影响：

如果在路径之后添加另一个/，那么指向相同操作的任何路径(例如/hello)都可以由
Spring 解析。在这种情况下，/hello 和/hello/会调用相同的方法。如果使用 MVC 匹配
器并且为/hello 路径配置安全性，则它会自动使用相同的规则保护/hello/路径。这会产
生巨大的影响！开发人员如果不知道这一点，并且使用 Ant 匹配器，则可能会在毫无
所知的情况下让路径不受保护。可以想象，这会为应用程序造成一个重大的安全漏洞。

接下来用一个示例测试这种行为。可以在项目 ssia-ch8-ex5 中找到这个示例。代码
清单 8.12 显示了如何定义控制器。

代码清单 8.12　控制器类中/hello 端点的定义

```
@RestController
public class HelloController {

  @GetMapping("/hello")
  public String hello() {
      return "Hello!";
  }
}
```

代码清单 8.13 描述了配置类。本示例中使用了 MVC 匹配器为/hello 路径定义授
权配置(接下来要将其与 Ant 匹配器进行比较)。对这个端点的任何请求都需要经过身
份验证。本示例中省略了 UserDetailsService 和 PasswordEncoder 的定义，因为它们与
代码清单 8.7 中的相同。

代码清单 8.13　使用 MVC 匹配器的配置类

```
@Configuration
public class ProjectConfig extends WebSecurityConfigurerAdapter {

  @Override
  protected void configure(HttpSecurity http) throws Exception {
    http.httpBasic();

    http.authorizeRequests()
        .mvcMatchers( "/hello")
         .authenticated();
  }
}
```

　　如果启动该应用程序并对其进行测试，则将观察到/hello 和/hello/路径都需要经过身份验证。这可能是我们期望发生的事情。下一个代码片段显示了如何使用 cURL 对这些路径发出请求。可以像这样调用未经身份验证的/hello 端点。

```
curl http://localhost:8080/hello
```

其响应是：

```
{
  "status":401,
  "error":"Unauthorized",
  "message":"Unauthorized",
  "path":"/hello"
}
```

使用/hello/路径(结尾处还有一个/)调用/hello 端点，未经身份验证的情况如下。

```
curl http://localhost:8080/hello/
```

其响应是：

```
{
    "status":401,
    "error":"Unauthorized",
    "message":"Unauthorized",
    "path":"/hello"
}
```

调用/hello 端点并使用 Jane 进行身份验证，就会如下所示。

```
curl -u jane:12345 http://localhost:8080/hello
```

其响应体是：

```
Hello!
```

使用/hello/路径(结尾处还有一个/)调用/hello 端点并使用 Jane 进行身份验证，如下所示。

```
curl -u jane:12345 http://localhost:8080/hello/
```

其响应体是：

```
Hello!
```

所有这些响应都是我们所期望的。但是让我们看看如果使用 Ant 匹配器改变实现，会发生什么。如果只更改配置类，为同一个表达式使用 Ant 匹配器，结果就会改变。如前所述，该应用程序没有应用/hello/路径的授权配置。实际上，Ant 匹配器会为模式精确地应用给定的 Ant 表达式，但它无法触及 Spring MVC 的精细功能。在本示例中，/hello 不会作为 Ant 表达式应用于/hello/路径。如果还想保护/hello/路径，则必须单独添加它，或者编写一个匹配它的 Ant 表达式。代码清单 8.14 显示了使用 Ant 匹配器而不是 MVC 匹配器对配置类所做的更改。

代码清单 8.14　使用 Ant 匹配器的配置类

```
@Configuration
public class ProjectConfig extends WebSecurityConfigurerAdapter {

  @Override
  protected void configure(HttpSecurity http) throws Exception {
    http.httpBasic();

    http.authorizeRequests()
        .antMatchers( "/hello").authenticated();
  }
}
```

下面的代码片段提供了使用/hello 和/hello/路径调用端点的结果。若要在未经身份验证的情况下调用/hello 端点，请使用：

```
curl http://localhost:8080/hello
```

其响应是：

```
{
    "status":401,
    "error":"Unauthorized",
    "message":"Unauthorized",
    "path":"/hello"
}
```

若要在未经身份验证的情况下却又使用路径/hello/(结尾处还有一个/)来调用/hello 端点，请使用：

```
curl http://localhost:8080/hello/
```

其响应是：

Hello!

重要提示：

再强调一次，建议你选用 MVC 匹配器。使用 MVC 匹配器，就可以避免 Spring 将路径映射到操作的方式中所涉及的一些风险。这是因为，为授权规则解析路径的方式与 Spring 本身为将路径映射到端点而解析这些路径的方式是相同的。在使用 Ant 匹配器时，要小心并确保表达式确实匹配所需要应用授权规则的所有内容。

沟通和知识分享的作用

我一直鼓励以各种可能的方式分享知识：书籍、文章、会议、视频等。有时候，即使是一个简短的讨论也能提出一些问题，从而推动巨大的改进和改变。这里将通过几年前我提供的关于 Spring 的课程中的一个故事说明其意义。

该培训是为一组为某个特定项目工作的中级开发人员而设计的。它与 Spring Security 没有直接的关系，但是在某种程度上，我们开始对培训中的一个示例使用匹配器方法。

我开始使用 MVC 匹配器配置端点授权规则时，并没有首先向与会者介绍 MVC 匹配器。我认为他们已经在其项目中使用了这些匹配器；我不认为必须先解释它们。当我在做配置和教学时，一个与会者问了我一个问题。我仍然记得那位女士害羞的声音：“您能介绍您正在使用的这些 MVC 方法吗？我们正在用一些类似于 Ant 的方法配置我们的端点安全性。”

然后我意识到与会者可能并不知道他们在使用什么。我是对的。他们确实使用了 Ant 匹配器，但并不理解这些配置，很可能是在机械地使用它们。复制粘贴式的编程是一种有风险的方法，但是，这种方法使用得太频繁了，初级开发人员尤为喜欢使用这种方法。不应该在不了解某种事物的作用之前使用它！

当我们讨论这个新话题时，这位女士在其实现中发现了 Ant 匹配器被错误应用的情况。培训结束时，他们的团队安排了一个完整的 sprint 来验证和纠正这些错误，这些错误可能会导致他们的应用程序出现非常危险的漏洞。

8.4　使用正则表达式匹配器选择用于授权的请求

本节将讨论正则表达式(regex)。你应该已经知道什么是正则表达式，但并不需要成为这方面的专家。https://www.regular-expressions.info/books.html 处推荐的任何一本书都是很好的资源，你可以从中更深入地了解这个主题。为了编写正则表达式，我还经常使用在线生成器，如 https://regexr.com/(见图 8.1)。

图 8.1　让一只猫在键盘上玩耍并不是生成正则表达式(regex)的最佳解决方案。要了解如何生成正则
表达式，可以使用像 https://regexr.com/这样的在线生成器

8.2 节和 8.3 节中介绍过，在大多数情况下，都可以使用 MVC 和 Ant 语法指向应用授权配置的请求。然而，在某些情况下，可能会有更特殊的需求，并且无法用 Ant 和 MVC 表达式来满足这些需求。此类需求的一个例子是："当路径包含特定符号或字符时，拒绝所有请求。"对于这类场景，需要使用更强大的表达式，如正则表达式。

可以使用正则表达式表示字符串的任何格式，因此它们提供了无限的可能性。但它们的缺点是难以阅读，即使应用于简单的场景也是如此。由于这个原因，你可能更喜欢使用 MVC 或 Ant 匹配器，只有在没有其他选择时才求助于正则表达式。可用于实现正则表达式匹配器的两种方法如下。

- regexMatchers(HttpMethod method, String regex)——同时指定应用限制的 HTTP 方法和指向路径的正则表达式。如果希望对同一组路径的不同 HTTP 方法应用不同的限制，则此方法非常有用。

- regexMatchers(String regex)——如果只需要应用基于路径的授权限制，该方法
使用起来会更加简单。这些限制将自动适用于任何 HTTP 方法。

为了揭示正则表达式匹配器是如何工作的，让我们通过一个示例将它们付诸实践：构建一个为用户提供视频内容的应用程序。显示视频的应用程序通过调用端点/video/{country}/{language}来获取其内容。对于这个示例，应用程序会从用户发出请求的两个路径变量中接收国家和语言。假设请求来自美国、加拿大或英国，或者只要他们使用英语，那么任何经过身份验证的用户都可以看到视频内容。

可以在项目 ssia-ch8-ex6 中找到这个示例。需要保护的端点有两个路径变量，如代码清单 8.15 所示。这使得使用 Ant 或 MVC 匹配器实现需求的做法将变得很复杂。

代码清单 8.15　控制器类端点的定义

```java
@RestController
public class VideoController {

  @GetMapping("/video/{country}/{language}")
  public String video(@PathVariable String country,
                      @PathVariable String language) {
    return "Video allowed for " + country + " " + language;
  }
}
```

对于单个路径变量上的条件，可以直接在 Ant 或 MVC 表达式中编写正则表达式。8.3 节中提到了这样的一个例子，但当时并没有深入讨论它，因为那时还没有讨论正则表达式。

假设有一个端点/email/{email}。我们希望将使用匹配器的规则仅应用于电子邮件参数值中发送地址以.com 结尾的请求。在这种情况下，我们将编写一个 MVC 匹配器，如下面的代码片段所示。可以在项目 ssia-ch8-ex7 中找到完整的示例。

```java
http.authorizeRequests()
    .mvcMatchers("/email/{email:.*(.+@.+\\.com)}")
        .permitAll()
    .anyRequest()
        .denyAll();
```

如果测试了这样的限制，就会发现该应用程序只接收以.com 结尾的电子邮件。例如要调用 jane@example.com 的端点，可以使用以下命令。

```
curl http://localhost:8080/email/jane@example.com
```

其响应体是：

```
Allowed for email jane@example.com
```

而要调用 jane@example.net 的端点，则要使用以下命令。

```
curl http://localhost:8080/email/jane@example.net
```

其响应体是：

```
{
    "status":401,
    "error":"Unauthorized",
    "message":"Unauthorized",
    "path":/email/jane@example.net
}
```

这个示例相当简单，并且使我们更清楚为什么很少遇到正则表达式匹配器。但是，正如前面所说的，需求有时很复杂。我们会发现使用正则表达式匹配器会更加方便，就像下面这样：

- 用于包含电话号码或电子邮件地址的所有路径的特定配置。
- 用于具有特定格式的所有路径的特定配置，其中包括通过所有路径变量发送的内容。

回到我们的正则表达式匹配器示例(ssia-ch8-ex6)：当需要编写更复杂的规则，最终指向更多路径模式和多个路径变量值时，编写一个正则表达式匹配器的方式会更加容易。在代码清单 8.16 中可以找到配置类的定义，这个类使用正则表达式匹配器解决 /video/{country}/{language} 路径这一指定需求。其中还添加了两个具有不同权限的用户来测试其实现。

代码清单 8.16 使用正则表达式匹配器的配置类

```
@Configuration
public class ProjectConfig extends WebSecurityConfigurerAdapter {

  @Bean
  public UserDetailsService userDetailsService() {
    var uds = new InMemoryUserDetailsManager();

    var u1 = User.withUsername("john")
                 .password("12345")
                 .authorities("read")
```

```
                         .build();

        var u2 = User.withUsername("jane")
                    .password("12345")
                    .authorities("read", "premium")
                    .build();

        uds.createUser(u1);
        uds.createUser(u2);

        return uds;
    }

    @Bean
    public PasswordEncoder passwordEncoder() {
        return NoOpPasswordEncoder.getInstance();
    }

    @Override
    protected void configure(HttpSecurity http) throws Exception {
        http.httpBasic();

        http.authorizeRequests()
            .regexMatchers(".*/(us|uk|ca)+/(en|fr).*")
                .authenticated()
            .anyRequest()
                .hasAuthority("premium");
    }
}
```

这里使用了一个正则表达式来匹配其用户只需要通过身份验证的路径

配置用户需要具有高级访问权限的其他路径

　　运行和测试端点就可以确认应用程序是否正确地应用了授权配置。用户 John 可以使用国家代码 US 和语言 en 来调用端点，但由于配置的限制，他不能调用国家代码 FR 和语言 fr 的端点。调用/video 端点并验证 US 地区和 English 语言的用户 John，如下所示。

```
curl -u john:12345 http://localhost:8080/video/us/en
```

其响应体是：

```
Video allowed for us en
```

调用/video 端点并验证用户 John 的 FR 区域和 French 语言，如下所示。

```
curl -u john:12345 http://localhost:8080/video/fr/fr
```

其响应体是：

```
{
  "status":403,
  "error":"Forbidden",
  "message":"Forbidden",
  "path":"/video/fr/fr"
}
```

由于拥有高级权限，因此用户 Jane 成功地进行了两次调用。对于第一次调用，

```
curl -u jane:12345 http://localhost:8080/video/us/en
```

其响应体是：

```
Video allowed for us en
```

而对于第二次调用：

```
curl -u jane:12345 http://localhost:8080/video/fr/fr
```

其响应体是：

```
Video allowed for fr fr
```

正则表达式是功能强大的工具，可以使用它们指向任何指定需求的路径。但是由于正则表达式难以阅读，并且可能变得很长，因此它们应该是我们的最后选择。只有当 MVC 和 Ant 表达式不能为所面临的问题提供解决方案时，才使用它们。

本节使用了我所能想到的最简单的示例，以便让所需的正则表达式变得很短。但是在更复杂的场景中，正则表达式可能会变得更长。当然，也有专家会说任何正则表达式都易于阅读。例如，用于匹配电子邮件地址的正则表达式可能会与下一个代码片段中的代码类似。但是我们能轻松地阅读和理解它吗？

```
(?:[a-z0-9!#$%&'*+/=?^_`{|}~-]+(?:\.[a-z0-9!#$%&'*+/=?^_`{|}~-]+)*|
"(?:[\x01-\x08\x0b\x0c\x0e-\x1f\x21\x23-\x5b\x5d-\x7f]|\\[\x01-\x09
\x0b\x0c\x0e-\x7f])*")@(?:(?:[a-z0-9](?:[a-z0-9-]*[a-z0-9])?\.)+[a-
z0-9](?:[a-z0-9-]*[a-z0-9])?|\[(?:(?:25[0-5]|2[0-4][0-9]|[01]?[0-9]
[0-9]?)\.){3}(?:25[0-5]|2[0-4][0-9]|[01]?[0-9][0-9]?|[a-z0-9-]*[a-
z0-9]:(?:[\x01-\x08\x0b\x0c\x0e-\x1f\x21\x23-\x5a\x53-\x7f]|\\[\x01-\
x09\x0b\x0c\x0e-\x7f])+)\])
```

8.5　本章小结

- 在实际场景中，经常会对不同的请求应用不同的授权规则。
- 可以指定基于路径和 HTTP 方法配置授权规则的请求。为此，需要使用匹配器方法，它有 3 种风格：MVC、Ant 和正则表达式。
- MVC 和 Ant 匹配器是类似的，通常可以选择其中一个选项指向应用授权限制的请求。
- 当需求太复杂而无法使用 Ant 或 MVC 表达式解决问题时，则可以使用更强大的正则表达式实现它们。

第 *9* 章

实现过滤器

本章内容
- 使用过滤器链
- 定义自定义过滤器
- 使用实现 Filter 接口的 Spring Security 类

在 Spring Security 中，HTTP 过滤器会委托应用于 HTTP 请求的不同职责。在第 3~5 章中，我们讨论了 HTTP Basic 身份验证和授权架构，其中经常提到过滤器。前面介绍了被称为身份验证过滤器的组件，它将身份验证职责委托给身份验证管理器。其中还介绍了，在成功进行了身份验证之后，某个过滤器会负责授权配置。在 Spring Security 中，通常 HTTP 过滤器会管理必须应用于请求的每个职责。过滤器形成了职责链。过滤器会接收请求、执行其逻辑，并最终将请求委托给链中的下一个过滤器(见图 9.1)。

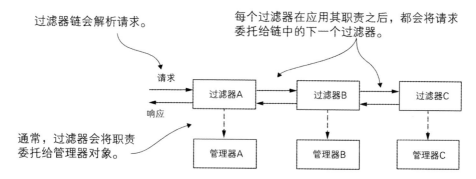

图 9.1 过滤器链接收请求。每个过滤器都会使用一个管理器以便将特定的逻辑应用于请求，并最终将请求沿着该调用链进一步委托给下一个过滤器

其理念很简单。当我们到达机场时,从进入航站楼到登机,需要经过多个过滤器(见图 9.2)。我们先要出示机票,然后验证护照,然后通过安检。在机场登机口,可能会使用更多的"过滤器"。例如,在某些情况下,就在登机前,将再次验证护照和签证。这是 Spring Security 中过滤器链的一个很好的类比。类似地,可以使用 Spring Security 在过滤器链中自定义将对 HTTP 请求进行操作的过滤器。Spring Security 提供了通过自定义添加到过滤器链的过滤器实现,不过也可以定义自定义过滤器。

过滤器 1

过滤器 2

过滤器 3

图 9.2 在机场,我们要经过一连串的过滤才能登上飞机。同样,Spring Security 也有一个过滤器链,它将对应用程序接收到的 HTTP 请求发挥作用

本章将讨论如何自定义用作 Spring Security 中身份验证和授权架构的一部分的过滤器。例如,我们可能希望通过增加一个步骤来增强用户的身份验证过程,比如检查他们的电子邮件地址或使用一次性密码。还可以添加审计身份验证事件的功能。应用程序使用审计身份验证的场景有很多:从满足调试目的到识别用户行为。使用如今的

技术和机器学习算法可以改进应用程序。例如，通过学习用户的行为，就可以了解是否有人入侵了用户的账户或假冒用户。

了解如何自定义 HTTP 过滤器的职责链是一项很有价值的技能。在实践中，应用程序会面临各种各样的需求，其中使用默认配置将不再有效。需要添加或替换这条职责链中的现有组件。默认实现中使用了 HTTP Basic 身份验证方法，该方法允许借助用户名和密码。但在实际场景中，很多情况下需要的不仅仅是这些。也许需要为身份验证实现一种不同的策略、将授权事件通知外部系统，或者简单地记录成功或失败的身份验证，以便后续用于跟踪和审计(见图 9.3)。无论所面临的场景是什么，Spring Security都提供了根据需要精确地建模过滤器链的灵活性。

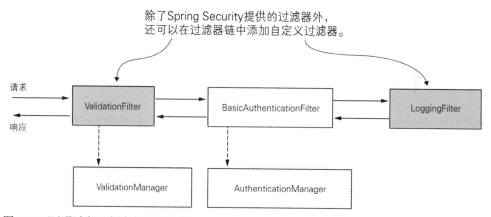

图 9.3　可以通过在现有过滤器的前面、后面或当前位置添加新的过滤器来自定义过滤器链。通过这种方式，就可以自定义身份验证以及应用于请求和响应的整个流程

9.1　在 Spring Security 架构中实现过滤器

本节将讨论 Spring Security 架构中过滤器和过滤器链的工作方式。首先讲解其概览，以便让你理解将在本章的下一部分中使用的实现示例。前几章介绍过，身份验证过滤器会拦截请求并将身份验证职责进一步委托给授权管理器。如果打算在身份验证之前执行某些逻辑，则可以在身份验证过滤器之前插入一个过滤器。

Spring Security 架构中的过滤器是典型的 HTTP 过滤器。可以通过从 javax.servlet 包实现 Filter 接口来创建过滤器。对于其他任何 HTTP 过滤器，需要重写 doFilter()方法来实现其逻辑。此方法会接收 ServletRequest、ServletResponse 和 FilterChain 作为参数。

- ServletRequest ——表示 HTTP 请求。使用 ServletRequest 对象检索关于请求的详细信息。

- ServletResponse ——表示 HTTP 响应。使用 ServletResponse 对象在将响应发送回客户端或顺着过滤器链更进一步执行之前修改该响应。
- FilterChain ——表示过滤器链。使用 FilterChain 对象将请求转发给链中的下一个过滤器。

过滤器链表示过滤器的集合,这些过滤器会按已定义的顺序执行操作。Spring Security 提供了一些过滤器实现和它们的预定义执行顺序。在所提供的过滤器中:

- BasicAuthenticationFilter 负责 HTTP Basic 身份验证(如果使用它的话)。
- CsrfFilter 负责跨站请求伪造(CSRF)防护,我们将在第 10 章进行讨论。
- CorsFilter 负责跨源资源共享(CORS)授权规则,我们也将在第 10 章讨论这些规则。

不需要了解所有过滤器,因为可能不会从代码中直接接触到它们,但是我们需要了解过滤器链是如何工作的,并了解其中的一些实现。本书只解释了那些对于我们所讨论的各种主题而言必要的过滤器。

应用程序不一定拥有过滤器链中所有这些过滤器的实例,理解这一点很重要。这个链是长是短取决于如何配置应用程序。例如,第 2 章和第 3 章介绍过,如果打算使用 HTTP Basic 身份验证方法,则需要调用 HttpSecurity 类的 httpBasic()方法。那么如果调用该 httpBasic()方法,则会将 BasicAuthenticationFilter 的一个实例添加到链中。类似地,根据所编写配置的不同,过滤器链的定义也会受到影响。

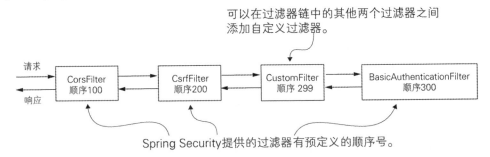

图 9.4 每个过滤器都有一个订单号。这决定了过滤器应用于请求的顺序。可以添加自定义过滤器以及 Spring Security 提供的过滤器

可以相对于另一个过滤器的位置向链中添加一个新的过滤器(见图 9.4)。或者,也可以在一个已知过滤器的之前、之后或当前位置添加一个过滤器。实际上,每个位置都是一个索引(一个数字),你可能会发现它也被称为"顺序(order)"。

可以在相同的位置添加两个或更多的过滤器(见图 9.5)。在 9.4 节中，我们将遇到一种常见的可能产生这种需求的情况，这种情况通常会在开发人员中造成混淆。

提示：
如果多个过滤器处于相同的位置，则不定义它们被调用的顺序。

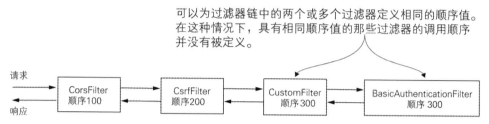

图 9.5 过滤器链中可能有多个具有相同顺序值的过滤器。在这种情况下，Spring Security 不能保证其调用顺序

9.2 在过滤器链中现有过滤器之前添加过滤器

本节将讨论在过滤器链中已有过滤器之前应用自定义 HTTP 过滤器。这在某些情况下是很有用的。为了以一种实际的方式实现这一点，接下来将开发一个用于示例的项目。通过这个示例，你将轻松地了解如何实现自定义过滤器，并在过滤器链中的现有过滤器之前应用它。之后，可以根据在生产环境应用程序中可能发现的任何类似需求调整此示例。

对于此第一个自定义过滤器实现，让我们考虑一个简单的场景。我们希望确保任何请求都有一个名为 Request-Id 的头信息(参见项目 ssia-ch9-ex1)。假设应用程序使用这个头信息跟踪请求，并且这个头信息是必需的。同时，我们希望在应用程序执行身份验证之前验证这些假设。身份验证过程可能涉及查询数据库或其他消耗资源的操作，如果请求的格式无效，则我们不希望应用程序执行这些操作。那么应该怎么做呢？要解决当前需求只需要两个步骤，最终的过滤器链会如图 9.6 所示。

(1) 实现该过滤器。创建一个 RequestValidationFilter 类，用于检查请求中是否存在所需的头信息。

(2) 将该过滤器添加到过滤器链。要在配置类中完成此处理，需要重写 configure() 方法。

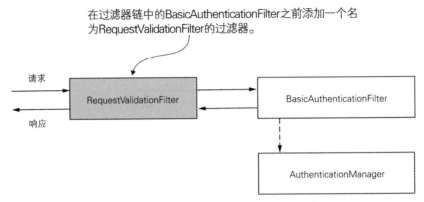

图9.6 对于该示例,我们添加了一个RequestValidationFilter,它会在身份验证过滤器之前发挥作用。RequestValidationFilter将确保在请求验证失败时不进行身份验证。在该示例中,请求必须具有一个名为Request-Id的强制头信息

为了完成第(1)步的过滤器实现,我们定义了一个自定义过滤器。代码清单9.1展示了该实现。

代码清单9.1 实现一个自定义过滤器

```java
public class RequestValidationFilter
    implements Filter {            // 为了定义一个过滤器,这个类要实现
                                   // Filter 接口并重写 doFilter()方法

    @Override
    public void doFilter(
        ServletRequest servletRequest,
        ServletResponse servletResponse,
        FilterChain filterChain)
        throws IOException, ServletException {
        // ...
    }
}
```

在 doFilter()方法内部,我们编写了该过滤器的逻辑。在这个示例中,将检查Request-Id 头信息是否存在。如果存在,则通过调用 doFilter()方法将请求转发给链中的下一个过滤器。如果头信息不存在,则将在响应上设置 HTTP 状态 400 Bad Request,而不将其转发到链中的下一个过滤器(见图9.7)。代码清单9.2 给出了该逻辑。

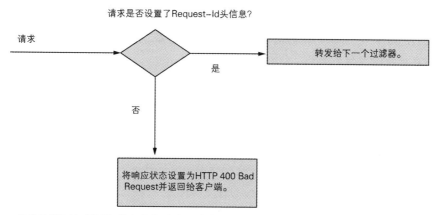

图 9.7 在身份验证之前添加的自定义过滤器将检查 Request-Id 头信息是否存在。如果请求中存在该头信息，则应用程序将转发请求以进行身份验证。如果头信息不存在，则应用程序会将 HTTP 状态设置为 400 Bad Request 并返回给客户端

代码清单 9.2 实现 doFilter()方法中的逻辑

```java
@Override
public void doFilter(
  ServletRequest request,
  ServletResponse response,
  FilterChain filterChain)
    throws IOException,
        ServletException {

  var httpRequest = (HttpServletRequest) request;
  var httpResponse = (HttpServletResponse) response;


  String requestId = httpRequest.getHeader("Request-Id");


  if (requestId == null || requestId.isBlank()) {
    httpResponse.setStatus(HttpServletResponse.SC_BAD_REQUEST);
    return;
  }


  filterChain.doFilter(request, response);
}
```

如果头信息丢失，则 HTTP 状态将更改为 400 Bad Request，并且该请求不会转发到链中的下一个过滤器

如果头信息存在，则该请求会被转发到链中的下一个过滤器

为了实现第(2)步，需要在配置类中应用过滤器，这里使用了 HttpSecurity 对象的 addFilterBefore()方法，因为我们希望应用程序在身份验证之前执行这个自定义过滤器。这个方法接收以下两个参数：

- 希望添加到链中的自定义过滤器的一个实例——在本示例中，也就是代码清单 9.1 所示的 RequestValidationFilter 类的一个实例。
- 在其之前添加新实例的过滤器类型——对于本示例，因为要求在身份验证之前执行过滤器逻辑，所以需要在身份验证过滤器之前添加自定义过滤器实例。类 BasicAuthenticationFilter 定义了身份验证过滤器的默认类型。

到目前为止，通常将处理身份验证的过滤器称为身份验证过滤器。下一章将介绍，Spring Security 还配置了其他过滤器。第 10 章将讨论跨站请求伪造(CSRF)防护和跨源资源共享(CORS)，它们也依赖于过滤器。

代码清单 9.3 展示了如何在配置类中的身份验证过滤器之前添加自定义过滤器。为了使示例更简单，其中使用了 permitAll()方法来允许所有未经身份验证的请求。

代码清单9.3　在身份验证之前配置自定义过滤器

```
@Configuration
public class ProjectConfig extends WebSecurityConfigurerAdapter {

    @Override
    protected void configure(HttpSecurity http) throws Exception {
      http.addFilterBefore(                          ◁────  在过滤器链中的身份验证
            new RequestValidationFilter(),                  过滤器之前添加自定义过
            BasicAuthenticationFilter.class)                滤器的实例
         .authorizeRequests()
            .anyRequest().permitAll();
    }
}
```

我们还需要一个控制器类和一个端点来测试功能。代码清单 9.4 定义了这个控制器类。

代码清单9.4　控制器类

```
@RestController
public class HelloController {

    @GetMapping("/hello")
    public String hello() {
```

```
    return "Hello!";
  }
}
```

现在可以运行和测试应用程序。在没有头信息的情况下调用端点会生成一个 HTTP 状态为 400 Bad Request 的响应。如果将头信息添加到请求中，响应状态将变为 HTTP 200 OK，并且还将看到响应体 Hello!。要在没有 Request-Id 头信息的情况下调用端点，需要使用以下 cURL 命令。

```
curl -v http://localhost:8080/hello
```

此调用将生成以下(部分)响应：

```
...
< HTTP/1.1 400
...
```

为了调用端点并提供 Request-Id 头信息，需要使用这个 cURL 命令。

```
curl -H "Request-Id:12345" http://localhost:8080/hello
```

此调用将生成以下(部分)响应：

```
Hello!
```

9.3　在过滤器链中已有的过滤器之后添加过滤器

本节将讨论如何在过滤器链中已有的过滤器之后添加一个过滤器。当希望在过滤器链中已经存在的逻辑之后执行某些逻辑时，就可以使用此方法。假设必须在身份验证过程之后执行一些逻辑。这方面的例子包括，在某些身份验证事件发生后通知不同的系统，或者只是为了达成日志记录和跟踪目的(见图 9.8)。9.1 节中实现了一个示例来展示如何进行此操作。也可以根据实际场景的需要对其进行调整。

对于我们的示例而言，需要通过在身份验证过滤器之后添加一个过滤器来记录所有成功的身份验证事件(见图 9.8)。我们认为通过身份验证过滤器的是一个成功的身份验证事件，并且希望记录它。继续 9.1 节中的示例，还需要将通过 HTTP 头信息接收到的请求 ID 记录下来。

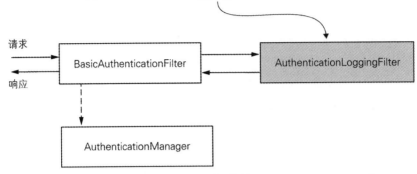

图 9.8   在 BasicAuthenticationFilter 之后添加 AuthenticationLoggingFilter，
以记录应用程序验证过的请求

代码清单 9.5 给出了过滤器的定义，该过滤器会记录通过身份验证过滤器的请求。

代码清单 9.5   定义一个过滤器来记录请求

```java
public class AuthenticationLoggingFilter implements Filter {

    private final Logger logger =
            Logger.getLogger(
            AuthenticationLoggingFilter.class.getName());

    @Override
    public void doFilter(
      ServletRequest request,
      ServletResponse response,
      FilterChain filterChain)
        throws IOException, ServletException {

      var httpRequest = (HttpServletRequest) request;

      var requestId =
        httpRequest.getHeader("Request-Id");          // 从请求头信息中获取请求ID

      logger.info("Successfully authenticated
                  request with id " + requestId);      // 记录具有请求ID值的事件

      filterChain.doFilter(request, response);         // 将请求转发给链中的下一个过滤器
```

```
    }
}
```

要在链中的身份验证过滤器之后添加自定义过滤器，可以调用 HttpSecurity 的
addFilterAfter()方法。代码清单 9.6 显示了其实现。

代码清单 9.6　在过滤器链中的现有过滤器之后添加自定义过滤器

```
@Configuration
public class ProjectConfig extends WebSecurityConfigurerAdapter {

    @Override
    protected void configure(HttpSecurity http) throws Exception {
      http.addFilterBefore(
              new RequestValidationFilter(),
              BasicAuthenticationFilter.class)
          .addFilterAfter(                          ◁─── 将 AuthenticationLoggingFilter 的
              new AuthenticationLoggingFilter(),         实例添加到过滤器链中的身份验
              BasicAuthenticationFilter.class)           证过滤器之后
          .authorizeRequests()
              .anyRequest().permitAll();
    }
}
```

在运行应用程序并调用端点时，我们将发现，对于每次成功的端点调用，应用程
序都会在控制台中打印一个日志行。对于此调用：

```
curl -H "Request-Id:12345" http://localhost:8080/hello
```

其响应体是：

```
Hello!
```

在控制台中，可以看到类似以下的行信息。

```
INFO 5876 --- [nio-8080-exec-2] c.l.s.f.AuthenticationLoggingFilter:
    Successfully authenticated request with id 12345
```

9.4　在过滤器链中另一个过滤器的位置添加一个过滤器

本节将讨论如何在过滤器链中另一个过滤器的位置添加一个过滤器。这种方法尤其适用于要为 Spring Security 已知的过滤器之一已经承担的职责提供不同实现的情况。一个典型的场景就是身份验证。

假设不打算使用 HTTP Basic 身份验证流程，而是要实现一些不同的处理。相较于使用用户名和密码作为应用程序对用户进行身份验证的输入凭据，这里需要应用另一种方法。可能会遇到的一些场景示例是：

- 基于用于身份验证的静态头信息值的标识。
- 使用对称密钥对身份验证请求进行签名。
- 在身份验证过程中使用一次性密码(OTP)。

在第一个场景基于静态密钥的身份验证标识中，客户端要在 HTTP 请求的头信息中向应用程序发送一个字符串，该字符串始终是相同的。应用程序会将这些值存储在某个地方，最有可能是存储在数据库或密钥资料库中。应用程序将根据此静态值标识客户端。

这种方法(见图 9.9)带来了与身份验证相关的弱安全性，但是架构师和开发人员经常在进行后台应用程序之间的调用时选择它，因为它非常简单。这些实现执行起来也很快，因为它们不需要像应用加密签名那样进行复杂的计算。通过这种方式，用于身份验证的静态密钥就代表着一种妥协，即开发人员在安全性方面将更多地依赖基础设施级别的防护，因而也不会让端点完全不受保护。

图 9.9　该请求包含一个带有静态密钥值的头信息。如果这个值与应用程序所知道的值相匹配，它就会接受请求

在第二个场景使用对称密钥对请求进行签名和验证中，客户端和服务器都知道密钥的值(客户机和服务器共享该密钥)。客户端使用此密钥对请求的一部分进行签名(例如对特定头信息的值进行签名)，而服务器会使用相同的密钥检查签名是否有效(见图9.10)。服务器可以将每个客户端的单独密钥存储在数据库或密钥资料库中。类似地，

也可以使用一对非对称密钥。

图 9.10　Authorization 头信息包含一个值,这个值是使用客户端和服务器都知道的密钥(或服务器拥有
　　　　其公钥配对的私钥)来签名的。应用程序会检查签名,如果正确,则允许请求

　　最后,在第三个场景中,即在身份验证过程中使用 OTP,用户会通过消息或使用
Google Authenticator 等身份验证提供者应用程序来接收 OTP(见图 9.11)。

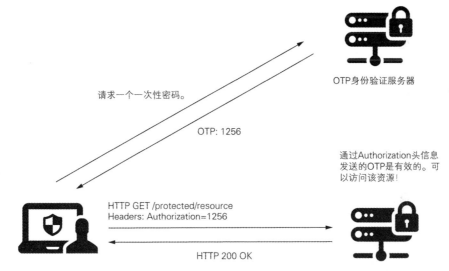

图 9.11　要访问资源,客户端必须使用一次性密码(OTP)。客户端会从第三方身份验证服务器获得
　　　　OTP。通常,当需要进行多重身份验证时,应用程序就会在登录时使用这种方法

　　接下来将实现一个示例来展示如何应用自定义过滤器。为了保持示例的相关性和
直观性,要将重点放在配置上,并考虑实现一个简单的身份验证逻辑。在我们的场景
中,有一个静态的密钥值,它对所有请求都是相同的。要进行身份验证,用户必须在
Authorization 头信息中添加正确的静态密钥值,如图 9.12 所示。可以在项目 ssia-ch9-ex2
中找到此示例的代码。

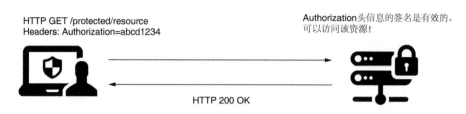

HTTP GET /protected/resource
Headers: Authorization=abcd1234

Authorization头信息的签名是有效的。
可以访问该资源!

HTTP 200 OK

图 9.12 客户端在 HTTP 请求的 Authorization 头信息中添加一个静态密钥。服务器在授权请求之前会
检查它是否知道该密钥

首先要实现名为 StaticKeyAuthenticationFilter 的过滤器类。这个类会从属性文件中读取静态密钥的值,并验证 Authorization 头信息的值是否与该值相等。如果值相同,则过滤器会将请求转发给过滤器链中的下一个组件。如果不相等,则过滤器会将值 401 Unauthorized 设置为响应的 HTTP 状态,而不转发过滤器链中的请求。代码清单 9.7 定义了 StaticKeyAuthenticationFilter 类。在第 11 章(下一个动手实践练习)中,我们将研究并实现一个解决方案,其中也将对身份验证应用加密签名。

代码清单 9.7 StaticKeyAuthenticationFilter 类的定义

为了能够从属性文件中注入值,
需要在 Spring 上下文中添加这个
类的实例

通过实现 Filter 接口并重
写 doFilter()方法来定义
身份验证逻辑

```
@Component
public class StaticKeyAuthenticationFilter
  implements Filter {

    @Value("${authorization.key}")
    private String authorizationKey;

    @Override
    public void doFilter(ServletRequest request,
                         ServletResponse response,
                         FilterChain filterChain)
      throws IOException, ServletException {

      var httpRequest = (HttpServletRequest) request;
      var httpResponse = (HttpServletResponse) response;
      String authentication =
            httpRequest.getHeader("Authorization");

      if (authorizationKey.equals(authentication)) {
        filterChain.doFilter(request, response);
```

使用@Value 注解从属性文件
中获取静态的密钥值

从 请 求 中 获 取
Authorization 头信息
的值,以便将其与静
态密钥进行比较

```
    } else {
      httpResponse.setStatus(
                    HttpServletResponse.SC_UNAUTHORIZED);
    }
  }
}
```

一旦定义了过滤器，就可以使用 addFilterAt()方法将其添加到过滤器链中 BasicAuthenticationFilter 类所在的位置(见图 9.13)。

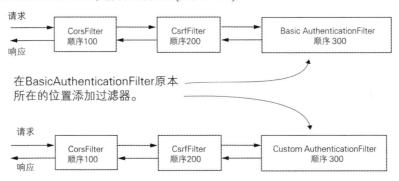

图 9.13　如果使用 HTTP Basic 作为身份验证方法，则要在 BasicAuthenticationFilter 类所在的位置添加自定义身份验证过滤器。这意味着该自定义过滤器具有相同的顺序值

但要记住 9.1 节中讨论过的内容。在指定位置添加过滤器时，Spring Security 并不会假定它是该位置上的唯一过滤器。可以在链中的相同位置添加更多的过滤器。在这种情况下，Spring Security 不会保证这些操作的执行顺序。这里再次强调这一点，是因为有很多人都对其工作原理感到困惑。一些开发人员认为，在一个已知的位置应用一个过滤器时，它将被替换。事实并非如此！必须确保不向链中添加不需要的过滤器。

提示：
建议不要在链的同一位置添加多个过滤器。当在同一位置添加更多的过滤器时，它们的使用顺序将不会被定义。有一个明确的调用过滤器的顺序是有意义的。有一个已知的顺序可以使应用程序更易于理解和维护。

在代码清单 9.8 中，可以找到添加过滤器的配置类的定义。注意，我们没有从这里的 HttpSecurity 类调用 httpBasic()方法，因为我们不希望将 BasicAuthenticationFilter 实例添加到过滤器链中。

代码清单 9.8　将过滤器添加到配置类中

```
@Configuration
```

```
public class ProjectConfig extends WebSecurityConfigurerAdapter {

  @Autowired
  private StaticKeyAuthenticationFilter filter;        从 Spring 上下文注
                                                        入过滤器的实例
  @Override
  protected void configure(HttpSecurity http) throws Exception {
    http.addFilterAt(filter,
        BasicAuthenticationFilter.class)                在过滤器链中的基本身份验证
                                                        过滤器的位置添加过滤器
      .authorizeRequests()
        .anyRequest().permitAll();
  }
}
```

要测试该应用程序，还需要一个端点。为此，我们定义了一个控制器，如代码清单 9.4 所示。应该在 application.properties 文件中为服务器上的静态密钥添加一个值，如以下代码片段所示。

```
authorization.key=SD9cICjlle
```

提示：

对于生产环境的应用程序来说，在属性文件中存储密码、密钥或不打算让所有人都看到的任何其他数据从来都不是一个好主意。在我们的示例中，为了简单起见使用了这种方法，以便让你将重点放在所做的 Spring Security 配置上。但在真实的场景中，要确保使用一个密钥资料库来存储这类详细信息。

现在可以测试该应用程序了。我们期望应用程序允许具有正确 Authorization 头信息值的请求，并在拒绝其他请求的同时在响应上返回 HTTP 401 Unauthorized 状态。下面的代码片段展示了用于测试该应用程序的 curl 调用。如果使用在服务器端为 Authorization 头信息所设置的同一个值，则调用将会成功，将返回响应体 Hello!。这个调用：

```
curl -H "Authorization:SD9cICjlle" localhost:8080/hello
```

将返回这一响应体：

```
Hello!
```

在以下调用中，如果 Authorization 头信息缺失或不正确，则响应状态将为 HTTP 401 Unauthorized。

```
curl -v http://localhost:8080/hello
```

其响应状态为：

```
...
< HTTP/1.1 401
...
```

在这个示例中，由于没有配置 UserDetailsService，因此 Spring Boot 会自动配置一个 UserDetailsService，正如第 2 章所介绍的那样。但在示例场景中，根本不需要 UserDetailsService，因为用户的概念并不存在。其中只会验证调用服务器上端点的用户请求是否包含给定的值。应用程序场景通常没有这么简单，常常需要一个 UserDetailsService。但是，如果预期不需要该组件或者遇到不需要该组件的情况，则可以禁用自动配置。要禁用默认的 UserDetailsService 配置，可以在主类上使用 @SpringBootApplication 注解的 exclude 属性，如下所示。

```
@SpringBootApplication(exclude =
{UserDetailsServiceAutoConfiguration.class })
```

9.5 Spring Security 提供的 Filter 实现

本节将探讨 Spring Security 提供的实现 Filter 接口的类。在本章的示例中，将通过直接实现这个接口来定义过滤器。

Spring Security 提供了一些实现 Filter 接口的抽象类，可以为它们扩展过滤器定义。在扩展这些类时，它们还有助于为实现添加功能。例如，可以扩展 GenericFilterBean 类，它允许我们在合适的位置使用 web.xml 描述符文件中所定义的初始化参数。一个扩展了 GenericFilterBean 的更有用的类是 OncePerRequestFilter。在向链中添加过滤器时，框架并不会保证每个请求只调用它一次。不过，顾名思义，OncePerRequestFilter 实现了确保每个请求只执行过滤器的 doFilter()方法一次的逻辑。

如果应用程序需要这样的功能，则可以使用 Spring 提供的类。但如果不需要它们，则建议总是保持实现尽可能的简单。有些开发人员常常扩展 GenericFilterBean 类，而不是在不需要 GenericFilterBean 类添加自定义逻辑的功能中实现 Filter 接口。当被问及原因时，他们似乎毫无所知。他们可能仅仅在网络的示例中复制了该实现。

为了更清楚地说明如何使用这样一个类，让我们编写一个示例。9.3 节中所实现的日志功能就是使用 OncePerRequestFilter 的一个很好的例子。我们希望避免多次记录相同的请求。Spring Security 不能保证过滤器不会被多次调用，因此我们必须自行处理这个问题。最简单的方法就是使用 OncePerRequestFilter 类实现过滤器。名称为 ssia-ch9-ex3 的单独项目中包含了这个实现。

在代码清单 9.9 中,可以看到对 AuthenticationLoggingFilter 类所做的更改。其中并没有像 9.3 节中的示例那样直接实现 Filter 接口,而是扩展了 OncePerRequestFilter 类。其中重写的方法是 doFilterInternal()。

代码清单 9.9　扩展 OncePerRequestFilter 类

```
public class AuthenticationLoggingFilter
    extends OncePerRequestFilter {              ◁──  相较于实现 Filter 接口,这里扩展了
                                                     OncePerRequestFilter 类
  private final Logger logger =
          Logger.getLogger(
            AuthenticationLoggingFilter.class.getName());

                                                重写 doFilterInternal(),它会替代 Filter 接
  @Override                                     口的 doFilter()方法的用途
  protected void doFilterInternal(  ◁──
    HttpServletRequest request,            OncePerRequestFilter 只支持 HTTP 过滤器。这就是
    HttpServletResponse response,          为什么参数被直接指定为 HttpServletRequest 和
    FilterChain filterChain) throws        HttpServletResponse 的原因
      ServletException, IOException {

    String requestId = request.getHeader("Request-Id");

    logger.info("Successfully authenticated request with id " +
            requestId);

    filterChain.doFilter(request, response);
  }
}
```

一些关于 OncePerRequestFilter 类的简要经验,它们会很有用。

- 它只支持 HTTP 请求,但这实际上也是我们一直使用的。它的优点是对类型进行强制转换,并且可以直接接收 HttpServletRequest 和 HttpServletResponse 请求。记住,使用 Filter 接口,就必须对请求和响应进行强制转换。
- 可以实现判定是否应用过滤器的逻辑。即使将过滤器添加到链中,我们也可能判定它不适用于某些请求。可以通过重写 shouldNotFilter(HttpServletRequest) 方法设置这一点。默认情况下,过滤器适用于所有请求。

- 默认情况下，OncePerRequestFilter 不适用于异步请求或错误分发请求。可以通过重写 shouldNotFilterAsyncDispatch()和 shouldNotFilterErrorDispatch()方法来更改此行为。

如果发现 OncePerRequestFilter 的这些特性在实际实现中有用，则建议使用这个类定义过滤器。

9.6　本章小结

- Web 应用程序架构的第一层会拦截 HTTP 请求，这是一个过滤器链。就像 Spring Security 架构中的其他组件一样，可以对其进行自定义以满足需求。
- 可以通过在现有过滤器之前、之后或在现有过滤器的当前位置添加新过滤器来自定义过滤器链。
- 在现有过滤器的相同位置上可以设置多个过滤器。在这种情况下，将不会定义过滤器执行的顺序。
- 更改过滤器链将有助于自定义身份验证和授权，以精确地匹配应用程序的需求。

应用 CSRF 防护和 CORS

前面已经介绍了过滤器链及其在 Spring Security 架构中的用途。第 9 章讲解了几个示例，其中自定义了过滤器链。但是 Spring Security 也在链中添加了自己的过滤器。在本章中，我们将讨论应用 CSRF 防护的过滤器和与 CORS 配置相关的过滤器。你将了解如何自定义这些过滤器，以便完美适配场景需要。

10.1　在应用程序中应用跨站请求伪造(CSRF)防护

你可能已经注意到，到目前为止，在大多数示例中，仅使用了 HTTP GET 来实现端点。此外，在需要配置 HTTP POST 时，还必须向配置添加一条补充指令来禁用 CSRF 防护。不能使用 HTTP POST 直接调用端点的原因就是 CSRF 防护的存在，这是 Spring Security 中默认启用的。

本节将讨论 CSRF 防护以及何时在应用程序中使用它。CSRF 是一种广泛存在的攻击类型，容易受到 CSRF 攻击的应用程序可能会强制用户在经过身份验证之后对某个 Web 应用程序执行非期望的操作。我们不希望所开发的应用程序具有 CSRF 漏洞，并允许攻击者欺骗我们的用户，而使其做出非期望的操作。

因为理解如何避免这些漏洞非常重要，所以首先回顾什么是 CSRF 及其机制。然后将讨论 Spring Security 用来避免 CSRF 漏洞的 CSRF 令牌机制。接着要获取一个令牌，并使用它通过 HTTP POST 方法调用端点。我们要用一个使用 REST 端点的小型应用程序证明这一点。讲解 Spring Security 如何实现其 CSRF 令牌机制之后，将讨论如何在现实的应用程序场景中使用它。最后将介绍 Spring Security 中 CSRF 令牌机制可能的自定义处理。

10.1.1　CSRF 防护如何在 Spring Security 中发挥作用

本节将讨论 Spring Security 如何实现 CSRF 防护。首先，了解 CSRF 防护的底层机制很重要。我遇到过许多情况，其中由于对 CSRF 防护工作方式的误解，导致了开发人员误用它，要么是在应该启用它的情况下禁用它，要么则相反。与框架中的任何其他特性一样，必须正确地使用它才能为应用程序带来价值。

作为一个示例，思考一下这个场景(见图 10.1)：我们正在办公室使用 Web 工具存储和管理文件。有了这个工具，就可以在 Web 界面中添加新文件，为我们的记录添加新版本，甚至删除它们。这时我们收到一封邮件，称出于某个原因要求我们打开一个页面。我们打开了该页面，但该页面是空白的，或者它将我们重定向到一个知名的网站。之后我们继续工作，但是发现所有的文件都不见了！

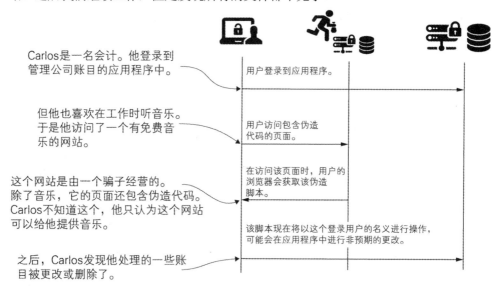

图 10.1　用户登录账户后，会访问一个包含伪造代码的页面。此代码会模拟用户，并可以代表用户执行非预期的操作

发生了什么事？我们已经登录到应用程序中，因此可以管理我们的文件。在添加、

更改或删除文件时，与之交互的 Web 页面将调用一些服务器的端点执行这些操作。当通过单击电子邮件中的未知链接打开外部页面时，该页面会调用服务器并以我们的名义执行操作(它会删除我们的文件)。它可以这样做，因为我们之前登录过，所以服务器信任来自我们的操作。你可能会认为没有人能如此轻易地骗你单击外国邮件或信息的链接，但相信我，很多人都遇到过这种情况。大多数 Web 应用程序用户并不清楚安全风险。因此，更明智的做法是，我们知悉保护用户的所有技巧、构建安全的应用程序，而不是依赖应用程序的用户自己保护自己。

CSRF 攻击会假设用户已经登录到 Web 应用程序中。他们被攻击者欺骗，打开一个包含脚本的页面，这些脚本会在用户正在使用的同一个应用程序中执行操作。因为用户已经登录(正如我们一开始假设的那样)，所以伪造代码就可以模拟用户并以用户的名义执行操作。

应该如何保护用户不受这种情况的影响呢？CSRF 防护想要确保的是，只有 Web 应用程序的前端可以执行变更操作(按照约定，也就是除了 GET、HEAD、TRACE 或 OPTIONS 之外的 HTTP 方法)。这样，外部页面(如我们示例中的页面)就不能以用户的名义进行操作了。

那么如何才能做到这一点？可以肯定的是，在能够执行任何可能更改数据的操作之前，用户必须使用 HTTP GET 发送请求，以至少查看一次 Web 页面。当这种情况发生时，应用程序会生成一个唯一的令牌。然后应用程序将只接受头信息中包含此唯一值的变更操作(POST、PUT、DELETE 等)的请求。应用程序认为知道此令牌的值可以证明是应用程序本身而不是另一个系统在发出变更请求。任何包含变更调用(如 POST、PUT、DELETE 等)的页面都应该通过响应接收 CSRF 令牌，并且在进行变更调用时该页面必须使用这个令牌。

CSRF 防护的起点是过滤器链中的一个被称为 CsrfFilter 的过滤器。CsrfFilter 会拦截请求，并允许所有使用这些 HTTP 方法的请求：GET、HEAD、TRACE 和 OPTIONS。而对于所有其他请求，该过滤器期望接收包含令牌的头信息。如果此头信息不存在或包含不正确的令牌值，则应用程序会拒绝该请求并将响应状态设置为 HTTP 403 Forbidden。

那么这个令牌是什么？它从哪里来？这些令牌只不过是字符串值而已。当使用除 GET、HEAD、TRACE 或 OPTIONS 之外的任何方法时，必须在请求的头信息中添加令牌。如果不添加包含令牌的头信息，那么应用程序就不会接受请求，如图 10.2 所示。

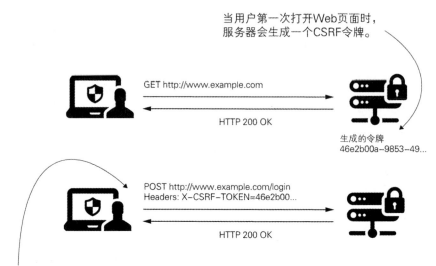

当用户第一次打开Web页面时,
服务器会生成一个CSRF令牌。

GET http://www.example.com

HTTP 200 OK

生成的令牌
46e2b00a-9853-49...

POST http://www.example.com/login
Headers: X-CSRF-TOKEN=46e2b00...

HTTP 200 OK

任何变更操作(POST/PUT/DELETE等)现在都
应该在其HTTP头信息中包含该CSRF令牌。

图 10.2　要发出 POST 请求,客户端需要添加一个包含 CSRF 令牌的头信息。当页面被加载时,应用
程序会生成一个 CSRF 令牌(通过 GET 请求),该令牌会被添加到可以从所加载页面发出的所有请求
中。这样,就只有所加载的页面才能发出变更请求

　　CsrfFilter(见图 10.3)使用名为 CsrfTokenRepository 的组件来管理 CSRF 令牌值,其
中涉及生成新令牌、存储令牌并最终使其失效。默认情况下,CsrfTokenRepository 会
将令牌存储在 HTTP 会话中,并将令牌生成为随机通用唯一标识符(UUID)。在大多数
情况下,这就足够了,但是正如 10.1.3 节将介绍的那样,如果默认的 CsrfTokenRepository
不能应用于需要实现的需求,就可以使用自己的 CsrfTokenRepository 实现。

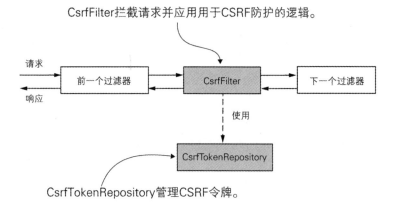

CsrfFilter拦截请求并应用用于CSRF防护的逻辑。

请求

响应

前一个过滤器　　　CsrfFilter　　　下一个过滤器

使用

CsrfTokenRepository

CsrfTokenRepository管理CSRF令牌。

图 10.3　CsrfFilter 是过滤器链中的一个过滤器。它接收请求,并最终将其转发到链中的下一个过滤器。
为了管理 CSRF 令牌, CsrfFilter 使用了一个 CsrfTokenRepository

本节将使用大量的文本和图表来解释 CSRF 防护如何在 Spring Security 中发挥作用。但这里还希望用一个小代码示例加强你的理解。这段代码是名为 ssia-ch10-ex1 的项目的一部分。现在要创建一个暴露两个端点的应用程序。可以用 HTTP GET 调用其中一个，用 HTTP POST 调用另一个。不能在不禁用 CSRF 防护的情况下直接使用 POST 调用端点。这个示例将介绍如何在不禁用 CSRF 防护的情况下调用 POST 端点。其中需要获得 CSRF 令牌，以便可以在调用的头信息中使用它，该调用是通过 HTTP POST 实现的。

通过本示例你可以了解到，CsrfFilter 会将生成的 CSRF 令牌添加到 HTTP 请求的名为_csrf 的属性中(见图 10.4)。如果知道这一点，就能够了解到，在 CsrfFilter 之后，可以找到这个属性并从中获取令牌的值。对于这个小型应用程序，我们选择在 CsrfFilter 之后添加一个自定义过滤器，正如第 9 章讲解的那样。使用这个自定义过滤器在应用程序的控制台中打印 CSRF 令牌，该令牌是在使用 HTTP GET 调用端点时由应用程序生成的。然后，就可以从控制台复制令牌的值，并使用它通过 HTTP POST 进行变更调用。在代码清单 10.1 中，可以找到控制器类的定义，其中包含用于测试的两个端点。

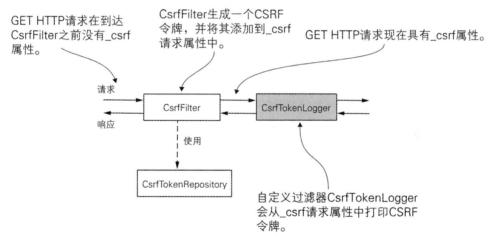

图 10.4 在 CsrfFilter 之后添加 CsrfTokenLogger(阴影部分)。通过这种方式，CsrfTokenLogger 可以从 CsrfFilter 存储令牌的请求的_csrf 属性中获得令牌的值。CsrfTokenLogger 会在应用程序控制台中打印 CSRF 令牌，并从中获取它，使用它通过 HTTP POST 方法调用端点

代码清单 10.1 具有两个端点的控制器类

```
@RestController
public class HelloController {

    @GetMapping("/hello")
    public String getHello() {
```

```
      return "Get Hello!";
  }

  @PostMapping("/hello")
  public String postHello() {
    return "Post Hello!";
  }
}
```

代码清单 10.2 定义了用于在控制台中打印 CSRF 令牌值的自定义过滤器。这个自定义过滤器被命名为 CsrfTokenLogger。当被调用时，该过滤器会从_csrf 请求属性中获取 CSRF 标记的值，并将其打印到控制台中。该请求属性的名称_csrf，就是 CsrfFilter 将生成的 CSRF 令牌值设置为 CsrfToken 类的实例的地方。CsrfToken 的这个实例包含 CSRF 令牌的字符串值。可以通过调用 getToken()方法获得它。

代码清单 10.2 自定义过滤器类的定义

```
public class CsrfTokenLogger implements Filter {

  private Logger logger =
          Logger.getLogger(CsrfTokenLogger.class.getName());

  @Override
  public void doFilter(
    ServletRequest request,
    ServletResponse response,
    FilterChain filterChain)
      throws IOException, ServletException {

    Object o = request.getAttribute("_csrf");      ◁──┐ 从_csrf 请求属性获
    CsrfToken token = (CsrfToken) o;                    取令牌的值，并将其
                                                         打印到控制台中
    logger.info("CSRF token " + token.getToken());

    filterChain.doFilter(request, response);
  }
}
```

在配置类中，我们添加了自定义过滤器。代码清单 10.3 展示了配置类。注意，该代码清单中并没有禁用 CSRF 防护。

代码清单 10.3　在配置类中添加自定义过滤器

```
@Configuration
public class ProjectConfig extends WebSecurityConfigurerAdapter {

  @Override
  protected void configure(HttpSecurity http)
    throws Exception {

  http.addFilterAfter(
          new CsrfTokenLogger(), CsrfFilter.class)
      .authorizeRequests()
          .anyRequest().permitAll();
  }
}
```

现在可以测试端点了。首先使用 HTTP GET 调用端点。因为 CsrfTokenRepository 接口的默认实现使用 HTTP 会话将令牌值存储在服务器端，所以还需要记住会话 ID。出于这个原因，这里将-v 标记添加到调用中，这样就可以看到更多的响应细节，其中包括会话 ID。调用端点：

```
curl -v http://localhost:8080/hello
```

将返回这一(部分)响应：

```
...
< Set-Cookie: JSESSIONID=21ADA55E10D70BA81C338FFBB06B0206;
...
Get Hello!
```

根据应用程序控制台中的请求，可以找到包含 CSRF 令牌的日志行。

```
INFO 21412---[nio-8080-exec-1] c.l.ssia.filters.CsrfTokenLogger : CSRF
    token c5f0b3fa-2cae-4ca8-b1e6-6d09894603df
```

提示：

你可能会奇怪，客户端如何获得 CSRF 令牌？它们既不能猜测令牌值，也不能从服务器日志中读取令牌值。设计这个示例的目的正是为了让你更容易理解 CSRF 防护实现是如何工作的。正如 10.1.2 节将介绍的那样，后端应用程序会负责在由客户端使用的 HTTP 响应中添加 CSRF 令牌的值。

如果使用 HTTP POST 方法调用端点而不提供 CSRF 令牌，则响应状态为 403 Forbidden，如以下命令行所示。

```
curl -XPOST http://localhost:8080/hello
```

其响应体是：

```
{
    "status":403,
    "error":"Forbidden",
    "message":"Forbidden",
    "path":"/hello"
}
```

但如果为 CSRF 令牌提供正确的值，调用就会成功。还需要指定会话 ID (JSESSIONID)，因为 CsrfTokenRepository 的默认实现在会话中存储 CSRF 令牌的值。

```
curl -X POST http://localhost:8080/hello
-H 'Cookie: JSESSIONID=21ADA55E10D70BA81C338FFBB06B0206'
-H 'X-CSRF-TOKEN: 1127bfda-57b1-43f0-bce5-bacd7d94694e'
```

其响应体是：

```
Post Hello!
```

10.1.2　在实际场景中使用 CSRF 防护

本节将讨论如何在实际情况下应用 CSRF 防护。现在你已经了解了 CSRF 防护在 Spring Security 中是如何工作的，接下来需要知道在现实世界中应该在哪里使用它。那么哪些应用程序需要使用 CSRF 防护？

对于运行在浏览器中的 Web 应用程序，可以预期变更操作将通过浏览器加载应用程序所显示的内容，这里就需要使用 CSRF 防护。此处可以提供的最基本的示例就是一个简单的基于标准 Spring MVC 流程开发的 Web 应用程序。在第 5 章中讨论表单登录时，我们已经创建了这样一个应用程序，该 Web 应用程序实际上使用了 CSRF 防护。你是否注意到该应用程序中的登录操作使用了 HTTP POST？那么，在这种情况下，为什么我们不需要明确地做任何关于 CSRF 的处理呢？之所以没有做此类处理，是因为我们并没有在登录操作中开发任何变更操作。

对于默认登录，Spring Security 正确地应用了 CSRF 防护。框架负责将 CSRF 令牌添加到登录请求中。现在要开发一个类似的应用程序，以便更深入地理解 CSRF 防护是如何工作的。如图 10.5 所示，本节将介绍：

- 使用登录表单构建一个 Web 应用程序示例。
- 观察登录的默认实现如何使用 CSRF 令牌。
- 从主页实现 HTTP POST 调用。

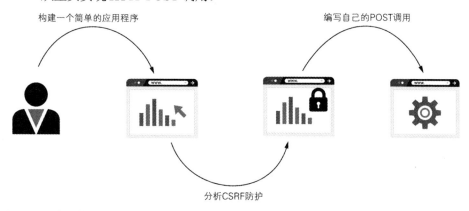

图 10.5 开发计划。本节首先要构建并分析一个简单的应用程序，以理解 Spring Security 如何应用 CSRF 防护，然后我们要编写自己的 POST 调用

在这个示例应用程序中，可以看到，在正确使用 CSRF 令牌之前，HTTP POST 调用不会生效，并且其中介绍了如何在这样的 Web 页面表单中应用 CSRF 令牌。要实现这个应用程序，首先要创建一个新的 Spring Boot 项目。可以在项目 ssia-ch10-ex2 中找到这个示例。以下代码片段展示了所需的依赖项。

```
<dependency>
    <groupId>org.springframework.boot</groupId>
    <artifactId>spring-boot-starter-security</artifactId>
</dependency>
<dependency>
    <groupId>org.springframework.boot</groupId>
    <artifactId>spring-boot-starter-thymeleaf</artifactId>
</dependency>
<dependency>
    <groupId>org.springframework.boot</groupId>
    <artifactId>spring-boot-starter-web</artifactId>
</dependency>
```

当然，之后需要配置表单登录和至少一个用户。代码清单 10.4 展示了配置类，它定义了 UserDetailsService、添加了一个用户并配置了 formLogin 方法。

代码清单 10.4　配置类的定义

```java
public class ProjectConfig
  extends WebSecurityConfigurerAdapter {

  @Bean
  public UserDetailsService uds() {
    var uds = new InMemoryUserDetailsManager();

    var u1 = User.withUsername("mary")
                 .password("12345")
                 .authorities("READ")
                 .build();
    uds.createUser(u1);

    return uds;
  }

  @Bean
  public PasswordEncoder passwordEncoder() {
    return NoOpPasswordEncoder.getInstance();
  }

  @Override
  protected void configure(HttpSecurity http) throws Exception {
    http.authorizeRequests()
        .anyRequest().authenticated();

    http.formLogin()
        .defaultSuccessUrl("/main", true);
  }
}
```

添加管理一个用户的 UserDetailsService bean 以便测试应用程序

添加一个 PasswordEncoder

重写 configure() 设置表单登录身份验证方法，并指定只有经过身份验证的用户才能访问任何端点

接下来要为名称为 controllers 的包中的主页面以及 Maven 项目 resources/templates 文件夹中的 main.html 文件添加一个控制器类。main.html 文件可以暂时保持空白，因为在应用程序第一次执行时，我们只关注登录页面会如何使用 CSRF 令牌。代码清单 10.5 展示了 MainController 类，它服务于主页面。

代码清单 10.5　MainController 类的定义

```
@Controller
public class MainController {

  @GetMapping("/main")
  public String main() {
     return "main.html";
  }
}
```

运行应用程序后，就可以访问默认的登录页面。如果使用浏览器的元素检查功能来检查该表单，则可以观察到登录表单的默认实现发送了 CSRF 令牌。这就是登录时要启用 CSRF 防护的原因，即使它使用了 HTTP POST 请求！图 10.6 显示了登录表单如何通过隐藏的输入框发送 CSRF 令牌。

图 10.6　默认表单登录使用了一个隐藏的输入框，以便在请求中发送 CSRF 令牌。这就是使用 HTTP
POST 方法的登录请求在启用了 CSRF 防护的情况下可以有效运行的原因

但是，如果打算开发使用 POST、PUT 或 DELETE 作为 HTTP 方法的端点又该怎么处理呢？对于这些方法，必须在启用了 CSRF 防护的情况下发送 CSRF 令牌的值。为了测试这一点，在应用程序中添加一个使用 HTTP POST 的端点。需要从主页调用这个端点，并为此创建第二个控制器，它被称为 ProductController。这个控制器中定义了一个端点/product/add，它使用了 HTTP POST。此外，还要在主页面上使用一个表单调用这个端点。代码清单 10.6 定义了 ProductController 类。

代码清单 10.6　ProductController 类的定义

```
@Controller
@RequestMapping("/product")
public class ProductController {
```

```
private Logger logger =
        Logger.getLogger(ProductController.class.getName());

@PostMapping("/add")
public String add(@RequestParam String name) {
    logger.info("Adding product " + name);
    return "main.html";
}
}
```

该端点会接收一个请求参数并将其打印到应用程序控制台中。代码清单 10.7 显示了 main.html 文件中所定义的表单的定义。

代码清单 10.7　main.html 页面中表单的定义

```
<form action="/product/add" method="post">
    <span>Name:</span>
    <span><input type="text" name="name" /></span>
    <span><button type="submit">Add</button></span>
</form>
```

现在可以重新运行此应用程序并测试该表单。我们将看到，在提交请求时，会显示一个默认的错误页面，该页面确认了来自服务器响应的 HTTP 403 Forbidden 状态(见图 10.7)。HTTP 403 Forbidden 状态的原因是缺少 CSRF 令牌。

图 10.7　如果不发送 CSRF 令牌，则服务器将不会接受使用 HTTP POST 方法进行的请求。应用程序
会将用户重定向到一个默认的错误页面，该页面将确认响应的状态为 HTTP 403 Forbidden

要解决这个问题并使服务器允许该请求，需要在通过表单提交的请求中添加 CSRF 令牌。一种简单的方法就是使用隐藏的输入组件，正如默认表单登录中所做的处理那样。可以像代码清单 10.8 所示实现这一处理。

代码清单 10.8　将 CSRF 令牌添加到通过表单提交的请求

```
<form action="/product/add" method="post">
  <span>Name:</span>
  <span><input type="text" name="name" /></span>
  <span><button type="submit">Add</button></span>

  <input type="hidden"
         th:name="${_csrf.parameterName}"
         th:value="${_csrf.token}" />
</form>
```

使用隐藏输入框将请求添加到 CSRF 令牌

"th" 前缀使 Thymeleaf 能够打印令牌值

提示：

这个示例中使用了 Thymeleaf，因为它提供了一种简单的方法获得视图中的请求属性值。这个示例需要打印 CSRF 令牌。记住，CsrfFilter 会将令牌的值添加到请求的 _csrf 属性中。使用 Thymeleaf 并不是强制性的。也可以使用任何替代方案将令牌值打印到响应中。

在重新运行该应用程序之后，就可以再次测试表单。这一次，服务器将接受请求，应用程序会在控制台中打印日志行，证明执行成功。另外，如果检查表单，则可以找到带有 CSRF 令牌值的隐藏输入框(见图 10.8)。

图 10.8　在主页上定义的表单现在会在请求中发送 CSRF 令牌的值。通过这种方式，服务器就会允许请求并执行控制器操作。在页面的源代码中，现在可以找到表单用于在请求中发送 CSRF 令牌的隐藏输入框

提交表单后，应用程序控制台中应该会出现类似这样的一行。

```
INFO 20892 --- [nio-8080-exec-7] c.l.s.controllers.ProductController :
    Adding product Chocolate
```

当然，对于页面用来调用变更操作的任何处理或者异步 JavaScript 请求而言，都需要发送有效的 CSRF 令牌。这是应用程序用来确保请求不来自第三方系统的最常见方法。第三方请求会尝试模拟用户以用户的名义执行操作。

CSRF 令牌在同一服务器同时负责前端和后端的架构中将运行良好，这主要是因为它很简单。但是，当客户端独立于它所使用的后端解决方案时，CSRF 令牌就不能很好地运行了。当使用有一个用作客户端的移动应用程序或独立开发的 Web 前端时，就会发生这种情况。使用 Angular、ReactJS 或 Vue.js 这样的框架所开发的 Web 客户端在 Web 应用程序架构中无处不在，这也是我们需要知道如何为这些情况实现安全方法的原因。将在第 11~15 章讨论这些类型设计。

- 在第 11 章中，我们将着手开发一个动手实践的应用程序。在这个应用程序中，将会应对使用独立支持前端和后端解决方案的单独 Web 服务器来实现 Web 应用程序的需求。对于这个示例，我们将再次分析使用令牌的 CSRF 防护的适用性。
- 第 12~15 章将介绍如何实现 OAuth 2 规范，它在解耦组件方面有非常大的优势。这样就可以实现为应用程序授权给客户端的资源进行身份验证。

提示：
这看起来可能是一个小错误，但根据我的经验，各种应用程序中经常出现这样的错误——即千万不要使用 HTTP GET 进行变更操作！不要实现更改数据并允许使用 HTTP GET 端点来调用变更操作的行为。记住，对 HTTP GET 端点的调用不需要 CSRF 令牌。

10.1.3　自定义 CSRF 防护

本节将介绍如何自定义 Spring Security 提供的 CSRF 防护解决方案。由于应用程序有各种各样的需求，因此框架所提供的任何实现都需要足够灵活，以便能够轻松地适应不同的场景。Spring Security 中的 CSRF 防护机制也不例外。本节中的示例将应对在自定义 CSRF 防护机制时最常遇到的需求。即：

- 配置 CSRF 适用的路径。
- 管理 CSRF 令牌。

只有在使用服务器所生成资源的页面本身也由这同一台服务器生成时，才使用

CSRF 防护。这可能是一个 Web 应用程序，其中使用的端点由不同的来源暴露，如 10.2 节讨论的那样，不过这也可能是一个移动应用程序。对于移动应用程序，可以使用 OAuth 2 流程，将在第 12~15 章讨论它。

默认情况下，CSRF 防护适用于使用 HTTP 方法调用的端点的任何路径，而不是 GET、HEAD、TRACE 或 OPTIONS。第 7 章已经介绍过如何完全禁用 CSRF 防护。但是，如果只希望对某些应用程序路径禁用它呢？这样的话则可以使用 Customizer 对象快速完成此配置，类似于第 3 章中为表单登录方法自定义 HTTP Basic 的方式。接下来用一个示例进行讲解。

在这个示例中，需要创建一个新项目，并仅添加 Web 和安全性依赖项，如以下代码片段所示。可以在项目 ssia-ch10-ex3 中找到这个示例。以下是其依赖项：

```
<dependency>
    <groupId>org.springframework.boot</groupId>
    <artifactId>spring-boot-starter-security</artifactId>
</dependency>
<dependency>
    <groupId>org.springframework.boot</groupId>
    <artifactId>spring-boot-starter-web</artifactId>
</dependency>
```

这个应用程序中添加了两个使用 HTTP POST 调用的端点，但是我们希望在使用 CSRF 防护时排除其中一个端点(见图 10.9)。代码清单 10.9 为此定义了控制器类，并将其命名为 HelloController。

图 10.9　应用程序需要用于通过 HTTP POST 调用的/hello 端点的 CSRF 令牌，但允许不使用 CSRF 令牌向/ciao 端点发送 HTTP POST 请求

代码清单 10.9　HelloController 类的定义

```java
@RestController
public class HelloController {

  @PostMapping("/hello")
  public String postHello() {
    return "Post Hello!";
  }

  @PostMapping("/ciao")
  public String postCiao() {
    return "Post Ciao";
  }
}
```

/hello 路径仍然处于 CSRF 防护之下。没有有效的 CSRF 令牌，就不能调用端点

可以在不使用 CSRF 令牌的情况下调用/ciao 路径

要对 CSRF 防护进行定制，可以使用 configuration() 方法中 HttpSecurity 对象的 csrf() 方法和 Customizer 对象。代码清单 10.10 展示了这种方法。

代码清单 10.10　用于配置 CSRF 防护的 Customizer 对象

```java
@Configuration
public class ProjectConfig extends WebSecurityConfigurerAdapter {

  @Override
  protected void configure(HttpSecurity http)
    throws Exception {

    http.csrf(c -> {
      c.ignoringAntMatchers("/ciao");
    });

    http.authorizeRequests()
      .anyRequest().permitAll();
  }
}
```

lambda 表达式的参数是一个 CsrfConfigurer。通过调用它的方法，就可以用各种方式配置 CSRF 防护

通过调用 ignoringAntMatchers(String paths) 方法，可以指定表示希望从 CSRF 防护机制中排除的路径的 Ant 表达式。一种更通用的方法是使用 RequestMatcher。使用这种方法，就可以使用常规 MVC 表达式和正则表达式来应用排除规则。在使用 CsrfCustomizer 对象的 ignoringRequestMatchers() 方法时，可以提供任意 RequestMatcher

作为参数。以下代码片段展示了如何使用 ignoringRequestMatchers() 方法和 MvcRequestMatcher，而不是使用 ignoringAntMatchers()。

```
HandlerMappingIntrospector i = new HandlerMappingIntrospector();
MvcRequestMatcher r = new MvcRequestMatcher(i, "/ciao");
c.ignoringRequestMatchers(r);
```

或者，也可以类似地使用一个正则表达式匹配器，如以下代码片段所示。

```
String pattern = ".*[0-9].*";
String httpMethod = HttpMethod.POST.name();
RegexRequestMatcher r = new RegexRequestMatcher(pattern, httpMethod);
c.ignoringRequestMatchers(r);
```

在应用程序的需求中经常遇到的另一个需要就是自定义 CSRF 令牌的管理。正如之前介绍过的，默认情况下，应用程序会将 CSRF 令牌存储在服务器端的 HTTP 会话中。这种简单的方法适合于小型应用程序，但是对于服务于大量请求并且需要横向扩展的应用程序来说并不适合。HTTP 会话是有状态的，并且会降低应用程序的可扩展性。

假设我们打算改变应用程序管理令牌的方式，并将它们存储在数据库中，而不是 HTTP 会话中。Spring Security 为此提供了两个需要实现的契约。

- CsrfToken——描述 CSRF 令牌本身。
- CsrfTokenRepository——描述创建、存储和加载 CSRF 令牌的对象。

在实现契约时，CsrfToken 对象有 3 个需要指定的主要特性(代码清单 10.11 定义了 CsrfToken 契约)。

- 包含 CSRF 令牌值的请求中的头信息的名称(默认名称为 X-CSRF-TOKEN)；
- 存储令牌值的请求的属性名称(默认名称为_csrf)；
- 令牌的值。

代码清单 10.11　CsrfToken 接口的定义

```
public interface CsrfToken extends Serializable {

  String getHeaderName();
  String getParameterName();
  String getToken();
}
```

通常，我们只需要 CsrfToken 类型的实例，以便将这 3 个详细信息存储在该实例的属性中。对于这个功能，Spring Security 提供了一个名为 DefaultCsrfToken 的实现，我们在示例中也会使用它。DefaultCsrfToken 实现了 CsrfToken 契约，并且会创建包含所需值的不可变实例：请求的属性名称和头信息的名称，以及令牌本身。

CsrfTokenRepository 负责在 Spring Security 中管理 CSRF 令牌。CsrfTokenRepository 接口是表示管理 CSRF 令牌的组件的契约。要更改应用程序管理令牌的方式，需要实现 CsrfTokenRepository 接口，该接口允许将自定义实现插入框架中。接下来要更改本节中所使用的当前应用程序，为 CsrfTokenRepository 添加一个新的实现，该实现会将令牌存储在数据库中。图 10.10 展示了我们为本示例实现的组件以及它们之间的联系。

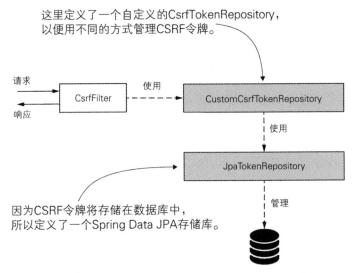

图 10.10　CsrfToken 使用了 CsrfTokenRepository 的自定义实现。
这个自定义实现使用 JpaRepository 管理数据库中的 CSRF 令牌

这个示例使用了数据库中的一个表来存储 CSRF 令牌。假设客户端有一个 ID 来唯一地标识自己。应用程序需要这个标识符获取 CSRF 令牌并对其进行验证。通常，这个唯一的 ID 将在登录时获得，并且在用户每次登录时应该是不同的。这种管理令牌的策略类似于将它们存储在内存中。本示例使用了会话 ID。因此本示例的新标识符只是替换了会话 ID 而已。

这种方法的另一种选择是使用具有预定义生命周期的 CSRF 令牌。使用这种方法，令牌就会在所定义的时间之后过期。可以在数据库中存储令牌，而不必将它们链接到特定的用户 ID。只需要检查通过 HTTP 请求提供的令牌是否存在且未过期，就可以判定是否允许该请求。

练习：
这个示例中使用了一个标识符，并将 CSRF 令牌分配给它。完成这个示例后，请实现第二种方法，即使用会过期的 CSRF 令牌。

为了让示例更简洁，我们将只关注 CsrfTokenRepository 的实现，并且需要考虑客户端已经生成了标识符的情况。为了使用数据库，需要在 pom.xml 文件中添加更多的依赖项。

```xml
<dependency>
    <groupId>org.springframework.boot</groupId>
    <artifactId>spring-boot-starter-data-jpa</artifactId>
</dependency>
<dependency>
    <groupId>mysql</groupId>
    <artifactId>mysql-connector-java</artifactId>
    <version>8.0.18</version>
</dependency>
```

在 application.properties 文件中，需要为数据库连接添加属性。

```
spring.datasource.url=jdbc:mysql://localhost/spring
spring.datasource.username=root
spring.datasource.password=
spring.datasource.initialization-mode=always
```

为了允许应用程序启动时在数据库中创建所需的表，可以在项目的 resources 文件夹中添加 schema.xml 文件。这个文件应该包含创建表的查询，如以下代码片段所示。

```sql
CREATE TABLE IF NOT EXISTS `spring`.`token` (
    `id` INT NOT NULL AUTO_INCREMENT,
    `identifier` VARCHAR(45) NULL,
    `token` TEXT NULL,
PRIMARY KEY (`id`));
```

需要使用 Spring Data 和 JPA 实现来连接数据库，因此需要定义实体类和 JpaRepository 类。在名为 entities 的包中，定义了代码清单 10.12 所示的 JPA 实体。

代码清单 10.12 JPA 实体类的定义

```java
@Entity
public class Token {

    @Id
    @GeneratedValue(strategy = GenerationType.IDENTITY)
```

```
    private int id;

    private String identifier;
    private String token;

    // Omitted code

}
```

客户端的标识符

应用程序为客户端
生成的 CSRF 令牌

JpaTokenRepository，即我们的 JpaRepository 契约，可以像代码清单 10.13 所示的
定义。其中唯一需要的方法是 findTokenByIdentifier()，它会从数据库中获取指定客户
端的 CSRF 令牌。

代码清单 10.13　JpaTokenRepository 接口的定义

```
public interface JpaTokenRepository
    extends JpaRepository<Token, Integer> {

    Optional<Token> findTokenByIdentifier(String identifier);
}
```

可以访问已实现的数据库之后，接着就可以开始编写 CsrfTokenRepository 实现了，
这里将其称为 CustomCsrfTokenRepository。代码清单 10.14 定义了这个类，其中重写
了 CsrfTokenRepository 的 3 个方法。

代码清单 10.14　CsrfTokenRepository 契约的实现

```
public class CustomCsrfTokenRepository implements CsrfTokenRepository{

    @Autowired
    private JpaTokenRepository jpaTokenRepository;

    @Override
    public CsrfToken generateToken(
            HttpServletRequest httpServletRequest) {
      // ...
    }

    @Override
    public void saveToken(
        CsrfToken csrfToken,
        HttpServletRequest httpServletRequest,
```

```
        HttpServletResponse httpServletResponse) {
     // ...
    }


    @Override
    public CsrfToken loadToken(
            HttpServletRequest httpServletRequest) {
     // ...
    }
}
```

CustomCsrfTokenRepository 会从 Spring 上下文注入一个 JpaTokenRepository 实例，以获得对数据库的访问能力。CustomCsrfTokenRepository 使用此实例检索 CSRF 令牌或将其保存在数据库中。当应用程序需要生成新令牌时，CSRF 防护机制将调用 generateToken()方法。代码清单 10.15 中包含了用于本示例的该方法的实现。我们使用 UUID 类生成一个新的随机 UUID 值，并且保持使用与请求头信息和属性相同的名称，即 X-CSRF-TOKEN 和_csrf，就像 Spring Security 所提供的默认实现一样。

代码清单 10.15　generateToken()方法的实现

```
@Override
public CsrfToken generateToken(HttpServletRequest httpServletRequest){
    String uuid = UUID.randomUUID().toString();
    return new DefaultCsrfToken("X-CSRF-TOKEN", "_csrf", uuid);
}
```

saveToken()方法会为指定的客户端保存所生成的令牌。在使用默认 CSRF 防护实现的情况下，应用程序会使用 HTTP 会话来标识 CSRF 令牌。在此处的示例中，我们假设客户端具有唯一标识符。客户端在请求中使用名为 X-IDENTIFIER 的头信息来发送其唯一 ID 的值。在该方法逻辑中，将检查这个值是否存在于数据库中。如果存在，则将使用令牌的新值更新数据库。如果不存在，则使用 CSRF 令牌的新值为这个 ID 创建一条新记录。代码清单 10.16 展示了 saveToken()方法的实现。

代码清单 10.16　saveToken()方法的实现

```
@Override
public void saveToken(
  CsrfToken csrfToken,
  HttpServletRequest httpServletRequest,
  HttpServletResponse httpServletResponse) {
    String identifier =
```

```
        httpServletRequest.getHeader("X-IDENTIFIER");

    Optional<Token> existingToken =        ←──┤ 通过客户端 ID 从数据库获取令牌
      jpaTokenRepository.findTokenByIdentifier(identifier);

    if (existingToken.isPresent()) {    ←──┐ 如果 ID 存在，则使用新生成
        Token token = existingToken.get();  │ 的值更新令牌的值
        token.setToken(csrfToken.getToken());
    } else {                       ←──┐ 如果 ID 不存在，则使用所生成的值为该 ID 创
        Token token = new Token();   │ 建一条新记录以用于 CSRF 令牌
        token.setToken(csrfToken.getToken());
        token.setIdentifier(identifier);
        jpaTokenRepository.save(token);
    }
}
```

如果令牌详情存在，则 loadToken()方法实现会加载令牌详情，否则将返回 null。
代码清单 10.17 展示了这一实现。

代码清单 10.17　loadToken()方法的实现

```
@Override
public CsrfToken loadToken(
  HttpServletRequest httpServletRequest) {

    String identifier = httpServletRequest.getHeader("X-IDENTIFIER");

    Optional<Token> existingToken =
                jpaTokenRepository
                    .findTokenByIdentifier(identifier);

    if (existingToken.isPresent()) {
      Token token = existingToken.get();
      return new DefaultCsrfToken(
                "X-CSRF-TOKEN",
                "_csrf",
                token.getToken());
    }

    return null;
}
```

这里使用了 CsrfTokenRepository 的自定义实现，以便在配置类中声明 bean。然后使用 CsrfConfigurer 的 csrfTokenRepository() 方法将这个 bean 插入 CSRF 防护机制中。代码清单 10.18 定义了这个配置类。

代码清单 10.18 用于该自定义 CsrfTokenRepository 的配置类

```
@Configuration
public class ProjectConfig extends WebSecurityConfigurerAdapter {

  @Bean                                                  ◁─────┐  将 CsrfTokenRepository 定
  public CsrfTokenRepository customTokenRepository() {         │  义为上下文中的 bean
    return new CustomCsrfTokenRepository();
  }

  @Override
  protected void configure(HttpSecurity http)
    throws Exception {
                                   使用 Customizer<CsrfConfigurer<HttpSecurity>>对象将
    http.csrf(c -> {       ◁────── 新的 CsrfTokenRepository 实现插入 CSRF 防护机制中
        c.csrfTokenRepository(customTokenRepository());
        c.ignoringAntMatchers("/ciao");
    });

    http.authorizeRequests()
        .anyRequest().permitAll();
  }
}
```

在代码清单 10.9 所示的控制器类的定义中，我们还添加了一个使用 HTTP GET 方法的端点。在测试我们的实现时，需要这个方法获取 CSRF 令牌。

```
@GetMapping("/hello")
public String getHello() {
    return "Get Hello!";
}
```

现在可以启动该应用程序并测试令牌管理的新实现。需要使用 HTTP GET 调用端点来获取 CSRF 令牌的值。在进行调用时，必须在 X-IDENTIFIER 头信息中使用客户端的 ID，这是符合需求假设前提的。接着将生成 CSRF 令牌的新值并将其存储在数据库中。其调用如下：

```
curl -H "X-IDENTIFIER:12345" http://localhost:8080/hello
Get Hello!
```

如果在数据库中搜索令牌表，则会发现应用程序为客户端添加了一条标识符为12345 的新记录。在此处的示例中，可以在数据库中看到，为 CSRF 令牌生成的值是2bc652f5-258b-4a26-b456-928e9bad71f8。可以使用这个值并且用 HTTP POST 方法调用/hello 端点，如下一个代码片段所示。当然，还必须提供应用程序用于从数据库检索令牌的客户端 ID，以便与请求中所提供的令牌进行比较。图 10.11 描述了该流程。

```
curl -XPOST -H"X-IDENTIFIER:12345"-H"X-CSRF-TOKEN:2bc652f5-258b-
    4a26-b456-928e9bad71f8" http://localhost:8080/hello
Post Hello!
```

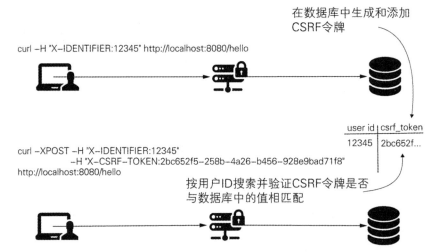

图 10.11 首先，GET 请求会生成 CSRF 令牌并将其值存储在数据库中。随后的任何 POST 请求都必须发送这个值。然后，CsrfFilter 会检查请求中的值是否与数据库中的值相对应，并基于此接受或拒绝请求

如果尝试使用 POST 调用/hello 端点，而不提供所需的头信息，则会得到一个 HTTP 状态为 403 Forbidden 的响应。为了确认这一点，请使用以下命令调用该端点：

```
curl -XPOST http://localhost:8080/hello
```

其响应体是：

```
{
    "status":403,
    "error":"Forbidden",
```

```
    "message":"Forbidden",
    "path":"/hello"
}
```

10.2　使用跨源资源共享

本节将讨论跨源资源共享(CORS)以及如何将其应用于 Spring Security。首先，什么是 CORS 以及为什么要关注它？CORS 的必要性源自 Web 应用程序。默认情况下，浏览器不允许对网站所加载的域名以外的任何域名进行请求。例如，如果访问 example.com 站点，那么浏览器就不会让该站点向 api.example.com 发出请求。图 10.12 显示了这个概念。

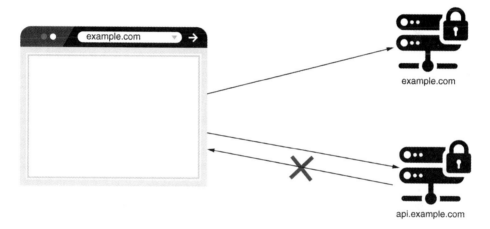

图 10.12　跨源资源共享(CORS)。当从 example.com 访问时，该网站不能向 api.example.com 发出请求，因为它们将是跨域请求

可以简单地说，浏览器使用 CORS 机制松缓这一严格的策略，并允许在某些条件下在不同的源之间发出请求。我们需要知道这一点，因为很可能需要将它应用到我们的应用程序中，特别是如今前端和后端是独立的应用程序。通常前端应用程序都是使用 Angular、ReactJS 或 Vue 这样的框架开发的，并且托管在一个像 example.com 这样的域上，但是它会调用托管在另一个域(比如 api.example.com)上的后端端点。本节将开发一些示例，通过这些示例你就可以了解如何为 Web 应用程序应用 CORS 策略。其中还描述了一些需要了解的细节，以避免在应用程序中留下安全漏洞。

10.2.1 CORS 的运行机制

本节将讨论 CORS 如何应用于 Web 应用程序。例如，如果我们是 example.com 的所有者，而 example.org 的开发人员出于某种原因决定从他们的网站调用我们的 REST 端点，他们将不能这样做。再比如，如果某个域加载一个使用 iframe 的应用程序，那么也会发生同样的情况(参见图 10.13)。

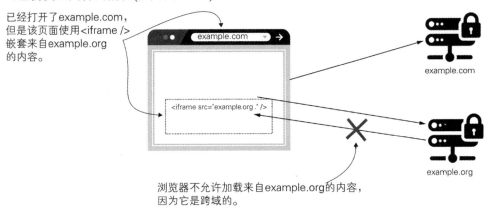

已经打开了 example.com，但是该页面使用 <iframe /> 嵌套来自 example.org 的内容。

`<iframe src="example.org."/>`

example.com

example.org

浏览器不允许加载来自 example.org 的内容，因为它是跨域的。

图 10.13 即使 example.org 页面被加载到 example.com 域的 iframe 中，example.org 中加载内容的调用也不会被加载。即使应用程序发出请求，浏览器也不会接受响应

提示：
iframe 是一个 HTML 元素，用于将一个 Web 页面生成的内容嵌入另一个 Web 页面中(例如，将 example.org 的内容集成到 example.com 的页面中)。

在任何情况下，应用程序在两个不同域之间进行的调用都会被禁止。但是，当然，的确存在需要进行此类调用的情况。在这些情况下，CORS 就指定应用程序允许来自哪个域的请求，以及可以共享哪些详细信息。CORS 机制基于 HTTP 头信息来生效(见图 10.14)。最重要的是：

- Access-Control-Allow-Origin——指定可以访问域中资源的外部域(源)。
- Access-Control-Allow-Methods——当希望允许访问另一个域的时候，仅指向某些 HTTP 方法，即仅能使用特定的 HTTP 方法。如果想让 example.com 调用某个端点，则可以使用它，例如仅允许使用 HTTP GET 进行调用。
- Access-Control-Allow-Headers——添加可以在特定请求中使用的头信息的限制。

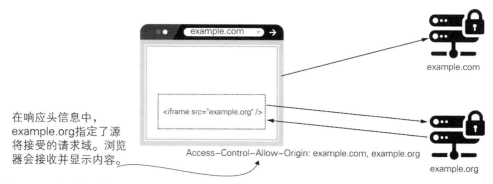

在响应头信息中，
example.org指定了源
将接受的请求域。浏览
器会接收并显示内容。

图 10.14 启用跨源请求。example.org 服务器添加了 Access-Control-Allow-Origin 头信息，以指定浏览
器应该接受响应的请求源。如果在源中枚举了发出调用的域，则浏览器将接受响应

在 Spring Security 中，默认情况下，这些头信息都不会被添加到响应中。我们从
头梳理一下：如果没有在应用程序中配置 CORS，那么在进行跨源调用时会发生什么？
当应用程序发出请求时，它期望响应具有包含服务器接受的源的
Access-Control-Allow-Origin 头信息。如果没有进行相应的处理，就会像在默认的 Spring
Security 行为的情况下一样，浏览器将不会接受响应。接下来用一个小型 Web 应用程
序揭示这一点。这需要使用下一个代码片段提供的依赖项创建一个新项目。可在项目
ssia-ch10-ex4 中找到这个示例。

```
<dependency>
    <groupId>org.springframework.boot</groupId>
    <artifactId>spring-boot-starter-security</artifactId>
</dependency>
<dependency>
    <groupId>org.springframework.boot</groupId>
    <artifactId>spring-boot-starter-web</artifactId>
</dependency>
<dependency>
    <groupId>org.springframework.boot</groupId>
    <artifactId>spring-boot-starter-thymeleaf</artifactId>
</dependency>
```

其中定义了一个控制器类，它有一个用于主页面的操作和一个 REST 端点。因为
这个类是一个普通的 Spring MVC @Controller 类，所以还必须显式地将
@ResponseBody 注解添加到端点。代码清单 10.19 定义了该控制器。

代码清单 10.19 控制器类的定义

```
@Controller
public class MainController {

                                    使用 logger 以便观察何时调用
                                    了 test()方法
  private Logger logger =
          Logger.getLogger(MainController.class.getName());

  @GetMapping("/")                  定义向/test 端点发出请求的
  public String main() {            main.html 页面
    return "main.html";
  }

  @PostMapping("/test")
  @ResponseBody
  public String test() {            定义要从另一个源调用的端点，以
    logger.info("Test method called");  揭示 CORS 的工作原理
    return "HELLO";
  }
}
```

此外，还需要定义禁用 CSRF 防护的配置类，以便使示例更简单，并且让你仅关注 CORS 的机制。还要允许对所有端点进行未经身份验证的访问。代码清单 10.20 定义了这个配置类。

代码清单 10.20 配置类的定义

```
@Configuration
public class ProjectConfig
  extends WebSecurityConfigurerAdapter {

  @Override
  protected void configure(HttpSecurity http) throws Exception {
    http.csrf().disable();

    http.authorizeRequests()
          .anyRequest().permitAll();
  }
}
```

当然，还需要在项目的 resources/templates 文件夹中定义 main.html 文件。main.html 文件包含调用/test 端点的 JavaScript 代码。为了模拟跨源调用，可以使用 localhost 这

个域在浏览器中访问该页面。在 JavaScript 代码中，可以使用 IP 地址 127.0.0.1 进行调用。虽然 localhost 和 127.0.0.1 指向相同的主机，浏览器也会将它们视为不同的字符串并将其视作不同的域。代码清单 10.21 定义了该 main.html 页面。

代码清单 10.21　main.html 页面

```
<!DOCTYPE HTML>
<html lang="en">
  <head>
    <script>
    const http = new XMLHttpRequest();
    const url='http://127.0.0.1:8080/test';        ◁──    调用使用 127.0.0.1 作为
    http.open("POST", url);                                主机的端点，以模拟跨源
    http.send();                                           调用

    http.onreadystatechange = (e) => {
      document                             ◁──    将响应体设置为页面主体中的
        .getElementById("output")                 output div
        .innerHTML = http.responseText;
      }
    </script>
  </head>
  <body>
    <div id="output"></div>
  </body>
</html>
```

在浏览器中使用 localhost:8080 启动应用程序并打开页面，可以看到该页面没有显示任何内容。我们希望在页面上看到 HELLO，因为这是/test 端点所返回的内容。当检查浏览器控制台时，出现的将是 JavaScript 调用所打印的错误。该错误是这样的：

```
Access to XMLHttpRequest at 'http://127.0.0.1:8080/test' from origin
    'http://localhost:8080' has been blocked by CORS policy: No
    'Access-Control-Allow-Origin' header is present on the requested
    resource.
```

该错误消息表明，响应未被接受，因为 Access-Control-Allow-Origin HTTP 头信息并不存在。出现这种行为是因为在 Spring Boot 应用程序中没有配置任何关于 CORS 的内容，并且默认情况下，它不会设置任何与 CORS 相关的头信息。因此浏览器不显示响应的行为是正确的。但是，希望你能够注意到，在应用程序控制台中，日志证明

该方法被调用了。以下代码片段显示了应用程序控制台中出现的内容。

```
INFO 25020 ---[nio-8080-exec-2] c.l.s.controllers.MainController:Test
    method called
```

这一点很重要！我遇到过许多开发人员，他们将 CORS 理解为一种类似于授权或 CSRF 防护的限制。CORS 不是一种限制，而是帮助舒缓跨域调用的严格约束。即使应用了限制，在某些情况下，也可以调用端点。这种行为并不常发生。有时候，浏览器首先会使用 HTTP OPTIONS 方法进行调用，以测试是否应该允许请求。这种测试请求被称为预检请求(preflight request)。如果预检请求失败，浏览器将不会尝试执行原始请求。

预检请求和是否执行该请求的决定都由浏览器负责。我们不必实现这个逻辑。但是理解它很重要，这样，即使没有为特定域指定任何 CORS 策略，你看到对后端的跨源调用也不会感到奇怪。当使用 Angular 或 ReactJS 这样的框架开发客户端应用程序时，这种情况也会发生。图 10.15 展示了这个请求流。

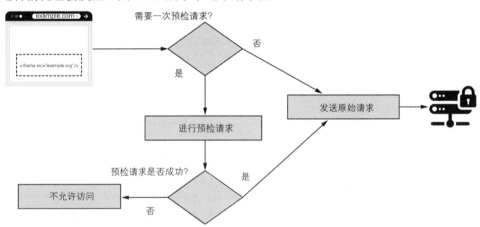

图 10.15　对于简单的请求，浏览器会将原始请求直接发送到服务器。如果服务器不允许该源，则浏览器会拒绝响应。在某些情况下，浏览器会发送一个预检请求来测试服务器是否接受源。如果预请求成功，浏览器就会发送原始请求

如果 HTTP 方法是 GET、POST 或 OPTIONS，那么当浏览器省略掉预检请求时，这些请求就只会具有一些基本的头信息，如 https://www.w3.org/TR/cors/#simple-cross-origin-request-0 处的官方文档中所描述的那样。

在我们的示例中，浏览器会发出请求。但如果没有在响应中指定源，那么响应将不被接受，如图 10.9 和图 10.10 所示。CORS 机制归根结底是与浏览器相关的，而不是一种保护端点的方法。它唯一能保证的是，只有允许的源的域可以从浏览器中的特

定页面发出请求。

10.2.2 使用@CrossOrigin 注解应用 CORS 策略

本节将讨论如何配置 CORS，以便使用@CrossOrigin 注解允许来自不同域的请求。可以将@CrossOrigin 注解直接放在定义端点的方法上，并使用允许的源和方法对其进行配置。正如本节中将介绍的，使用@CrossOrigin 注解的好处是，它会使为每个端点配置 CORS 的处理变得更加容易。

我们使用在 10.2.1 节中创建的应用程序来展示@CrossOrigin 是如何工作的。要使跨源调用在应用程序中发挥作用，需要做的唯一一件事就是在控制器类中的 test()方法上添加@CrossOrigin 注解。代码清单 10.22 显示了如何使用注解使本地主机成为被允许的源。

代码清单 10.22 使本地主机成为被允许的源

```
@PostMapping("/test")
@ResponseBody
@CrossOrigin("http://localhost:8080")    ◁——  允许对本地主机源
public String test() {                         进行跨源请求
  logger.info("Test method called");
  return "HELLO";
}
```

可以重新运行并测试该应用程序。这应该会在页面上显示/test 端点所返回的字符串：HELLO。

@CrossOrigin 的值参数接收一个数组，以便可以定义多个源；例如，@CrossOrigin({"example.com"， "example.org"})。还可以使用注解的 allowedHeaders 属性和 methods 属性来设置被允许的头信息和方法。对于源和头信息，可以使用星号(*)表示所有头信息或所有源。但是建议谨慎使用这种方法。最好是过滤出想要允许的源和头信息，永远不要允许任何域实现可以访问应用程序资源的代码。

如果允许所有的源，就会将应用程序暴露给跨站脚本(XSS)请求，这最终可能导致 DDoS 攻击，正如我们在第 1 章中所讨论的那样。我个人是避免允许所有源的，即使在测试环境中也是如此。实际上，应用程序有时会在被错误定义的基础设施上运行，这些基础设施在测试和生产环境中使用相同的数据中心。而更明智的做法是，像我们在第 1 章中所讨论的那样，独立地处理应用安全性的所有层，并且要避免主观臆测由于基础设施的健全防护而让应用程序不会有特定的漏洞。

使用@CrossOrigin 直接在定义端点的地方指定规则的好处是，它将创建良好的规

则透明性。其缺点是它可能变得冗长，迫使我们重复编写许多代码。它还带来了开发
人员可能忘记为新实现的端点添加注解的风险。10.2.3 节中将讨论如何应用集中在配
置类中的 CORS 配置。

10.2.3 使用 CorsConfigurer 应用 CORS

尽管使用@CrossOrigin 注解很简单，正如 10.2.2 节中介绍的那样，但是你可能会
发现在很多情况下，在一个地方定义 CORS 配置会更舒适。本节将更改 10.2.1 节和
10.2.2 节中的示例，以便使用 Customizer 在配置类中应用 CORS 配置。代码清单 10.23
中包含了需要在配置类中进行的更改，以便定义我们希望允许的源。

代码清单 10.23 定义集中在配置类中的 CORS 配置

```
@Configuration
public class ProjectConfig extends WebSecurityConfigurerAdapter {

  @Override
  protected void configure(HttpSecurity http) throws Exception {
    http.cors(c -> {
      CorsConfigurationSource source = request -> {
        CorsConfiguration config = new CorsConfiguration();
        config.setAllowedOrigins(
            List.of("example.com", "example.org"));
        config.setAllowedMethods(
            List.of("GET", "POST", "PUT", "DELETE"));
        return config;
      };
      c.configurationSource(source);
    });

    http.csrf().disable();

    http.authorizeRequests()
          .anyRequest().permitAll();
  }
}
```

调用 cors()以定义
CORS 配置。在其
中，需要创建一个
CorsConfiguration
对象，以便在该对
象中设置被允许
的源和方法

从 HttpSecurity 对象调用的 cors()方法会将 Customizer<CorsConfigurer>对象作为参
数接收。对于这个对象，我们设置了一个 CorsConfigurationSource，它会为 HTTP 请求

返回 CorsConfiguration。CorsConfiguration 是一个对象，它声明了哪些是被允许的源、方法和头信息。如果使用这种方式，至少必须指定哪些是源和方法。如果只指定源，则应用程序将不允许请求。产生此行为是因为 CorsConfiguration 对象在默认情况下没有定义任何方法。

在本示例中，为了使解释更加直观，其中在 configure() 方法中直接将 CorsConfigurationSource 的实现提供为 lambda 表达式。强烈建议将这段代码分离到应用程序中的不同类中。在实际的应用程序中，可能使用了更长的代码，因此如果不使用配置类进行分隔，这些代码就会变得难以阅读。

10.3　本章小结

- 跨站请求伪造(CSRF)是一种攻击，在这种攻击中，用户会被诱骗访问包含伪造脚本的页面。这个脚本可以模拟登录到应用程序的用户，并以用户名义执行操作。
- CSRF 防护在 Spring Security 中默认是启用的。
- 在 Spring Security 架构中，CSRF 防护逻辑的入口点是一个 HTTP 过滤器。
- 跨资源共享(CORS)指的是托管在特定域上的 Web 应用程序尝试访问另一个域的内容的情况。默认情况下，浏览器不允许这种情况的发生。CORS 配置可以让资源的某个部分被运行在浏览器中的 Web 应用程序的另一个域所调用。
- 可以使用@CrossOrigin 注解为端点配置 CORS，也可以使用 HttpSecurity 对象的 CORS()方法在配置类中集中配置 CORS。

第11章

动手实践：职责分离

本章内容如下：
- 实现并使用令牌
- 使用 JSON Web Tokens
- 在多个应用程序中分离身份验证和授权职责
- 实现多重身份验证场景
- 使用多个自定义过滤器和多个 AuthenticationProvider 对象
- 从用于一个场景的各种可能实现中进行选择

前文已经讲解了很多内容，本章将是本书的第二个动手实践章节。现在又到了将所学到的知识全部付诸行动的时候了，以便你能够纵览全局。请准备好去亲身实践吧！

本章将设计一个由 3 个参与者组成的系统：客户端、身份验证服务器和业务逻辑服务器。从这 3 个参与者中，我们将实现身份验证服务器的后端部分和业务逻辑服务器。如接下来所述，这个示例更加复杂。这是一个迹象，表明我们正越来越接近现实场景。

这个练习也是一个很好的机会来回顾、应用和更好地理解之前讲解过的知识，并且可以接触到像 JSON Web Token(JWT)这样的新主题。本章还将首次揭示如何分离系统中的身份验证和授权职责。第 12~15 章将使用 OAuth 2 框架扩展这个讨论。本章练习所选择的设计的目的在于，让你更了解将在接下来的章节中讨论的内容。

11.1　示例的场景和需求

本节将讨论本章中要开发的应用程序的需求。在理解了必须完成哪些处理之后，将在 11.2 节中讨论如何实现系统以及哪些是我们的最佳选项。然后，在 11.3 节和 11.4 节中，我们将着手使用 Spring Security 并彻底地实现示例场景。该系统的架构有 3 个组件。这些组件如图 11.1 所示。这 3 个组件如下：

- 客户端——这是使用后端服务的应用程序。它可以是一个移动应用程序，也可以是使用 Angular、ReactJS 或 Vue.js 等框架开发的 Web 应用程序的前端。这里将不会实现系统的客户端部分，但请记住它存在于真实的应用程序中。我们不使用客户端而使用 cURL 调用端点。
- 身份验证服务器——这是一个具有用户凭据数据库的应用程序。此应用程序的目的是根据用户的凭据(用户名和密码)对用户进行身份验证，并通过短信(SMS)向用户发送一次性密码(OTP)。因为在本示例中不会实际发送 SMS，所以我们将直接从数据库中读取 OTP 的值。

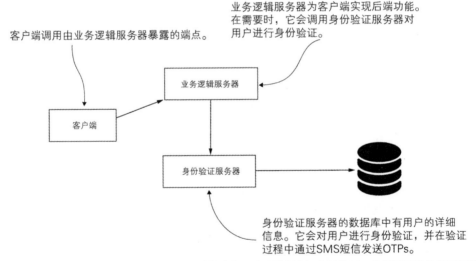

图 11.1　客户端调用由业务逻辑服务器暴露的端点。要对用户进行身份验证，业务逻辑服务器需要使用由身份验证服务器实现的职责。身份验证服务器将用户凭据存储在其数据库中

本章在实现整个应用程序时都不会发送短信。之后，也可以扩展该应用程序以便使用所选择的服务来发送消息，比如 AWS SNS (https://aws.amazon.com/sns/)、Twillio (https://www.twilio.com/sms)或其他服务。

- 业务逻辑服务器——这是暴露客户端所使用的端点的应用程序。我们希望对这些端点的访问行为进行安全保护。在调用端点之前，用户必须使用用户名和

密码进行身份验证，然后发送 OTP。用户通过 SMS 短信接收 OTP。因为这个应用程序是目标应用程序，所以要使用 Spring Security 保护它。

要调用业务逻辑服务器上的任何端点，客户端必须遵循以下 3 个步骤。

(1) 通过调用业务逻辑服务器上的/login 端点验证用户名和密码，以获得随机生成的 OTP。

(2) 使用用户名和 OTP 调用/login 端点。

(3) 通过将步骤(2)中接收到的令牌添加到 HTTP 请求的 Authorization 头信息来调用任意端点。

当客户端对用户名和密码进行身份验证时，业务逻辑服务器会向身份验证服务器发送一个获取 OTP 的请求。身份验证成功后，身份验证服务器会通过 SMS 将随机生成的 OTP 发送给客户端(见图 11.2)。这种识别用户的方法被称为多重身份验证(Multi-Factor Authentication，MFA)，现在非常常见。我们通常需要用户通过使用他们的凭据和其他身份验证方式(例如，他们拥有一个特定的移动设备)来证明他们是谁。

在第二个身份验证步骤中，一旦客户端获得了来自接收到的 SMS 短信的验证码，用户就可以再次使用用户名和验证码调用/login 端点。业务逻辑服务器会使用身份验证服务器验证该验证码。如果验证码有效，则客户端将接收到一个令牌，它可以使用该令牌调用业务逻辑服务器上的任何端点(见图 11.3)。在 11.2 节中，我们将详细讨论这个令牌是什么、如何实现它，以及为什么要使用它。

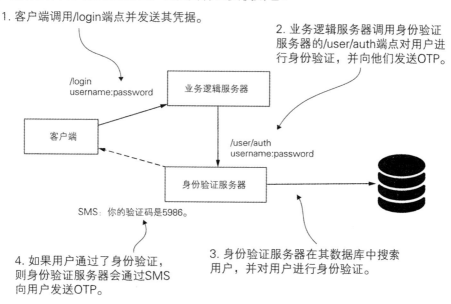

图 11.2　身份验证的第一步包括使用用户名和密码标识用户。用户要发送他们的凭据，身份验证服务器为第二个身份验证步骤返回一个 OTP

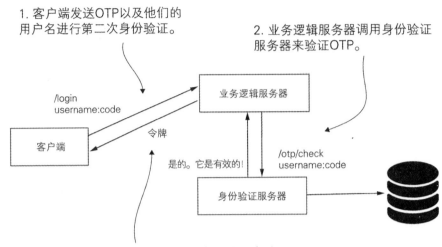

图 11.3 第二个身份验证步骤。客户端发送通过 SMS 消息接收到的验证码以及用户名。业务逻辑服务器调用身份验证服务器来验证 OTP。如果 OTP 是有效的，则业务逻辑服务器将向客户端发出一个令牌。客户端可以使用此令牌调用业务逻辑服务器上的任何其他端点

在第三个身份验证步骤中，客户端现在可以通过将第(2)步中接收到的令牌添加到 HTTP 请求的 Authorization 头信息来调用任何端点。图 11.4 展示了这一步。

图 11.4 第三个身份验证步骤。为了调用业务逻辑服务器暴露的任何端点，客户端需要在 Authorization HTTP 请求头信息中添加一个有效令牌

提示：

这个示例中的处理可用于更大的应用程序，其中包括前几章中讨论的更多概念。为了使你能够专注于想要包含在应用程序中的 Spring Security 概念，此处简化了系统的架构。有人可能会说这种架构使用了恶性的方法，因为客户端应该只与身份验证服务器共享密码，而不与业务逻辑服务器共享密码。的确如此！在我们的示例中，它只是一个简化处理而已。在实际场景中，我们通常会努力保持系统中尽可能少的组件获悉凭据和密钥。此外，有人可能会说，通过使用第三方管理系统(比如 Okta 或类似的

系统)，MFA 场景本身可以被更容易地实现。这个示例的部分目的是讲解如何定义自定义过滤器。出于这个原因，这里选择了一种艰难的方式来实现身份验证架构中的这一部分。

11.2　实现和使用令牌

令牌类似于门禁卡。应用程序可以获得一个令牌作为身份验证过程的结果并访问资源。端点表示 Web 应用程序中的资源。对于 Web 应用程序而言，令牌是一个字符串，通常由希望访问特定端点的客户端通过 HTTP 头信息来发送。这个字符串可以是普通的通用唯一标识符(UUID)，也可以是更复杂的形式，比如 JSON Web Token(JWT)。

如今，令牌经常用于身份验证和授权架构，这就是需要理解它们的原因。这些是 OAuth 2 架构中最重要的元素之一，该架构现在也经常被使用。本章以及第 12~15 章将介绍，令牌为我们提供了一些优势(比如身份验证和授权架构中的职责分离)，以帮助使架构变为无状态，并提供验证请求的可能性。

11.2.1　令牌是什么

令牌提供了一种方法,应用程序可以使用该方法证明它已对用户进行了身份验证,从而允许用户访问应用程序的资源。11.2.2 节中将讲解目前使用的最常见令牌实现之一：JWT。

那么令牌是什么呢？从理论上讲，令牌只是一张门禁卡。当我们进入办公楼时，首先需要去接待处。在那里，我们要标识自己(身份验证)，然后收到一张门禁卡(令牌)。可以用门禁卡打开一些门，但不一定能打开所有的门。通过这种方式，令牌就会授权访问权限，并决定是否允许我们做一些事情，比如打开一个特定的门。图 11.5 展示了这个概念。

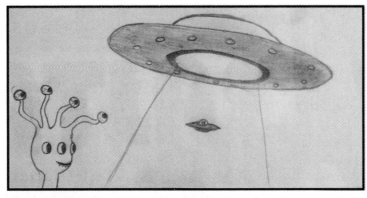

图 11.5　为了访问母舰(业务逻辑服务器)，Zglorb 需要一张门禁卡(令牌)。在被确认身份后，Zglorb
　　　　获得了一张门禁卡。这张门禁卡(令牌)只允许他访问他的房间和办公室(资源)

在实现级别，令牌甚至可以是常规字符串。最重要的是在发出令牌之后要能够识别它们。可以生成 UUID 并将它们存储在内存或数据库中。假设有以下场景：

(1) 客户端使用其凭据向服务器证明其身份。

(2) 服务器向客户端发出 UUID 格式的令牌。这个令牌现在与客户端相关联，由服务器存储在内存中(见图 11.6)。

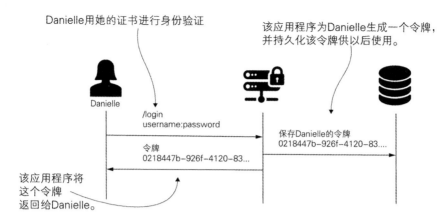

图 11.6　当客户端进行身份验证时，服务器会生成一个令牌并将其返回给客户端。然后，客户端使用此令牌访问服务器上的资源

(3) 当客户端调用端点时，客户端要提供令牌并获得授权。图 11.7 展示了这一步。

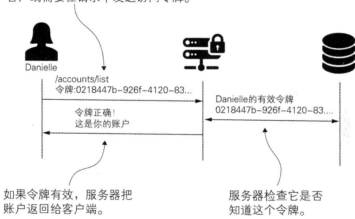

图 11.7　当客户端需要访问用户资源时，它们必须在请求中提供有效的令牌。有效令牌是之前在用户进行身份验证时由服务器颁发的令牌

这是与在身份验证和授权过程中使用令牌相关的通用流程。那么它的主要优点是什么？为什么要使用这样的流程？它是否比简单的登录更复杂？(你可能会想，无论如何都只能依靠用户和密码)。但是令牌带来的好处更多，让我们把这些好处列举，然后一一讨论。

- 令牌有助于避免在所有请求中共享凭据。
- 可以定义具有较短生命周期的令牌。

- 可以使令牌失效而不使凭据失效。
- 令牌还可以存储客户端需要在请求中发送的用户权限等详细信息。
- 令牌有助于将身份验证职责委托给系统中的另一个组件。

令牌有助于避免在所有请求中共享凭据。第 2~10 章使用了 HTTP Basic 作为所有请求的身份验证方法。如之前所述，此方法的假设前提是会为每个请求发送凭据。为每个请求发送凭据是不行的，因为这通常意味着要暴露它们。暴露凭据的频率越高，被截获的机会就越大。有了令牌，就可以改变策略。我们只在第一个进行身份验证的请求中发送凭据。通过身份验证后，我们会得到一个令牌，可以使用它获得调用资源的授权。这样，就只要发送一次凭据以便获得令牌即可。

可以定义具有较短生命周期的令牌。如果一个怀有恶意的人窃取了令牌，他将永远不能使用该令牌。最可能的情况是，令牌在他弄明白如何使用它闯入系统之前就过期了。还可以让令牌失效。如果发现一个令牌已经暴露，则可以驳回它。这样，它就不能再被任何人使用了。

令牌还可以存储请求中需要的详细信息。可以使用令牌存储用户的权限和角色等详情。通过这种方式，可以将服务器端会话替换为客户端会话，而这就为横向扩展提供了更好的灵活性。在第 12~15 章讨论 OAuth 2 流程时，将会介绍更多关于这种方式的内容。

令牌有助于将身份验证职责分离到系统中的另一个组件。我们可能会发现自己在实现一个无法管理自己用户的系统。相反，它允许用户使用他们在 GitHub、Twitter 等其他平台上的账户的凭据进行身份验证。即使我们也选择实现执行身份验证的组件，将该实现独立分离也会是我们的优势。它有助于增强扩展性，使系统架构更易于理解和开发。Neil Madden 所著的 *API Security in Action* (Manning，2020)的第 5 章和第 6 章也是与此相关的好读物。以下是访问这些资源的链接：

```
https://livebook.manning.com/book/api-security-in-action/chapter-5/
https://livebook.manning.com/book/api-security-in-action/chapter-6/
```

11.2.2　JSON Web Token 是什么

本节将讨论更具体的令牌实现——JSON Web Token(JWT)。这种令牌实现的优点使其在今天的应用程序中非常常见。这就是本节讨论它的原因，这也是选择在本章的动手实践示例中应用它的原因。第 12~15 章也会用到它，在那里我们将讨论 OAuth 2。

在 11.2.1 节中已经介绍过，令牌可以是服务器后续进行识别的任何东西：UUID、门禁卡，甚至是在博物馆买票时收到的票据。接下来将介绍 JWT 是什么样子的，以及为什么 JWT 是特殊的。从其实现本身的名称就很容易了解与 JWT 相关的大量信息。

- JSON——它使用 JSON 对所包含的数据进行格式化。
- Web——它旨在用于 Web 请求。
- Token——它是一种令牌实现。

JWT 由三部分组成，每个部分之间用一个点(句点)隔开。可以在这段代码中找到一个例子：

```
eyJhbGciOiJIUzI1NiJ9.eyJ1c2VybmFtZSI6ImRhbmllbGxlIn0.wg6LFProg7s_
    KvFxvnYGiZFMj4rr-0nJA1tVGZNn8U
```

前两个部分是头和主体。头(从令牌的开始到第一个点)和主体(在第一个点和第二个点之间)被格式化为 JSON，然后进行 Base64 编码。我们使用头和主体存储令牌中的详情。下面的代码片段显示了头和主体在使用 Base64 编码之前的样子：

```
{
    "alg": "HS256"          ⟵ Base64 编码的头
}


{
    "username": "danielle"  ⟵ Base64 编码的主体
}
```

在头信息中，可以存储与令牌相关的元数据。本示例由于选择对令牌进行签名(示例中很快将对此进行介绍)，因此头信息会包含生成签名的算法的名称(HS256)。在主体中，可以包括稍后进行授权所需的详细信息。本示例中只使用了用户名。建议让令牌尽可能短，并且不要在主体中添加大量数据。虽然在技术上没有限制，但是我们会发现：

- 如果令牌过长，则会减慢请求执行效率。
- 在对令牌签名时，令牌越长，加密算法对其签名所需的时间就越多。

令牌的最后一部分(从第二个点到末尾)是数字签名，但这一部分可以缺失。因为我们通常倾向于对头和主体进行签名，所以在对令牌的内容进行签名时，可以稍后使用该签名来检查内容是否已更改。如果没有签名，就不能确认在网络上传输令牌时是否有人拦截该令牌并更改其内容。

总之，JWT 是一个令牌实现。它带来了在身份验证期间轻松传输数据的优点，并且还有助于对数据进行签名以验证其完整性(见图 11.8)。Prabath Siriwardena 和 Nuwan Dias 在 *Microservices Security in Action* (Manning，2020)的第 7 章和附录 H 中对 JWT 进行了精彩的讨论。

```
https://livebook.manning.com/book/microservices-security-in-action/
chapter-7/
```
```
https://livebook.manning.com/book/microservices-security-in-action/
h-json-webtoken-jwt-/
```

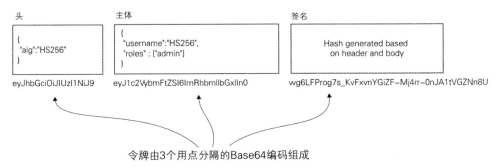

图 11.8 JWT 由三部分组成：头、主体和签名。头和主体是存储在令牌中的数据的 JSON 表示。为了让其在请求头信息中易于发送，它们采用了 Base64 编码。令牌的最后一部分是签名。这些部分由句点连接起来

本章将使用 Java JSON Web Token(JJWT)作为创建和解析 JWT 的库。这是在 Java 应用程序中生成和解析 JWT 令牌时最常用的库之一。除了与如何使用这个库相关的所有必要细节外，在 JJWT 的 GitHub 存储库上，还包含关于 JWT 的很好的解释。可能你阅读一下也会觉得很有用：

```
https://github.com/jwtk/jjwt#overview
```

11.3 实现身份验证服务器

本节将开始这个动手实践示例的实现。要使用的第一个依赖项是身份验证服务器。即使它并非是我们要基于它来重点关注 Spring Security 的应用程序，但也还是需要它生成最终结果。为了专注于此动手实践示例中最重要的内容上，这里省略了此实现的某些部分。整个示例中都会提及这些部分，并将它们留给你作为练习来实现。

在这里的场景中，身份验证服务器要连接到一个数据库，其中存储了在请求身份验证事件期间生成的用户凭据和 OTP。这个应用程序需要暴露 3 个端点(见图 11.9)。

- /user/add——添加稍后用于测试实现的用户。
- /user/auth——通过用户的凭据对用户进行身份验证，并发送带有 OTP 的 SMS 短信。这里去掉了发送 SMS 短信的实现部分，但你可以把它作为练习来做。

- /otp/check——验证 OTP 值是否是身份验证服务器之前为特定用户生成的值。

关于如何创建 REST 端点，建议你阅读 Craig Walls 撰著的 *Spring in Action*，Sixth Edition 的第 6 章。

```
https://livebook.manning.com/book/spring-in-action-sixth-edition/
chapter-6/
```

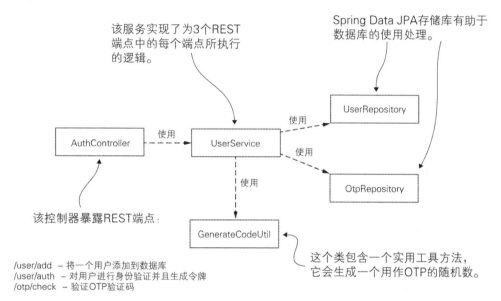

图 11.9　身份验证服务器的类设计。该控制器会暴露调用服务类中所定义的逻辑的 REST 端点。这两个存储库是数据库的访问层。其中还编写了一个实用工具类来分离通过 SMS 发送的 OTP 的生成代码

创建一个新项目，并添加所需的依赖项，如下面的代码片段所示。可以在项目 ssia -ch11-ex1-s1 中找到所实现的这个应用程序。

```
<dependency>
    <groupId>org.springframework.boot</groupId>
    <artifactId>spring-boot-starter-web</artifactId>
</dependency>
<dependency>
    <groupId>org.springframework.boot</groupId>
    <artifactId>spring-boot-starter-security</artifactId>
</dependency>
<dependency>
    <groupId>org.springframework.boot</groupId>
    <artifactId>spring-boot-starter-data-jpa</artifactId>
```

```
</dependency>
<dependency>
    <groupId>mysql</groupId>
    <artifactId>mysql-connector-java</artifactId>
    <scope>runtime</scope>
</dependency>
```

还需要确保为应用程序创建了数据库。因为要存储用户凭据(用户名和密码)，所以需要一个表。还需要第二个表用来存储与经过身份验证的用户相关联的 OTP 值(见图 11.10)。

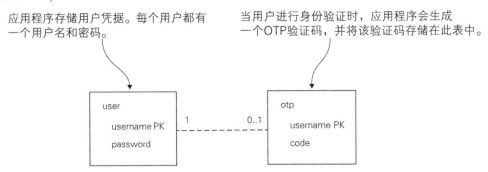

应用程序存储用户凭据。每个用户都有一个用户名和密码。

当用户进行身份验证时，应用程序会生成一个OTP验证码，并将该验证码存储在此表中。

图 11.10 该应用程序数据库有两个表。在其中一个表中，应用程序会存储用户凭据；而在第二个表中，应用程序会存储生成的 OTP 验证码

这里使用了一个名为 spring 的数据库，并且在 schema.sql 文件中添加了用于创建所需的两个表的脚本。要记住将 schema.sql 文件放在项目的 resources 文件夹中，因为 Spring Boot 会从这里提取该脚本并执行它。下一个代码片段中包含该 schema.sql 文件的内容。(如果不喜欢使用 schema.sql 文件的方法，也可以随时手动创建数据库结构，或者选择使用任何其他方法。)

```
CREATE TABLE IF NOT EXISTS `spring`.`user` (
    `username` VARCHAR(45) NULL,
    `password` TEXT NULL,
    PRIMARY KEY (`username`));

CREATE TABLE IF NOT EXISTS `spring`.`otp` (
    `username` VARCHAR(45) NOT NULL,
    `code` VARCHAR(45) NULL,
    PRIMARY KEY (`username`));
```

application.properties 文件提供了 Spring Boot 创建数据源所需的参数。下一个代码片段显示了 application.properties 文件的内容:

```
spring.datasource.url=jdbc:mysql://localhost/spring
spring.datasource.username=root
spring.datasource.password=
spring.datasource.initialization-mode=always
```

这个应用程序的依赖项还添加了 Spring Security。为身份验证服务器这样做的唯一原因是我打算使用 BcryptPasswordEncoder。在将密码存储在数据库中时，我喜欢使用这个 BCryptPasswordEncoder 来哈希化用户的密码。为了使示例简短并与我们的目的相关，这里没有在业务逻辑服务器和身份验证服务器之间实现身份验证。不过在完成这个动手实践示例之后，希望你将这一实现作为练习。对于本章中所讨论的实现，项目的配置类将如代码清单 11.1 所示。

练习：
修改本章中的应用程序，以验证业务逻辑服务器和身份验证服务器之间的请求。

● 通过使用对称密钥。

● 通过使用非对称密钥对。

为了处理这个练习，可以回顾一下 9.2 节中使用的示例。

代码清单 11.1　身份验证服务器的配置类

```
@Configuration
public class ProjectConfig
  extends WebSecurityConfigurerAdapter {

  @Bean
  public PasswordEncoder passwordEncoder() {        定义一个密码编码器来哈希化
    return new BCryptPasswordEncoder();             存储在数据库中的密码
  }
                                                    禁用 CSRF，这样就可以直接调用
                                                    应用程序的所有端点
  @Override
  protected void configure(HttpSecurity http) throws Exception {
    http.csrf().disable();
    http.authorizeRequests()
          .anyRequest().permitAll();                允许所有不需要身份验
  }                                                 证的调用
}
```

配置类就绪后，可以继续定义数据库的连接。因为这里使用了 Spring Data JPA，所以需要编写 JPA 实体，然后定义存储库。由于有两个表，因此定义了两个 JPA 实体

和两个存储库接口。代码清单 11.2 显示了 User 实体的定义。它表示存储用户凭据的
user 表。

代码清单 11.2　User 实体

```
@Entity
public class User {

    @Id
    private String username;
    private String password;

    // Omitted getters and setters
}
```

下一个列表展示了第二个实体，Otp。这个实体表示 otp 表，应用程序会在其中为
经过身份验证的用户存储生成的 OTP(见代码清单 11.3)。

代码清单 11.3　Otp 实体

```
@Entity
public class Otp {

    @Id
    private String username;
    private String code;

    // Omitted getters and setters
}
```

代码清单 11.4 展示了 User 实体的 Spring Data JPA 存储库。这个接口中定义了一
个方法，以便根据用户名检索用户。在身份验证的第一步中，需要验证用户名和密码。

代码清单 11.4　UserRepository 接口

```
public interface UserRepository extends JpaRepository<User, String> {

    Optional<User> findUserByUsername(String username);
}
```

代码清单 11.5 展示了 Otp 实体的 Spring Data JPA 存储库。这个接口中定义了一个
按用户名检索 OTP 的方法。在第二个身份验证步骤中，我们需要使用此方法验证用户
的 OTP。

代码清单 11.5　OtpRepository 接口

```
public interface OtpRepository extends JpaRepository<Otp, String> {

    Optional<Otp> findOtpByUsername(String username);
}
```

有了存储库和实体，就可以处理应用程序的逻辑了。为此，需要创建一个调用 UserService 的服务类。如代码清单 11.6 所示，该服务依赖于存储库和密码编码器。因为要使用这些对象实现应用程序逻辑，所以需要自动装配它们。

代码清单 11.6　自动装配 UserService 类中的依赖项

```
@Service
@Transactional
public class UserService {

    @Autowired
    private PasswordEncoder passwordEncoder;

    @Autowired
    private UserRepository userRepository;

    @Autowired
    private OtpRepository otpRepository;

}
```

接下来需要定义一个方法用来添加用户。可以在代码清单 11.7 中找到这个方法的定义。

代码清单 11.7　addUser()方法的定义

```
@Service
@Transactional
public class UserService {

    // Omitted code

    public void addUser(User user) {
      user.setPassword(passwordEncoder.encode(user.getPassword()));
      userRepository.save(user);
    }
}
```

业务逻辑服务器需要什么？它需要一种发送用户名和密码以进行身份验证的方法。用户通过身份验证后，身份验证服务器会为用户生成 OTP 并通过 SMS 发送。代码清单 11.8 显示了 auth()方法的定义，该方法实现了这个逻辑。

代码清单 11.8　实现身份验证的第一个步骤

```
@Service
@Transactional
public class UserService {

  // Omitted code

  public void auth(User user) {          在数据库中搜索
    Optional<User> o =                   用户
      userRepository.findUserByUsername(user.getUsername());

    if(o.isPresent()) {                  如果用户存在，则验
      User u = o.get();                  证其密码
      if (passwordEncoder.matches(
            user.getPassword(),
            u.getPassword())) {
        renewOtp(u);                     如果密码正确，则生
      } else {                           成一个新的 OTP
        throw new BadCredentialsException
              ("Bad credentials.");
      }                                  如果密码不正确或
    } else {                             用户名不存在，则
      throw new BadCredentialsException  抛出异常
            ("Bad credentials.");
    }
  }

  private void renewOtp(User u) {        生成 OTP 的随机值
    String code = GenerateCodeUtil
          .generateCode();
                                         根据用户名搜
                                         索 OTP
    Optional<Otp> userOtp =
      otpRepository.findOtpByUsername(u.getUsername());
```

```
      if (userOtp.isPresent()) {
       Otp otp = userOtp.get();
       otp.setCode(code);
```

如果这个用户名
的 OTP 存在，则
更新其值

```
      } else {
        otp otp = new Otp();
        otp.setUsername(u.getUsername());
        otp.setCode(code);
        otpRepository.save(otp);
      }
    }


    // Omitted code

  }
```

如果这个用户名的
OTP 不存在，则用
生成的值创建一条
新记录

代码清单 11.9 展示了 GenerateCodeUtil 类。代码清单 11.8 使用这个类生成了新的
OTP 值。

代码清单 11.9　生成 OTP

```
public final class GenerateCodeUtil {

  private GenerateCodeUtil() {}

  public static String generateCode() {
    String code;

    try {
      SecureRandom random =
        SecureRandom.getInstanceStrong();

      int c = random.nextInt(9000) + 1000;

      code = String.valueOf(c);
    } catch (NoSuchAlgorithmException e) {
      throw new RuntimeException(
          "Problem when generating the random code.");
    }
```

创建一个 SecureRandom
的实例，该实例会生成一
个随机的 int 值

生成一个 0~8999 的值。这里会给
每个生成的值加 1000。通过这种
方式，就可以得到 1000~9999(4 位
随机码)的值

将该 int 值转换成
String 并返回它

```
   return code;
  }
}
```

在 UserService 中需要使用的最后一种方法是验证用户的 OTP。可以在代码清单 11.10 中找到这个方法。

代码清单 11.10　验证 OTP

```
@Service
@Transactional
public class UserService {
  // Omitted code

  public boolean check(Otp otpToValidate) {
    Optional<Otp> userOtp =                    ◁────  根据用户名搜索 OTP
     otpRepository.findOtpByUsername(
       otpToValidate.getUsername());

     if (userOtp.isPresent()) {
       Otp otp = userOtp.get();
        if (otpToValidate.getCode().equals(otp.getCode())) {
          return true;                              如果 OTP 存在于数据库中，并且
        }                                           它与从业务逻辑服务器接收到的
     }                                              OTP 相同，则返回 true

      return false;      ◁────  否则，返回 false
    }

  // Omitted code
}
```

最后，在这个应用程序中，将会暴露控制器提供的逻辑。代码清单 11.11 定义了这个控制器。

代码清单 11.11　AuthController 类的定义

```
@RestController
public class AuthController {

  @Autowired
  private UserService userService;
```

```
@PostMapping("/user/add")
public void addUser(@RequestBody User user) {
  userService.addUser(user);
}


@PostMapping("/user/auth")
public void auth(@RequestBody User user) {
  userService.auth(user);
}

@PostMapping("/otp/check")
public void check(@RequestBody Otp otp,HttpServletResponse response){
   if (userService.check(otp)) {
      response.setStatus(HttpServletResponse.SC_OK);
   } else {
      response.setStatus(HttpServletResponse.SC_FORBIDDEN);
   }
  }
}
```

如果 OTP 是有效的，则 HTTP 响应返回状态 200 OK；否则，状态的值为 403 Forbidden

通过这个设置，我们现在就有了身份验证服务器。接下来要启动它并确保端点按照期望的方式工作。要测试身份验证服务器的功能，需要：

(1) 通过调用/user/add 端点向数据库添加一个新用户。

(2) 通过检查数据库中的 users 表来验证用户是否被正确添加。

(3) 调用步骤(1)中添加的用户的/user/身份验证端点。

(4) 验证应用程序是否生成了 OTP 并在 otp 表中存储了 OTP。

(5) 使用步骤(3)中生成的 OTP 验证/otp/check 端点是否按预期工作。

首先将一个用户添加到身份验证服务器的数据库中。至少需要一个用户进行身份验证。可以通过调用在身份验证服务器中创建的/user/add 端点来添加用户。因为没有在身份验证服务器应用程序中配置端口，所以要使用默认端口，即 8080。以下是其调用：

```
curl -XPOST
-H "content-type: application/json"
-d "{\"username\":\"danielle\",\"password\":\"12345\"}"
http://localhost:8080/user/add
```

在使用前面代码片段提供的 curl 命令添加用户之后，需要检查数据库以验证记录是否被正确添加。在这个示例中，可以看到以下详情：

```
Username:danielle
Password:$2a$10$.bI9ix.Y0m70iZitP.RdSuwzSqgqPJKnKpRUBQPGhoRvHA.1INYmy
```

应用程序在将密码存储到数据库之前会对其进行哈希化处理，这是预期的行为。请记住，我们在身份验证服务器中使用了 BCryptPasswordEncoder，这正是为了用于此目的。

提示：
请记住，在第 4 章的讨论中，BCryptPasswordEncoder 使用 bcrypt 作为哈希算法。使用 bcrypt，将根据盐值生成输出，这意味着对于相同的输入将获得不同的输出。对于本示例，相同密码的哈希值在示例中将是不同的。可以在 David Wong 撰著的 *Real-World Cryptography*(Manning，2020)的第 2 章中找到更多关于哈希函数的详细信息息和精彩讨论：http://mng.bz/oRmy。

现在有了一个用户，所以要通过调用/user/auth 端点来为该用户生成一个 OTP。以下代码片段提供了可以使用的 cURL 命令。

```
curl -XPOST
-H "content-type: application/json"
-d "{\"username\":\"danielle\",\"password\":\"12345\"}"
http:./localhost:8080/user/auth
```

在数据库的 otp 表中，应用程序会生成并存储一个随机的四位数验证码。在本示例中，它的值是 8173。

测试身份验证服务器的最后一步是调用/otp/check 端点，并且验证当 OTP 正确时在响应中返回 HTTP 200 OK 状态码，而在 OTP 错误时则返回 403 Forbidden 状态码。以下代码片段展示了正确的 OTP 值和错误的 OTP 值的测试。如果 OTP 值正确：

```
curl -v -XPOST -H "content-type: application/json" -d
    "{\"username\":\"danielle\",\"code\":\"8173\"}"
    http:./localhost:8080/otp/check
```

其响应状态是：

```
...
< HTTP/1.1 200
...
```

如果 OTP 值错误：

```
curl -v -XPOST -H "content-type: application/json" -d
    "{\"username\":\"danielle\",\"code\":\"9999\"}"
    http:/./localhost:8080/otp/check
```

其响应状态是：

```
...
< HTTP/1.1 403
...
```

前面刚刚证明了身份验证服务器组件可以工作！现在可以深入研究下一个元素——业务逻辑服务器，我们为其在当前的动手实践示例中编写了大部分 Spring Security 配置。

11.4　实现业务逻辑服务器

本节将实现业务逻辑服务器。通过这个应用程序，你将了解本书到目前为止讨论过的许多内容。本节各处内容都会提及各章节内容中介绍过的特定知识，以便你可以及时回顾而不必再翻阅那些章节。通过系统的这一部分，你将了解如何实现和使用 JWT 进行身份验证和授权。另外，我们要在业务逻辑服务器和身份验证服务器之间实现通信，以便在应用程序中建立 MFA。概括来说，要完成此任务，我们需要：

(1) 创建一个表示打算保护的资源的端点。

(2) 实现第一个身份验证步骤，在该步骤中，客户端要将用户凭据(用户名和密码)发送到业务逻辑服务器以进行登录。

(3) 实现第二个身份验证步骤，在这个步骤中，客户端要将用户从身份验证服务器接收到的 OTP 发送到业务逻辑服务器。通过 OTP 进行身份验证之后，客户端将获得一个 JWT，它可以使用该 JWT 访问用户的资源。

(4) 基于 JWT 实现授权。业务逻辑服务器会验证从客户端接收的 JWT，如果有效，则允许客户端访问资源。

从技术上讲，要实现这 4 个概括要点，我们需要：

(1) 创建业务逻辑服务器项目。这里将其命名为 ssia-ch11-ex1-s2。

(2) 实现 Authentication 对象，其中包含表示两个身份验证步骤的角色。

(3) 实现一个代理，以便在身份验证服务器和业务逻辑服务器之间建立通信。

(4) 定义 AuthenticationProvider 对象，这些对象使用步骤(2)中定义的 Authentication 对象来实现两个身份验证步骤中的身份验证逻辑。

(5) 定义拦截 HTTP 请求的自定义过滤器对象，并应用出 AuthenticationProvider 对象实现的身份验证逻辑。

(6) 编写授权配置。

首先处理依赖项。代码清单 11.12 显示了需要添加到 pom.xml 文件的依赖项。可以在项目 ssia -ch11-ex1-s2 中找到这个应用程序。

代码清单 11.12 业务逻辑服务器所需的依赖项

```
<dependency>
    <groupId>org.springframework.boot</groupId>
    <artifactId>spring-boot-starter-security</artifactId>
</dependency>
<dependency>
    <groupId>org.springframework.boot</groupId>
    <artifactId>spring-boot-starter-web</artifactId>
</dependency>
<dependency>
    <groupId>io.jsonwebtoken</groupId>
    <artifactId>jjwt-api</artifactId>
    <version>0.11.1</version>
</dependency>
<dependency>
    <groupId>io.jsonwebtoken</groupId>
    <artifactId>jjwt-impl</artifactId>
    <version>0.11.1</version>
    <scope>runtime</scope>
</dependency>
<dependency>
    <groupId>io.jsonwebtoken</groupId>
    <artifactId>jjwt-jackson</artifactId>
    <version>0.11.1</version>
    <scope>runtime</scope>
</dependency>
```

添加用于生成和解析 JWT 的 jjwt 依赖项

```xml
<dependency>
    <groupId>jakarta.xml.bind</groupId>
    <artifactId>jakarta.xml.bind-api</artifactId>
    <version>2.3.2</version>
</dependency>
<dependency>
    <groupId>org.glassfish.jaxb</groupId>
    <artifactId>jaxb-runtime</artifactId>
    <version>2.3.2</version>
</dependency>
```

如果使用 Java 10 或更高版本，则需要这些依赖项

这个应用程序中只定义了一个/test 端点。在这个项目中编写的所有其他内容都是为了保护这个端点。/test 端点由 TestController 类暴露，如代码清单 11.13 所示。

代码清单 11.13　TestController 类

```java
@RestController
public class TestController {

    @GetMapping("/test")
    public String test() {
        return "Test";
    }
}
```

现在，为了确保应用程序的安全，必须定义 3 个层面的身份验证。

- 使用用户名和密码进行身份验证，以接收 OTP(见图 11.11)。

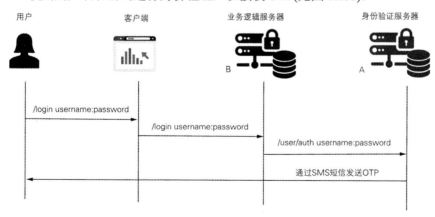

图 11.11　第一个身份验证步骤。用户发送他们的凭据进行身份验证。身份验证服务器对用户进行身份验证，并发送包含 OTP 验证码的 SMS 短信

- 使用 OTP 进行身份验证以接收令牌(见图 11.12)。

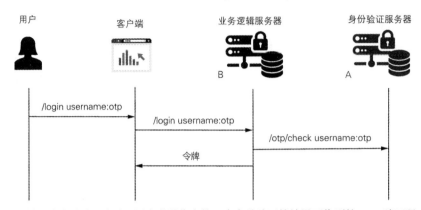

图 11.12 第二个身份验证步骤。用户发送作为第一步身份验证的结果而收到的 OTP 验证码。身份验证服务器验证 OTP 验证码并向客户端返回一个令牌。客户端使用令牌访问用户的资源

- 使用令牌进行身份验证以访问端点(见图 11.13)。

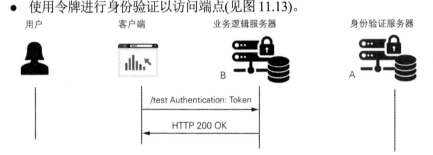

图 11.13 最后一个身份验证步骤。客户端使用第(2)步中获得的令牌访问由业务逻辑服务器暴露的资源

对于本示例的给定需求，其中涉及更加复杂的处理并假定有多个身份验证步骤，HTTP Basic 身份验证将不再能帮助到我们。我们需要实现特殊的过滤器和身份验证提供程序来自定义示例场景的身份验证逻辑。幸运的是，第 9 章中讲解过如何定义自定义过滤器，所以这里可以回顾 Spring Security 中的身份验证架构(见图 11.14)。

通常，在开发应用程序时，有多种适用的解决方案。在设计架构时，应该始终考虑所有可能的实现，并选择最适用于场景的实现。如果适用的选项不止一个，而我们又不能决定哪个是最好的实现，那么就应该为每个选项编写一个概念证明，以帮助决定选择哪个解决方案。就这里的场景而言，我们有两个选项，此处会使用其中一个继续进行实现。而另一个选项则留给你作为练习来实现。

第一个选项是定义 3 个自定义 Authentication 对象、3 个自定义 AuthenticationProvider 对象，以及一个通过使用 AuthenticationManager 委托给这些对象的自定义过滤器(见图 11.15)。第 5 章介绍了如何实现 Authentication 和 AuthenticationProvider 接口。

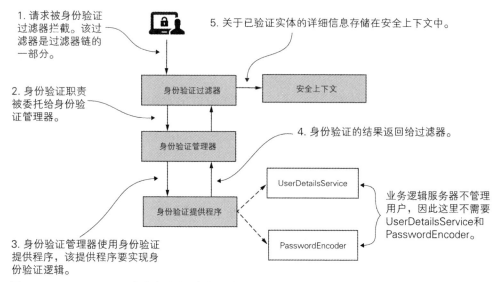

1. 请求被身份验证过滤器拦截。该过滤器是过滤器链的一部分。

2. 身份验证职责被委托给身份验证管理器。

5. 关于已验证实体的详细信息存储在安全上下文中。

4. 身份验证的结果返回给过滤器。

业务逻辑服务器不管理用户，因此这里不需要UserDetailsService和PasswordEncoder。

3. 身份验证管理器使用身份验证提供程序，该提供程序要实现身份验证逻辑。

图 11.14　Spring Security 中的身份验证架构。身份验证过滤器是过滤器链的一部分，它会拦截请求并将身份验证职责委托给身份验证管理器。身份验证管理器使用身份验证提供程序对请求进行身份验证

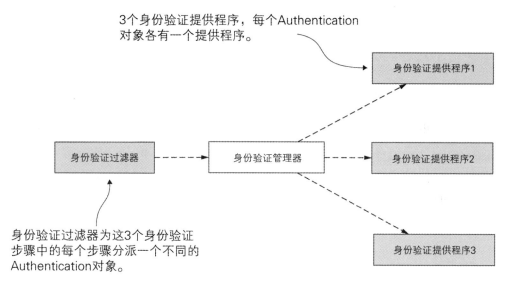

3个身份验证提供程序，每个Authentication对象各有一个提供程序。

身份验证过滤器为这3个身份验证步骤中的每个步骤分派一个不同的Authentication对象。

图 11.15　实现应用程序的第一个选项。AuthenticationFilter 会拦截请求。根据身份验证步骤，它将创建一个特定的 Authentication 对象并将其分发给 AuthenticationManager。Authentication 对象代表着每个身份验证步骤。对于每个身份验证步骤，Authentication 提供程序都要实现其逻辑。图中为需要实现的组件设置了阴影

　　第二个选项被选择在本示例中实现，它拥有两个自定义 Authentication 对象和两个自定义 AuthenticationProvider 对象。这些对象可有助于应用与/login 端点相关的逻辑。

这些逻辑将：

- 使用用户名和密码对用户进行身份验证。
- 使用 OTP 对用户进行身份验证。

然后要用第二个过滤器实现对令牌的验证。图 11.16 展示了这种方法。

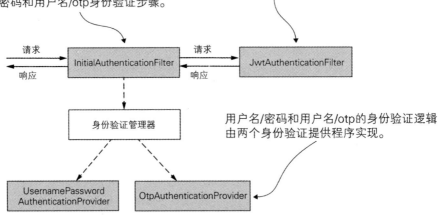

图 11.16 实现应用程序的第二个选项。在这个场景中，身份验证过程会使用两个过滤器分离职责。第一个过滤器会处理/login 路径上的请求，并负责两个初始身份验证步骤。另一个则负责需要为其验证 JWT 令牌的其余端点

两种方法都同样好用。这里对这两种方法进行描述只是为了说明，实际上确实存在可以使用多种方法开发同一场景的情况，特别是因为 Spring Security 提供了非常灵活的架构。此处选择了第二种方法，因为它提供了让你重温更多内容的可能性，比如使用多个自定义过滤器和使用 OncePerRequestFilter 类的 shouldNotFilter()方法。9.5 节中简要讨论过这个类，但是当时没有机会通过示例应用 shouldNotFilter()方法。接下来就要抓住这个机会。

练习：

使用本节中描述的第一种方法实现业务逻辑服务器，如图 11.15 所示。

11.4.1 实现 Authentication 对象

本节将实现开发业务逻辑服务器的解决方案所需的两个 Authentication 对象。在 11.4 节的开始部分，我们创建了项目并添加了所需的依赖项。其中还创建了一个希望保护的端点，并决定了如何实现示例的类设计。我们需要两种 Authentication 对象，一

种表示用户名和密码的身份验证，另一种表示 OTP 的身份验证。如第 5 章中所述，
Authentication 契约表示请求的身份验证过程。它可以是一个正在进行的处理，也可以
是一个已经完成的处理。我们需要为应用程序使用用户名和密码对用户进行身份验证
以及 OTP 这两种情况实现 Authentication 接口。

代码清单 11.14 提供了 UsernamePasswordAuthentication 类，它使用用户名和密码实
现身份验证。为了让这个类简短一些，这里扩展了 UsernamePasswordAuthenticationToken
类，因而也就间接地扩展了 Authentication 接口。第 5 章介绍了 UsernamePassword-
AuthenticationToken 类，其中讨论了如何应用自定义身份验证逻辑。

代码清单 11.14　UsernamePasswordAuthentication 类

```
public class UsernamePasswordAuthentication
  extends UsernamePasswordAuthenticationToken {

  public UsernamePasswordAuthentication(
    Object principal,
    Object credentials,
    Collection<? extends GrantedAuthority> authorities) {

    super(principal, credentials, authorities);
  }

  public UsernamePasswordAuthentication(
    Object principal,
    Object credentials) {

    super(principal, credentials);
  }
}
```

注意，这个类中同时定义了两个构造函数。它们之间有一个很大的区别：当调用
具有两个参数的构造函数时，身份验证实例仍然没有经过身份验证，而具有 3 个参数
的构造函数会将 Authentication 对象设置为已通过身份验证。如第 5 章所述，当
Authentication 实例被验证时，意味着身份验证过程结束。如果未将 Authentication 对
象设置为 authenticated，并且在此过程中没有抛出异常，则 AuthenticationManager 将尝
试查找正确的 AuthenticationProvider 对象来对请求进行身份验证。

在最初构建 Authentication 对象时，我们使用了带有两个参数的构造函数，并且它还没有经过身份验证。当 AuthenticationProvider 对象对请求进行身份验证时，它会使用带有 3 个参数的构造函数创建 Authentication 实例，该构造函数将创建一个经过身份验证的对象。第三个参数是已授予的权限的集合，对于已结束的身份验证过程，这是必需的。

与 UsernamePasswordAuthentication 类似，我们使用 OTP 为第二个身份验证步骤实现第二个 Authentication 对象。此处将这个类命名为 OtpAuthentication。代码清单 11.15 显示出，这个类扩展了 UsernamePasswordAuthenticationToken。这里可以使用相同的类，因为我们将 OTP 视为一种密码。因为是类似的，所以此处使用相同的方法以便节省一些代码行。

代码清单 11.15　OtpAuthentication 类

```
public class OtpAuthentication
  extends UsernamePasswordAuthenticationToken {

  public OtpAuthentication(Object principal, Object credentials) {
     super(principal, credentials);
  }

  public OtpAuthentication(
          Object principal,
          Object credentials,
          Collection<? extends GrantedAuthority> authorities) {
    super(principal, credentials, authorities);
  }
}
```

11.4.2　实现身份验证服务器的代理

本节将构建一种调用由身份验证服务器暴露的 REST 端点的方法。定义 Authentication 对象之后，通常会立即实现 AuthenticationProvider 对象(见图 11.17)。但是，我们知道，要完成身份验证，需要一种调用身份验证服务器的方法。在实现 AuthenticationProvider 对象之前，现在要继续为身份验证服务器实现一个代理。

图 11.17　身份验证提供程序实现的身份验证逻辑使用 AuthenticationServerProxy 调用身份验证服务器

对于这个实现，我们需要：

(1) 定义一个模型类 User，需要使用它调用由身份验证服务器暴露的 REST 服务。

(2) 声明一个 RestTemplate 类型的 bean，需要使用它调用由身份验证服务器暴露的其他端点。

(3) 实现代理类，它定义了两种方法：一种用于用户名/密码身份验证，另一种用于用户名/otp 身份验证。

代码清单 11.16 展示了 User 模型类。

代码清单 11.16　User 模型类

```
public class User {

    private String username;
    private String password;
    private String code;

        // Omitted getters and setters
}
```

代码清单 11.17 展示了应用程序配置类。这里将这个类命名为 ProjectConfig，并为接下来要开发的代理类定义一个 RestTemplate bean。

代码清单 11.17　ProjectConfig 类

```
@Configuration
public class ProjectConfig {

    @Bean
    public RestTemplate restTemplate() {
        return new RestTemplate();
    }
}
```

现在可以编写 AuthenticationServerProxy 类，将使用它调用由身份验证服务器应用程序暴露的两个 REST 端点。代码清单 11.18 展示了这个类。

代码清单 11.18 AuthenticationServerProxy 类

```
@Component
public class AuthenticationServerProxy {

    @Autowired
    private RestTemplate rest;

    @Value("${auth.server.base.url}")        ◁——— 从 application.properties 文件获
    private String baseUrl;                         取基准 URL

    public void sendAuth(String username,
                         String password) {

      String url = baseUrl + "/user/auth";

      var body = new User();
       body.setUsername(username);          HTTP 请求主体需要用于此调用的
      body.setPassword(password);           用户名和密码
      var request = new HttpEntity<>(body);

      rest.postForEntity(url, request, Void.class);
    }

    public boolean sendOTP(String username,
                           String code) {

      String url = baseUrl + "/otp/check";

      var body = new User();
      body.setUsername(username);           HTTP 请求主体需要用于此调用的用户
      body.setCode(code);                    名和代码

      var request = new HttpEntity<>(body);

      var response = rest.postForEntity(url, request, Void.class);
```

```
return response
        .getStatusCode()
        .equals(HttpStatus.OK);
    }
}
```

> 如果 HTTP 响应状态为 200 OK，则
> 返回 true，否则返回 false

这些只是使用 RestTemplate 对 REST 端点的常规调用。如果需要复习它是如何工作的，一个不错的选择是阅读 Craig Walls 撰著的 *Spring in Action*，Sixth Edition 的第 7 章(Manning，2018)。

```
https://livebook.manning.com/book/spring-in-action-sixth-edition/
chapter-7/
```

请记住，要将身份验证服务器的基准 URL 添加到 application.properties 文件中。这里还更改了当前应用程序的端口，因为我们希望在同一个系统上运行两个服务器应用程序，以便进行测试。这里将身份验证服务器保持在默认端口上，即 8080，并将当前应用程序(业务逻辑服务器)的端口更改为 9090。以下代码片段显示了 application.properties 文件的内容：

```
server.port=9090
auth.server.base.url=http://localhost:8080
```

11.4.3 实现 AuthenticationProvider 接口

本节要实现 AuthenticationProvider 类。现在我们有了开始处理身份验证提供程序所需的一切。需要它们，因为这是编写自定义身份验证逻辑的地方。

这里要创建一个名为 UsernamePasswordAuthenticationProvider 的类来提供 UsernamePasswordAuthentication 类型的 Authentication，如代码清单 11.19 所示。因为此处将流程设计为有两个身份验证步骤，并且有一个过滤器负责这两个步骤，所以我们知道身份验证不会在此提供程序处结束。其中使用了带有两个参数的构造函数来构建 Authentication 对象：new UsernamePasswordAuthenticationToken(username, password)。请记住，我们在 11.4.1 节中讨论过，具有两个参数的构造函数不会将对象标记为已经过身份验证。

代码清单 11.19 UsernamePasswordAuthentication 类

```
@Component
public class UsernamePasswordAuthenticationProvider
  implements AuthenticationProvider {
```

```
@Autowired
private AuthenticationServerProxy proxy;

@Override
public Authentication authenticate
                  (Authentication authentication)
                  throws AuthenticationException {

    String username = authentication.getName();
    String password=String.valueOf(authentication.getCredentials());

    proxy.sendAuth(username, password);

    return new UsernamePasswordAuthenticationToken(username,password);
}

@Override
public boolean supports(Class<?> aClass) {
  return UsernamePasswordAuthentication.class.isAssignableFrom(aClass);
}
}
```

◁—— 使用代理调用身份验证服
务器。通过 SMS 短信将
OTP 发送到客户端

为 Authentication 的 UsernamePasswordAuthentication
类型设计此 AuthenticationProvider

代码清单 11.20 给出了为 OtpAuthentication 类型的 Authentication 而设计的身份验证提供程序。这个 AuthenticationProvider 所实现的逻辑很简单。它会调用身份验证服务器来确定 OTP 是否有效。如果 OTP 是正确且有效的,则它将返回一个 Authentication 实例。过滤器会在 HTTP 响应中返回令牌。如果 OTP 不正确,则身份验证提供程序会抛出一个异常。

代码清单 11.20　OtpAuthenticationProvider 类

```
@Component
public class OtpAuthenticationProvider
    implements AuthenticationProvider {

    @Autowired
    private AuthenticationServerProxy proxy;

    @Override
    public Authentication authenticate
```

```
                         (Authentication authentication)
                     throws AuthenticationException {
  String username = authentication.getName();
  String code = String.valueOf(authentication.getCredentials());

  boolean result = proxy.sendOTP(username, code);

  if (result) {
    return new OtpAuthentication(username, code);
  } else {
    throw new BadCredentialsException("Bad credentials.");
  }
}


@Override
public boolean supports(Class<?> aClass) {
  return OtpAuthentication.class.isAssignableFrom(aClass);
}
}
```

11.4.4　实现过滤器

本节将实现要添加到过滤器链中的自定义过滤器。它们的目的是拦截请求并应用身份验证逻辑。这里选择了实现一个过滤器来处理由身份验证服务器完成的身份验证，并且实现另一个过滤器用于基于 JWT 的身份验证。其中要实现一个 InitialAuthenticationFilter 类，它会处理使用身份验证服务器完成的第一个身份验证步骤。

在第一步中，用户要使用其用户名和密码进行身份验证，以接收 OTP(见图 11.18)。图 11.11 和图 11.12 中也包含这些图形，但是这里再次呈现了这些图形，以便你不需要翻回前面的章节去查找它们。

在第二步中，用户发送 OTP 来证明他们确实是他们所声称的身份，在成功身份验证之后，应用程序会为他们提供一个令牌来调用业务逻辑服务器暴露的任何端点(见图 11.19)。

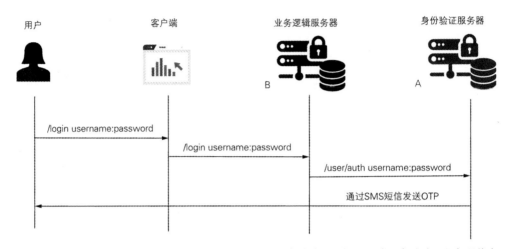

图 11.18 首先，客户端需要使用用户的凭据对用户进行身份验证。如果成功，身份验证服务器将向
用户发送一条带有验证码的 SMS 短信

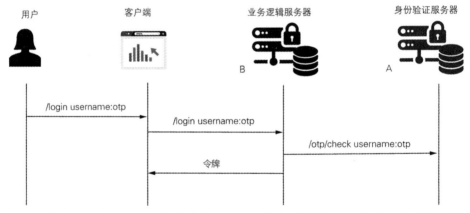

图 11.19 第二个身份验证步骤。用户发送作为第一步身份验证结果的 OTP 验证码。身份验证服务器
验证该 OTP 验证码并向客户端返回一个令牌。客户端使用该令牌访问用户资源。

代码清单 11.21 给出了 InitialAuthenticationFilter 类的定义。其中首先注入了
AuthenticationManager，并将身份验证职责委托给它，重写了 doFilterInternal()方法，
当请求到达过滤器链中的此过滤器时会调用该方法，其中还重写了 shouldNotFilter()
方法。如第 9 章中所述，shouldNotFilter()方法是我们选择扩展 OncePerRequestFilter 类
而不是直接实现 Filter 接口的原因之一。在重写这个方法时，我们定义了过滤器执行
时的一个特定条件。在本示例中，我们希望仅执行/login 路径上的任何请求，并跳过
所有其他请求。

代码清单 11.21　InitialAuthenticationFilter 类

```
@Component
public class InitialAuthenticationFilter
  extends OncePerRequestFilter {

    @Autowired
    private AuthenticationManager manager;          ◁──── 自动装配 AuthenticationManager，
                                                          它将应用正确的身份验证逻辑

    @Override
    protected void doFilterInternal(               ◁──── 重写 doFilterInternal()以根据
        HttpServletRequest request,                      请求要求正确的身份验证
        HttpServletResponse response,
        FilterChain filterChain)
            throws ServletException, IOException {
        // ...
    }

    @Override
    protected boolean shouldNotFilter(
      HttpServletRequest request) {

      return !request.getServletPath()
                      .equals("/login");           ◁──── 仅对/login 路径应用
    }                                                     此过滤器
}
```

在第一个身份验证步骤中，我们要继续编写 InitialAuthenticationFilter 类，在这个步骤中，客户端会发送用户名和密码来获得 OTP。我们假设，如果用户没有发送 OTP(一个验证码)，则必须根据用户名和密码进行身份验证。接下来要从期望的 HTTP 请求头信息中获取所有值，而如果没有发送验证码，则要通过创建 UsernamePassword-Authentication 实例(见代码清单 11.22)并且将验证职责转发给 AuthenticationManager 来调用第一个身份验证步骤。

我们知道(从第 2 章开始就介绍过)接下来，AuthenticationManager 会尝试寻找合适的 AuthenticationProvider。在本示例中，这就是代码清单 11.19 中所编写的 Username-PasswordAuthenticationProvider。它将被触发，因为其 supports()方法声明它接受 UsernamePasswordAuthentication 类型。

代码清单 11.22 实现 UsernamePasswordAuthentication 的逻辑

```
@Component
public class InitialAuthenticationFilter
  extends OncePerRequestFilter {

  // Omitted code

  @Override
  protected void doFilterInternal(
      HttpServletRequest request,
      HttpServletResponse response,
      FilterChain filterChain)
        throws ServletException, IOException {

    String username = request.getHeader("username");
    String password = request.getHeader("password");
    String code = request.getHeader("code");

    if (code == null) {           ◄─── 如果 HTTP 请求不包含 OTP，则会假定必
      Authentication a =               须基于用户名和密码进行身份验证
        new UsernamePasswordAuthentication(username, password);
      manager.authenticate(a);  ◄─────┐
    }                                 使用 UsernamePasswordAuthentication 的
  }                                   实例调用 AuthenticationManager

  // Omitted code
}
```

但是，如果在请求中发送了验证码，则会假设这是第二个身份验证步骤。本示例中将创建一个 OtpAuthentication 对象来调用 AuthenticationManager(见代码清单 11.23)。从代码清单 11.20 的 OtpAuthenticationProvider 类的实现中我们知道，如果身份验证失败，将抛出一个异常。这意味着只有在 OTP 有效时，才会生成 JWT 令牌并将其附加到 HTTP 响应头信息中。

代码清单 11.23 实现 OtpAuthentication 的逻辑

```
@Component
public class InitialAuthenticationFilter
  extends OncePerRequestFilter {
```

```
@Autowired
private AuthenticationManager manager;

@Value("${jwt.signing.key}")
private String signingKey;
```

从属性文件中获取用于对 JWT 令牌签名的密钥值

```
@Override
protected void doFilterInternal(
        HttpServletRequest request,
        HttpServletResponse response,
        FilterChain filterChain)
  throws ServletException, IOException {

  String username = request.getHeader("username");
  String password = request.getHeader("password");
  String code = request.getHeader("code");

  if (code == null) {
    Authentication a =
      new UsernamePasswordAuthentication(username, password);
    manager.authenticate(a);
  } else {
    Authentication a =
      new OtpAuthentication(username, code);

    a = manager.authenticate(a);

    SecretKey key = Keys.hmacShaKeyFor(
      signingKey.getBytes(
        StandardCharsets.UTF_8));

    String jwt = Jwts.builder()
                .setClaims(Map.of("username", username))
                .signWith(key)

                .compact();
```

为 OTP 代码不为 null 的情况添加分支。本示例假定客户端发送了一个 OTP 用于第二个身份验证步骤

对于第二个身份验证步骤，需要创建一个 OtpAuthentication 类型的实例，并将其发送到 AuthenticationManager，后者会为其找到合适的提供程序

构建 JWT 并将已验证用户的用户名存储为其声明之一。这里使用密钥对令牌进行签名

```
                    response.setHeader("Authorization", jwt);  ◁
        }
    }

    // Omitted code
}
```

将令牌添加到 HTTP 响应的 Authorization 头信息中

提示：

这里为示例编写了一个最小的实现，并且跳过了一些细节，比如异常处理和事件记录。这些方面对于现在这个示例并不重要，目前你只要关注 Spring Security 组件和架构即可。不过在真实的应用程序中，还是应该实现所有这些细节。

下面的代码片段构建了 JWT。其中使用了 setClaims() 方法在 JWT 主体中添加一个值，并且使用 signWith() 方法将签名附加到令牌上。对于我们的示例，将使用一个对称密钥来生成签名。

```
SecretKey key = Keys.hmacShaKeyFor(
        signingKey.getBytes(StandardCharsets.UTF_8));

String jwt = Jwts.builder()
                    .setClaims(Map.of("username", username))
                    .signWith(key)
                    .compact();
```

这个密钥只有业务逻辑服务器清楚。业务逻辑服务器会签署令牌，并可以在客户端调用端点时使用相同的密钥验证令牌。为了简化示例，这里将对所有用户使用一个密钥。不过，在实际场景中，可以为每个用户使用不同的密钥。但是作为练习，你也可以更改此应用程序以便使用不同的密钥。为用户使用独立密钥的好处是，如果需要使某个用户的所有令牌失效，只需要更改其密钥即可。

因为是从属性中注入用于对 JWT 签名的密钥的值，所以需要修改 application.properties 文件来定义这个值。本示例的 application.properties 文件现在看起来类似于下一个代码片段中的内容。请记住，如果需要查看这个类的完整内容，可以在项目 ssia-ch11-ex1-s2 中找到其实现。

```
server.port=9090
auth.server.base.url=http://localhost:8080
jwt.signing.key=ymLTU8rq83…
```

接下来还需要添加过滤器来处理除 /login 之外的所有路径上的请求。这个过滤器被命名为 JwtAuthenticationFilter。该过滤器将期望请求的授权 HTTP 头信息中存在 JWT。这个过滤器会通过检查签名来验证 JWT、创建一个经过身份验证的 Authentication 对象，并将其添加到 SecurityContext 中。代码清单 11.24 展示了 JwtAuthenticationFilter 的实现。

代码清单 11.24　JwtAuthenticationFilter 类

```
@Component
public class JwtAuthenticationFilter
  extends OncePerRequestFilter {

  @Value("${jwt.signing.key}")
  private String signingKey;

  @Override
  protected void doFilterInternal(
    HttpServletRequest request,
    HttpServletResponse response,
    FilterChain filterChain)
      throws ServletException, IOException {

    String jwt = request.getHeader("Authorization");

    SecretKey key = Keys.hmacShaKeyFor(
      signingKey.getBytes(StandardCharsets.UTF_8));

    Claims claims = Jwts.parserBuilder()
                        .setSigningKey(key)
                        .build()
                        .parseClaimsJws(jwt)
                        .getBody();

    String username = String.valueOf(claims.get("username"));

    GrantedAuthority a = new SimpleGrantedAuthority("user");
    var auth = new UsernamePasswordAuthentication(
                        username,
                        null,
                        List.of(a));
```

解析令牌以获取声明并验证签名。如果签名无效，则抛出异常

创建添加到 SecurityContext 的 Authentication 实例

```
SecurityContextHolder.getContext()
        .setAuthentication(auth);        ◁────  将 Authentication 对象添加到
                                                SecurityContext 中

    filterChain.doFilter(request, response);  ◁─┐
}                                                │  调用过滤器链中的
                                                 │  下一个过滤器

@Override
protected boolean shouldNotFilter(
  HttpServletRequest request) {

    return request.getServletPath()
                .equals("/login");     ◁──┐
}                                          │  将此过滤器配置为在请
}                                          │  求/login 路径时不触发
```

提示：

签名的 JWT 也称为 JWS(JSON Web Token Signed)。这就是我们使用的方法名称为 parseClaimsJws()的原因。

11.4.5　编写安全性配置

本节将通过定义安全性配置(见代码清单 11.25)来完成本应用程序的编写。这里必须进行一些配置，这样整个应用程序才算完整。

(1) 如第 9 章所述，将过滤器添加到过滤器链中。

(2) 禁用 CSRF 防护，因为如第 10 章所述，这在使用不同的源时并不适用。这里将使用 JWT 替代使用 CSRF 令牌进行的验证。

(3) 添加 AuthenticationProvider 对象，以便 AuthenticationManager 获知它们。

(4) 使用匹配器方法配置所有需要进行身份验证的请求，如第 8 章介绍的那样。

(5) 在 Spring 上下文中添加 AuthenticationManager bean，以便可以从 Initial-AuthenticationFilter 类注入它。

代码清单 11.25　SecurityConfig 类

```
@Configuration                                扩展 WebSecurityConfigurerAdapter
public class SecurityConfig                   以重写用于安全性配置的 configure()
   extends WebSecurityConfigurerAdapter {  ◁──┘ 方法
```

```
@Autowired
private InitialAuthenticationFilter initialAuthenticationFilter;

@Autowired
private JwtAuthenticationFilter jwtAuthenticationFilter;

@Autowired
private OtpAuthenticationProvider otpAuthenticationProvider;

@Autowired
private UsernamePasswordAuthenticationProvider
➥usernamePasswordAuthenticationProvider;
```

自动装配在配置
中设置的过滤器
和身份验证提供
程序

```
@Override
protected void configure(
  AuthenticationManagerBuilder auth) {

  auth.authenticationProvider(
        otpAuthenticationProvider)
      .authenticationProvider(
        usernamePasswordAuthenticationProvider);
}
```

将这两个身份验证提
供程序配置到身份验
证管理器

```
@Override
protected void configure(HttpSecurity http)
  throws Exception {
```

禁用 CSRF 防护

```
  http.csrf().disable();

  http.addFilterAt(
        initialAuthenticationFilter,
        BasicAuthenticationFilter.class)
      .addFilterAfter(
        jwtAuthenticationFilter,
        BasicAuthenticationFilter.class
      );
```

将这两个自定义
过滤器添加到过
滤器链中

```
http.authorizeRequests()
        .anyRequest()
        .authenticated();
```

确保所有请求都经
过身份验证

```
    }

    @Override
    @Bean
    protected AuthenticationManager authenticationManager()
      throws Exception {
        return super.authenticationManager();
    }
}
```

将 AuthenticationManager 添加到
Spring 上下文，以便可以从过滤器
类自动装配它

11.4.6 测试整个系统

本节将测试业务逻辑服务器的实现。既然一切就绪，那么现在应该运行系统的两个组件，也就是身份验证服务器和业务逻辑服务器，并检查我们的自定义身份验证和授权，以确定其是否按预期工作。

对于本示例，我们在 11.3 节中添加了一个用户并检查了身份验证服务器是否正常工作。现在可以尝试身份验证的第一步，这需要使用在 11.3 节中添加的用户来访问业务逻辑服务器暴露的端点。身份验证服务器将打开端口 8080，业务逻辑服务器则使用端口 9090，这是之前在业务逻辑服务器的 application.properties 文件中配置的端口。下面是 cURL 调用：

```
curl -H "username:danielle" -H "password:12345"
http://localhost:9090/login
```

调用/login 端点并提供正确的用户名和密码后，需要在数据库中检查所生成的 OTP 值。这应该是 otp 表中的一条记录，其中用户名字段的值是 danielle。就这里而言，有以下记录。

```
Username: danielle
Code: 6271
```

假设这个 OTP 是通过 SMS 短信发送的，并且用户接收到了。需要将它用于第二个身份验证步骤。下一个代码片段中的 cURL 命令展示了如何调用/login 端点来执行第二个身份验证步骤。其中还添加了-v 选项来查看响应头，我们希望在那里找到 JWT。

```
curl -v -H "username:danielle" -H "code:6271"
http://localhost:9090/login
```

其(部分)响应是

```
. . .
< HTTP/1.1 200
< Authorization:
    eyJhbGciOiJIUzI1NiJ9.eyJ1c2VybmFtZSI6ImRhbmllbGGxlIn0.
    wg6LFProg7s_KvFxvnY GiZF-Mj4rr-0nJA1tVGZNn8U
. . .
```

JWT 就在所预期的位置：在授权响应头信息中。接下来，需要使用获得的令牌调用/test 端点。

```
curl -H "Authorization:eyJhbGciOiJIUzI1NiJ9.eyJ1c2VybmFtZSI6
ImRhbmllbGGxlIn0.wg6LFProg7s_KvFxvnYGiZF-Mj4rr-0nJA1tVGZNn8U"
    http://localhost:9090/test
```

其响应体是：

```
Test
```

太棒了！我们已经完成了第二个动手实践章节！我们成功地编写了整个后端系统，并通过编写自定义身份验证和授权来保护其资源。我们甚至还使用了 JWT，这将使我们向前迈出重要的一步，并为下一章即将到来的内容做好准备——OAuth 2 流程。

11.5 本章小结

- 在实现自定义身份验证和授权时，始终要依赖 Spring Security 提供的契约。它们是 AuthenticationProvider、AuthenticationManager、UserDetailsService 等。这种方法有助于实现一个更容易理解的架构，并使应用程序更不易出错。
- 令牌是用户的标识符。它可以具有任何实现，只要服务器在它被生成后能够识别它即可。现实场景中令牌的例子有门禁卡、门票或在博物馆入口处收到的票据。
- 虽然应用程序可以使用简单的通用唯一标识符(UUID)作为令牌实现，但更常用的是被实现为 JSON Web Token(JWT)的令牌。JWT 有多个优点：它们可以存储请求上所交换的数据，并且可以对它们进行签名，以确保它们在传输时没有被更改。
- JWT 令牌可以签名，也可以完全加密。签名的 JWT 令牌被称为签名的 JSON Web Token Signed(JWS)，其详细信息也被加密的 JWT 令牌则被称为 JSON Web Token Encrypted(JWE)。

- 应该避免在 JWT 中存储太多详细信息。在签名或加密时，令牌越长，则需要对其签名或加密所花费的时间就越多。另外，请记住，需要在 HTTP 请求的头信息中发送令牌。令牌越长，则添加到每个请求的数据就越多，而这可能会影响应用程序的性能。

- 我们都倾向于将系统中的职责解耦，以使其更易于维护和扩展。出于这个原因，对于本动手实践示例，我们在另一个应用程序中分离了身份验证过程，它被称之为身份验证服务器。服务于客户端的后端应用程序被称为业务逻辑服务器，在需要对客户端进行身份验证时将使用单独的身份验证服务器。

- 多重身份验证(MFA)是一种身份验证策略，在这种策略中，为了访问资源，用户被要求以不同的方式进行多次身份验证。在本示例中，用户必须使用他们的用户名和密码，然后通过验证经由 SMS 短信接收到的 OTP 来证明他们能够访问特定的电话号码。通过这种方式，可以更好地保护用户资源，防止凭据被盗。

- 在许多情况下，解决问题的好方法都有多种。应该总是考虑所有可能的解决方案，如果时间允许，则实现所有选项的概念验证，以了解哪一个更适合我们的场景。

第*12*章

OAuth 2 的运行机制

本章内容如下：
- OAuth 2 概述
- OAuth 2 规范的实现介绍
- 构建一个使用单点登录的 OAuth 2 应用程序

如果你已经使用过 OAuth 2，则一定会想：OAuth 2 框架是一个庞大的主题，可能需要一本书来介绍。的确如此，但在接下来的 4 章中，将介绍关于将 OAuth 2 应用到 Spring Security 中所需要知道的一切知识。本章首先将对其进行概要介绍，你会发现 OAuth 2 框架中的主要参与者是用户、客户端、资源服务器和授权服务器。在概要介绍之后，将讲解如何使用 Spring Security 实现客户端。然后，在第 13~15 章中，将讨论最后两个组件的实现：资源服务器和授权服务器。其中将介绍一些示例和应用程序，它们可以适用于任何现实场景。

为此，本章将讨论 OAuth 2 是什么，然后将会把它应用到一个关注使用单点登录 (SSO)进行身份验证的应用程序上。这里之所以选用 SSO 示例来讲解这个主题，是因为它非常简单，但也非常有用。它提供了 OAuth 2 的简要应用场景，并让我们可以非常贴合地实现一个完整的有效应用程序，而不必编写太多代码。

在第 13~15 章中，我们将在代码示例中应用本章所涵盖的内容，这些代码示例已经在本书的前几章中做过介绍。在完成了这 4 章的阅读之后，你将会对在应用程序中使用 Spring Security 实现 OAuth 2 所需要的处理有一个很好的概要了解。

由于 OAuth 2 是一个很大的主题，因此这里将在适当的时候引用有可能很重要的不同资源。不过也不会让你觉得学习起来有很大的难度(或者至少不会故意如此)。Spring Security 使得使用 OAuth 2 开发应用程序变得容易。入门所需的唯一先决条件是本书的第 2~11 章，在这些章节中，我们学习了 Spring Security 中身份验证和授权的通用架构。接下来将要讨论基于 Spring Security 的标准授权和身份验证架构的 OAuth 2 实现。

12.1　OAuth 2 框架

本节将讨论 OAuth 2 框架。如今，OAuth 2 通常用于保护 Web 应用程序，你可能已经听说过它了。很有可能在实际环境中就需要在应用程序中应用 OAuth 2。这就是需要讨论使用 Spring Security 在 Spring 应用程序中应用 OAuth 2 的原因。接下来会介绍一些理论知识，然后将其应用到一个使用 SSO 的应用程序中。

在大多数情况下，OAuth 2 被称为授权框架(或规范框架)，其主要目的是允许第三方网站或应用程序访问资源。有时人们也把 OAuth 2 称为一项委托协议。无论如何称呼它，重要的是要记住 OAuth 2 不是一个特定的实现或库。也可以将 OAuth 2 流程定义应用于其他平台、工具或语言。本书将介绍如何实现 OAuth 2 与 Spring Boot 和 Spring Security 的集成应用。

我认为理解 OAuth 2 是什么及其有用与否的一个很好方法就是使用本书中分析过的示例来展开讨论。到目前为止，可以在许多示例中看到的最简单的身份验证方法是 HTTP Basic 身份验证方法。有了它支撑系统功能是否就足够了，我们是不是就不需要增加更多的复杂性了？并非如此。对于 HTTP Basic 身份验证，有以下两个问题需要考虑：

- 为每个请求发送凭据(见图 12.1)。
- 由单独的系统管理用户的凭据。

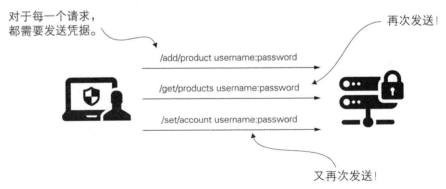

图 12.1　在使用 HTTP Basic 身份验证时，需要对所有请求发送凭据并重复身份验证逻辑。这种方法意味着常常要在网络上共享凭据

为每个请求发送凭据可能只适用于隔离环境的情况，但这通常是不可取的，因为这意味着：

- 需要经常在网络上共享凭据。
- 让客户端(就 Web 应用程序而言就是浏览器)以某种方式存储凭据，以便客户端可以将这些凭据发送到服务器，并请求进行身份验证和授权。

我们希望在应用程序的架构中去掉这两点，因为它们会使凭据变成漏洞，从而削弱安全性。通常，我们会希望有一个单独的系统管理用户凭据。假设我们必须为组织中使用的所有应用程序配置和使用单独的凭据(见图 12.2)。

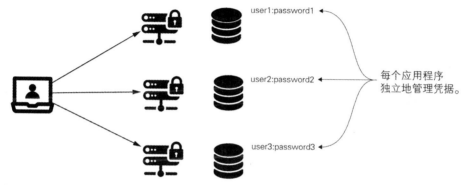

图 12.2　在组织中，通常会使用多个应用程序。其中大多数需要用户进行身份验证才能使用。用户需要记住多个密码，组织要管理多个凭据集，这将是一项挑战

如果将凭据管理的职责隔离在系统的一个组件中会更好。目前，我们将其称为授权服务器(见图 12.3)。

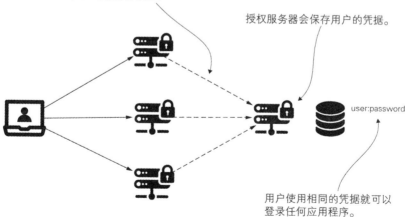

图 12.3　更易于维护的架构会将凭据单独保存，并允许所有应用程序为其用户使用同一组凭据

这种方法消除了表示同一个人的重复凭据。通过这种方式，架构将变得更简单、更易于维护。

12.2　OAuth 2 身份验证架构的组件

本节将讨论在 OAuth 2 身份验证实现中发挥作用的组件。我们需要了解这些组件以及它们所扮演的角色，因为接下来的几节中将会提及它们。在本书的其余内容中，在编写与 OAuth 2 相关的实现时，也将涉及它们。但是本节将只讨论这些组件是什么以及它们的用途(见图 12.4)。如 12.3 节所述，这些组件之间有更多的 "对话" 方式。12.3 节还将介绍引发这些组件之间不同交互的不同流程。

如前所述，OAuth 2 组件包括：

- 资源服务器——托管用户所拥有资源的应用程序。资源可以是用户的数据或他们被授权的操作。
- 用户(也称为资源所有者)——拥有由资源服务器暴露的资源的个体。用户通常有一个用户名和密码，他们用用户名和密码标识自己。

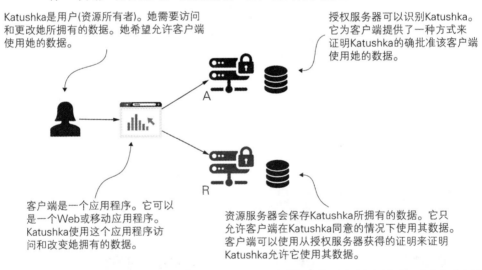

Katushka是用户(资源所有者)。她需要访问和更改她所拥有的数据。她希望允许客户端使用她的数据。

授权服务器可以识别Katushka。它为客户端提供了一种方式来证明Katushka的确批准该客户端使用她的数据。

客户端是一个应用程序。它可以是一个Web或移动应用程序。Katushka使用这个应用程序访问和改变她拥有的数据。

资源服务器会保存Katushka所拥有的数据。它只允许客户端在Katushka同意的情况下使用其数据。客户端可以使用从授权服务器获得的证明来证明Katushka允许它使用其数据。

图 12.4　OAuth 2 架构的主要组件是资源所有者、客户端、授权服务器和资源服务器。它们每个都有自己的职责，这在身份验证和授权过程中非常重要

- 客户端——以用户名义访问用户所拥有的资源的应用程序。客户端使用客户端 ID 和客户端密钥来标识自己。请注意，这些凭据与用户凭据不同。客户端在发出请求时需要自己的凭据来标识自己。

- 授权服务器——授权客户端访问由资源服务器暴露的用户资源的应用程序。当授权服务器决定授权客户端以用户名义访问资源时，它会发出一个令牌。客户端使用此令牌向资源服务器证明它已被授权服务器授权。如果它有一个有效的令牌，则资源服务器将允许客户端访问它请求的资源。

12.3　使用 OAuth 2 的实现选项

本节将讨论如何根据应用程序的架构来应用 OAuth 2。如之前所述，OAuth 2 意味着多个可能的身份验证流程，我们需要知道哪一个适用于所面对的情况。本节将选取最常见的情况并对这些可能的流程进行评估。在开始第一个实现之前这样做是很重要的，这样我们就会知道要实现的是什么。

那么 OAuth 2 是如何工作的呢？实现 OAuth 2 认证和授权意味着什么？OAuth 2 主要是指使用令牌进行授权。11.2 节中介绍过，令牌就像门禁卡一样。一旦获得令牌，就可以访问特定的资源。但是 OAuth 2 提供了多种可能性以便获取令牌也称为授权。以下是可以选择的最常见的 OAuth 2 授权方式。

- 授权码
- 密码
- 刷新令牌
- 客户端凭据

在开始实现时，需要选择授权方式。那么可以随意选择吗？当然不是。我们需要知道如何为每种类型的授权创建令牌。然后，根据应用程序需求，选择其中之一。接下来要逐个对其进行分析，看看它适用于什么地方。也可以在 Justin Richer 和 Antonio Sanso 撰著的 *OAuth 2 In Action* 一书(Manning, 2017)的 6.1 节中找到对授权类型的精彩讨论。

```
https://livebook.manning.com/book/oauth-2-in-action/chapter-6/6
```

12.3.1　实现授权码授权类型

本节将讨论授权码授权类型(见图 12.5)。我们还将在 12.5 节中要实现的应用程序中使用它。这种授权类型是最常用的 OAuth 2 流程之一，因此理解它的工作原理以及如何应用它非常重要。在实际开发的应用程序中使用它的可能性很大。

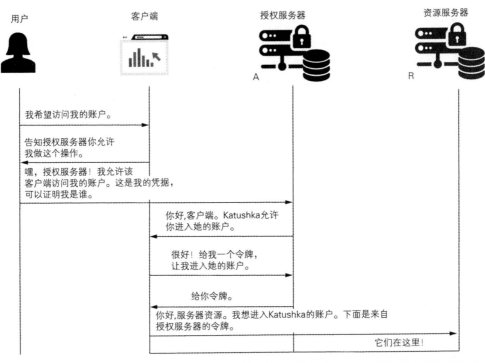

图 12.5 授权代码授权类型。客户端会要求用户直接与授权服务器交互，以便为其授予用户请求的权限。在授权之后，授权服务器会发出令牌，这样客户端就可以使用该令牌访问用户的资源

提示：

图 12.5 中的箭头不一定表示 HTTP 请求和响应。这些箭头表示 OAuth 2 的参与者之间交换的消息。例如，当客户端告知用户(图顶部第 2 个箭头)"告知授权服务器你允许我做这个操作"时，客户端就会将用户重定向到授权服务器登录页面。当授权服务器向客户端提供访问令牌时，授权服务器实际上会根据所谓的重定向 URI 来调用客户端。第 12~15 章将讲解所有这些细节，现在不用担心它们。这里想让你知道的是，这些序列图不仅仅表示 HTTP 请求和响应。它们是对 OAuth 2 参与者之间通信的简化描述。

下面是授权码授权类型的工作方式。接下来将深入讲解每个步骤的细节。

(1) 发出身份验证请求

(2) 获取访问令牌

(3) 调用受保护的资源

步骤 1：使用授权码授权类型发出身份验证请求

客户端将用户重定向到需要进行身份验证的授权服务器端点。假设我们正在使用

应用程序 X，并且需要访问一个受保护的资源。为了访问该资源，应用程序 X 需要我们进行身份验证。它会打开一个授权服务器上的页面，其中包含登录表单，我们必须用凭据填写该表单。

提示：

这里真正需要注意的是，用户会直接与授权服务器交互。用户不会向客户端应用程序发送凭据。

从技术上讲，这里发生的处理是，当客户端将用户重定向到授权服务器时，客户端会调用授权端点，并在请求查询中使用以下详细信息。

- 带有 code 值的 response_type，它会告知授权服务器客户端需要一个授权码。客户端需要该授权码用来获取访问令牌，第(2)步中将会介绍。
- client_id 具有客户端 ID 的值，它会标识应用程序本身。
- redirect_uri，它会告知授权服务器在成功进行身份验证之后将用户重定向到何处。有时授权服务器已经知道每个客户端的默认重定向 URI。由于这个原因，客户端不需要发送重定向 URI。
- scope，它类似于第 5 章讨论的被授予的权限。
- state，它定义了一个跨站请求伪造(CSRF)令牌，用于第 10 章讨论过的 CSRF 防护。

身份验证成功后，授权服务器将根据重定向 URI 回调客户端，并提供授权码和状态值。客户端要检查状态值是否与它在请求中发送的状态值相同，以确认不是其他人试图调用重定向 URI。之后客户端会使用授权码获取第(2)步中所示的访问令牌。

步骤 2：使用授权码授权类型获取访问令牌

为了允许用户访问资源，第(1)步所产生的授权码就是经过身份验证的用户的客户端证明。没错，这就是它被称为授权码授权类型的原因。现在客户端将使用该授权码调用授权服务器以获取令牌。

提示：

在第(1)步中，交互发生在用户和授权服务器之间。而在这个步骤中，交互是在客户端和授权服务器之间进行的(见图 12.6)。

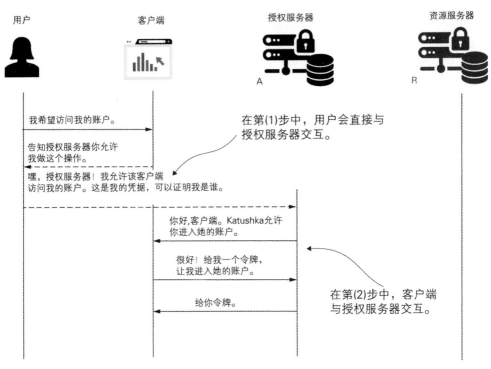

图 12.6 第(1)步意味着用户和授权服务器之间的直接交互。在这第(2)步中，客户端会从授权服务器
请求访问令牌，并提供在步骤 1 中获得的授权码

在许多情况下，前两个步骤会造成混淆。人们通常会感到困惑，为什么流程需要对授权服务器进行两次调用并且得到两个不同的令牌——授权码和访问令牌。花点时间理解这一点：

- 授权服务器生成第一个授权码作为用户直接与之交互的证明。客户端接收到此授权码，并且必须再次使用该授权码及其凭据进行身份验证，以获得访问令牌。
- 客户端使用第二个令牌访问资源服务器上的资源。

那么授权服务器为什么不直接返回第二个令牌(访问令牌)呢？OAuth 2 定义了一个被称为隐式授权类型的流程，授权服务器会在其中直接返回访问令牌。该隐式授权类型在本节中没有列举，因为不建议使用，而且如今大多数授权服务器都不允许使用。授权服务器将使用访问令牌直接调用重定向 URI，而不会确保接收该令牌的确实是正确的客户端，这一简单事实会降低流程的安全性。通过首先发送授权码，客户端必须再次使用其凭据来证明其身份，以便获得访问令牌。客户端会进行最后一次调用以获取访问令牌并在其中发送：

- 授权码，这会证明用户对客户端进行了授权。

- 客户端的凭据，这将证明它们确实是同一个客户端，而不是其他人截获了授权码。

回到步骤 2，从技术上讲，客户端现在会向授权服务器发出请求。该请求包含以下详细信息：

- code，这是步骤 1 中接收到的授权码。这将证明用户经过了身份验证。
- client_id 和 client_secret，它们是客户端的凭据。
- redirect_uri，它与步骤 1 中用于验证的重定向 URI 相同。
- 具有 authorization_code 值的 grant_type，它会标识所使用的流程的类型。服务器可能支持多个流程，因此必须始终指定当前要执行哪个身份验证流程。

作为响应，服务器会返回一个 access_token。这个令牌是一个客户端可用来调用由资源服务器暴露的资源的值。

步骤 3：使用授权码授权类型调用受保护资源

在成功地从授权服务器获得访问令牌之后，客户端现在就可以调用受保护的资源了。在调用资源服务器的端点时，客户端要在授权请求头中使用访问令牌。

授权类型授权码的类比

这里将对这个流程进行一个类比，作为本节的结束。有时我会从光顾过多年的一家小店买书。我必须提前订好书，然后几天后再取。但是这家店并不位于我每天的通勤路线上，所以有时我不能自己去取书。通常我会请住在我附近的朋友去那里帮我取。当我的朋友向这家店索要我订购的书时，书店的那位女士会打电话确认我派人来取书了。在我确认后，我的朋友将收到包裹，并在当天晚些时候把它带给我。

在这个类比中，书籍就是资源。我拥有它们，所以我是用户(资源所有者)。我的客户端就为我取书的朋友。卖书的女士是授权服务器(也可以将她或书店视为资源服务器)。注意，为了向我的朋友(客户端)授予取书(资源)的权限，销售图书的女士(授权服务器)会直接给我(用户)打电话。这个类比描述了授权码和隐式授权类型的过程。当然，因为这个故事中没有使用令牌，所以这个类比是片面的，并且描述了前面所说的两种情况。

提示：

授权码授权类型的最大优点是让用户可以允许客户端执行特定的操作，而不需要与客户端共享其凭据。但是这种授权类型有一个缺点：如果有人截获授权码，会发生什么？当然，如之前所述，客户端需要使用其凭据进行身份验证。但是，如果客户端凭据也以某种方式被盗了呢？即使这种情况不容易出现，我们也可以认为它是这种授权类型的漏洞。要避免此漏洞，就需要借助由 Proof Key for Code Exchange(PKCE)授权码授权类型所提供的更复杂的场景。可以直接在 RFC 7636：
https://tools.ietf.org/html/rfc7636 处找到对 PKCE 授权码授权类型的绝佳描述。为了更好
地讨论这个主题，建议你阅读 Neil Madden 撰著的 *API Security in Action* (Manning, 2020)
一书的 7.3.2 节：http://mng.bz/nzvV。

12.3.2   实现密码授权类型

本节将讨论密码授权类型(见图 12.7)。此授权类型也被称为资源所有者凭据授权
类型。使用此流程的应用程序会假定客户端收集用户凭据，并使用这些凭据进行身份
验证，然后从授权服务器获得访问令牌。

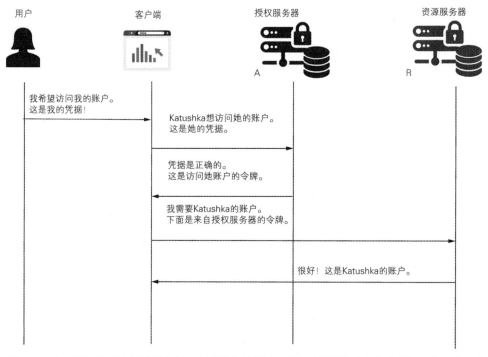

图 12.7   密码授权类型会假设用户与客户端共享其凭据。客户端使用这些凭据从授权服务器获取令
牌。然后，它会以用户名义从资源服务器访问资源

还记得第 11 章的动手实践示例吗？其中实现的架构与密码授权类型非常接近。在
第 13~15 章中，我们还将使用 Spring Security 实现一个真正的 OAuth 2 密码授权类型
的架构。

提示：
此时，你可能想知道资源服务器如何知道令牌是否有效。在第 13 和 14 章中，我

们将讨论资源服务器用来验证令牌的方法。目前，你应该专注于授权类型的讨论，因为这里只会讨论授权服务器如何发出访问令牌。

只有在客户端和授权服务器由同一组织构建和维护时，才应该使用此身份验证流程。为什么？假设构建了一个微服务系统，并决定将身份验证职责分离到另一个微服务，以增强可扩展性并且保持每个服务的职责分离(这种分离被广泛应用于许多系统中)。

进一步假设系统用户使用的是一个客户端 Web 应用程序，它使用的前端框架是 Angular、ReactJS 或 Vue，或者假设用户使用的是一个移动应用程序。在这种情况下，用户可能会觉得从我们的系统被重定向到同一个系统进行身份验证然后再返回会很奇怪。这就是使用像授权码授权类型这样的流程会发生的情况。对于密码授权类型，我们应该期望应用程序向用户提供一个登录表单，并让客户端负责向服务器发送凭据以进行身份验证。用户不需要知道我们如何在应用程序中设计身份验证职责。让我们看看使用密码授权类型时会发生什么。涉及的两项任务如下：

(1) 请求一个访问令牌。

(2) 使用该访问令牌调用资源。

步骤 1：使用密码授权类型时请求访问令牌

使用密码授权类型时，流程会简单得多。客户端会收集用户凭据并调用授权服务器来获取访问令牌。当请求访问令牌时，客户端还会在请求中发送以下详细信息：

- 具有 password 值的 grant_type。
- client_id 和 client_secret，它们是客户端用于对其自身进行身份验证的凭据。
- scope，可以将其理解为已授权权限。
- username 和 password，它们是用户凭据。会以纯文本的形式将其作为请求头的值来发送。

客户端在响应中接收回一个访问令牌。接下来客户端就可以使用该访问令牌调用资源服务器的端点。

步骤 2：使用密码授权类型时，需要使用访问令牌调用资源

一旦客户端有了访问令牌，它就可以使用该令牌调用资源服务器上的端点，这与授权码授权类型完全相同。客户端要在授权请求头中将访问令牌添加到请求。

密码授权类型的类比

回想一下 12.3.1 节中所做的类比，假设卖书的女士没有打电话给我确认我想让我的朋友得到这些书。相反，我会把我的身份证给我的朋友，以证明我委托我的朋友来拿书。看出不同了吗？在这个流程中，我需要与客户端共享我的 ID(凭据)。由于这个原因，我们认为这种授权类型只适用于资源所有者"信任"客户端的情况。

提示:

密码授权类型比授权码授权类型更不安全，主要是因为其前提是要与客户端应用程序共享用户凭据。虽然它确实比授权码授权类型更加简单明了，基于这一主要原因，它也存在于很多理论示例中，但我们要尽量避免在实际场景使用这种授权类型。即使授权服务器和客户端都是由同一组织构建的，也应该首先考虑使用授权码授权类型，而将密码授权类型作为第二个选项。

12.3.3 实现客户端凭据授权类型

本节将讨论客户端凭据授权类型(见图 12.8)。这是 OAuth 2 所描述的最简单的授权类型。可以在用户不参与的情况下使用它；也就是说，在两个应用程序之间实现身份验证时不需要用户参与。可以将客户端凭据授权类型看作密码授权类型和 API 密钥身份验证流程的组合。假设有一个使用 OAuth 2 实现身份验证的系统。现在需要允许外部服务器进行身份验证并调用服务器暴露的特定资源。

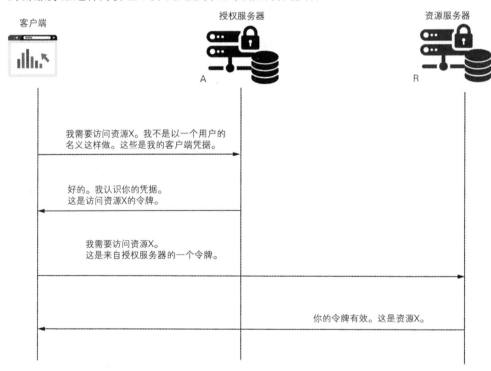

图 12.8 客户端凭据授权类型。如果客户端需要访问资源，但并不以资源所有者的名义去访问，则可以使用此流程。这些资源可以是不属于用户的端点

第 9 章讨论了过滤器的实现。其中介绍了如何创建自定义过滤器，以便在身份验证过程中使用 API 密钥增强其实现。这里仍然可以使用 OAuth 2 流程应用此方法。如果我们的实现使用 OAuth 2，那么毫无疑问，在任何情况下，使用 OAuth 2 框架都要比在 OAuth 2 框架之外添加一个自定义过滤器的做法更为干净利落。

客户端凭据授权类型的步骤与密码授权类型类似。唯一的例外是对访问令牌的请求不需要任何用户凭据。以下是实现这一授权类型的步骤：

(1) 请求访问令牌。

(2) 使用该访问令牌调用资源。

步骤 1：使用客户端凭据授权类型请求访问令牌

为了获得访问令牌，客户端要向授权服务器发送一个包含以下详细信息的请求。

- 具有 client_credentials 值的 grant_type；
- client_id 和 client_secret，它们代表了客户端凭据；
- scope，它表示已授权的权限。

作为响应，客户端将接收到一个访问令牌。接下来客户端可以使用该访问令牌调用资源服务器的端点。

步骤 2：使用客户端凭据授权类型时，用访问令牌调用资源

一旦客户端有了访问令牌，它就可以使用该令牌调用资源服务器上的端点，这与授权码授权类型和密码授权类型完全相同。客户端要在授权请求头中将访问令牌添加到请求。

12.3.4　使用刷新令牌获得新的访问令牌

本节将讨论刷新令牌(见图 12.9)。到目前为止，本节已经介绍了 OAuth 2 流程(也称为授权)的结果是一个访问令牌。但其中并没有过多谈论这个令牌本身。归根结底，OAuth 2 并没有为令牌预设一个特定的实现。接下来将会介绍，无论如何实现，令牌都可能过期。这并不是强制的——可以创建具有无限生命周期的令牌——但是，一般来说，都应该使其生命周期尽可能短。本节将讨论的刷新令牌代表了使用凭据获取新访问令牌的另一种选择。这里将展示在 OAuth 2 中刷新令牌是如何工作的，第 13 章还会通过一个应用程序实现它们。

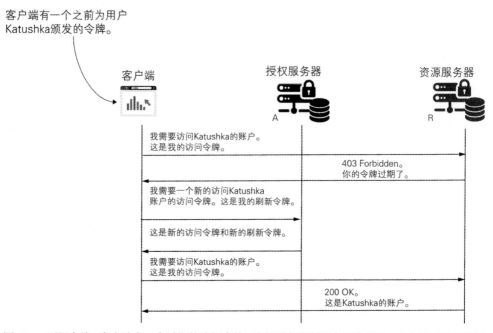

图 12.9 刷新令牌。客户端有一个过期的访问令牌。为了避免强制用户再次登录，客户端要使用刷新令牌发出新的访问令牌

假设在应用程序中实现了永远不会过期的令牌。这意味着客户端可以一次又一次地使用相同的令牌调用资源服务器上的资源。那么如果令牌被偷了，该怎么办？最后，不要忘记令牌作为一个简单的 HTTP 头信息被附加在每个请求上。如果令牌没有过期，得到令牌的人就可以使用它访问资源。不会过期的令牌太强大了。它变得几乎和用户凭据一样强大。应该避免这种情况，并缩短令牌的生命周期。这样，过期的令牌就不能再使用了。客户端必须获得另一个访问令牌。

要获得新的访问令牌，客户端可以根据所使用的授权类型重新运行流程。例如，如果授权类型是身份验证授权码，则客户端会将用户重定向到授权服务器登录端点，用户必须再次填写他们的用户名和密码。这对用户不太友好，是吗？假设这个令牌的生命周期只有 20 分钟，而用户在这个在线应用程序上工作了两个小时。那么在这段时间里，这个应用程序会将用户重定向回去 6 次，以便再次登录。(哦，不！那个应用程序又把我注销了！)为了避免重新进行身份验证，授权服务器可以发出刷新令牌，它的值和用途与访问令牌不同。应用程序使用刷新令牌获得一个新的访问令牌，而不必重新进行身份验证。

在密码授权类型中，刷新令牌也比重新进行身份验证有优势。即使使用密码授权类型，如果不使用刷新令牌，也必须要求用户再次进行身份验证或存储他们的凭据。

在使用密码授权类型时存储用户凭据是可能会犯的最大错误之一！在有些实际的应用程序中使用过这种方法！不要这样做！如果存储用户名和密码(假设将它们保存为明文或可逆的格式，因为必须要能够重用它们)，则会暴露这些凭据。刷新令牌可以帮助我们轻松安全地解决这个问题。我们可以存储一个刷新令牌，并在需要时使用它获取新的访问令牌，而不是不安全地存储凭据，也不需要每次都重定向用户。存储刷新令牌更安全，因为如果发现它已暴露，则可以撤销它。此外，不要忘记，人们倾向于对多个应用程序使用相同的凭据。因此，丢失凭据比丢失可用于特定应用程序的令牌更加糟糕。

最后，让我们看看如何使用刷新令牌。要从哪里获得刷新令牌呢？当使用授权码或密码授权类型等流程时，授权服务器将返回一个刷新令牌和一个访问令牌。对于客户端凭据授权，则不存在刷新令牌，因为此流程不需要用户凭据。一旦客户端有了一个刷新令牌，那么当访问令牌过期时，客户端应该发出一个包含以下详细信息的请求。

- 具有 refresh_token 值的 grant_type；
- 具有刷新令牌值的 refresh_token；
- 具有客户端凭据的 client_id 和 client_secret；
- scope，它定义了相同或更少的授权权限。如果需要授权更多已授予的权限，则需要进行重新身份验证。

为了响应此请求，授权服务器会发出一个新的访问令牌和一个新的刷新令牌。

12.4　OAuth 2 的弱点

本节将讨论 OAuth 2 身份验证和授权可能存在的漏洞。理解在使用 OAuth 2 时可能出现的错误是很重要的，这样就可以避免这些情况。当然，就像软件开发中的其他方面一样，OAuth 2 并不是无懈可击的。它有其弱点，我们必须意识到这些弱点，并且在构建应用程序时必须考虑这些弱点。这里列举一些最常见的：

- 在客户端上使用跨站请求伪造(CSRF)——用户已登录时，如果应用程序没有应用任何 CSRF 防护机制，则可能会遇到 CSRF。第 10 章对 Spring Security 实现的 CSRF 防护进行过很好的讨论。
- 窃取客户端凭据——存储或传输未受保护的凭据会造成损失，使攻击者得以窃取和使用它们。
- 重放令牌——第 13 和 14 章将介绍，令牌是 OAuth 2 身份验证和授权架构中用来访问资源的密钥。这些信息是通过网络发送的，但有时候，它们可能会被拦截。如果被截获，它们就被窃取了，并且可能再次使用。想象一下，如果你把你家前门的钥匙弄丢了，会发生什么呢？其他人可以用它打开门，想打开多少次都可以(也就是重放)。第 14 章将讲解更多关于令牌和如何避免令牌重放的内容。

- 令牌劫持——意味着有人入侵身份验证过程并窃取可以用来访问资源的令牌。这也是使用刷新令牌的一个潜在漏洞，因为这些令牌也可以被拦截并用于获得新的访问令牌。这里推荐一篇有用的文章：

http://blog.intothesymmetry.com/2015/06/on-oauth-token-hijacks-for-fun-and.html

请记住，OAuth 2 是一个框架。这些漏洞是错误地在其上实现功能的结果。使用 Spring Security 已经帮助我们避免了应用程序中的大部分漏洞。在使用 Spring Security 实现应用程序时，如本章所述，我们需要设置配置，但是需要依赖 Spring Security 所实现的流程。

要了解更多关于 OAuth 2 框架漏洞的细节，以及恶意人士如何利用它们，可以在 Justin Richer 和 Antonio Sanso 撰著的 *OAuth 2 In Action* (Manning，2017)一书的第 3 部分中找到精彩的讨论。以下是其链接：

https://livebook.manning.com/book/oauth-2-in-action/part-3

12.5　实现一个简单的单点登录应用程序

本节将实现本书中第一个使用带有 Spring Boot 和 Spring Security 的 OAuth 2 框架的应用程序。这个示例将展示如何将 OAuth 2 应用到 Spring Security 中，并阐释你需要了解的一些首批契约的内容。顾名思义，单点登录(SSO)应用程序是通过授权服务器进行身份验证的应用程序，然后将使用刷新令牌让用户保持登录状态。在我们的示例中，它只代表来自 OAuth 2 架构的客户端。

在这个应用程序中(见图 12.10)，我们要使用 GitHub 作为授权和资源服务器，并重点关注使用授权码授权类型的组件之间的通信。第 13 和 14 章将在 OAuth 2 架构中实现一个授权服务器和一个资源服务器。

用户(资源所有者)在浏览器中会被重定
向以使用GitHub进行登录。

这里主要使用GitHub作为授权服务器。但是，
当它向应用程序(客户端)提供关于用户的详细
信息时，它也扮演了资源服务器的角色。

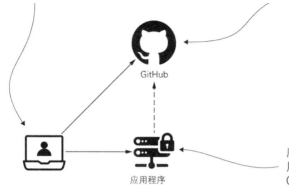

应用程序使用授权码授权对
用户进行重定向以便使用
GitHub进行登录。

图 12.10　该应用程序在 OAuth 2 架构中扮演客户端角色。我们使用 GitHub 作为授权服务器，但它也
承担资源服务器的角色，这样就可以检索用户的详细信息

12.5.1　管理授权服务器

本节将配置授权服务器。本章不会实现我们自己的授权服务器，而是使用一个现有的：GitHub。第 13 章将介绍如何实现自己的授权服务器。

那么应该如何使用 GitHub 这样的第三方作为授权服务器呢？这意味着，最终，我们的应用程序不会管理它的用户，任何人都可以使用他们的 GitHub 账户登录到我们的应用程序。与任何其他授权服务器一样，GitHub 需要知道它要向哪个客户端应用程序发出令牌。回想一下 12.3 节，其中讨论了 OAuth 2 授权，其请求会使用客户端 ID 和客户端密钥。客户端使用这些凭据在授权服务器上对自己进行身份验证，因此 OAuth 应用程序必须向 GitHub 授权服务器进行注册。为此，需要使用以下链接完成一个简短的表单(见图 12.11)。

```
https://github.com/settings/applications/new
```

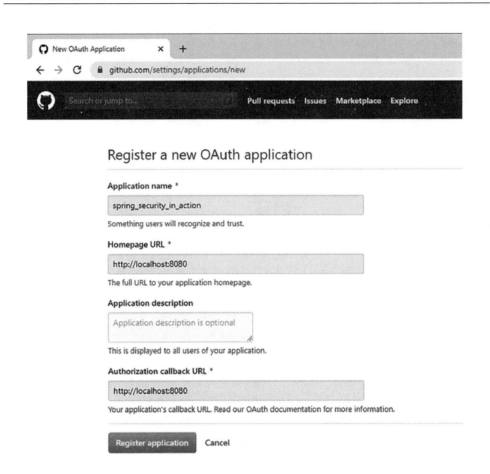

图 12.11　要使用应用程序作为 OAuth 2 客户端，并使用 GitHub 作为授权服务器，必须首先注册它。
可以通过在 GitHub 上填写表单以添加一个新的 OAuth 应用程序来实现这一点

　　当添加一个新的 OAuth 应用程序时，需要为应用程序指定一个名称，还要指定主页以及 GitHub 将对应用程序进行回调的链接。可以允许这样处理的 OAuth 2 授权类型是授权码授权类型。这个授权类型的假设前提是，客户端会将用户重定向到授权服务器(本示例中就是 GitHub)以进行登录，然后授权服务器通过一个预先定义的 URL 回调客户端，如 12.3.1 节所讨论的那样。这就是需要在这里标识回调 URL 的原因。因为是在我们自己的系统上运行示例，所以在这两种情况下都使用了本地主机(localhost)。并且由于没有更改端口(按照惯例，默认端口是 8080)，这将使 http://localhost:8080 成为主页的 URL。对于其回调使用相同的 URL。

提示：

GitHub 的客户端(我们的浏览器)会调用本地主机。这就是在本地测试应用程序的方法。

一旦填写了该表单并选择 Register Application，GitHub 就会为我们提供客户端 ID 和客户端密钥信息(见图 12.12)。

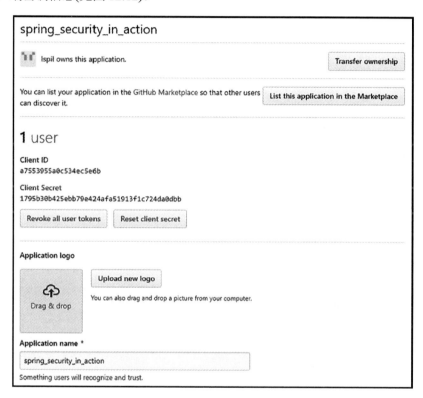

图 12.12　在 GitHub 上注册一个 OAuth 应用程序时，我们会收到客户端的凭据。
可以在应用程序配置中使用它们

提示：

这里删除了前面图片中出现的应用程序。因为这些凭据提供了访问机密信息的权限，我不能让它们继续存在。因此，你不能重用这些凭据；你需要生成自己的凭据，如本节所示。另外，在使用这样的凭据编写应用程序时要小心，特别是在使用公共 Git 存储库存储它们的时候。

这个配置就是需要为授权服务器做的所有处理。现在我们有了客户端凭据，可以开始处理应用程序了。

12.5.2　开始实现

本节将开始实现一个 SSO 应用程序。可以在项目 ssia -ch12-ex1 中找到这个示例。这里要创建一个新的 Spring Boot 应用程序，并将以下依赖项添加到 pom.xml 文件中。

```
<dependency>
    <groupId>org.springframework.boot</groupId>
    <artifactId>spring-boot-starter-oauth2-client</artifactId>
</dependency>
<dependency>
    <groupId>org.springframework.boot</groupId>
    <artifactId>spring-boot-starter-security</artifactId>
</dependency>
<dependency>
    <groupId>org.springframework.boot</groupId>
    <artifactId>spring-boot-starter-web</artifactId>
</dependency>
```

首先需要确保某些东西的安全：一个网页。为此，要创建一个控制器类和一个表示应用程序的简单 HTML 页面。代码清单 12.1 展示了 MainController 类，它定义了应用程序的单个端点。

代码清单 12.1　控制器类

```
@Controller
public class MainController {

    @GetMapping("/")
    public String main() {
        return "main.html";
    }
}
```

这个 Spring Boot 项目的 resources/static 文件夹中定义了 main.html 页面。它只包含标题文本，所以在访问该页面时可以观察到以下信息。

```
<h1>Hello there!</h1>
```

现在才要开始真正的工作！接下来设置安全配置，以允许应用程序使用 GitHub
登录。首先要编写一个配置类，就像我们过往所做的那样。这里扩展了 WebSecurity-
ConfigurerAdapter 并重写了 configure(HttpSecurity http)方法。现在有一个不同之处：此
处调用了另一个名为 oauth2Login()的方法，而不是第 4 章介绍的 httpBasic()或
formLogin()。这段代码如代码清单 12.2 所示。

代码清单 12.2　配置类

```
@Configuration
public class ProjectConfig
  extends WebSecurityConfigurerAdapter {

  @Override
  protected void configure(HttpSecurity http) throws Exception {
    http.oauth2Login();                        ← 设置身份验证方法

    http.authorizeRequests()
          .anyRequest()                   指定需要进行身份验证的用
          .authenticated();               户，以便发出请求
  }
}
```

代码清单 12.2 中调用了 HttpSecurity 对象上的一个新方法：oauth2Login()。但我
们知道其中进行了什么处理。与 httpBasic()或 formLogin()一样，oauth2Login()只是将
一个新的身份验证过滤器添加到过滤器链中。第 9 章讨论了过滤器，其中介绍过，Spring
Security 有一些过滤器实现，并且还可以向过滤器链添加自定义的过滤器。在本示例
中，当调用 oauth2Login()方法时，框架添加到过滤器链中的过滤器是
OAuth2LoginAuthenticationFilter(见图 12.13)。这个过滤器会拦截请求，并应用 OAuth 2
身份验证所需的逻辑。

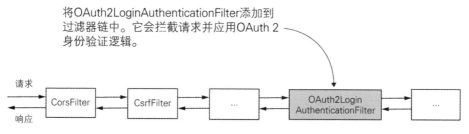

图 12.13　通过调用 HttpSecurity 对象上的 oauth2Login()方法，就可以将
OAuth2LoginAuthenticationFilter 添加到过滤器链中。它会拦截请求并应用 OAuth 2 身份验证逻辑

12.5.3　实现 ClientRegistration

本节将讨论如何实现 OAuth 2 客户端和授权服务器之间的链接。如果想让应用程序真正做一些事情，这是至关重要的。如果现在就启动该应用程序，那么将无法访问主页。无法访问该页面的原因是由于指定了对于任何请求，用户都需要进行身份验证，但是这里还没有提供任何身份验证方法。我们需要将 GitHub 确立为授权服务器。为此，Spring Security 定义了 ClientRegistration 契约。

ClientRegistration 接口表示 OAuth 2 架构中的客户端。对于该客户端，需要定义其所需的所有详情，其中包括：

- 客户端 ID 和密钥
- 用于身份验证的授权类型
- 重定向 URI
- 作用域

你可能还记得在 12.3 节中，应用程序需要将所有这些详细信息用于身份验证过程中。Spring Security 还提供了一种创建构建器实例的简单方法，类似于第 2 章开始时已经用于构建 UserDetails 实例的方法。代码清单 12.3 展示了如何使用 Spring Security 提供的构建器来构建这样一个表示客户端实现的实例。代码清单中展示了如何提供所有详细信息，但是对于某些提供程序，其处理甚至比这更容易，本节稍后的内容将介绍。

代码清单 12.3　创建一个 ClientRegistration 实例

```
ClientRegistration cr =
  ClientRegistration.withRegistrationId("github")
    .clientId("a7553955a0c534ec5e6b")
    .clientSecret("1795b30b425ebb79e424afa51913f1c724da0dbb")
    .scope(new String[]{"read:user"})
    .authorizationUri(
        "https://github.com/login/oauth/authorize")
    .tokenUri("https://github.com/login/oauth/access_token")
    .userInfoUri("https://api.github.com/user")
    .userNameAttributeName("id")
    .clientName("GitHub")
    .authorizationGrantType(AuthorizationGrantType.AUTHORIZATION_CODE)
    .redirectUriTemplate("{baseUrl}/{action}/oauth2/code/
    {registrationId}")
    .build();
```

那么这些详细信息从何而来？代码清单 12.3 第一眼看上去可能有点吓人，但它只不过是设置客户端 ID 和密钥而已。此外，在代码清单 12.3 中，还定义了作用域(授予的权限)、客户端名称和所选择的注册 ID。除了这些详细信息，还必须提供授权服务器的 URL。

- 授权 URI——客户端将用户重定向到其进行身份验证的 URI。
- 令牌 URI——客户端为获取访问令牌和刷新令牌而调用的 URI，如 12.3 节中描述的那样。
- 用户信息 URI——客户端在获得访问令牌后可以调用的 URI，以获得关于用户的更多详细信息。

这些 URI 是从哪里获得的？如果授权服务器不是由我们开发的，就像本示例中一样，则需要从说明文档中获取它们。以 GitHub 为例，可以在这里找到它们：

```
https://developer.github.com/apps/building-oauth-apps/authorizing-
oauth-apps/
```

不过别急！Spring Security 甚至比这更智能。该框架定义了一个名为 CommonOAuth2Provider 的类。这个类部分定义了可以用于身份验证的最常见提供程序的 ClientRegistration 实例，其中包括：

- Google
- GitHub
- Facebook
- Okta

如果使用这些提供程序之一，那么可以按照代码清单 12.4 所示的方式定义 ClientRegistration。

代码清单 12.4　使用 CommonOAuth2Provider 类

如上所示，这样更为清晰，并且我们不必手动查找和设置授权服务器的 URL。当然，这只适用于公共提供程序。如果授权服务器不在公共提供程序之列，则没有其他选择，只能完全定义 ClientRegistration，如代码清单 12.3 所示。

提示:

使用 CommonOAuth2Provider 类中的值还意味着需要依赖于这样一个事实,即所使用的提供程序不会更改 URL 和其他相关值。虽然这不太可能,但如果想避免这种情况,则可以实现代码清单 12.3 所示的 ClientRegistration。这使得我们能够在配置文件中配置 URL 和相关的提供程序值。

接下来将向配置类添加一个私有方法作为本节结束,该方法将返回 ClientRegistration 对象,如代码清单 12.5 所示。12.5.4 节将介绍如何为 Spring Security 注册这个客户端注册对象,以便将其用于身份验证。

代码清单 12.5 在配置类中构建 ClientRegistration 对象

```
@Configuration
public class ProjectConfig
  extends WebSecurityConfigurerAdapter {            稍后调用此方
                                                    法,获取返回的
                                                    ClientRegistration
  private ClientRegistration clientRegistration() {
    return CommonOAuth2Provider.GITHUB
                                                    从 Spring Security 为 GitHub 公
            .getBuilder("github")                   共提供程序提供的配置开始
            .clientId(
      "a7553955a0c534ec5e6b")
                                                    提供客户端凭据
            .clientSecret(
      "1795b30b425ebb79e424afa51913f1c724da0dbb")
            .build();
  }


  @Override
  protected void configure(HttpSecurity http) throws Exception {
    http.oauth2Login();

    http.authorizeRequests()
          .anyRequest()
            .authenticated();
  }
}
```

提示:

客户端 ID 和客户端密钥都是凭据,这使它们成为敏感数据。在真实的应用程序中,应该从密钥库中获取它们,并且永远不要直接在源代码中编写凭据。

12.5.4　实现 ClientRegistrationRepository

本节将介绍如何为 Spring Security 注册用于身份验证的 ClientRegistration 实例。12.5.3 节介绍了如何通过实现 ClientRepository 契约来表示 Spring Security 的 OAuth 2 客户端。但是还需要对其进行设置，以便将其用于身份验证。为此，Spring Security 使用了类型为 ClientRegistrationRepository 的对象(见图 12.14)。

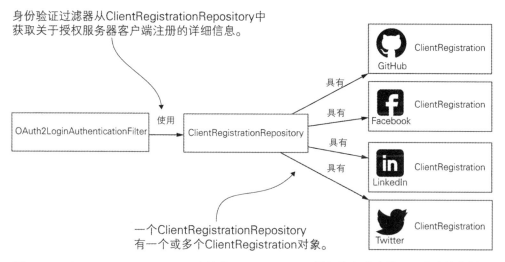

图 12.14　ClientRegistrationRepository 会检索 ClientRegistration 详细信息(客户端 ID、客户端密钥、URL、作用域等)。身份验证过滤器需要将这些详细信息用于身份验证流程

ClientRegistrationRepository 接口类似于第 2 章介绍过的 UserDetailsService 接口。与 UserDetailsService 对象通过其用户名查找 UserDetails 相同，ClientRegistrationRepository 对象通过其注册 ID 查找 ClientRegistration。

可以实现 ClientRegistrationRepository 接口来告知框架在哪里找到 ClientRegistration 实例。Spring Security 为 ClientRegistrationRepository 提供了一个实现，该实现会将 ClientRegistration 的实例存储在内存中，也就是 InMemoryClientRegistrationRepository。你一定料到了，这与 InMemoryUserDetailsManager 对 UserDetails 实例所做的处理类似。第 3 章介绍过 InMemoryUserDetailsManager。

为了完成该应用程序实现，这里使用 InMemoryClientRegistrationRepository 实现定义了一个 ClientRegistrationRepository，并在 Spring 上下文中将其注册为一个 bean。这里还将 12.5.3 节构建的 ClientRegistration 实例添加到 InMemoryClientRegistrationRepository 中，这是通过将其作为 InMemoryClientRegistrationRepository 构造函数的参数来完成的。可以在代码清单 12.6 中找到这段代码。

代码清单 12.6 注册 ClientRegistration 对象

```
@Configuration
public class ProjectConfig
    extends WebSecurityConfigurerAdapter {

    @Bean
    public ClientRegistrationRepository clientRepository() {
        var c = clientRegistration();
        return new InMemoryClientRegistrationRepository(c);
    }

    private ClientRegistration clientRegistration() {
        return CommonOAuth2Provider.GITHUB.getBuilder("github")
                .clientId("a7553955a0c534ec5e6b")
                .clientSecret("1795b30b425ebb79e424afa51913f1c724da0dbb")
                .build();
    }

    @Override
    protected void configure(HttpSecurity http) throws Exception {
        http.oauth2Login();

        http.authorizeRequests()
                .anyRequest().authenticated();
    }
}
```

将 ClientRegistrationRepository 类型的 bean 添加到 Spring 上下文。该 bean 包含对 ClientRegistration 的引用

如上所示，在 Spring 上下文中将 ClientRegistrationRepository 作为 bean 来添加就足以让 Spring Security 找到它并使用它。作为这种注册 ClientRegistrationRepository 方法的替代方法，可以使用 Customizer 对象作为 HttpSecurity 对象的 oauth2Login()方法的参数。第 7 和 8 章已经介绍了如何使用 httpBasic()和 formLogin()方法进行类似的处理，然后在第 10 章也介绍了 cors()和 csrf()方法。同样的原则也适用于这里。代码清单 12.7 中展示这一配置。本书还把它分离成一个名为 ssia-ch12-ex2 的项目。

代码清单 12.7 使用 Customizer 配置 ClientRegistrationRepository

```
@Configuration
public class ProjectConfig
    extends WebSecurityConfigurerAdapter {
```

```
@Override
protected void configure(HttpSecurity http) throws Exception {
  http.oauth2Login(c -> {
    c.clientRegistrationRepository(clientRepository());
  });

  http.authorizeRequests()
        .anyRequest()
          .authenticated();
}

private ClientRegistrationRepository clientRepository() {
  var c = clientRegistration();
  return new InMemoryClientRegistrationRepository(c);
}

private ClientRegistration clientRegistration() {
  return CommonOAuth2Provider.GITHUB.getBuilder("github")
        .clientId("a7553955a0c534ec5e6b")
        .clientSecret("1795b30b425ebb79e424afa51913f1c724da0dbb")
        .build();
}
}
```

使用 Customizer 设置
ClientRegistrationRepository 实例

提示:

单个配置选项总是好用的，但是请记住第 2 章讨论的内容。为了使代码易于理解，请避免使用混合配置方法。可以使用在上下文中使用 bean 设置所有内容的方法，也可以使用代码内联配置方式。

12.5.5　Spring Boot 配置的纯粹方式

本节将介绍第三种配置本章前面构建的应用程序的方法。Spring Boot 旨在使用其纯粹的配置方式直接从属性文件构建 ClientRegistration 和 ClientRegistrationRepository 对象。这种方法在 Spring Boot 项目中并不少见。对于其他对象而言也是如此。例如，我们经常看到基于属性文件配置的数据源。下面的代码片段展示了如何在 application.properties 文件中为此处的示例设置客户端注册。

```
spring.security.oauth2.client
➡.registration.github.client-id=a7553955a0c534ec5e6b
```

```
spring.security.oauth2.client
➡.registration.github.client-secret=
➡1795b30b425ebb79e424afa51913f1c724da0dbb
```

在这个代码片段中，只需要指定客户端 ID 和客户端密钥即可。因为提供程序的名称是 github，所以 Spring Boot 知道从 CommonOAuth2Provider 类获取有关 URI 的所有详情。现在，这个配置类看起来就如代码清单 12.8 所示。还可在名为 ssia-ch12-ex3 的单独项目中找到这个示例。

代码清单 12.8　配置类

```
@Configuration
public class ProjectConfig
  extends WebSecurityConfigurerAdapter {

  @Override
  protected void configure(HttpSecurity http) throws Exception {
    http.oauth2Login();

    http.authorizeRequests()
        .anyRequest()
            .authenticated();
  }
}
```

这里不需要指定有关 ClientRegistration 和 ClientRegistrationRepository 的任何详情，因为它们是由 Spring Boot 根据属性文件自动创建的。如果所使用的提供程序不是 Spring Security 已知的常见提供程序，那么还需要使用从 spring.security.oauth2.client.provider 开始的属性组指定授权服务器的详细信息。以下代码片段提供了一个示例。

```
spring.security.oauth2.client.provider
.myprovider.authorization-uri=<some uri>
```

```
spring.security.oauth2.client.provider
.myprovider.token-uri=<some uri>
```

对于在内存中使用一个或多个身份验证提供程序所需的一切，就像当前示例中所做的那样，最好按照本节介绍的方式配置它。这一方式更干净且更易于管理。但如果需要一些不同的处理，比如在数据库中存储客户端注册详情或者要从 Web 服务中获取它们，就需要创建一个 ClientRegistrationRepository 的自定义实现。在这种情况下，就需要像 12.5.5 节介绍的那样设置它。

练习：
更改当前应用程序以便将授权服务器详细信息存储在数据库中。

12.5.6　获取经过身份验证的用户的详细信息

本节将讨论获取和使用经过身份验证的用户的详细信息。之前介绍过，在 Spring Security 架构中，是 SecurityContext 在存储经过身份验证的用户的详细信息。身份验证过程结束后，负责此处理的过滤器会将 Authentication 对象存储在 SecurityContext 中。应用程序可以从中获取用户详细信息，并在需要时使用它们。OAuth 2 身份验证也会进行相同的处理。

在本示例中，框架所使用的 Authentication 对象的实现的名称为 OAuth2-AuthenticationToken。可以直接从 SecurityContext 中获取它，或者让 Spring Boot 将它注入端点的一个参数中，如第 6 章所述。代码清单 12.9 显示了如何更改控制器以便在控制台中接收和打印用户的详细信息。

代码清单 12.9　使用登录用户的详细信息

```
@Controller
public class MainController {

  private Logger logger =
    Logger.getLogger(MainController.class.getName());

  @GetMapping("/")
  public String main(
      OAuth2AuthenticationToken token) {        ← Spring Boot 会自动在方法
                                                   的参数中注入代表用户的
                                                   Authentication 对象
    logger.info(String.valueOf(token.getPrincipal()));
    return "main.html";
  }
}
```

12.5.7   测试应用程序

本节将测试本章开发的应用程序。除了检查功能之外，还要遵循 OAuth 2 授权码授权类型的步骤(见图 12.15)，以确保你正确地理解它，并观察 Spring Security 如何将其应用到我们所做的配置中。可以使用本章编写的 3 个项目中的任何一个。这 3 个项目用不同的编写配置的方式定义了相同的功能，但其结果是相同的。

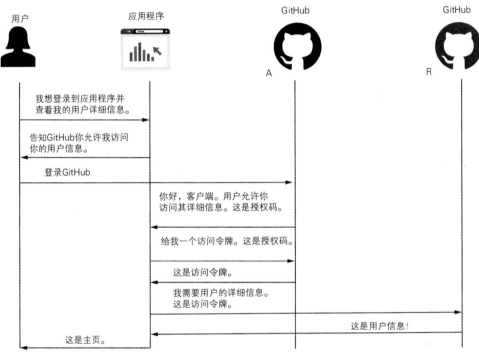

图 12.15   该应用程序使用 GitHub 作为授权服务器和资源服务器。当用户想要登录时，客户端会将用户重定向到 GitHub 登录页面。当用户成功登录时，GitHub 将使用授权码回调该应用程序。这个应用程序使用授权码请求访问令牌。然后，应用程序可以通过提供访问令牌从资源服务器(GitHub)访问用户详细信息。来自资源服务器的响应提供了用户详细信息以及主页的 URL

首先要确认没有登录到 GitHub，还要确保打开了一个浏览器控制台来检查请求导航的历史记录。这个历史记录会提供 OAuth 2 流程中所发生的步骤的概述，这些步骤在 12.3.1 节中讨论过。如果用户已通过身份验证，那么应用程序将直接记录该用户。然后需要启动应用程序，在浏览器中访问应用程序主页。

```
http://localhost:8080/
```

应用程序会将用户重定向到以下代码片段中的 URL(见图 12.16)。这个 URL 在

CommonOauth2Provider 类中被配置为 GitHub 的授权 URL。

```
https://github.com/login/oauth/
    authorize?response_type=code&client_id=a7553955a0c534ec5e6b&
scope=read:user&state=fWwg5r9sKal4BMubg1oXBRrNn5y7VDW1A_rQ4UITbJk%3D&
redirect_uri=ht
    tp://localhost:8080/login/oauth2/code/github
```

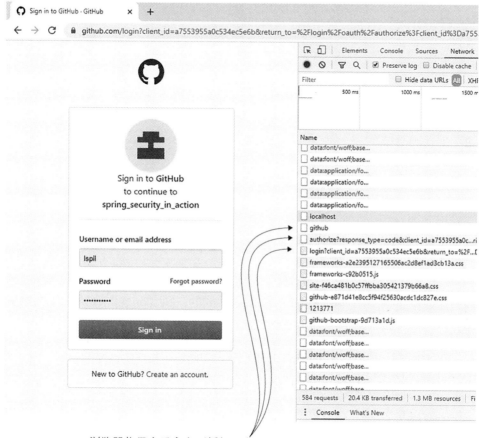

浏览器将用户重定向到授权服务器(GitHub)。
可以看出其中使用了授权码授权类型。

图 12.16　访问主页后，浏览器会将用户重定向到 GitHub 登录页。在 Chrome 控制台工具中，可以看
到对 localhost 和 GitHub 授权端点的调用

该应用程序会将所需的查询参数附加到 URL，正如 12.3.1 节讨论的那样。这些参
数是：

- 具有 code 值的 response_type
- client_id

- scope(CommonOauth2Provider 类中还定义了 read:user 值)
- 具有 CSRF 令牌的 state

使用 GitHub 凭据并使用 GitHub 登录到应用程序。用户将通过身份验证并被重定向回来，如图 12.17 所示。

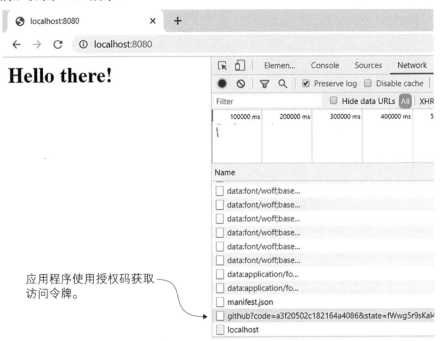

图 12.17 填写完凭据后，GitHub 会将用户重定向回应用程序。现在就可以看到主页了，应用程序可以使用访问令牌从 GitHub 访问用户详细信息

下面的代码片段展示了 GitHub 将用户重定向回应用程序所调用的 URL。可以看到，GitHub 提供了应用程序用来请求访问令牌的授权码。

```
http://localhost:8080/login/oauth2/code/
    github?code=a3f20502c182164a4086&state=fWwg5r9sKal4BMubg1oXBRr-
    Nn5y7VDW1A
    _rQ4UITbJk%3D
```

在此不会看到浏览器对令牌端点的调用，因为这是直接在应用程序中发生的。但是可以相信应用程序已经设法获得了一个令牌，因为我们可以看到在控制台中打印的用户详细信息。这意味着应用程序会设法调用端点来检索用户详细信息。以下代码片段展示了这个输出的一部分。

```
Name: [43921235],
```

```
Granted Authorities: [[ROLE_USER, SCOPE_read:user]], User Attributes:
    [{login=lspil, id=43921235, node_id=MDQ6VXNlcjQzOTIxMjM1,
    avatar_url=https://avatars3.githubusercontent.com/u/43921235?v=4,
    gravatar_id=, url=https://api.github.com/users/lspil, html_url
    =https://github.com/lspil, followers_url=https://api.github.com
    /users/lspil/ followers, following_url=https://api.github.com
    /users/lspil/following{/other_user}, …
```

12.6　本章小结

- OAuth 2 框架描述了允许实体以某个用户的名义访问其资源的方法。应用程序要使用它实现身份验证和授权逻辑。

- 应用程序可用于获取访问令牌的不同流程被称为授权。根据系统架构的不同，需要选择合适的授权类型，如下。

  ➤ 身份验证码授权类型允许用户直接在授权服务器上进行身份验证，这使得客户端能够获得访问令牌。当用户不信任客户端并且不想与客户端共享他们的凭据时，可以选择此授权类型。

  ➤ 密码授权类型意味着用户与客户端共享其凭据。只有当用户信任客户端时，才应该应用此授权类型。

  ➤ 客户端凭据授权类型意味着客户端通过仅对其凭据进行身份验证来获得令牌。当客户端需要调用并非用户资源的资源服务器的端点时，就需要选择这种授权类型。

- Spring Security 实现了 OAuth 2 框架，从而让我们只需几行代码就能够在应用程序中配置它。

- 在 Spring Security 中，需要使用 ClientRegistration 的实例在授权服务器上表示客户端的注册。

- 在 Spring Security OAuth 2 实现中，负责查找某个客户端注册的组件被称为 ClientRegistrationRepository。在使用 Spring Security 实现 OAuth 2 客户端时，需要定义一个 ClientRegistrationRepository 对象，其中至少要有一个 ClientRegistration 可用。

第 *13* 章

OAuth 2：实现授权服务器

本章内容
- 实现 OAuth 2 授权服务器
- 管理授权服务器的客户端
- 使用 OAuth 2 授权类型

本章将讨论如何使用 Spring Security 实现授权服务器。如第 12 章所述，授权服务器是在 OAuth 2 架构中发挥作用的组件之一(见图 13.1)。授权服务器的职责是对用户进行身份验证，并向客户端提供令牌。客户端可以使用此令牌访问由资源服务器代表用户暴露的资源。其中还介绍了，OAuth 2 框架定义了获取令牌的多个流程。我们称这些流程为授权。可以根据面临的场景选择一种不同的授权。根据所选择的授权的不同，授权服务器的行为也会有所不同。本章将介绍如何使用 Spring Security 为最常见的 OAuth 2 授权类型配置授权服务器。

- 授权码授权类型
- 密码授权类型
- 客户端凭据授权类型

本章还会讲解如何配置授权服务器以颁发刷新令牌。客户端要使用刷新令牌获得新的访问令牌。如果访问令牌过期，则客户端必须获得一个新的访问令牌。为此，客户端有两种选择：使用用户凭据重新进行身份验证或者使用刷新令牌。12.3.4 节讨论过使用刷新令牌相较于使用用户凭据的优点。

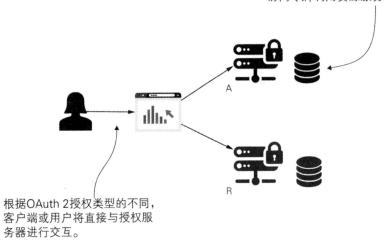

授权服务器可以识别用户。它会为客户端提供访问令牌。客户端使用访问令牌调用资源服务器暴露的资源。

根据OAuth 2授权类型的不同,客户端或用户将直接与授权服务器进行交互。

图 13.1　授权服务器是 OAuth 2 的参与者之一。它会标识资源所有者并向客户端提供访问令牌。客户端需要访问令牌代表用户访问资源

近几个月来,有传言称使用 Spring Security 的授权服务器开发将不再受支持 (http://mng.bz/v9lm)。最终,Spring Security OAuth 2 依赖项被弃用了。对于这一行动,我们有实现客户端和资源服务器的备选方案(本书将介绍这些方案),但没有用于授权服务器的备选方案。幸运的是,Spring Security 团队宣布正在开发一个新的授权服务器: http://mng.bz/4Be5。另外,建议你通过以下链接了解不同的 Spring Security 项目中所实现的特性:http://mng.bz/Qx01。

自然,新的 Spring Security 授权服务器需要一段时间才能成熟。在此之前,使用 Spring Security 开发自定义授权服务器的唯一选择就是本章实现该服务器的方式。实现自定义授权服务器将有助于更好地理解此组件的工作方式。当然,这也是目前实现授权服务器的唯一方法。

Spring Security 开发人员在他们的项目中也应用了这种方法。如果必须处理以这种方式实现授权服务器的项目,那么在可以使用新的实现之前,理解这种方式仍然是很重要的。并且,假设想开始编写一个新的授权服务器实现:这仍然是使用 Spring Security 的唯一方法,因为根本没有其他选择。

相较于自行实现自定义授权服务器,还可以使用第三方工具,如 Keycloak 或 Okta。第 18 章将在动手实践示例中使用 Keycloak。但根据我的经验,有时候项目干系人并不会接受使用这样的解决方案,因此我们需要实现自定义代码。在本章接下来的几节中将讲解如何做到这一点,并让你更好地理解授权服务器。

13.1　编写我们自己的授权服务器实现

没有授权服务器就没有 OAuth 2 流程。如前所述，OAuth 2 的主要处理就是获取访问令牌。授权服务器是 OAuth 2 架构的组件，它可以颁发访问令牌。所以我们首先需要知道如何实现它。然后，在第 14 和 15 章中，我们将了解资源服务器如何根据客户端从授权服务器获得的访问令牌来授权请求。接下来将开始构建一个授权服务器。首先，需要创建一个新的 Spring Boot 项目，并在以下代码片段中添加依赖项。这里将这个项目命名为 ssia-ch13-ex1。

```
<dependency>
  <groupId>org.springframework.boot</groupId>
  <artifactId>spring-boot-starter-security</artifactId>
</dependency>
<dependency>
  <groupId>org.springframework.boot</groupId>
  <artifactId>spring-boot-starter-web</artifactId>
</dependency>
<dependency>
  <groupId>org.springframework.cloud</groupId>
  <artifactId>spring-cloud-starter-oauth2</artifactId>
</dependency>
```

在 project 标签内，还需要为 spring-cloud-dependencies 构件 ID 添加 dependency-Management 标签。以下代码片段展示了这一点：

```
<dependencyManagement>
  <dependencies>
    <dependency>
      <groupId>org.springframework.cloud</groupId>
      <artifactId>spring-cloud-dependencies</artifactId>
      <version>Hoxton.SR1</version>
      <type>pom</type>
      <scope>import</scope>
    </dependency>
  </dependencies>
</dependencyManagement>
```

接下来可以定义一个配置类，这里将其称为 AuthServerConfig。除了经典的 @Configuration 注解外，还需要使用@EnableAuthorizationServer 对这个类进行注解。通过这种方式，就可以指示 Spring Boot 启用特定于 OAuth 2 授权服务器的配置。可以通过扩展 AuthorizationServerConfigurerAdapter 类和重写将在本章中讨论的特定方法来自定义这个配置。代码清单 13.1 展示了 AuthServerConfig 类。

代码清单 13.1　AuthServerConfig 类

```
@Configuration
@EnableAuthorizationServer
public class AuthServerConfig
    extends AuthorizationServerConfigurerAdapter {

}
```

这里已经对授权服务器进行了最小配置。这很不错！但是，为了使其可用，我们仍然必须实现用户管理、注册至少一个客户端，并决定支持哪种授权类型。

13.2　定义用户管理

本节将讨论用户管理。授权服务器是 OAuth 2 框架中处理用户身份验证的组件。因此，它自然需要管理用户。幸运的是，这里的用户管理实现与第 3 和 4 章中讲解的处理是相同的。这里将继续使用 UserDetails、UserDetailsService 和 UserDetailsManager 契约来管理凭据。为了管理密码，我们要继续使用 PasswordEncoder 契约。在这里，它们的作用和工作方式与第 3 和 4 章中介绍的内容相同。其后台是前面的章节中讨论过的标准身份验证架构。

图 13.2 再次描述了 Spring Security 中执行身份验证过程的主要组件。你应该注意到，与到目前为止本书所描述的身份验证架构的方式不同的是，这个图中不再有 SecurityContext。之所以发生此更改，是因为身份验证的结果没有存储在 SecurityContext 中。取而代之的是，其中使用了来自 TokenStore 的令牌来管理身份验证。在第 14 章讨论资源服务器的时候，将介绍更多关于 TokenStore 的内容。

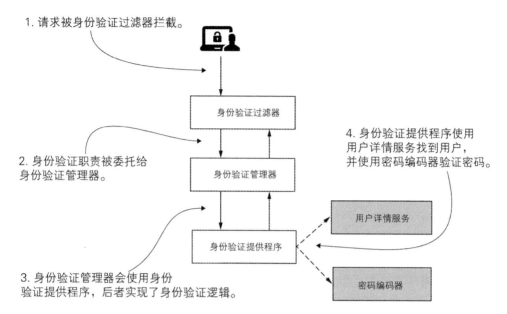

1. 请求被身份验证过滤器拦截。

身份验证过滤器

4. 身份验证提供程序使用用户详情服务找到用户，并使用密码编码器验证密码。

2. 身份验证职责被委托给身份验证管理器。

身份验证管理器

用户详情服务

3. 身份验证管理器会使用身份验证提供程序，后者实现了身份验证逻辑。

身份验证提供程序

密码编码器

图 13.2　身份验证过程。过滤器会拦截用户请求，并将身份验证职责委托给身份验证管理器。此外，身份验证管理器将使用实现身份验证逻辑的身份验证提供程序。为了找到用户，身份验证提供程序会使用 UserDetailsService，并且为了验证密码，身份验证提供程序会使用 PasswordEncoder

接下来看看如何在授权服务器中实现用户管理。我总是喜欢将配置类的职责分离开来。出于这个原因，这里选择在应用程序中定义第二个配置类，其中只编写用户管理所需的配置。这个类被命名为 WebSecurityConfig，代码清单 13.2 包含它的实现。

代码清单 13.2　WebSecurityConfig 类中的用户管理配置

```
@Configuration
public class WebSecurityConfig {

  @Bean
  public UserDetailsService uds() {
    var uds = new InMemoryUserDetailsManager();

    var u = User.withUsername("john")
              .password("12345")
              .authorities("read")
              .build();
```

```
    uds.createUser(u);
      return uds;
    }


    @Bean
    public PasswordEncoder passwordEncoder() {
      return NoOpPasswordEncoder.getInstance();
    }
  }
```

如代码清单 13.2 所示，其中声明了一个 InMemoryUserDetailsManager 作为 UserDetailsService，并使用 NoOpPasswordEncoder 作为 PasswordEncoder。可以为这些组件使用我们选择的任何实现，就像第 3 和 4 章中所做的处理那样。但是在此处的实现中，将尽量保持这些实现的简单性，以便专注于应用程序的 OAuth 2 部分。

现在已经有了用户，接下来只需要将用户管理关联到授权服务器配置即可。为此，需要在 Spring 上下文中将 AuthenticationManager 暴露为一个 bean，然后在 AuthServerConfig 类中使用它。代码清单 13.3 展示了如何将 AuthenticationManager 作为一个 bean 添加到 Spring 上下文中。

代码清单 13.3　在 Spring 上下文中添加 AuthenticationManager 实例

```
@Configuration
public class WebSecurityConfig
    extends WebSecurityConfigurerAdapter {     ◁——  扩展 WebSecurityConfigurerAdapter
                                                     以访问 AuthenticationManager 实例

    @Bean
    public UserDetailsService uds() {
      var uds = new InMemoryUserDetailsManager();

      var u = User.withUsername("john")
                  .password("12345")
                  .authorities("read")
                  .build();

      uds.createUser(u);

      return uds;
    }


    @Bean
```

```
public PasswordEncoder passwordEncoder() {
  return NoOpPasswordEncoder.getInstance();
}

@Bean          ◁──┐  在 Spring 上下文中将 AuthenticationManager
                   └  实例作为 bean 添加
public AuthenticationManager authenticationManagerBean()
  throws Exception {
  return super.authenticationManagerBean();
}
}
```

接下来可以更改 AuthServerConfig 类，以便向授权服务器注册 AuthenticationManager。
代码清单 13.4 显示了需要在 AuthServerConfig 类中进行的更改。

代码清单 13.4　注册 AuthenticationManager

```
@Configuration
@EnableAuthorizationServer
public class AuthServerConfig
  extends AuthorizationServerConfigurerAdapter {        从上下文注入
                                                        AuthenticationManager 实例
  @Autowired                    ◁──
  private AuthenticationManager authenticationManager;

  @Override         ◁──  重写 configure()方法以便设置 AuthenticationManager
  public void configure(
    AuthorizationServerEndpointsConfigurer endpoints) {
      endpoints.authenticationManager(authenticationManager);
  }
}
```

有了这些配置，就有了可以在身份验证服务器上进行身份验证的用户。但 OAuth 2
架构意味着用户向客户端授予权利。客户端则以用户名义使用资源。13.3 节将介绍如
何为授权服务器配置客户端。

13.3　向授权服务器注册客户端

本节将介绍如何让授权服务器知晓客户端。要调用授权服务器，在 OAuth 2 架构
中充当客户端的应用程序需要自己的凭据。授权服务器还要管理这些凭据，并且只允

许来自已知客户端的请求(见图 13.3)。

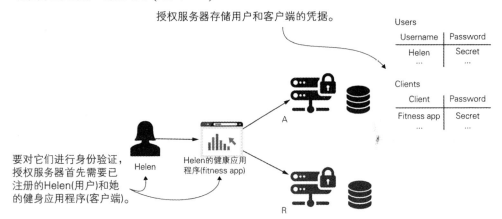

图 13.3　授权服务器存储用户和客户端的凭据。它将使用客户端凭据，因此它只允许它所授权的已知应用程序进行请求

还记得第 12 章中开发的客户端应用程序吗？其中使用 GitHub 作为身份验证服务器。GitHub 需要知悉该客户端应用程序，所以我们做的第一件事就是在 GitHub 上注册这个应用程序。然后，我们会接收到客户端 ID 和客户端密钥：客户端凭据。接着我们配置了这些凭据，该客户端应用程序使用它们通过授权服务器(GitHub)进行身份验证。同样的情况也适用于本示例。授权服务器需要知悉其客户端，因为它要接收来自客户端的请求。这里的处理过程你应该很熟悉。为授权服务器定义客户端的契约是 ClientDetails。定义对象以便根据其 ID 检索 ClientDetails 的契约是 ClientDetailsService。

这些名称听起来耳熟吗？这些接口的工作方式类似于 UserDetails 和 UserDetailsService 接口，但它们表示的是客户端。你会发现，第 3 章讨论的许多内容对于 ClientDetails 和 ClientDetailsService 而言都是类似的。例如，InMemoryClientDetailsService 是 ClientDetailsService 接口的实现，该接口管理内存中的 ClientDetails。它的工作方式类似于用于 UserDetails 的 InMemoryUserDetailsManager 类。同样，JdbcClientDetailsService 也类似于 JdbcUserDetailsManager。图 13.4 显示了这些类和接口，以及它们之间的关系。

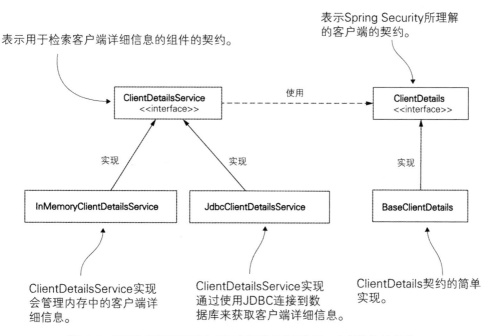

表示用于检索客户端详细信息的组件的契约。

表示Spring Security所理解的客户端的契约。

ClientDetailsService实现会管理内存中的客户端详细信息。

ClientDetailsService实现通过使用JDBC连接到数据库来获取客户端详细信息。

ClientDetails契约的简单实现。

图 13.4 用于为授权服务器定义客户端管理的类和接口之间的依赖关系

可以把这些相似之处总结为很容易记住的以下几点：

- ClientDetails 之于客户端就像 UserDetails 之于用户一样。
- ClientDetailsService 之于客户端就像 UserDetailsService 之于用户一样。
- InMemoryClientDetailsService 之于客户端就像 InMemoryUserDetailsManager 之于用户一样。
- JdbcClientDetailsService 之于客户端就像 JdbcUserDetailsManager 之于用户一样。

代码清单 13.5 展示了如何定义客户端配置以及如何使用 InMemoryClientDetails-Service 设置它。该代码清单使用的 BaseClientDetails 类是 Spring Security 提供的 ClientDetails 接口的实现。代码清单 13.6 提供了编写相同配置的更简短方法。

代码清单 13.5 使用 InMemoryClientDetailsService 配置客户端

```
@Configuration
@EnableAuthorizationServer
public class AuthServerConfig
    extends AuthorizationServerConfigurerAdapter {

    // Omitted code
```

```
                           重写 configure() 方法以便设置
  @Override    ◁─────┐    ClientDetailsService 实例
  public void configure(
    ClientDetailsServiceConfigurer clients)
    throws Exception {
                                             使用 ClientDetailsService 实现
                                             创建实例
    var service = new InMemoryClientDetailsService();   ◁──────┘

    var cd = new BaseClientDetails();
    cd.setClientId("client");                       创建 ClientDetails 的
    cd.setClientSecret("secret");                   实例并且设置所需
    cd.setScope(List.of("read"));                   的关于客户端的详
    cd.setAuthorizedGrantTypes(List.of("password"));  细信息

                                        将 ClientDetails 实例添加到
    service.setClientDetailsStore(       InMemoryClientDetailsService
            Map.of("client", cd));   ◁──────┘
                                         配置 ClientDetailsService 以供授
    clients.withClientDetails(service);   ◁──  权服务器使用
  }
}
```

代码清单 13.6 给出了编写相同配置的更简短方法。这使我们能够避免重复并且编写较为整洁的代码。

代码清单 13.6　配置内存中的 ClientDetails

```
@Configuration
@EnableAuthorizationServer
public class AuthServerConfig
  extends AuthorizationServerConfigurerAdapter {

  // Omitted code

  @Override
  public void configure(
    ClientDetailsServiceConfigurer clients)
    throws Exception {
```

```
clients.inMemory()                          使用 ClientDetailsService 实现来管理存储在内存中
        .withClient("client")               的 ClientDetails
        .secret("secret")
        .authorizedGrantTypes("password")   构建并且添加 ClientDetails
        .scopes("read");                    的实例
    }
}
```

为了编写更少的代码，我倾向于使用更简短的版本而不是代码清单 13.5 中更详细的版本。但是，如果编写的实现要将客户端详细信息存储在数据库中(这主要适用于现实场景)，那么最好使用代码清单 13.5 中的契约。

练习：

编写一个实现来管理数据库中的客户端详细信息。可以使用与 3.3 节中所用的 UserDetailsService 类似的实现。

提示：

正如对 UserDetailsService 所做的处理一样，本示例要使用一个在内存中管理详细信息的实现。这种方法只适用于示例和研究目的。在实际场景中，需要使用一个实现来持久化这些详细信息，通常是持久化在数据库中。

13.4　使用密码授权类型

本节将使用带有 OAuth 2 密码授权的授权服务器。其中主要测试它是否有效，因为通过在 13.2 节和 13.3 节中完成的实现，我们已经有了一个使用密码授权类型的可用授权服务器。之前提到过，这是很容易的！图 13.5 再次回顾了密码授权类型以及授权服务器在该流程中的位置。

接下来要启动该应用程序并对其进行测试。可以在/oauth/token 端点请求令牌。Spring Security 会自动配置这个端点。需要使用 HTTP Basic 以及客户端凭据来访问该端点，并将所需的详细信息作为查询参数发送。如第 12 章所述，在这个请求中需要发送的参数是：

- 具有 password 值的 grant_type；
- username 和 password，它们是用户凭据；
- scope，它是所授予的权限。

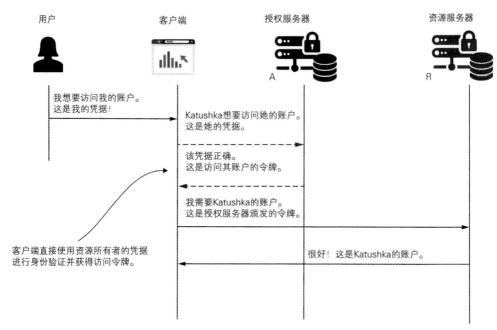

图 13.5　密码授权类型。授权服务器接收用户凭据并对用户进行身份验证。如果凭据正确，授权服务器将颁发访问令牌，客户端可以使用该令牌调用属于已验证用户的资源

以下代码片段中包含了这个 cURL 命令：

```
"curl -v -XPOST -u client:secret http://localhost:8080/oauth/
➥token?grant_type=password&username=john&password=12345&scope=read"
```

运行此命令将得到这一响应：

```
{
    "access_token":"693e11d3-bd65-431b-95ff-a1c5f73aca8c",
    "token_type":"bearer",
    "expires_in":42637,
    "scope":"read"
}
```

观察上述响应中的访问令牌。使用 Spring Security 中的默认配置，令牌就会是一个简单的 UUID。接下来客户端可以使用这个令牌调用由资源服务器暴露的资源。13.2 节介绍了如何实现资源服务器，还介绍了关于自定义令牌的更多内容。

13.5　使用授权码授权类型

本节将讨论如何为授权码授权类型配置授权服务器。第 12 章开发的客户端应用程序中使用了这种授权类型，其中介绍过，这是最常用的 OAuth 2 授权类型之一。理解如何配置授权服务器以便使用这种授权类型非常重要，因为我们很可能会在实际的系统中面对这种需求。因此，本节将编写一些代码来证明如何使其与 Spring Security 一起工作。这里创建了另一个名为 ssia-ch13-ex2 的项目。从图 13.6 可以回顾授权码授权类型是如何工作的，以及授权服务器如何与此流程中的其他组件进行交互。

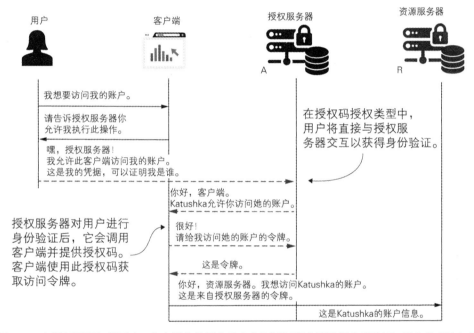

图 13.6　在授权码授权类型中，客户端会将用户重定向到授权服务器进行身份验证。用户将直接与授权服务器交互，通过身份验证后，授权服务器会向客户端返回一个重定向 URI。在回调客户端时，它还会提供一个授权码。客户端要使用该授权码获取访问令牌

如 13.3 节所述，这些处理都与如何注册客户端有关。因此，要使用另一种授权类型，只需要在客户端注册中设置它即可，如代码清单 13.7 所示。对于授权码授权类型，还需要提供重定向 URI。这是用户完成身份验证后授权服务器将用户重定向到的 URI。在调用重定向 URI 时，授权服务器还会提供访问码。

代码清单 13.7　设置授权码授权类型

```
@Configuration
```

```
@EnableAuthorizationServer
public class AuthServerConfig
  extends AuthorizationServerConfigurerAdapter {

  // Omitted code

  @Override
  public void configure(
    ClientDetailsServiceConfigurer clients)
      throws Exception {

      clients.inMemory()
          .withClient("client")
          .secret("secret")
          .authorizedGrantTypes("authorization_code")
          .scopes("read")
          .redirectUris("http://localhost:9090/home");
  }

  @Override
  public void configure(
      AuthorizationServerEndpointsConfigurer endpoints) {
          endpoints.authenticationManager(authenticationManager);
  }
}
```

　　可以有多个客户端，每个客户端都可能使用不同的授权。但也可以为一个客户端
设置多种授权类型。授权服务器会根据客户端的请求执行相应的处理。查看代码清单
13.8，以了解如何为不同的客户端配置不同的授权。

代码清单 13.8　配置使用不同授权类型的客户端

```
@Configuration
@EnableAuthorizationServer
public class AuthServerConfig
  extends AuthorizationServerConfigurerAdapter {

    // Omitted code

  @Override
  public void configure(
```

```
ClientDetailsServiceConfigurer clients)
  throws Exception {

clients.inMemory()

    .withClient("client1")
    .secret("secret1")
    .authorizedGrantTypes(
      "authorization_code")
    .scopes("read")
    .redirectUris("http://localhost:9090/home")
      .and()

    .withClient("client2")
    .secret("secret2")
    .authorizedGrantTypes(
      "authorization_code", "password", "refresh_token")
    .scopes("read")
    .redirectUris("http://localhost:9090/home");
}

@Override
public void configure(
  AuthorizationServerEndpointsConfigurer endpoints) {
    endpoints.authenticationManager(authenticationManager);
}
}
```

ID 为 client1 的客户端只能使用 authorization_code 授权

ID 为 client2 的客户端可以使用 authorization_code、密码和刷新令牌中的任何一种

一个客户端使用多种授权类型

正如之前提及的，可以允许一个客户端使用多种授权类型。但是必须要小心使用这种方法，因为从安全性的角度来看，它可能会揭示出架构中使用的错误的实践。授权类型就是客户端(应用程序)获得访问令牌以便能够访问特定资源的流程。当在这样的系统中实现客户端时(正如第 12 章所做的处理一样)，就需要根据所使用的授权类型编写逻辑。

那么，在授权服务器端将多个授权类型分配给同一个客户端的原因是什么呢？我在几个系统中看到过共享客户端凭据的处理，我认为这是一种糟糕的做法，最好避免。共享客户端凭据意味着不同的客户端应用程序共享相同的客户端凭据。

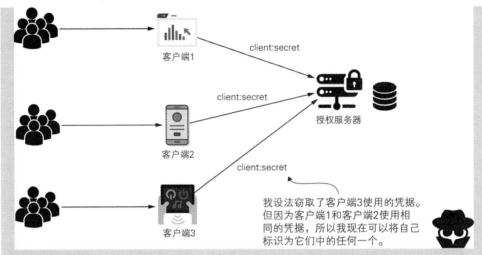

我设法窃取了客户端3使用的凭据。但因为客户端1和客户端2使用相同的凭据，所以我现在可以将自己标识为它们中的任何一个。

当共享客户端凭据时，多个客户端会使用相同的凭据从授权服务器获取访问令牌

在 OAuth 2 流程中，客户端(即使它是一个应用程序)会充当一个独立的组件，具有其自己的凭据，它要使用该凭据标识自己。由于不共享用户凭据，因此也不应该共享客户端凭据。即使所有定义客户端的应用程序都是同一个系统的一部分，也还是应该在授权服务器级别上将它们注册为单独的客户端。在授权服务器上单独注册客户端有以下好处：

● 这样就提供了从每个应用程序单独审计事件的可能性。在记录事件时，我们将知道是哪个客户端生成了这些事件。

● 这样就允许更强的隔离。如果一对凭据丢失，则只有一个客户端受到影响。

● 这样就允许作用域的分离。可以将不同的作用域(已授予的权限)分配给以特定方式获得令牌的客户端。

作用域分离是基本原则，不正确地管理它会导致奇怪的问题。假设定义了一个客户端，如下面的代码片段所示。

```
clients.inMemory()
    .withClient("client")
    .secret("secret")
    .authorizedGrantTypes(
     "authorization_code",
     "client_credentials")
    .scopes("read")
```

这个客户端被配置了授权码和客户端凭据授权类型。使用这两种授权类型中的任何一种，客户端都会获得一个访问令牌，该令牌将为其提供读取权限。此处奇怪的是，

客户端可以通过对用户进行身份验证或仅使用自己的凭据来获得相同的令牌。这是不合理的，甚至有人会说这是一个安全漏洞。尽管这听起来很奇怪，但我在一个被要求审计的系统中见过这种情况。为什么要为该系统设计这样的代码逻辑？最有可能的是，开发人员不理解授权类型的目的，而使用了他们在网络上找到的一些代码。当我看到系统中的所有客户端都配置了相同的列表，其中包含所有可能的授权类型(其中一些甚至是不用作授权类型的字符串！)时，这是我唯一能想到的可能。一定要避免这样的错误。需要谨慎处理客户端的授权类型配置。要指定授权类型，可以使用字符串，而不是枚举值，因为枚举值这种设计可能会导致错误。当然，也可以编写一个配置，就像这个代码片段中所显示的一样。

```
clients.inMemory()
        .withClient("client")
        .secret("secret")
        .authorizedGrantTypes("password", "hocus_pocus")
        .scopes("read")
```

只要不尝试使用 "hocus_pocus" 授权类型，应用程序就会实际有效地运行。

接下来使用代码清单 13.9 中的配置启动应用程序。当我们希望接受授权码授权类型时，服务器还需要提供一个页面，客户端会将用户重定向到该页面进行登录。这里将使用第 5 章讲解过的表单登录配置来实现这个页面。其中需要重写代码清单 13.9 所示的 configure()方法。

代码清单 13.9　为授权服务器配置表单登录身份验证

```
@Configuration
public class WebSecurityConfig
  extends WebSecurityConfigurerAdapter {

  // Omitted code

  @Override
  protected void configure(HttpSecurity http)
    throws Exception {
      http.formLogin();
  }
}
```

接下来可以启动该应用程序并在浏览器中访问链接，如下面的代码片段所示。然后用户将被重定向到登录页面，如图 13.7 所示。

```
http://localhost:8080/oauth/
   authorize?response_type=code&client_id=client&scope=read
```

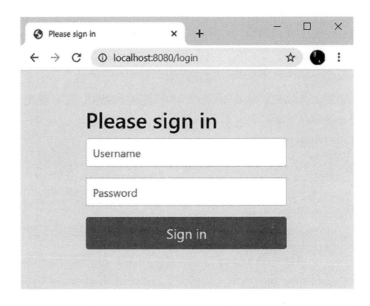

图 13.7　授权服务器将用户重定向到登录页面。在对用户进行身份验证之后，它会将用户重定向到所提供的重定向 URI

登录后，授权服务器会明确要求用户提供授予或拒绝所请求的作用域。图 13.8 显示了这个表单。

图 13.8　经过身份验证之后，授权服务器要求用户确认要授权的作用域

一旦对作用域进行了授权，授权服务器就会将用户重定向到重定向 URI 并提供一个访问令牌。以下代码片段显示了授权服务器将用户重定向到的 URL。通过请求中的查询参数观察客户端获得的访问码。

```
http://localhost:9090/home?code=qeSLSt    ◁――――  这就是授权码
```

该应用程序现在可以使用授权码调用/oauth/token 端点以获得令牌了：

```
curl -v -XPOST -u client:secret "http://localhost:8080/oauth/
    token?grant_type=authorization_code&scope=read&code=qeSLSt"
```

其响应体是：

```
{
    "access_token":"0fa3b7d3-e2d7-4c53-8121-bd531a870635",
    "token_type":"bearer",
    "expires_in":43052,
    "scope":"read"
}
```

请注意，授权码只能使用一次。如果尝试再次使用相同的授权码调用/oauth/token 端点，则会收到以下代码片段中所显示的类似错误。只能通过请求用户再次登录来获得另一个有效的授权码。

```
{
    "error":"invalid_grant",
    "error_description":"Invalid authorization code: qeSLSt"
}
```

13.6　使用客户端凭据授权类型

本节将讨论如何实现客户端凭据授权类型。可以回想一下，第 12 章中使用过这种授权类型来进行后端到后端的身份验证。在本示例中，它不是强制性的，但有时可以将这种授权类型看作是第 8 章中所讨论的 API 密钥身份验证方法的替代方案。在保护与特定用户无关且客户端需要访问的端点时，也可以使用客户端凭据授权类型。假设打算实现一个返回服务器状态的端点。客户端可以调用此端点检查连接性，并最终向用户展示连接状态或错误消息。由于此端点仅表示客户端和资源服务器之间的交互，并且不涉及任何特定于用户的资源，因此客户端应该能够调用它而不需要用户进行身份验证。对于这样的场景，可以使用客户端凭据授权类型。图 13.9 回顾了客户端凭据授权类型是如何工作的，以及授权服务器如何与此流程中的其他组件进行交互。

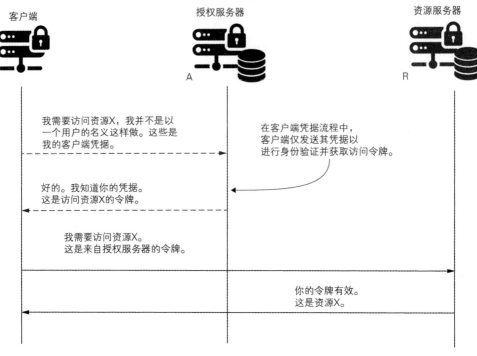

图 13.9 客户端凭据授权类型不涉及用户。通常，可以在两个后端解决方案之间使用此授权类型进行身份验证。客户端只需要它的凭据来进行身份验证和获得访问令牌

提示：

现在不必关心资源服务器如何验证令牌。第 14 和 15 章中将详细讨论所有可能的场景。

正如所预期的，要使用客户端凭据授权类型，必须使用该授权注册客户端。这里定义了一个名为 ssia-ch13-ex3 的独立项目来证明这种授权类型。代码清单 13.10 展示了客户端的配置，其中使用了这种授权类型。

代码清单 13.10 用于客户端凭据授权类型的客户端注册

```
@Configuration
@EnableAuthorizationServer
public class AuthServerConfig
  extends AuthorizationServerConfigurerAdapter {

  // Omitted code

  @Override
```

```java
public void configure(
  ClientDetailsServiceConfigurer clients)
      throws Exception {

  clients.inMemory()
            .withClient("client")
            .secret("secret")
            .authorizedGrantTypes("client_credentials")
            .scopes("info");
  }
}
```

现在可以启动该应用程序并调用/oauth/token 端点来获得访问令牌。以下代码片段展示了如何获取这个令牌：

```
"curl -v -XPOST -u client:secret "http://localhost:8080/oauth/
    token?grant_type=client_credentials&scope=info""
```

其响应体是：

```json
{
    "access_token":"431eb294-bca4-4164-a82c-e08f56055f3f",
    "token_type":"bearer",
    "expires_in":4300,
    "scope":"info"
}
```

要谨慎使用客户端凭据授权类型。这种授权类型只要求客户端使用其凭据。应该确保它无法访问与需要用户凭据的流程相同的作用域。否则，就可能会让客户端可以访问用户的资源，而不需要用户的许可。图 13.10 展示了这样一种设计，其中开发人员通过允许客户端调用用户的资源端点而不需要用户首先进行身份验证，从而造成了安全漏洞。

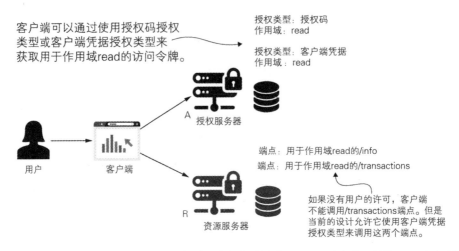

图 13.10 这是错误的系统设计。开发人员希望为客户端提供调用/info 端点的可能性，而不需要获得用户的许可。但因为它们使用相同的作用域，所以现在客户端也可以调用/transactions 端点，而这是一个用户资源

13.7 使用刷新令牌授权类型

本节将讨论如何通过使用 Spring Security 开发的授权服务器来使用刷新令牌。如第 12 章所提到的，当与其他授权类型一起使用时，刷新令牌提供了几个好处。可以使用带有授权码授权类型和密码授权类型的刷新令牌(见图 13.11)。

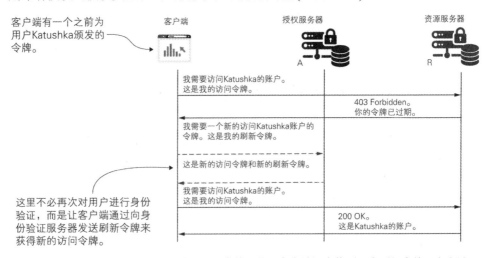

图 13.11 当用户进行身份验证时，除了访问令牌之外，客户端还会收到一个刷新令牌。客户端可以使用该刷新令牌获得新的访问令牌

如果希望授权服务器支持刷新令牌，则需要将刷新令牌授权添加到客户端的授权列表中。例如，如果希望修改 13.4 节中创建的项目以验证刷新令牌授权，就需要像代码清单 13.11 所示的那样更改客户端。这个变更在项目 ssia-ch13-ex4 中有所实现。

代码清单 13.11　添加刷新令牌

```
@Configuration
@EnableAuthorizationServer
public class AuthServerConfig
  extends AuthorizationServerConfigurerAdapter {

  // Omitted code

  @Override
  public void configure(
    ClientDetailsServiceConfigurer clients) throws Exception {
      clients.inMemory()
        .withClient("client")
        .secret("secret")
        .authorizedGrantTypes(
            "password",
            "refresh_token")       ◁──── 在客户端的已授权授权类型列表中添加
        .scopes("read");                  refresh_token
  }
}
```

现在尝试执行 13.4 节使用的相同 cURL 命令。其响应是类似的，但现在其中包含一个刷新令牌。

```
"curl -v -XPOST -u client:secret http://localhost:8080/oauth/
  token?grant_type=password&username=john&password=12345&scope=read"
```

以下代码片段展示了上一个命令的响应。

```
{
    "access_token":"da2a4837-20a4-447d-917b-a22b4c0e9517",
    "token_type":"bearer",
    "refresh_token":"221f5635-086e-4b11-808c-d88099a76213",   ◁──── 应用程序将刷新令
    "expires_in":43199,                                             牌添加到响应中
    "scope":"read"
}
```

13.8　本章小结

- ClientRegistration 接口定义了 Spring Security 中的 OAuth 2 客户端注册。Client-RegistrationRepository 接口描述了负责管理客户端注册的对象。这两个契约允许我们自定义授权服务器管理客户端注册的方式。

- 对于使用 Spring Security 实现的授权服务器，客户端注册将规定其授权类型。同一个授权服务器可以为不同的客户端提供不同的授权类型。这意味着不必在授权服务器中实现特定的内容来定义多个授权类型。

- 对于授权码授权类型，授权服务器必须向用户提供登录的可能性。产生这一需求的原因是在授权码流程中，用户(资源所有者)会直接在授权服务器上对自己进行身份验证，以便将访问权授予客户端。

- ClientRegistration 可以请求多种授权类型。例如，这意味着客户端可以在不同的情况下同时使用密码和授权码授权类型。

- 我们使用客户端凭据授权类型进行后端到后端授权。客户端可以同时请求客户端凭据授权类型和另一种授权类型，这在技术上是可行的，但并不常见。

- 可以将刷新令牌与授权码授权类型和密码授权类型一起使用。通过向客户端注册中添加刷新令牌，就可以指示授权服务器在访问令牌之外再颁发一个刷新令牌。客户端要使用刷新令牌获得新的访问令牌，而不需要再次对用户进行身份验证。

第 *14* 章

OAuth 2：实现资源服务器

本章内容
- 实现 OAuth 2 资源服务器
- 实现令牌验证
- 自定义令牌管理

　　本章将讨论如何使用 Spring Security 实现一个资源服务器。资源服务器是管理用户资源的组件。资源服务器这个名称看上去似乎让人摸不清其含义，但就 OAuth 2 而言，它代表了我们要保护的后端，就像前几章所保护的其他任何应用程序一样。比如，你还记得第 11 章中实现的业务逻辑服务器吗？为了允许客户端访问资源，资源服务器需要一个有效的访问令牌。客户端会从授权服务器获得访问令牌，并通过将该令牌添加到 HTTP 请求头信息来使用该令牌调用资源服务器上的资源。图 14.1 回顾了第 12 章的内容，其中显示了资源服务器在 OAuth 2 身份验证架构中的位置。

　　第 12 和 13 章讨论了客户端和授权服务器的实现。本章将介绍如何实现资源服务器。但是，在讨论资源服务器实现时，更重要的是选择资源服务器验证令牌的方式。对于在资源服务器级别实现令牌验证，我们有多个选项可用。这里将简要描述 3 个选项，然后逐一对其进行详细说明。第一个选项允许资源服务器直接调用授权服务器来验证已发出的令牌。图 14.2 显示了这个选项。

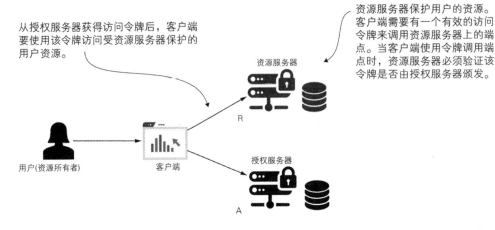

从授权服务器获得访问令牌后，客户端要使用该令牌访问受资源服务器保护的用户资源。

资源服务器保护用户的资源。客户端需要有一个有效的访问令牌来调用资源服务器上的端点。当客户端使用令牌调用端点时，资源服务器必须验证该令牌是否由授权服务器颁发。

用户(资源所有者)   客户端   资源服务器   授权服务器

图 14.1   资源服务器是 OAuth 2 架构中的一个组件。资源服务器管理着用户数据。要调用资源服务器上的端点，客户端需要使用有效的访问令牌来证明用户批准它使用其数据

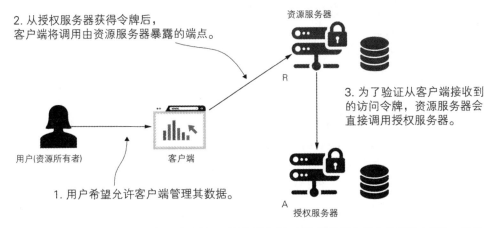

2. 从授权服务器获得令牌后，客户端将调用由资源服务器暴露的端点。

3. 为了验证从客户端接收到的访问令牌，资源服务器会直接调用授权服务器。

用户(资源所有者)   客户端   资源服务器   授权服务器

1. 用户希望允许客户端管理其数据。

图 14.2   为了验证令牌，资源服务器会直接调用授权服务器。授权服务器知道它是否发出了这一特定的令牌

　　第二个选项使用了一个公共数据库，授权服务器会在其中存储令牌，然后资源服务器可以在其中访问和验证令牌(见图 14.3)。这种方法也称为黑板模式(blackboarding)。

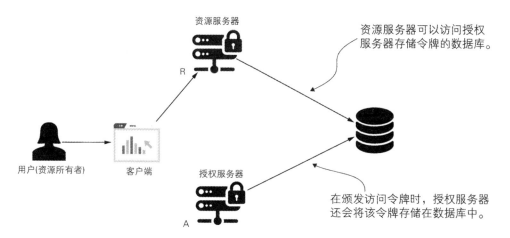

图 14.3　黑板模式。授权服务器和资源服务器都会访问共享数据库。授权服务器在发出令牌后会将其存储在此数据库中。然后，资源服务器可以访问它们来验证所接收到的令牌

最后，第三个选项是使用加密签名(见图 14.4)。授权服务器在颁发令牌时会对其进行签名，资源服务器则要验证签名。这里是我们通常使用 JSON Web Token(JWT)的地方。第 15 章将讨论这种方法。

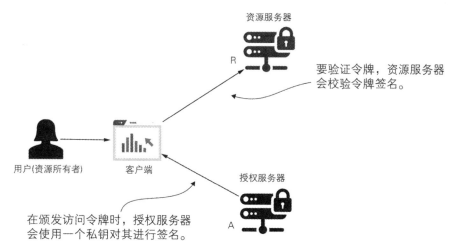

图 14.4　在颁发访问令牌时，授权服务器会使用一个私钥对其进行签名。要验证令牌，资源服务器只需要检查签名是否有效即可

14.1　实现资源服务器

首先要实现我们的第一个资源服务器应用程序，这是 OAuth 2 拼图的最后一块。

使用可以颁发令牌的授权服务器的原因是为了允许客户端访问用户的资源。资源服务器将管理和保护用户的资源。由于这个原因，我们需要知道如何实现资源服务器。这里使用了 Spring Boot 提供的默认实现，它允许资源服务器直接调用授权服务器来确定一个令牌是否有效(见图 14.5)。

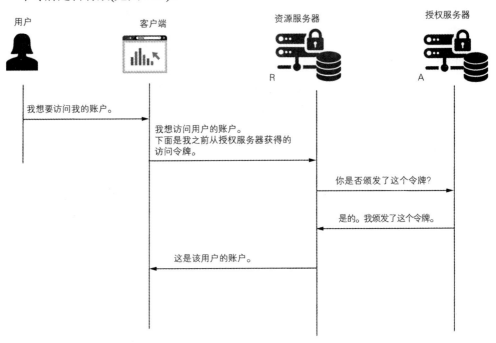

图 14.5 当资源服务器需要验证令牌时，它会直接调用授权服务器。如果授权服务器确认它颁发了该令牌，则资源服务器认为该令牌有效

提示：
与授权服务器的情况一样，资源服务器的实现在 Spring 社区中经历了变更。这些变更会影响到我们，因为现在，在实践中可以找到开发人员实现资源服务器的不同方法。在这里提供的示例中，包含了以两种方式配置资源服务器的处理，这样当你在实际场景中遇到它们时，将理解并能够使用这两种方式。

要实现资源服务器，需要创建一个新项目并添加依赖项，如以下代码片段所示。这里将这个项目命名为 ssia-ch14-ex1-rs。

```xml
<dependency>
    <groupId>org.springframework.boot</groupId>
    <artifactId>spring-boot-starter-oauth2-resource-server</artifactId>
</dependency>
```

```xml
<dependency>
    <groupId>org.springframework.boot</groupId>
    <artifactId>spring-boot-starter-web</artifactId>
</dependency>
<dependency>
    <groupId>org.springframework.cloud</groupId>
    <artifactId>spring-cloud-starter-oauth2</artifactId>
</dependency>
```

除依赖项之外，还需要为 spring-cloud-dependencies 构件添加 dependency-Management 标签。以下代码片段展示了如何做到这一点。

```xml
<dependencyManagement>
  <dependencies>
   <dependency>
      <groupId>org.springframework.cloud</groupId>
      <artifactId>spring-cloud-dependencies</artifactId>
      <version>Hoxton.SR1</version>
      <type>pom</type>
      <scope>import</scope>
    </dependency>
  </dependencies>
</dependencyManagement>
```

资源服务器的目的是管理和保护用户的资源。因此为了证明它是如何工作的，这里需要一个我们希望访问的资源。可以通过定义常见的控制器来创建/hello 端点以用于测试，如代码清单 14.1 所示。

代码清单 14.1　定义测试端点的控制器类

```java
@RestController
public class HelloController {

    @GetMapping("/hello")
    public String hello() {
        return "Hello!";
    }
}
```

这里还需要一个配置类，在这个类中将使用@EnableResourceServer 注解来允许 Spring Boot 为应用程序配置成为资源服务器所需的内容。代码清单 14.2 显示了该配置类。

代码清单 14.2 配置类

```
@Configuration
@EnableResourceServer
public class ResourceServerConfig {
}
```

我们现在有了一个资源服务器。但是，如果不能访问端点，它就没有任何用处，就像目前这个示例一样，因为还没有配置资源服务器检查令牌的任何方式。我们知道，对资源的请求也需要提供有效的访问令牌。但即使它提供了有效的访问令牌，请求仍然不能工作。这里的资源服务器还无法验证这些是否是有效的令牌，也无法验证授权服务器是否确实颁发了它们。这是因为还没有实现资源服务器验证访问令牌所需的任何选项。接下来将采用这种处理方式并在接下来的两节中讨论可用的选项；第 15 章提供了一个额外的选择。

提示：

如前面提到的，资源服务器的实现也发生了变更。@EnableResourceServer 注解是 Spring Security OAuth 项目的一部分，最近被标记为已弃用。在 Spring Security 迁移指南(https://github.com/springing-projects/springsecurity/wiki/OAuth-2.0-Migration-Guide)中，Spring Security 团队邀请我们直接使用来自 Spring Security 的配置方法。目前，我看到的大多数应用程序中仍然在使用 Spring Security OAuth 项目。出于这个原因，我认为理解这两种本章举例说明的方法是很重要的。

14.2 远程检查令牌

本节将通过允许资源服务器直接调用授权服务器来实现令牌验证。此方法是使用有效访问令牌启用对资源服务器的访问的最简单实现。如果系统中的令牌是简单形式(例如，在 Spring Security 的授权服务器的默认实现中使用的简单 UUID)，则可以选择此方法。接下来将首先讨论这种方法，然后通过一个示例实现它。这种验证令牌的机制很简单，如图 14.6 所示。

(1) 授权服务器暴露一个端点。对于有效的令牌，它会返回先前向其颁发该令牌的用户所被授予的权限。此处把这个端点称为 check_token 端点。

(2) 资源服务器为每个请求调用 check_token 端点。这样，它就会验证从客户端接收的令牌，并获得授予客户端的权限。

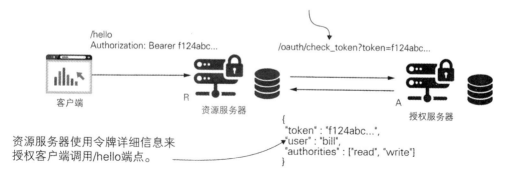

图 14.6　为了验证令牌并获得有关它的详细信息，资源服务器会调用授权服务器的/oauth/check_token
　　　　端点。资源服务器将使用检索到的关于令牌的详细信息来授权调用

　　这种方法的优点是简单。可以将其应用于任何类型的令牌实现。这种方法的缺点
是，对于资源服务器上具有新的未知令牌的每个请求，资源服务器将调用授权服务器
来验证该令牌。这些调用会给授权服务器带来不必要的负荷。此外，请记住这条经验
法则：网络并不是 100%可靠的。每次在架构中设计新的远程调用时，都需要记住这
一点。如果由于网络不稳定导致调用失败，则可能还需要应用一些替代解决方案(见图
14.7)。

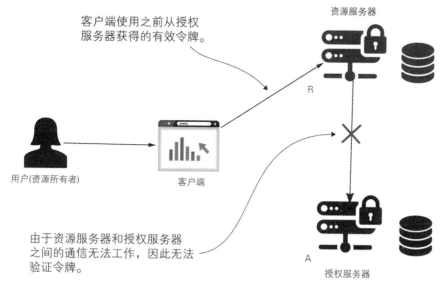

图 14.7　网络不是 100%可靠的。如果资源服务器和授权服务器之间的连接中断，则无法验证令牌。
　　　　这意味着资源服务器将拒绝客户端访问用户的资源，即使它有一个有效的令牌

接下来将在项目 ssia -ch14-ex1-rs 中继续处理这里的资源服务器实现。此处的预期是，如果/hello 端点提供了授权服务器颁发的访问令牌，则允许客户端访问该端点。第 13 章已经开发了授权服务器。例如，可以使用项目 ssia-ch13-ex1 作为我们的授权服务器。但是为了避免更改上一节所讨论的项目，这里为本讨论创建了一个单独的项目 ssia-ch14-ex1-as。请注意，它现在具有与项目 ssia-ch13-ex1 相同的结构，本节展示的只是对当前讨论所做的更改。如果愿意，可以选择使用 ssia-ch13-ex2、ssia-ch13-ex3 或 ssia-ch13-ex4 中实现的授权服务器继续进行处理。

提示：

可以将这里讨论的配置与第 12 章中描述的任何其他授权类型一起使用。授权类型是 OAuth 2 框架实现的流程，在该流程中，客户端要获取授权服务器颁发的令牌。因此，如果愿意，则可以选择使用 ssia-ch13-ex2、ssia-ch13-ex3 或 ssia-ch13-ex4 项目中实现的授权服务器来继续进行处理。

默认情况下，授权服务器会实现端点/oauth/check_token，资源服务器可以使用该端点验证令牌。但是，目前授权服务器将隐式拒绝对该端点的所有请求。在使用 /oauth/check_token 端点之前，需要确保资源服务器可以调用它。

为了允许经过身份验证的请求调用/oauth/check_token 端点，需要重写授权服务器的 AuthServerConfig 类中的 configure(AuthorizationServerSecurityConfigurer c)方法。重写 configure()方法就可以设置允许调用/oauth/check_token 端点的条件。代码清单 14.3 显示了如何做到这一点。

代码清单 14.3 启用对 check_token 端点的经过身份验证的访问

```
@Configuration
@EnableAuthorizationServer
public class AuthServerConfig
  extends AuthorizationServerConfigurerAdapter {

  @Autowired
  private AuthenticationManager authenticationManager;

  @Override
  public void configure(
    ClientDetailsServiceConfigurer clients)
      throws Exception {

    clients.inMemory()
```

```
            .withClient("client")
            .secret("secret")
            .authorizedGrantTypes("password", "refresh_token")
            .scopes("read");
    }


    @Override
    public void configure(
      AuthorizationServerEndpointsConfigurer endpoints) {
        endpoints.authenticationManager(authenticationManager);
    }


    public void configure(
      AuthorizationServerSecurityConfigurer security) {
        security.checkTokenAccess
                ("isAuthenticated()");          ◁—— 指定可以调用 check_token 端点
    }                                               的条件
}
```

提示：

甚至可以使用 permitAll() 而不是 isAuthenticated()，以便让这个端点在没有身份验证的情况下也可访问。但是不建议让端点不受保护。在真实的场景中，最好对这个端点使用身份验证。

除了使这个端点可访问之外，如果还决定只允许经过身份验证的访问，就需要为资源服务器本身注册一个客户端。对于授权服务器而言，资源服务器也是客户端，并且也需要它自己的凭据。需要像添加到其他客户端那样添加它。对于资源服务器，则不需要任何授权类型或作用域，只需要资源服务器用于调用 check_token 端点的一组凭据即可。代码清单 14.4 展示了本示例中为资源服务器添加凭据的配置更改。

代码清单 14.4　为资源服务器添加凭据

```
@Configuration
@EnableAuthorizationServer
public class AuthServerConfig
        extends AuthorizationServerConfigurerAdapter {


    // Omitted code


    @Override
```

```
public void configure(
  ClientDetailsServiceConfigurer clients)
    throws Exception {

    clients.inMemory()
            .withClient("client")
            .secret("secret")
            .authorizedGrantTypes("password", "refresh_token")
            .scopes("read")
              .and()
            .withClient("resourceserver")
            .secret("resourceserversecret");
  }
}
```

添加资源服务器在调用 /oauth/check_token 端点时使用的一组凭据

现在可以启动授权服务器并获得一个令牌，就像第 13 章介绍的那样。这里是 cURL 调用：

```
curl -v -XPOST -u client:secret "http://localhost:8080/oauth/
    token?grant_type=password&username=john&password=12345&scope=
    read"
```

其响应体是：

```
{
    "access_token":"4f2b7a6d-ced2-43dc-86d7-cbe844d3e16b",
    "token_type":"bearer",
    "refresh_token":"a4bd4660-9bb3-450e-aa28-2e031877cb36",
    "expires_in":43199,"scope":"read"
}
```

接下来要调用 check_token 端点查找前面的代码片段中所获得的访问令牌的详细信息。这一调用是这样的：

```
curl -XPOST -u resourceserver:resourceserversecret
"http://localhost:8080/
    oauth/check_token?token=4f2b7a6d-ced2-43dc-86d7-cbe844d3e16b"
```

其响应体是：

```
{
    "active":true,
```

```
    "exp":1581307166,
    "user_name":"john",
    "authorities":["read"],
    "client_id":"client",
    "scope":["read"]
}
```

观察从 check_token 端点返回的响应。其中包含关于访问令牌所需的所有详细
信息：

- 该令牌是否仍然有效并且何时过期
- 该令牌是为哪个用户颁发的
- 表示权利的权限
- 该令牌是为哪个客户端颁发的

现在，如果使用 cURL 调用端点，则资源服务器应该能够使用它验证令牌了。还
需要配置授权服务器的端点和资源服务器用于访问端点的凭据。可以在
application.properties 文件中完成所有这些配置。以下代码片段展示了配置详情：

```
server.port=9090

security.oauth2.resource.token-info-uri=
    http://localhost:8080/oauth/check_token

security.oauth2.client.client-id=resourceserver
security.oauth2.client.client-secret=resourceserversecret
```

提示：

在对/oauth/check_token(令牌自省)端点使用身份验证时，资源服务器将充当授权服
务器的客户端。由于这个原因，它就需要注册一些凭据，在调用自省端点时，它将使
用这些凭据利用 HTTP Basic 身份验证进行身份验证。

顺便说一下，如果计划在同一个系统上运行这两个应用程序，请不要忘记使用
server.port 属性设置不同的端口。这里使用了端口 8080(默认端口)运行授权服务器，并
且使用了端口 9090 运行资源服务器。

可以通过调用/hello 端点运行该应用程序和测试整个设置。需要在请求的
Authorization 头信息中设置访问令牌，并且需要在其值前面加上带有单词 bearer 的前
缀。对于这个单词来说，其大小写是不区分的。这就意味着也可以写作"Bearer"或
者"BEARER"。

```
curl -H "Authorization: bearer 4f2b7a6d-ced2-43dc-86d7-cbe844d3e16b"
    "http:/./localhost:9090/hello"
```

其响应体是：

Hello!

如果在没有令牌或使用错误令牌的情况下调用了端点，那么其结果将是 HTTP 响应上出现 401 Unauthorized 状态。下面的代码片段给出了该响应：

```
curl -v "http:/./localhost:9090/hello"
```

其(部分)响应是：

```
...
< HTTP/1.1 401
...
{
    "error":"unauthorized",
    "error_description":"Full authentication is
    required to access this resource"
}
```

在没有 Spring Security OAuth 的情况下使用令牌自省

如今的一个常见问题是，如何在没有 Spring Security OAuth 的情况下实现如前面示例所示的资源服务器。尽管据说 Spring Security OAuth 已被弃用，但在我看来，我们仍然应该理解它，因为很有可能在现有项目中使用了这些类。为了澄清这方面的问题，这里在没有 Spring Security OAuth 的情况下做了一个对比实现。在这段补充内容中，将讨论如何使用令牌自省在没有 Spring Security OAuth 的情况下实现资源服务器，其中将直接使用 Spring Security 配置。幸运的是，这比我们想象的要容易。

如果你还记得的话，前几章中讨论过 httpBasic()、formLogin()和其他身份验证方法。其中介绍过，在调用这样的方法时，只需要向过滤器链添加一个新的过滤器即可，这样就可以在应用程序中启用不同的身份验证机制。猜猜怎么着？在其最新版本中，Spring Security 还提供了 oauth2ResourceServer()方法，该方法支持资源服务器身份验证方法。可以像之前使用过的任何其他方法一样使用它设置身份验证方法，并且不再需要在依赖项中使用 Spring Security OAuth 项目。然而，请注意，这个功能还不成熟，要使用它，还需要添加 Spring Boot 无法自动引入的其他依赖项。下面的代码片段展示了使用令牌自省实现资源服务器所需的依赖项。

```xml
<dependency>
  <groupId>org.springframework.security</groupId>
  <artifactId>spring-security-oauth2-resource-server</artifactId>
  <version>5.2.1.RELEASE</version>
</dependency>

<dependency>
  <groupId>com.nimbusds</groupId>
  <artifactId>oauth2-oidc-sdk</artifactId>
  <version>8.4</version>
  <scope>runtime</scope>
</dependency>
```

一旦将需要的依赖项添加到 pom.xml 文件中，就可以配置身份验证方法，如下面的代码片段所示。

```java
@Configuration
public class ResourceServerConfig
  extends WebSecurityConfigurerAdapter {

  @Override
  protected void configure(HttpSecurity http) throws Exception {
    http.authorizeRequests()
          .anyRequest().authenticated()
        .and()
          .oauth2ResourceServer(
            c -> c.opaqueToken(
              o -> {
                o.introspectionUri("…");
                o.introspectionClientCredentials("client", "secret");
            })
          );
  }
}
```

为了使该代码片段更易于阅读，这里省略了 introspectionUri()方法的参数值，也就是 check_token URI，它也被称为自省令牌 URI。作为 oauth2ResourceServer()方法的参数，这里添加了一个 Customizer 实例。使用该 Customizer 实例，就可以根据所选择的方法指定资源服务器所需的参数。对于直接令牌自省，需要指定资源服务器验证令牌所需调用的 URI，以及资源服务器在调用此 URI 时需要验证的凭据。可以在项目

ssia-ch14-ex1-rs-migration 文件夹中找到这个示例的实现。

14.3 实现带有 JdbcTokenStore 的黑板模式

本节将实现授权服务器和资源服务器使用共享数据库的应用程序。这一架构方式被称为黑板模式。为什么叫黑板模式呢？因为可以将其视为使用黑板管理令牌的授权服务器和资源服务器。这种颁发和验证令牌的方法的优点是消除了资源服务器和授权服务器之间的直接通信。但是，这意味着要添加一个共享数据库，而这可能会成为瓶颈。与任何架构方式一样，实际上它适用于各种情况。例如，如果各服务已经共享了一个数据库，那么对访问令牌也使用这种方法可能也是合理的。出于这个原因，了解如何实现这个方法对你来说可能是很重要的。

与前面的实现一样，这里将使用一个应用程序展示如何使用这样的架构。此应用程序包含在两个项目中，用于授权服务器的 ssia-ch14-ex2-as 和用于资源服务器的 ssia-ch14-ex2-rs。此架构意味着，当授权服务器颁发令牌时，它也会将令牌存储在与资源服务器共享的数据库中(见图 14.8)。

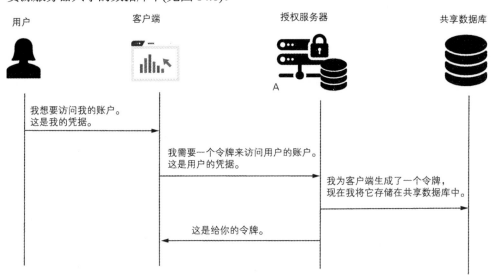

图 14.8   当授权服务器颁发令牌时，它还会将令牌存储在共享数据库中。通过这种方式，资源服务器就可以获得令牌并在以后验证它

它还意味着资源服务器在需要验证令牌时将访问该数据库(见图 14.9)。

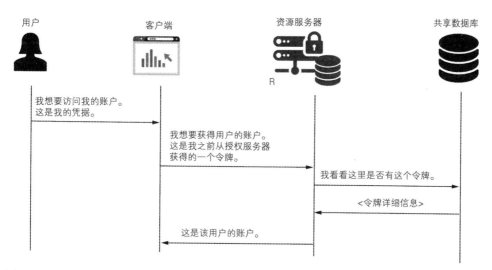

图 14.9　资源服务器在共享数据库中搜索令牌。如果令牌存在，则资源服务器将在数据库中找到与它相关的详细信息，包括用户名及其权限。有了这些详细信息，资源服务器就可以对请求进行授权

在授权服务器和资源服务器上，代表在 Spring Security 中管理令牌的对象的契约是 TokenStore。对于授权服务器，可以想见它在我们以前使用 SecurityContext 的身份验证架构中的位置。身份验证完成后，授权服务器会使用 TokenStore 生成一个令牌(见图 14.10)。

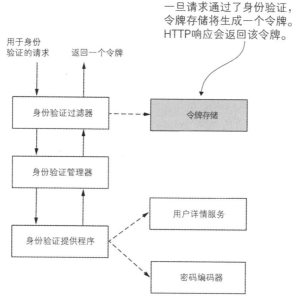

图 14.10　授权服务器在身份验证过程结束时使用令牌存储生成令牌。客户端会使用这些令牌访问资源服务器管理的资源

对于资源服务器，身份验证过滤器要使用 TokenStore 验证令牌并查找稍后用于授权的用户详细信息。然后资源服务器会将用户的详细信息存储在安全上下文中(见图14.11)。

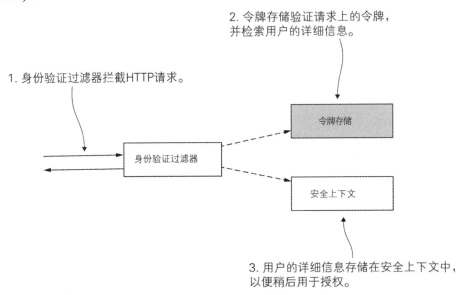

图14.11　资源服务器使用令牌存储来验证令牌并检索授权所需的详细信息，然后将这些详细信息存储在安全上下文中

提示：

授权服务器和资源服务器实现了两种不同的职责，但这些职责不一定必须由两个独立的应用程序执行。不过在大多数真实的实现中，我们都会在不同的应用程序中开发它们，这就是为什么本书的示例中做了同样的处理。但是，也可以选择在同一个应用程序中实现这两者。在这种情况下，就不需要建立任何调用或使用一个共享数据库。但是，如果在同一个应用程序中实现这两种职责，授权服务器和资源服务器就都可以访问相同的 bean。因此，它们可以使用相同的令牌存储，而不需要进行网络调用或访问数据库。

Spring Security 为 TokenStore 契约提供了各种实现，在大多数情况下，我们都不需要编写自己的实现。例如，对于前面的所有授权服务器实现，我们都没有指定TokenStore 实现。Spring Security 提供了一个 InMemoryTokenStore 类型的默认令牌存储。可以想见，在所有这些情况下，令牌都会存储在应用程序的内存中。它们没有被持久化！如果重新启动授权服务器，那么重新启动之前颁发的令牌将不再有效。

为了使用黑板模式实现令牌管理，Spring Security 提供了 JdbcTokenStore 实现。顾

名思义，这个令牌存储直接通过 JDBC 与数据库一起工作。它的工作原理类似于第 3
章讨论的 JdbcUserDetailsManager，但与用户管理不同的是，JdbcTokenStore 管理的是
令牌。

提示：

这个示例中使用了 JdbcTokenStore 实现黑板模式。但是也可以选择使用 TokenStore
持久化令牌，并继续使用/oauth/check_token 端点。如果不想使用共享数据库，但是又
需要持久化令牌，以便在授权服务器重新启动时仍然可以使用以前颁发的令牌，则可
以选择进行这样的处理。

JdbcTokenStore 期望数据库中有两个表。它会使用一个表存储访问令牌(该表的名
称应该是 oauth_access_token) 和一个表存储刷新令牌(该表的名称应该是
oauth_refresh_token)。用于存储令牌的表将持久化刷新令牌。

提示：

就像第 3 章讨论的 JdbcUserDetailsManager 组件一样，可以自定义 JdbcTokenStore，
从而使用表或列的其他名称。在 JdbcTokenStore 方法中必须重写它用来检索或存储令
牌详情的任何 SQL 查询。为了保持简短，在我们的示例中使用了默认名称。

接下来需要更改 pom.xml 文件，以便声明连接到数据库所需的依赖项。以下代码
片段展示了此处的 pom.xml 文件中使用的依赖项。

```
<dependency>
  <groupId>org.springframework.boot</groupId>
  <artifactId>spring-boot-starter-security</artifactId>
</dependency>
<dependency>
  <groupId>org.springframework.boot</groupId>
  <artifactId>spring-boot-starter-web</artifactId>
</dependency>
<dependency>
  <groupId>org.springframework.cloud</groupId>
  <artifactId>spring-cloud-starter-oauth2</artifactId>
</dependency>
<dependency>
  <groupId>org.springframework.boot</groupId>
  <artifactId>spring-boot-starter-jdbc</artifactId>
</dependency>
<dependency>
```

```
<groupId>mysql</groupId>
<artifactId>mysql-connector-java</artifactId>
</dependency>
```

授权服务器项目 ssia-ch14-ex2-as 中定义了 schema.sql 文件，其中包含为这些表创建结构所需的查询。不要忘记，该文件需要位于 resources 文件夹中，以便在应用程序启动时由 Spring Boot 获取。以下代码片段展示了 schema.sql 文件中提供的两个表的定义。

```
CREATE TABLE IF NOT EXISTS `oauth_access_token` (
    `token_id` varchar(255) NOT NULL,
    `token` blob,
    `authentication_id` varchar(255) DEFAULT NULL,
    `user_name` varchar(255) DEFAULT NULL,
    `client_id` varchar(255) DEFAULT NULL,
    `authentication` blob,
    `refresh_token` varchar(255) DEFAULT NULL,
    PRIMARY KEY (`token_id`));

CREATE TABLE IF NOT EXISTS `oauth_refresh_token` (
    `token_id` varchar(255) NOT NULL,
    `token` blob,
    `authentication` blob,
    PRIMARY KEY (`token_id`));
```

在 application.properties 文件中，需要添加数据源的定义。以下代码片段提供了该定义。

```
spring.datasource.url=jdbc:mysql://localhost/
➥spring?useLegacyDatetimeCode=false&serverTimezone=UTC
spring.datasource.username=root
spring.datasource.password=
spring.datasource.initialization-mode=always
```

代码清单 14.5 展示了第一个示例中使用 AuthServerConfig 类的方式。

代码清单 14.5 AuthServerConfig 类

```
@Configuration
@EnableAuthorizationServer
```

```
public class AuthServerConfig
  extends AuthorizationServerConfigurerAdapter {

  @Autowired
  private AuthenticationManager authenticationManager;

  @Override
  public void configure(
    ClientDetailsServiceConfigurer clients)
    throws Exception {

    clients.inMemory()
          .withClient("client")
          .secret("secret")
          .authorizedGrantTypes("password", "refresh_token")
          .scopes("read");
  }

  @Override
  public void configure(
    AuthorizationServerEndpointsConfigurer endpoints) {
      endpoints.authenticationManager(authenticationManager);
  }
}
```

接下来要更改这个类以注入数据源，然后定义和配置令牌存储。代码清单 14.6 显示了这一更改。

代码清单 14.6　定义和配置 JdbcTokenStore

```
@Configuration
@EnableAuthorizationServer
public class AuthServerConfig
  extends AuthorizationServerConfigurerAdapter {

  @Autowired
  private AuthenticationManager authenticationManager;

  @Autowired
  private DataSource dataSource;          ←── 注入 application.properties 文件中配
                                               置的数据源
```

```java
@Override
public void configure(
  ClientDetailsServiceConfigurer clients)
  throws Exception {

    clients.inMemory()
          .withClient("client")
          .secret("secret")
          .authorizedGrantTypes("password", "refresh_token")
          .scopes("read");
}

@Override
public void configure(
  AuthorizationServerEndpointsConfigurer endpoints) {
    endpoints
      .authenticationManager(authenticationManager)
      .tokenStore(tokenStore());          ←┐ 配置令牌存储
}

@Bean
public TokenStore tokenStore() {
    return new JdbcTokenStore(dataSource);
}
}
```

创建 JdbcTokenStore 的实例，通过 application.properties 文件中配置的数据源提供对数据库的访问

现在可以启动授权服务器并颁发令牌。其中要以与第 13 章和本章前面介绍过的相同方式颁发令牌。从这个角度看，其处理没有什么变化。但是现在，还可以看到令牌存储在数据库中。下面的代码片段显示了用来颁发令牌的 cURL 命令：

```
curl -v -XPOST -u client:secret "http://localhost:8080/oauth/
token?grant_type=password&username=john&password=12345&scope=read"
```

其响应体是：

```
{
    "access_token":"009549ee-fd3e-40b0-a56c-6d28836c4384",
    "token_type":"bearer",
    "refresh_token":"fd44d772-18b3-4668-9981-86373017e12d",
    "expires_in":43199,
```

```
        "scope":"read"
    }
```

响应中返回的访问令牌也可以在 oauth_access_token 表中作为其记录而找到。因为配置了刷新令牌授权类型，所以会接收到一个刷新令牌。出于这个原因，还可以在 oauth_refresh_token 表中找到刷新令牌的记录。由于数据库会持久化令牌，因此即使授权服务器关闭或重新启动后，资源服务器也可以验证已颁发的令牌。

现在是配置资源服务器的时候了，以便它也可以使用相同的数据库。为此，将使用 ssia-ch14-ex2-rs 项目进行处理。首先要从 14.1 节中讨论的实现开始。对于授权服务器，需要在 pom.xml 文件中添加必要的依赖项。因为资源服务器需要连接到数据库，所以还需要添加 spring-boot-starter-jdbc 依赖项和 JDBC 驱动程序。以下代码片段显示了 pom.xml 文件中的依赖项：

```xml
<dependency>
    <groupId>org.springframework.boot</groupId>
    <artifactId>spring-boot-starter-oauth2-resource-server</artifactId>
</dependency>
<dependency>
    <groupId>org.springframework.boot</groupId>
    <artifactId>spring-boot-starter-web</artifactId>
</dependency>
<dependency>
    <groupId>org.springframework.cloud</groupId>
    <artifactId>spring-cloud-starter-oauth2</artifactId>
</dependency>
<dependency>
    <groupId>org.springframework.boot</groupId>
    <artifactId>spring-boot-starter-jdbc</artifactId>
</dependency>
<dependency>
    <groupId>mysql</groupId>
    <artifactId>mysql-connector-java</artifactId>
</dependency>
```

application.properties 文件中配置了数据源，以便资源服务器可以连接到与授权服务器相同的数据库。下面的代码片段显示了该 application.properties 文件中用于资源服务器的内容。

```
server.port=9090
```

```
spring.datasource.url=jdbc:mysql://localhost/spring
spring.datasource.username=root
spring.datasource.password=
```

在资源服务器的配置类中，需要注入数据源并配置 JdbcTokenStore。代码清单 14.7 显示了对资源服务器的配置类所做的更改。

代码清单 14.7　资源服务器的配置类

```
@Configuration
@EnableResourceServer
public class ResourceServerConfig
  extends ResourceServerConfigurerAdapter {

  @Autowired
  private DataSource dataSource;          注入 application.properties 文件中配
                                          置的数据源

  @Override
  public void configure(
    ResourceServerSecurityConfigurer resources) {

    resources.tokenStore(tokenStore());   配置令牌存储
  }

  @Bean
  public TokenStore tokenStore() {
    return new JdbcTokenStore(dataSource);   基于已注入的数据源创建
  }                                          JdbcTokenStore
}
```

现在也可以启动资源服务器，并使用之前颁发的访问令牌调用/hello 端点。下面的代码片段展示了如何使用 cURL 调用该端点：

```
curl -H "Authorization:Bearer 009549ee-fd3e-40b0-a56c-6d28836c4384"
"http://localhost:9090/hello"
```

其响应体是：

```
Hello!
```

太棒了！本节实现了一种黑板模式方法，用于资源服务器和授权服务器之间的通信。其中使用了一个名为 **JdbcTokenStore** 的 **TokenStore** 实现。现在可以将令牌持久化到数据库中了，并且可以避免在资源服务器和授权服务器之间使用直接调用来验证令牌。但是让授权服务器和资源服务器都依赖于同一个数据库是一个缺点。在大量请求的情况下，这种依赖关系可能成为瓶颈并降低系统运行速度。为了避免使用共享数据库，我们有其他实现选项吗？答案是肯定的；第 15 章将讨论本章介绍的方法的替代方案——在 JWT 中使用签名令牌。

提示：

在不使用 Spring Security OAuth 的情况下编写资源服务器的配置，这样就不可能使用黑板模式方法了。

14.4　两种方法的简要对比

本章介绍了两种方法实现允许资源服务器验证它从客户端接收到的令牌：

- **直接调用授权服务器**。当资源服务器需要验证令牌时，它将直接调用颁发该令牌的授权服务器。
- **使用共享数据库(黑板模式)**。授权服务器和资源服务器都使用相同的数据库。授权服务器将颁发的令牌存储在数据库中，资源服务器读取这些令牌进行验证。

接下来简要总结。在表 14.1 中，可以看到本章讨论的两种方法的优缺点。

表 14.1　实现资源服务器验证令牌的两种方法的优缺点

方法	优点	缺点
直接调用授权服务器	易于实现。 它可以被应用于任何令牌实现	它意味着授权服务器和资源服务器之间的直接依赖关系。 它可能会对授权服务器造成不必要的压力
使用共享数据库(黑板模式)	消除了授权服务器和资源服务器之间直接通信的需要。 它可以被应用于任何令牌实现。 持久化令牌允许在授权服务器重新启动或授权服务器关闭后授权处理继续执行	它比直接调用授权服务器更难实现。 还需要系统中的另一个组件，即共享数据库。 共享数据库可能成为一个瓶颈，并影响系统性能

14.5　本章小结

- 资源服务器是一个 Spring 组件，用于管理用户资源。
- 资源服务器需要一种方法来验证授权服务器向客户端颁发的令牌。
- 验证资源服务器的令牌的一种选择是直接调用授权服务器。这种方法会对授权服务器造成过大的压力。通常应该避免使用这种方法。
- 为了使资源服务器能够验证令牌，可以选择实现黑板模式架构。在此实现中，授权服务器和资源服务器可以访问它们在其中管理令牌的同一个数据库。
- 黑板模式的优点是消除了资源服务器和授权服务器之间的直接依赖关系。但是这意味着要添加数据库来持久化令牌，这可能会成为瓶颈，并在大量请求的情况下影响系统性能。
- 为了实现令牌管理，需要使用一个 TokenStore 类型的对象。我们可以编写自己的 TokenStore 实现，但在大多数情况下，都可以使用 Spring Security 提供的实现。
- JdbcTokenStore 是一个 TokenStore 实现，可以使用它在数据库中持久化访问和刷新令牌。

第15章

OAuth 2：使用 JWT 和加密签名

本章内容

- 使用加密签名验证令牌
- 在 OAuth 2 架构中使用 JSON Web Token
- 使用对称和非对称密钥的签名令牌
- 将自定义详情添加到 JWT

本章将讨论如何将 JSON Web Token(JWT)用于令牌实现。第 14 章介绍过，资源服务器需要验证授权服务器颁发的令牌。其中还介绍过用于此处理的 3 种方法：

- 使用资源服务器和授权服务器之间的直接调用，14.2 节实现了这一处理。
- 使用共享数据库存储令牌，这在 14.3 节有所实现。
- 使用加密签名，这一处理将在本章进行讨论。

使用加密签名验证令牌的优点是允许资源服务器验证令牌，而不需要直接调用授权服务器，也不需要共享数据库。这种实现令牌验证的方法通常用于使用 OAuth 2 实现身份验证和授权的系统。出于这个原因，我们需要了解这一实现令牌验证的方式。这里将为这个方法写一个示例，就像第 14 章为其他两个方法所做的一样。

15.1 使用 JWT 以及对称密钥签名的令牌

用于令牌签名的最简单的方法是使用对称密钥。在这种方法中，使用相同的密钥，既可以签署一个令牌，又可以验证它的签名。使用对称密钥对令牌进行签名的优点是，它比将在本章后面内容讨论的其他方法更简单，而且速度更快。然而，正如将介绍的，它也有缺点。不能总是与身份验证过程中涉及的所有应用程序共享用于签名令牌的密钥。在15.2节比较对称密钥和非对称密钥对时，我们将讨论这些优点和缺点。

现在，我们要启动一个新项目来实现一个使用对称密钥签名的JWT的系统。对于这个实现，作为授权服务器使用的项目被命名为ssia-ch15-ex1-as，而作为资源服务器使用的项目则被命名为ssia-ch15-ex1-rs。首先简要回顾第11章详细介绍的JWT。然后，我们将在示例中实现这些处理。

15.1.1 使用JWT

本节将简要回顾JWT。第11章详细讨论过JWT，但最好还是先复习JWT的工作原理。然后继续实现授权服务器和资源服务器。本章讨论的所有内容都依赖于JWT，因此在继续学习第一个示例之前，有必要先从这个复习部分开始。

JWT是一个令牌实现。令牌由三部分组成：头信息、主体和签名。头信息和主体中的详情用JSON表示，并且它们是Base64编码的。第三部分是签名，这是使用一种加密算法生成的，该算法使用头信息和主体作为其输入(见图15.1)。密码算法还意味着需要密钥。密钥就像一个密码。拥有正确密钥的所有者可以签署令牌或验证签名的真实性。如果令牌上的签名是真实的，就可以确保在签名之后没有人修改令牌。

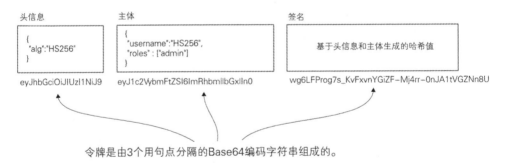

图15.1　JWT由三部分组成：头信息、主体和签名。头信息和主体包含用JSON表示的详细信息。
　　　这些内容是Base64编码然后签名的。令牌就是这3个由句点分隔的部分组成的字符串

当JWT被签名时，我们也称它为JWS(JSON Web Token Signed)。通常，应用加密算法对令牌进行签名就足够了，但有时可以选择对令牌进行加密。如果对令牌进行了签名，就可以在没有任何密钥或密码的情况下查看其内容。但是，即使黑客看到了令牌中的内容，他们也不能更改令牌的内容，因为如果他们这么做了，签名就会无效(见图15.2)。要让签名有效，签名必须：

- 是使用正确密钥生成的。
- 匹配签名过的内容。

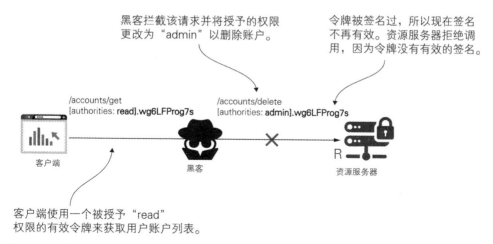

图 15.2　黑客拦截一个令牌并更改其内容。资源服务器拒绝调用，因为令牌的签名不再与内容匹配

如果令牌被加密了，则还会将其称为 JWE(JSON Web Token Encrypted)。没有有效密钥，则无法看到已加密令牌的内容。

15.1.2　实现授权服务器以颁发 JWT

本节将实现一个授权服务器，该服务器会向客户端颁发 JWT 以进行授权。第 14 章介绍过，管理令牌的组件是 TokenStore。本节要做的是使用 Spring Security 提供的 TokenStore 的另一种实现。这里要使用的实现的名称是 JwtTokenStore，它会管理 JWT。本节还将测试授权服务器。稍后，在 15.1.3 节中，我们将实现一个资源服务器，并开发一个使用 JWT 的完整系统。可以两种方式使用 JWT 实现令牌验证：

- 如果使用相同的密钥对令牌进行签名和验证签名，就可以说该密钥是对称的。
- 如果使用一个密钥签名令牌，但使用另一个密钥验证签名，则可以说使用的是一个非对称密钥对。

这个示例将使用对称密钥实现签名。这种方法意味着授权服务器和资源服务器都知道并使用相同的密钥。授权服务器使用密钥对令牌进行签名，资源服务器使用相同的密钥验证签名(见图 15.3)。

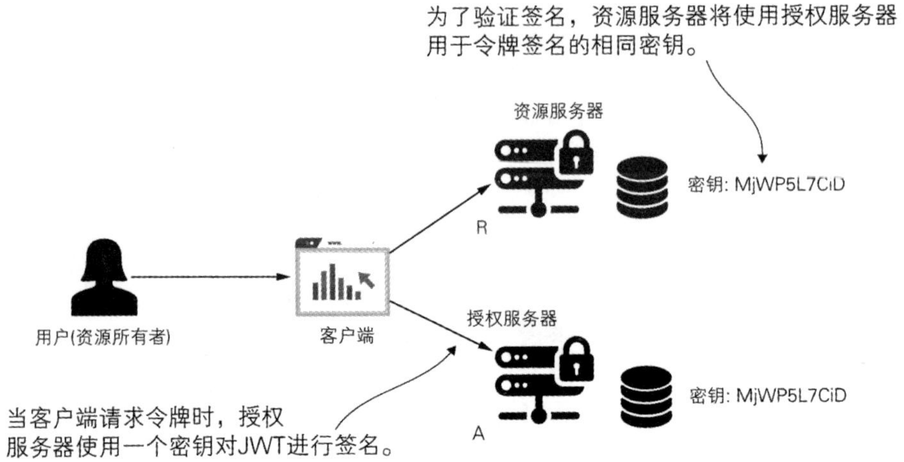

图 15.3 使用对称密钥。授权服务器和资源服务器共享相同的密钥。授权服务器使用该密钥对令牌进行签名，资源服务器使用该密钥对签名进行验证

接下来要创建项目并添加所需的依赖项。在这个示例中，项目的名称是 ssia-ch15-ex1-as。以下代码片段展示了我们需要添加的依赖项，这些依赖项与第 13 和 14 章中用于授权服务器的依赖项相同。

```
<dependency>
  <groupId>org.springframework.boot</groupId>
  <artifactId>spring-boot-starter-security</artifactId>
</dependency>
<dependency>
  <groupId>org.springframework.boot</groupId>
  <artifactId>spring-boot-starter-web</artifactId>
</dependency>
  <dependency>
  <groupId>org.springframework.cloud</groupId>
  <artifactId>spring-cloud-starter-oauth2</artifactId>
</dependency>
```

这里为 JdbcTokenStore 配置 JwtTokenStore 的方式与第 14 章相同。此外，还需要定义一个 JwtAccessTokenConverter 类型的对象。使用 JwtAccessTokenConverter，就可以配置授权服务器验证令牌的方式；在这个示例中，将使用对称密钥。代码清单 15.1 显示了如何在配置类中配置 JwtTokenStore。

代码清单 15.1 配置 JwtTokenStore

```
@Configuration
```

```
@EnableAuthorizationServer
public class AuthServerConfig
  extends AuthorizationServerConfigurerAdapter {

  @Value("${jwt.key}")
  private String jwtKey;

  @Autowired
  private AuthenticationManager authenticationManager;

  @Override
  public void configure(
    ClientDetailsServiceConfigurer clients)
    throws Exception {
      clients.inMemory()
              .withClient("client")
              .secret("secret")
              .authorizedGrantTypes("password", "refresh_token")
              .scopes("read");
  }

  @Override
  public void configure(
    AuthorizationServerEndpointsConfigurer endpoints) {
      endpoints
              .authenticationManager(authenticationManager)
              .tokenStore(tokenStore())
              .accessTokenConverter(
              jwtAccessTokenConverter());
  }

  @Bean
  public TokenStore tokenStore() {
      return new JwtTokenStore(
          jwtAccessTokenConverter());
  }

  @Bean
  public JwtAccessTokenConverter jwtAccessTokenConverter() {
```

从 application.properties 文件中
获取对称密钥的值

配置令牌存储和访问令牌转换
器对象

创建带有与之关联的访问
令牌转换器的令牌存储

```
        var converter = new JwtAccessTokenConverter();
        converter.setSigningKey(jwtKey);      ◁────  设置访问令牌转换器对象
        return converter;                            的对称密钥的值
    }
}
```

这里在 application.properties 文件中存储了这个示例的对称密钥的值，如下面的代码片段所示。但是，不要忘记签名密钥是敏感数据，在现实场景中应该将其存储在密钥库中。

```
jwt.key=MjWP5L7CiD
```

回想第 13 和 14 章中关于授权服务器的示例，对于每个授权服务器，我们还定义了 UserDetailsServer 和 PasswordEncoder。代码清单 15.2 回顾了如何为授权服务器配置这些组件。为了让这部分说明简短一些，本章将不会对所有的示例重复介绍相同的代码清单。

代码清单 15.2　为授权服务器配置用户管理

```
@Configuration
public class WebSecurityConfig
  extends WebSecurityConfigurerAdapter {

  @Bean
  public UserDetailsService uds() {
    var uds = new InMemoryUserDetailsManager();

    var u = User.withUsername("john")
              .password("12345")
              .authorities("read")
              .build();

    uds.createUser(u);

    return uds;
  }

  @Bean
  public PasswordEncoder passwordEncoder() {
    return NoOpPasswordEncoder.getInstance();
  }
```

```
@Bean
public AuthenticationManager authenticationManagerBean()
  throws Exception {
    return super.authenticationManagerBean();
  }
}
```

接下来可以启动授权服务器并调用/oauth/token 端点来获取访问令牌。下面的代码片段展示了用于调用/oauth/token 端点的 cURL 命令。

```
curl -v -XPOST -u client:secret http://localhost:8080/oauth/
    token?grant_type=password&username=john&password=12345&scope=read
```

其响应体是：

```
{
    "access_token":"eyJhbGciOiJIUzI1NiIsInR5cCI6IkpXV…",
    "token_type":"bearer",
    "refresh_token":"eyJhbGciOiJIUzI1NiIsInR5cCI6Ikp…",
    "expires_in":43199,
    "scope":"read",
    "jti":"7774532f-b74b-4e6b-ab16-208c46a19560"
}
```

可以在响应中观察到，访问和刷新令牌现在都是 JWT。该代码片段中缩短了令牌，以使代码片段更具可读性。实际上在控制台响应中看到的令牌则要长得多。在下面代码片段中，可以找到令牌主体的解码(JSON)形式。

```
{
    "user_name": "john",
    "scope": [
    "read"
    ],

    "generatedInZone": "Europe/Bucharest",
    "exp": 1583874061,
    "authorities": [
    "read"
    ],
```

```
    "jti": "38d03577-b6c8-47f5-8c06-d2e3a713d986",
    "client_id": "client"
}
```

设置好授权服务器之后，接下来就可以实现资源服务器了。

15.1.3　实现使用 JWT 的资源服务器

本节将实现资源服务器，它会使用对称密钥来验证 15.1.2 节中设置的授权服务器颁发的令牌。阅读完本节后，你将知道如何编写一个完整的 OAuth 2 系统，该系统将使用应用了对称密钥签名的 JWT。接下来将创建一个新项目，并且要将所需的依赖项添加到 pom.xml，如下面的代码片段所示。这个项目被命名为 ssia-ch15-ex1-rs。

```
<dependency>
  <groupId>org.springframework.boot</groupId>
  <artifactId>spring-boot-starter-oauth2-resource-server</artifactId>
</dependency>
<dependency>
  <groupId>org.springframework.boot</groupId>
  <artifactId>spring-boot-starter-web</artifactId>
</dependency>
<dependency>
  <groupId>org.springframework.cloud</groupId>
  <artifactId>spring-cloud-starter-oauth2</artifactId>
</dependency>
```

这里并没有添加任何新的已经在第 13 和 14 章使用过的依赖项。因为我们需要保护一个端点，所以这里定义了一个控制器和一个方法来暴露用于测试资源服务器的简单端点。代码清单 15.3 定义了该控制器。

代码清单 15.3　HelloController 类

```
@RestController
public class HelloController {

    @GetMapping("/hello")
    public String hello() {
        return "Hello!";
    }
}
```

现在我们有了一个要保护的端点，接下来可以声明配置类，其中要配置 TokenStore。需要为资源服务器配置 TokenStore，就像为授权服务器所做的配置一样。最重要的方面是确保为密钥使用相同的值。资源服务器需要该密钥用来验证令牌的签名。代码清单 15.4 定义了该资源服务器配置类。

代码清单 15.4　资源服务器的配置类

```
@Configuration
@EnableResourceServer
public class ResourceServerConfig
  extends ResourceServerConfigurerAdapter {

  @Value("${jwt.key}")          ◁────  从 application.properties 文
  private String jwtKey;                件注册密钥值

  @Override
  public void configure(ResourceServerSecurityConfigurer resources) {
    resources.tokenStore(tokenStore()); ◁────  配置 TokenStore
  }

  @Bean
  public TokenStore tokenStore() {
    return new JwtTokenStore(      ◁────  声明 TokenStore 并将其添加到
                jwtAccessTokenConverter());      Spring 上下文
  }

  @Bean
  public JwtAccessTokenConverter jwtAccessTokenConverter() {
    var converter = new JwtAccessTokenConverter();
    converter.setSigningKey(jwtKey);          创建访问令牌转换器并
    return converter;                         设置用于验证令牌签名
  }                                           的对称密钥
}
```

提示：
不要忘记在 application.properties 文件中设置密钥值。

用于对称加密或签名的密钥只是一个随机的字节字符串而已。可以使用随机算法生成它。在这个示例中，可以使用任何字符串值，比如 "abcde"。不过在实际场景中，最好使用长度超过 258 字节的随机生成值。要了解更多信息，推荐阅读 David Wong

撰著的 *Real-World Cryptography*(Manning，2020)。在该书的第 8 章中，进行了关于随机性和密钥的详细讨论。

```
https://livebook.manning.com/book/real-world-cryptography/chapter-8/
```

因为这里是在同一台机器上本地运行授权服务器和资源服务器，所以需要为这个应用程序配置不同的端口。下面的代码片段显示了 application.properties 文件的内容：

```
server.port=9090
jwt.key=MjWP5L7CiD
```

现在可以启动该资源服务器，并使用前面从授权服务器获得的有效 JWT 调用/hello端点。在这个示例中，必须将令牌添加到以单词"Bearer"为前缀的请求的 Authorization HTTP 头信息中。下面的代码片段展示了如何使用 cURL 调用端点：

```
curl -H "Authorization:Bearer eyJhbGciOiJIUzI1NiIs…"
http://localhost:9090/hello
```

其响应体是：

```
Hello!
```

提示：
请记住，本书的示例中截断了 JWT，以节省空间并使调用更易于阅读。

我们刚刚实现了一个使用 OAuth 2 和 JWT 作为令牌实现的系统。正如这里所表明的，Spring Security 使这种实现变得很容易。本节介绍了如何使用对称密钥对令牌进行签名和验证。但是我们可能会在现实场景中发现这样的需求，其中在授权服务器和资源服务器上同时拥有相同的密钥是不可行的。15.2 节将介绍如何实现一个类似的系统，该系统使用非对称密钥对这些场景进行令牌验证。

在不使用 Spring Security OAuth 项目的情况下使用对称密钥
如第 14 章所述，也可以利用 oauth2ResourceServer()配置资源服务器来使用 JWT。正如所提到过的，这种方法更适用于未来的项目，但现有的应用程序中也可能使用了该方法。因此，为了将来的实现需要了解此方法，当然，如果想要将现有项目迁移到此方法，也需要了解此方法。下面的代码片段展示了如何使用对称密钥而不使用 Spring Security OAuth 项目来配置 JWT 身份验证的类。

```
@Configuration
public class ResourceServerConfig
```

```
extends WebSecurityConfigurerAdapter {

  @Value("${jwt.key}")
  private String jwtKey;

  @Override
  protected void configure(HttpSecurity http) throws Exception {
    http.authorizeRequests()
          .anyRequest().authenticated()
        .and()
          .oauth2ResourceServer(
            c -> c.jwt(
                j -> j.decoder(jwtDecoder());
            ));
  }

  // Omitted code
}
```

如这里所示，这一次使用了 Customizer 对象的 jwt() 方法，该方法将作为参数发送给 oauth2ResourceServer()。使用 jwt() 方法，就可以配置应用程序所需的详情来验证令牌。在本示例中，因为讨论的是使用对称密钥的验证，所以这里在同一个类中创建了一个 JwtDecoder 来提供对称密钥的值。下面的代码片段展示了如何使用 decoder() 方法设置这个解码器。

```
@Bean
public JwtDecoder jwtDecoder() {
  byte [] key = jwtKey.getBytes();
  SecretKey originalKey = new SecretKeySpec(key, 0, key.length, "AES");

  NimbusJwtDecoder jwtDecoder =
    NimbusJwtDecoder.withSecretKey(originalKey)
                    .build();

  return jwtDecoder;
}
```

此处配置的元素是相同的！如果选择使用这种方法设置资源服务器，那么有所不同的将只是语法。可以在项目 ssia-ch15-ex1-rs-migration 中找到该示例的实现。

15.2　使用通过 JWT 和非对称密钥签名的令牌

本节将实现 OAuth 2 身份验证的一个示例，其中授权服务器和资源服务器会使用一个非对称密钥对来对令牌签名和验证令牌。有时如 15.1 节实现的那样，只让授权服务器和资源服务器共享一个密钥的做法是不可行的。通常，如果授权服务器和资源服务器不是由同一组织开发的，就会发生这种情况。在这种情况下，就可以认为授权服务器不"信任"资源服务器，因此我们不希望授权服务器与资源服务器共享密钥。而且，使用对称密钥，资源服务器就拥有了过多的功能：不仅可以验证令牌，还可以对它们签名(见图 15.4)。

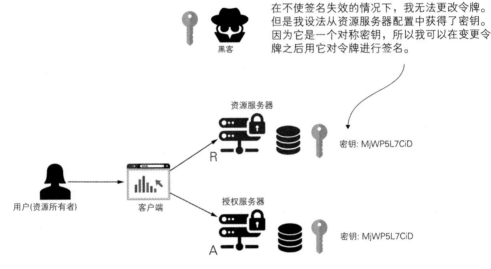

图 15.4　如果黑客设法获得了一个对称密钥，他们就可以更改令牌并对其签名。通过这种方式，他们就可以访问用户的资源

提示：

在担任不同项目的顾问期间，我看到过通过邮件或其他不安全通道交换对称密钥的情况。永远不要这样做！对称密钥是私钥。有该密钥的人可以用它进入系统。我的经验法则是，如果需要在系统之外共享密钥，它就不应该是对称的。

当我们不能在授权服务器和资源服务器之间认定一种可信的关系时，就要使用非对称密钥对。由于这个原因，我们就需要知道如何实现这样的系统。本节将讨论一个示例，该示例将展示如何实现这一目标所需的所有组成部分。

什么是非对称密钥对？它是如何工作的？这个概念很简单。非对称密钥对有两个密钥：一个称为私钥，另一个称为公钥。授权服务器将使用私钥对令牌进行签名，而其他人也只能使用私钥对令牌进行签名(见图 15.5)。

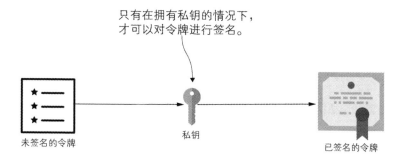

图 15.5　要对令牌签名，就需要使用私钥。然后，任何人都可以使用密钥对的公钥
验证签名者的身份

公钥与私钥是结合在一起的，这就是我们将其称为一对的原因。但是公钥只能用
于验证签名。没有人可以使用公钥对令牌进行签名(见图 15.6)。

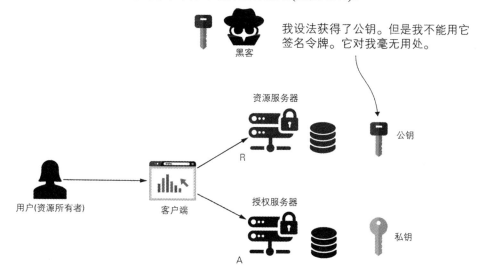

图 15.6　如果黑客设法获得了公钥，他们将不能使用它签署令牌。公钥只能用于验证签名

15.2.1　生成密钥对

本节将讲解如何生成一个非对称密钥对。这里需要一个密钥对用来配置 15.2.2 节
和 15.2.3 节中实现的授权服务器和资源服务器。这是一个非对称密钥对(这意味着授权
服务器使用它的私有部分签署令牌，而资源服务器则使用公共部分验证签名)。为了生
成该密钥对，这里使用了 keytool 和 OpenSSL，它们是两个简单易用的命令行工具。
Java 的 JDK 会安装 keytool，因此我们的计算机上可能已经安装了它。而对于 OpenSSL，则需要从 https://www.openssl.org/ 处下载它。如果使用 OpenSSL 自带的 Git Bash，则不需要单独安装它。我个人总是喜欢使用 Git Bash 进行这些操作，因为它不需要我单独安装这些工具。有了工具之后，需要运行两个命令：

- 生成一个私钥。
- 获取之前所生成私钥的公钥。

1. 生成一个私钥

要生成私钥，可以运行下面代码片段中的 keytool 命令。它将在名为 ssia.jks 的文件中生成一个私钥。这里还使用了密码"ssia123"保护私钥，并使用别名"ssia"为密钥指定一个名称。在下面的命令中，可以看到用来生成密钥的算法，即 RSA。

```
keytool -genkeypair -alias ssia -keyalg RSA -keypass ssia123 -keystore
ssia.jks -storepass ssia123
```

2. 获取公钥

要获取先前所生成私钥的公钥，可以运行这个 keytool 命令：

```
keytool -list -rfc --keystore ssia.jks | openssl x509 -inform pem -pubkey
```

在生成公钥时，系统会提示我们输入密码；这里使用的是 ssia123。然后应该可以在输出中找到公钥和证书。(对于本示例而言，只有密钥的值是必要的。)这个密钥应该类似于下面的代码片段：

```
-----BEGIN PUBLIC KEY-----
MIIBIjANBgkqhkiG9w0BAQEFAAOCAQ8AMIIBCgKCAQEAijLqDcBHwtnsBw+WFSzG
VkjtCbO6NwKlYjS2PxE114XWf9H2j0dWmBu7NK+lV/JqpiOi0GzaLYYf4XtCJxTQ
DD2CeDUKczcd+fpnppripN5jRzhASJpr+ndj8431iAG/rvXrmZt3jLD3v6nwLDxz
pJGmVWzcV/OBXQZkd1LHOK5LEG0YCQ0jAU3ON7OZAnFn/DMJyDCky994UtaAYyAJ
7mr7IO1uHQxsBg7SiQGpApgDEK3Ty8gaFuafnExsYD+aqua1Ese+pluYnQxuxkk2
Ycsp48qtUv1TWp+TH3kooTM6eKcnpSweaYDvHd/ucNg8UDNpIqynM1eS7KpffKQm
DwIDAQAB
-----END PUBLIC KEY-----
```

就是这样！现在我们有了一个用于 JWT 签名的私钥和一个用于验证签名的公钥。接下来只需要在授权和资源服务器中配置它们即可。

15.2.2　实现使用私钥的授权服务器

本节要将授权服务器配置为使用私钥签名 JWT。15.2.1 节介绍了如何生成私钥和公钥。对于本节，需要创建一个名为 ssia-ch15-ex2-as 的独立项目，但是要在 pom.xml 文件中使用与 15.1 节中实现的授权服务器相同的依赖项。

这里复制了私钥文件 ssia.jks，它位于应用程序的 resources 文件夹中。需要将密钥添加到 resources 文件夹中，因为直接从类路径读取它会更容易。但是，将其放入类路径中的做法并不是强制的。在 application.properties 文件中，存储了文件名、密钥的别名，以及用于保护私钥而生成的密码。我们需要这些详细信息用来配置 JwtTokenStore。下面的代码片段展示了 application.properties 文件的内容：

```
password=ssia123
privateKey=ssia.jks
alias=ssia
```

与为授权服务器使用对称密钥所做的配置相比，唯一更改的是 JwtAccessToken-Converter 对象的定义。这里仍然使用 JwtTokenStore。可以回想一下，在 15.1 节使用过 JwtAccessTokenConverter 配置对称密钥。这里要使用相同的 JwtAccessToken-Converter 对象设置私钥。代码清单 15.5 显示了授权服务器的配置类。

代码清单 15.5　授权服务器和私钥的配置类

```
@Configuration
@EnableAuthorizationServer
public class AuthServerConfig
  extends AuthorizationServerConfigurerAdapter {

  @Value("${password}")
  private String password;

  @Value("${privateKey}")
  private String privateKey;

  @Value("${alias}")
  private String alias;

  @Autowired
  private AuthenticationManager authenticationManager;
```

注入 application.properties 文件中的私钥文件的名称、别名和密码

```
// Omitted code

@Bean
public JwtAccessTokenConverter jwtAccessTokenConverter() {
  var converter = new JwtAccessTokenConverter();

  KeyStoreKeyFactory keyStoreKeyFactory =
    new KeyStoreKeyFactory(
      new ClassPathResource(privateKey),
              password.toCharArray()
    );

  converter.setKeyPair(
    keyStoreKeyFactory.getKeyPair(alias));

  return converter;
  }
}
```

创建 KeyStoreKeyFactory 对象，以便从类路径读取私钥文件

使用 KeyStoreKeyFactory 对象检索密钥对，并将密钥对设置为 JwtAccessTokenConverter 对象

现在可以启动该授权服务器并调用/oauth/token 端点来生成一个新的访问令牌。当然，这里只是创建了一个普通的 JWT，但是现在的区别是，要验证它的签名，需要使用密钥对中的公钥。顺便说一下，不要忘记令牌只是做了签名处理，并没有加密。下面的代码片段展示了如何调用/oauth/token 端点。

```
curl -v -XPOST -u client:secret "http://localhost:8080/oauth/
    token?grant_type=password&username=john&passwopa=12345&scope=read"
```

其响应体是：

```
{
    "access_token":"eyJhbGciOiJSUzI1NiIsInR5…",
    "token_type":"bearer",
    "refresh_token":"eyJhbGciOiJSUzI1NiIsInR…",
    "expires_in":43199,
    "scope":"read",
    "jti":"8e74dd92-07e3-438a-881a-da06d6cbbe06"
}
```

15.2.3　实现使用公钥的资源服务器

本节将实现一个资源服务器，该服务器使用公钥验证令牌的签名。当我们完成本节的讲解和示例时，将拥有一个完整的系统，该系统通过 OAuth 2 实现身份验证，并使用一个公私密钥对保护令牌。授权服务器使用私钥对令牌进行签名，资源服务器使用公钥对签名进行验证。注意，使用密钥只是为了给令牌签名，而不是加密它们。这里将正在实现这个资源服务器的项目命名为 ssia-ch15-ex2-rs。此处 pom.xml 中使用的依赖项与本章前几节中的示例相同。

资源服务器需要这对密钥的公钥来验证令牌的签名，因此需要将这个密钥添加到application.properties 文件中。15.2.1 节介绍了如何生成公钥。下面的代码片段显示了此处 application.properites 文件的内容。

```
server.port=9090
publicKey=----BEGIN PUBLIC KEY----MIIBIjANBghk…----END PUBLIC KEY----
```

为了更好的可读性，这里简化了公钥。代码清单 15.6 展示了如何在资源服务器的配置类中配置这个密钥。

代码清单 15.6　资源服务器和公钥的配置类

```
@Configuration
@EnableResourceServer
public class ResourceServerConfig
  extends ResourceServerConfigurerAdapter {

  @Value("${publicKey}")        ←── 从 application.properties 文件注入
  private String publicKey;            密钥

  @Override
  public void configure(ResourceServerSecurityConfigurer resources) {
    resources.tokenStore(tokenStore());
  }

  @Bean
  public TokenStore tokenStore() {
    return new JwtTokenStore(       创建 JwtTokenStore 并且将其
        jwtAccessTokenConverter());     添加到 Spring 上下文中
  }
```

```
@Bean
public JwtAccessTokenConverter jwtAccessTokenConverter() {
  var converter = new JwtAccessTokenConverter();
  converter.setVerifierKey(publicKey);   ◁————  设置令牌存储用于验
  return converter;                             证令牌的公钥
  }
}
```

当然，为了拥有一个端点，还需要添加控制器。下面的代码片段定义了该控制器：

```
@RestController
public class HelloController {

  @GetMapping("/hello")
  public String hello() {
    return "Hello!";
  }
}
```

接下来运行并调用该端点来测试资源服务器。这是要执行的命令：

```
curl -H "Authorization:Bearer eyJhbGciOiJSUzI1NiIsInR5cCI6I…"
http://localhost:9090/hello
```

其响应体是：

```
Hello!
```

在不使用 Spring Security OAuth 项目的情况下使用非对称密钥

　　这段补充说明中将讨论，如果应用程序使用非对称密钥进行令牌验证，那么在将使用 Spring Security OAuth 项目的资源服务器迁移到简单的 Spring Security 资源服务器时所需要做的更改。实际上，使用非对称密钥与使用对称密钥的项目并没有太大的区别。唯一的变更是需要使用 JwtDecoder。在这种情况下，相较于为令牌验证配置对称密钥，我们需要配置密钥对的公钥部分。下面的代码片段展示了如何做到这一点。

```
public JwtDecoder jwtDecoder() {
  try {
    KeyFactory keyFactory = KeyFactory.getInstance("RSA");
    var key = Base64.getDecoder().decode(publicKey);

    var x509 = new X509EncodedKeySpec(key);
```

```
        var rsaKey = (RSAPublicKey) keyFactory.generatePublic(x509);
        return NimbusJwtDecoder.withPublicKey(rsaKey).build();
    } catch (Exception e) {
        throw new RuntimeException("Wrong public key");
    }
}
```

有了使用公钥验证令牌的 JwtDecoder 后，还需要使用 oauth2ResourceServer()方法
设置解码器。其处理就像对称密钥的处理一样。下面的代码片段展示了如何做到这一
点。可以在项目 ssia-ch15-ex2-rs-migration 中找到该示例的实现。

```
@Configuration
public class ResourceServerConfig
extends WebSecurityConfigurerAdapter {

    @Value("${publicKey}")
    private String publicKey;

    @Override
    protected void configure(HttpSecurity http) throws Exception {
        http.oauth2ResourceServer(
            c -> c.jwt(
                j -> j.decoder(jwtDecoder())
            )
        );

        http.authorizeRequests()
            .anyRequest().authenticated();
    }

    // Omitted code
}
```

15.2.4　使用一个暴露公钥的端点

本节将讨论一种让资源服务器获知公钥的方法——用授权服务器暴露公钥。在
15.2 节实现的系统中，使用了公私密钥对来对令牌进行签名和验证。其中在资源服务
器端配置了公钥。资源服务器使用该公钥验证 JWT。但是，如果想更改密钥对，会发
生什么情况呢？最好不要永远保持同一份密钥对，这就是本节要实现的内容。随着时

间的推移，应该定期旋转密钥！这将使得系统不容易受到密钥失窃的影响(见图 15.7)。

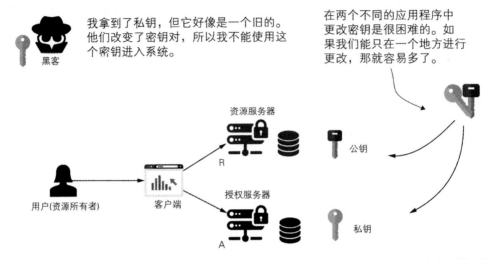

图 15.7 如果密钥定期更换，系统就不太容易受到密钥失窃的影响。但如果两个应用程序都配置了密钥，那么旋转它们就比较困难了

到目前为止，我们已经在授权服务器端配置了私钥，在资源服务器端配置了公钥(见图 15.7)。而将密钥设置在两个地方使得密钥更难管理。不过如果只在一端配置它们，则可以更容易地管理键。解决方案是将整个密钥对迁至授权服务器端，并允许授权服务器使用端点暴露公钥(见图 15.8)。

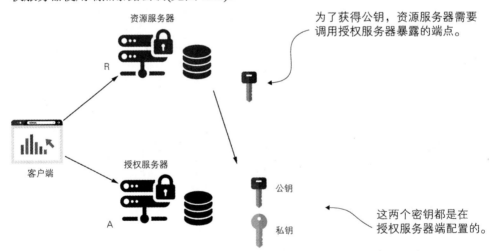

图 15.8 这两个密钥都在授权服务器上配置。要获取公钥，则资源服务器要从授权服务器调用端点。这种方法允许我们更容易地旋转密钥，因为只需要在一个地方配置它们

接下来将使用一个单独的应用程序来证明如何使用 Spring Security 实现此配置。可以在项目 ssia-ch15-ex3-as 中找到本示例的授权服务器，并在项目 ssia-ch15-ex3-rs 中找到本示例的资源服务器。

对于授权服务器，需要保持与 15.2.3 节中开发的项目相同的设置。只需要确保能够访问端点即可，也就是要暴露公钥。的确，Spring Boot 已经配置了这样的端点，但也只是这样而已。默认情况下，对该端点的所有请求都会被拒绝。我们需要重写该端点的配置，并允许任何具有客户端凭据的人访问它。代码清单 15.7 展示了需要对授权服务器的配置类进行的更改。这些配置将允许任何具有有效客户端凭据的人调用端点以获得公钥。

代码清单 15.7　用于暴露公钥的授权服务器的配置类

```
@Configuration
@EnableAuthorizationServer
public class AuthServerConfig
  extends AuthorizationServerConfigurerAdapter {

  // Omitted code

  @Override
  public void configure(
    ClientDetailsServiceConfigurer clients)
      throws Exception {

    clients.inMemory()
            .withClient("client")
            .secret("secret")
            .authorizedGrantTypes("password", "refresh_token")
            .scopes("read")
              .and()
            .withClient("resourceserver")           ◁─── 添加资源服务器用于调用端
            .secret("resourceserversecret");              点的客户端凭据，该端点会
  }                                                        暴露公钥

  @Override
  public void configure(
    AuthorizationServerSecurityConfigurer security) {
      security.tokenKeyAccess
            ("isAuthenticated()");     ◁─── 配置授权服务器以便暴露提供公钥
                                            的端点，从而用于任何使用有效客
                                            户端凭据进行身份验证的请求
```

```
    }
  }
```

现在可以启动该授权服务器并调用/oauth/token_key 端点来确保正确实现了配置。
下面的代码片段展示了其 cURL 调用：

```
curl -u resourceserver:resourceserversecret
http://localhost:8080/oauth/token_key
```

其响应体是：

```
{
  "alg":"SHA256withRSA",
  "value":"-----BEGIN PUBLIC KEY----- nMIIBIjANBgkq... -----END PUBLIC
     KEY-----"
}
```

为了让资源服务器可以使用此端点并获得公钥，只需要在其属性文件中配置该端
点和凭据即可。下面的代码片段定义了资源服务器的 application.properties 文件：

```
server.port=9090

security.oauth2.resource.jwt.key-uri=http://localhost:8080/oauth/
token_key

security.oauth2.client.client-id=resourceserver
security.oauth2.client.client-secret=resourceserversecret
```

因为资源服务器现在从授权服务器的/oauth/token_key 端点获取公钥，所以不需要
在资源服务器配置类中配置它。资源服务器的配置类可以保持为空，如下面的代码片
段所示。

```
@Configuration
@EnableResourceServer
public class ResourceServerConfig
  extends ResourceServerConfigurerAdapter {
}
```

现在也可以启动资源服务器，并调用它暴露的/hello 端点，以查看整个设置是否按
预期工作。下面的代码片段将展示如何使用 cURL 调用/hello 端点。在这里将获得一个
令牌，如 15.2.3 节中所做的那样，并且要使用它调用资源服务器的测试端点。

```
curl -H "Authorization:Bearer eyJhbGciOiJSUzI1NiIsInR5cCI…" http://
    localhost:9090/hello
```

其响应体是：

```
Hello!
```

15.3　将自定义详细信息添加到 JWT

本节将讨论如何向 JWT 令牌添加自定义详细信息。在大多数情况下，只需要 Spring Security 已经添加到令牌中的内容即可。然而，在现实场景中，有时会遇到需要在令牌中添加自定义详细信息的需求。本节将实现一个示例，该示例中将展示如何更改授权服务器以便在 JWT 上添加自定义详细信息，还会展示如何更改资源服务器以读取这些详细信息。如果使用前面示例中生成的令牌之一并对其进行解码，就可以看到 Spring Security 向令牌添加的默认值。代码清单 15.8 显示了这些默认值。

代码清单 15.8　授权服务器颁发的 JWT 主体中的默认详细信息

```
{
  "exp": 1582581543,              ← 令牌过期时的时间戳
  "user_name": "john",            ← 允许客户端访问其资源的通过身份验证的用户
  "authorities": [                ← 向用户授予的权利
    "read"
  ],
  "jti": "8e208653-79cf-45dd-a702-f6b694b417e7",   ← 令牌的唯一标识符
  "client_id": "client",          ← 请求了令牌的客户端
  "scope": [                      ← 授予客户端的权限
    "read"
  ]
}
```

如代码清单 15.8 所示，默认情况下，令牌通常会存储 Basic 授权所需的所有详细信息。但是，如果真实场景的需求需要更多的信息，该怎么办呢？例如：

- 可以在读者评论书籍的应用程序中使用授权服务器。有些端点应该只让那些提交了超过特定数量评论的用户访问。
- 需要只在用户从特定时区进行身份验证时才允许调用。

● 所使用的授权服务器是一个社交网络，其中一些端点应该只能由连接数量超
过某个最小数量的用户访问。

对于所举的第一个例子，需要向令牌添加评论的数量。对于第二种情况，需要添
加所连接客户端的时区。而对于第三个示例，则需要添加用户的连接数。无论哪种情
况，都需要知道如何自定义 JWT。

15.3.1　配置授权服务器以便向令牌添加自定义详细信息

本节将讨论为了向令牌添加自定义详细信息而需要对授权服务器进行的更改。为
了使示例简单，这里假设的需求是添加授权服务器本身的时区。本示例中处理的项目
是 ssia-ch15-ex4-as。要向令牌添加额外的详细信息，需要创建一个 TokenEnhancer 类
型的对象。代码清单 15.9 定义了为本示例创建的 TokenEnhancer 对象。

代码清单 15.9　自定义令牌增强器

```
public class CustomTokenEnhancer
   implements TokenEnhancer {          ◁── 实现 TokenEnhancer 契约

   @Override
   public OAuth2AccessToken enhance(          ◁── 重写 enhance()方法，该
     OAuth2AccessToken oAuth2AccessToken,          方法将接收当前令牌并
     OAuth2Authentication oAuth2Authentication) {          返回增强后的令牌

                        ◁── 基于接收到的令牌创建
     var token =             一个新的令牌对象
       new DefaultOAuth2AccessToken(oAuth2AccessToken);

     Map<String, Object> info =          ◁── 将希望添加到令牌的详
       Map.of("generatedInZone",             细信息定义为一个 Map
             ZoneId.systemDefault().toString());

     token.setAdditionalInformation(info);          ◁──
                                                  将额外的详细信息
                                                  添加到令牌
     return token;          ◁── 返回包含额外详细
   }                            信息的令牌
}
```

TokenEnhancer 对象的 enhance()方法会接收要增强的令牌作为参数，并返回该增
强后的令牌，其中包含额外的详细信息。这个示例使用了 15.2 节开发的同一个应用
程序，只不过更改了 configure()方法以应用令牌增强器。代码清单 15.10 展示了这些

更改。

代码清单 15.10　配置 TokenEnhancer 对象

```
@Configuration
@EnableAuthorizationServer
public class AuthServerConfig
    extends AuthorizationServerConfigurerAdapter {

  // Omitted code

  @Override
    public void configure(
    AuthorizationServerEndpointsConfigurer endpoints) {

      TokenEnhancerChain tokenEnhancerChain        定义一个
        = new TokenEnhancerChain();        ◁────    TokenEnhancerChain

      var tokenEnhancers =        ◁────
        List.of(new CustomTokenEnhancer(),    将这两个令牌增强器对象
            jwtAccessTokenConverter());       添加到一个列表中

      tokenEnhancerChain
        .setTokenEnhancers(tokenEnhancers);  ◁──  将令牌增强器的列表
                                                   添加到增强器链中

      endpoints
        .authenticationManager(authenticationManager)
        .tokenStore(tokenStore())
        .tokenEnhancer(tokenEnhancerChain);  ◁──
    }                                             配置令牌增强器对象
  }
}
```

　　如上所示，配置自定义令牌增强器有点复杂。其中必须创建一个令牌增强器链，并设置整个链，而不是只设置一个对象，因为访问令牌转换器对象也是一个令牌增强器。如果只配置自定义令牌增强器，则要重写访问令牌转换器的行为。我们转而要将两者都添加到职责链中，并配置包含这两个对象的链。

　　接下来启动该授权服务器，生成一个新的访问令牌，并检查它的格式。下面的代码片段展示了如何调用/oauth/token 端点以便获得访问令牌。

```
curl -v -XPOST -u client:secret "http://localhost:8080/oauth/
```

```
token?grant_type=password&username=john&password=12345&scope=read"
```

其响应体是：

```
{
    "access_token":"eyJhbGciOiJSUzI…",
    "token_type":"bearer",
    "refresh_token":"eyJhbGciOiJSUzI1…",
    "expires_in":43199,
    "scope":"read",
    "generatedInZone":"Europe/Bucharest",
    "jti":"0c39ace4-4991-40a2-80ad-e9fdeb14f9ec"
}
```

如果解码该令牌，则可以看到它的主体如代码清单 15.11 所示。还可以进一步观察到，默认情况下，框架还在响应中添加了自定义的详细信息。但是建议你总是参考来自令牌的任何信息。请记住，通过对令牌进行签名，就可以确保如果有人修改了令牌的内容，那么其签名将不会通过验证。通过这种方式，我们就能知道，如果签名是正确的，则表示没有人更改令牌的内容，而响应本身则没有同样的保障。

代码清单 15.11　增强的 JWT 的主体

```
{
    "user_name": "john",
    "scope": [
      "read"
    ],
    "generatedInZone": "Europe/Bucharest",    ◁─┐   添加的自定义详细信息
    "exp": 1582591525,                          │   出现在令牌的主体中
    "authorities": [
        "read"
    ],
    "jti": "0c39ace4-4991-40a2-80ad-e9fdeb14f9ec",
    "client_id": "client"
}
```

15.3.2　配置资源服务器以读取 JWT 的自定义详细信息

本节将讨论需要对资源服务器进行的更改，以便读取添加到 JWT 的额外详细信息。在更改授权服务器以便向 JWT 添加自定义详细信息之后，我们还希望资源服务器

能够读取这些详细信息。要访问自定义详细信息，需要在资源服务器中进行的更改是
非常简单的。可以在 ssia-ch15-ex4-rs 项目找到本节所处理的示例。

15.1 节中讨论过，AccessTokenConverter 是将令牌转换为 Authentication 的对象。
这就是需要更改的对象，以便在其处理中纳入令牌中的自定义详细信息。之前，我们
创建了一个类型为 JwtAccessTokenConverter 的 bean，如下面的代码片段所示。

```
@Bean
public JwtAccessTokenConverter jwtAccessTokenConverter() {
  var converter = new JwtAccessTokenConverter();
  converter.setSigningKey(jwtKey);
  return converter;
}
```

这里要使用这个令牌设置资源服务器用于令牌验证的密钥。此处创建了
JwtAccessTokenConverter 的自定义实现，其中还纳入了令牌上新的详细信息。最简单
的方法就是扩展这个类并重写 extractAuthentication()方法。此方法将转换 Authentication
对象中的令牌。代码清单 15.12 将展示如何实现自定义 AcessTokenConverter。

代码清单 15.12　创建一个自定义 AccessTokenConverter

```
public class AdditionalClaimsAccessTokenConverter
  extends JwtAccessTokenConverter {

  @Override
  public OAuth2Authentication
        extractAuthentication(Map<String, ?> map) {

    var authentication =                          ◁──── 应用 JwtAccessTokenConverter 类
     super.extractAuthentication(map);                   实现的逻辑并获取初始身份验证
                                                          对象

    authentication.setDetails(map);      ◁──── 将自定义详细信息
                                                添加到身份验证

    return authentication;      ◁────
                                        返回身份验证对象
  }
}
```

在资源服务器的配置类中，现在可以使用自定义访问令牌转换器了。代码清单
15.13 定义了配置类中的 AccessTokenConverter bean。

代码清单 15.13 定义新的 AccessTokenConverter bean

```
@Configuration
@EnableResourceServer
public class ResourceServerConfig
  extends ResourceServerConfigurerAdapter {

  // Omitted code

  @Bean
  public JwtAccessTokenConverter jwtAccessTokenConverter() {
    var converter =
      new AdditionalClaimsAccessTokenConverter();          ←─────┐
    converter.setVerifierKey(publicKey);          创建新的 AccessTokenConverter
    return converter;                             对象的一个实例
  }
}
```

测试这些变更的一种简单方法是将它们注入控制器类中，并在 HTTP 响应中返回它们。代码清单 15.14 显示了如何定义控制器类。

代码清单 15.14 控制器类

```
@RestController
public class HelloController {                    获取添加到 Authentication
                                                   对象的额外详细信息
  @GetMapping("/hello")
  public String hello(OAuth2Authentication authentication) {  ←─────┘
    OAuth2AuthenticationDetails details =
      (OAuth2AuthenticationDetails) authentication.getDetails();

    return "Hello! " + details.getDecodedDetails(); ←─┐
  }                                          在 HTTP 响应中
}                                            返回该详细信息
```

现在可以启动该资源服务器并使用包含自定义详细信息的 JWT 来测试端点。下面的代码片段展示了如何调用/hello 端点和调用的结果。getDecodedDetails()方法将返回一个包含令牌详细信息的 Map。在本示例中，为了保持简单，这里直接打印了 getDecodedDetails()返回的整个值。如果只需要使用特定的值，则可以检查返回的 Map，并使用其键获取所需的值。

```
curl -H "Authorization:Bearer eyJhbGciOiJSUzI1NiIsInR5cCI6Ikp… "
http://localhost:9090/hello
```

其响应体是：

```
Hello! {user_name=john, scope=[read],
generatedInZone=Europe/Bucharest,
    exp=1582595692, authorities=[read], jti=982b02be-d185-48de-a4d3-
    9b27337d1a46, client_id=client}
```

可以在响应中看到新属性 generatedInZone=Europe/Bucharest。

15.4　本章小结

- 如今，在 OAuth 2 身份验证架构中，应用程序经常使用加密签名来验证令牌。
- 在使用带有加密签名的令牌验证时，JSON Web Token(JWT)是使用最广泛的令牌实现。
- 可以使用对称密钥进行签名和验证令牌。尽管使用对称密钥是一种简单的方法，但是当授权服务器不信任资源服务器时，则不能使用它。
- 如果对称密钥在实现中不可用，则可以使用非对称密钥对来实现令牌签名和验证。
- 建议定期更换密钥，以降低系统密钥被盗的风险。我们把周期性地更换密钥称为密钥旋转。
- 可以直接在资源服务器端配置公钥。虽然这种方法很简单，但它会让密钥旋转变得更加困难。
- 为了简化密钥旋转，可以在授权服务器端配置密钥，并允许资源服务器在特定端点读取它们。
- 可以通过根据实现的需求向 JWT 主体添加详细信息来自定义 JWT。授权服务器会将自定义详细信息添加到令牌主体中，而资源服务器则使用这些详细信息进行授权。

第*16*章

全局方法安全性：预授权和后授权

本章内容
- Spring 应用程序中的全局方法安全性
- 基于权限、角色和许可的方法的预授权
- 基于权限、角色和许可的方法的后授权

到目前为止，我们讨论了配置身份验证的各种方法。第 2 章从最简单的方法 HTTP Basic 开始讲解，然后在第 5 章展示了如何设置表单登录。第 12~15 章介绍了 OAuth 2。但是在授权方面，前面的内容中只讨论了端点级别的配置。假设应用程序不是 Web 应用程序 —— 那么就不能使用 Spring Security 进行身份验证和授权吗？Spring Security 非常适合不通过 HTTP 端点使用应用程序的场景。本章将介绍如何在方法级别上配置授权。我们将使用这种方法在 Web 和非 Web 应用程序中配置授权，我们将其称为全局方法安全性(见图 16.1)。

对于非 Web 应用程序，全局方法安全性提供了在即使不使用端点的情况下实现授权规则的可能性。在 Web 应用程序中，这种方法使我们能够灵活地在应用程序的不同层上应用授权规则，而不仅仅是在端点级别。请深入阅读本章并了解如何使用全局方法安全性在方法级别上应用授权。

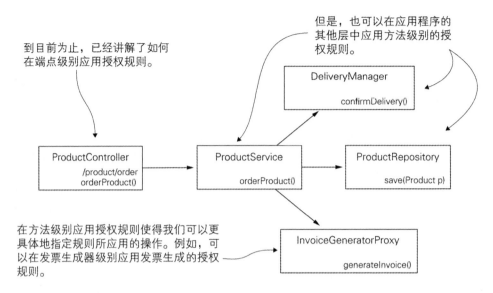

图 16.1 全局方法安全性使我们能够在应用程序的任何层上应用授权规则。这种方法允许更细粒度地使用授权规则，并在选中特定级别上应用授权规则

16.1 启用全局方法安全性

本节将介绍如何在方法级别启用授权，以及 Spring Security 为应用各种授权规则提供的不同选项。这种方法为应用授权提供了较大的灵活性。这是一项基本技能，它使得我们可以应对无法直接在端点级别配置授权的情况。

默认情况下，全局方法安全性是禁用的，因此如果想使用此功能，首先需要启用它。此外，全局方法安全性为应用授权提供了多种方法。我们将在本章接下来的章节和第 17 章中讨论这些方法，并通过示例实现它们。简单地说，使用全局方法安全性，可以完成以下两项主要处理：

- 调用授权——决定某人是否可以根据某些已实现的权限规则来调用方法(预授权)，或者决定某人是否可以访问方法执行后所返回的内容(后授权)。
- 过滤——决定一个方法可以通过它的参数接收什么(预过滤)，以及方法执行后调用者可以从该方法接收到什么(后过滤)。第 17 章将讨论和实现过滤。

16.1.1 理解调用授权

配置与全局方法安全性一起使用的授权规则的一种方法是调用授权。调用授权方法是指应用授权规则，这些授权规则将决定是否可以调用某个方法，或者允许调用该方法，然后决定调用方是否可以访问方法返回的值。通常，需要根据所提供的参数或逻辑执行结果来决定调用方是否可以访问该逻辑。因此接下来要讨论调用授权，然后将它应用到一些示例中。

全局方法安全性是如何工作的？应用授权规则背后的机制是什么？当我们在应用程序中启用全局方法安全性时，实际上是启用了一个 Spring 切面处理。这个切面处理会拦截对应用授权规则的方法的调用，并根据这些授权规则决定是否将调用转发给被拦截的方法(见图 16.2)。

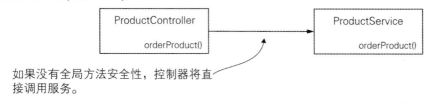

如果没有全局方法安全性，控制器将直接调用服务。

当我们启用全局方法安全性时，一个切面处理会拦截对服务方法的调用。如果指定的授权规则没有得到满足，则该切面处理不会将调用转发给服务方法。

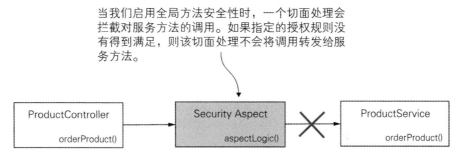

图 16.2　当我们启用全局方法安全性时，一个切面处理会拦截对受保护方法的调用。如果违背了给定的授权规则，则该切面处理不会将调用委托给受保护的方法

Spring 框架中的许多实现都依赖于面向切面的编程(AOP)。全局方法安全性只是 Spring 应用程序中依赖于切面的众多组件之一。简单地说，我们将调用授权分类为：

- 预授权——框架在方法调用之前检查授权规则。
- 后授权——框架在方法执行之后检查授权规则。

接下来将采用这两种方法，详细说明它们，并通过一些示例实现它们。

1. 使用预授权保护对方法的访问

假设有一个 findDocumentsByUser(String username)方法，它会为调用者返回指定用户的文档。调用者通过该方法的参数提供方法要用于检索文档的用户名。假设需要确保经过身份验证的用户只能获取他们自己的文档。是否可以对该方法应用一个规则，以便只允许该方法调用在接收到经过身份验证的用户的用户名作为参数时才能执行？

答案是肯定的！这就是使用预授权可以做到的事情。

　　当应用在特定情况下完全禁止任何人调用某个方法的授权规则时，我们就将这一处理称为预授权(见图 16.3)。这种方法意味着框架在执行方法之前要验证授权条件。如果根据所定义的授权规则，调用方没有权限，那么框架就不会将调用委托给方法。框架转而会抛出异常。这是到目前为止最常用的全局方法安全性方法。

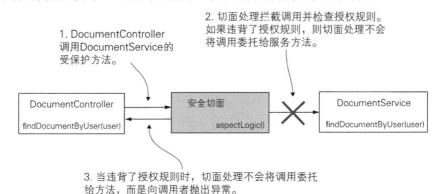

图16.3　使用预授权，在进一步委派方法调用之前将验证授权规则。如果违背了授权规则，那么框架将不会委托调用，而是向方法调用者抛出异常

　　通常，如果某些条件不满足，那么可能根本不希望执行某个功能。在这种情况下，可以根据经过身份验证的用户应用条件，还可以引用方法通过其参数接收的值。

2. 使用后授权保护对方法的调用

　　在应用授权规则时，如果打算允许某人调用方法，但不一定要获得方法返回的结果，就可以使用后授权(见图16.4)。使用后授权，Spring Security 就会在方法执行后检查授权规则。可以使用这种授权来限制在某些条件下对方法返回的访问。因为后授权发生在方法执行之后，所以可以对方法返回的结果应用授权规则。

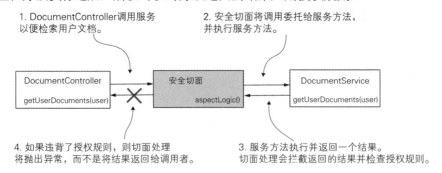

图16.4　使用后授权，切面处理会将调用委托给受保护的方法。在受保护的方法完成执行之后，切面处理会检查授权规则。如果违背了规则，则切面处理将抛出异常，而不是将结果返回给调用者

通常，我们使用后授权根据方法执行后返回的内容应用授权规则。但是要谨慎使用后授权！如果方法在其执行过程中做了某些变更，那么无论最终授权是否成功，都会发生变化。

提示：
即使使用@Transactional 注解，如果后授权失败，变更也不会回滚。后授权功能抛出的异常发生在事务管理器提交事务之后。

16.1.2　在项目中启用全局方法安全性

本节将使用一个项目应用全局方法安全性提供的预授权和后授权特性。在 Spring Security 项目中，全局方法安全性在默认情况下是不启用的。要使用它，需要首先启用它。不过，启用此功能很简单。只需要在配置类上使用@EnableGlobalMethodSecurity 注解就可以做到这一点。

这里为这个示例创建了一个新项目 ssia-ch16-ex1。对于这个项目，需要编写一个 ProjectConfig 配置类，如代码清单 16.1 所示。在该配置类上，需要添加@EnableGobal-MethodSecurity 注解。全局方法安全性为我们提供了以下 3 种方法定义本章讨论的授权规则：

- 预授权/后授权注解
- JSR 250 注解，@RolesAllowed
- @Secured 注解

因为几乎在所有情况下，预授权/后授权注解都是唯一使用的方法，所以我们将在本章中讨论这种方法。要启用这种方法，需要使用@EnableGlobalMethodSecurity 注解的 prePostEnabled 属性。本章结尾处将对前面提到的另外两个选项进行简要概述。

代码清单 16.1　启用全局方法安全性

```
@Configuration
@EnableGlobalMethodSecurity(prePostEnabled = true)
public class ProjectConfig {

}
```

可以在任何身份验证方法中使用全局方法安全性，从 HTTP Basic 身份验证到 OAuth 2。为了保持简单并专注于新的细节，此处将介绍 HTTP Basic 身份验证的全局方法安全性。出于这个原因，本章项目的 pom.xml 文件只需要 Web 和 Spring Security 依赖项，如下面的代码片段所示。

```
<dependency>
    <groupId>org.springframework.boot</groupId>
    <artifactId>spring-boot-starter-security</artifactId>
</dependency>
<dependency>
    <groupId>org.springframework.boot</groupId>
    <artifactId>spring-boot-starter-web</artifactId>
</dependency>
```

16.2 对权限和角色应用预授权

本节将实现一个预授权示例。对于这个示例，我们将继续使用 16.1 节开始处理的 ssia-ch16-ex1 项目。如 16.1 节讨论的，预授权意味着在调用特定方法之前定义 Spring Security 应用的授权规则。如果违背了这些规则，框架就不会调用该方法。

本节所实现的应用程序有一个简单的场景。它暴露一个端点/hello，该端点会返回字符串"hello"，后面跟着一个名称。为了获得该名称，控制器需要调用一个服务方法(见图 16.5)。此方法将应用预授权规则来验证用户是否具有写权限。

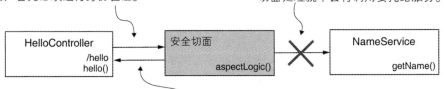

图 16.5 要调用 NameService 的 getName()方法，经过身份验证的用户需要具有写权限。如果用户没有这个权限，则框架将不允许调用，并抛出一个异常

这里添加了 UserDetailsService 和 PasswordEncoder，以确保有一些用户可以进行身份验证。要验证该解决方案，需要两个用户：一个具有写权限，另一个没有写权限。这样就可以证明，第一个用户可以成功调用端点，而对于第二个用户，应用程序在尝试调用该方法时会抛出一个授权异常。代码清单 16.2 显示了配置类的完整定义，它定义了 UserDetailsService 和 PasswordEncoder。

代码清单 16.2 UserDetailsService 和 PasswordEncoder 的配置类

```java
@Configuration
@EnableGlobalMethodSecurity(prePostEnabled = true)    ◁──── 为全局方法安全
public class ProjectConfig {                                  性启用预授权/后
                                                              授权

  @Bean
  public UserDetailsService userDetailsService() {    ◁──── 将具有两个测试用户的
    var service = new InMemoryUserDetailsManager();          UserDetailsService 添加
                                                             到 Spring 上下文
    var u1 = User.withUsername("natalie")
             .password("12345")
             .authorities("read")
             .build();

    var u2 = User.withUsername("emma")
             .password("12345")
             .authorities("write")
             .build();

    service.createUser(u1);
    service.createUser(u2);
    return service;
  }

  @Bean
  public PasswordEncoder passwordEncoder() {    ◁──── 将 PasswordEncoder 添加到
    return NoOpPasswordEncoder.getInstance();          Spring 上下文
  }
}
```

要定义此方法的授权规则，需要使用@PreAuthorize 注解。@PreAuthorize 注解会将一个描述授权规则的 SPEL(Spring Expression Language)表达式作为一个值来接收。这个示例要应用一个简单的规则。

可以使用 hasAuthority()方法根据用户的权限来为用户定义限制。第 7 章在讨论端点级别应用授权时介绍过 hasAuthority()方法。代码清单 16.3 定义了该服务类，它会提供名称的值。

代码清单 16.3 服务类在方法上定义预授权规则

```java
@Service
```

```
public class NameService {

  @PreAuthorize("hasAuthority('write')")   ◁
  public String getName() {
    return "Fantastico";
  }
}
```
定义授权规则。只有具有写权限的用户才能调用该方法

代码清单 16.4 定义了控制器类。它使用 NameService 作为依赖项。

代码清单 16.4　实现端点并使用服务的控制器类

```
@RestController
public class HelloController {

  @Autowired
  private NameService nameService;   ◁ 从上下文注入服务

  @GetMapping("/hello")
  public String hello() {
    return "Hello, " + nameService.getName();   ◁
  }
}
```
调用为其应用预授权规则的方法

现在可以启动该应用程序并测试其行为。我们希望只有用户 Emma 有权调用端点，因为她有写授权。下面的代码片段展示了如何使用这两个用户(Emma 和 Natalie)对端点进行调用。要调用/hello 端点并使用用户 Emma 进行身份验证，请使用这个 cURL 命令。

```
curl -u emma:12345 http://localhost:8080/hello
```

其响应体是：

```
Hello, Fantastico
```

要调用/hello 端点并通过用户 Natalie 进行身份验证，请使用这个 cURL 命令：

```
curl -u natalie:12345 http://localhost:8080/hello
```

其响应体是：

```
{
    "status":403,
```

```
    "error":"Forbidden",
    "message":"Forbidden",
    "path":"/hello"
}
```

类似地，可以使用第 7 章讨论过的任何其他表达式进行端点验证。以下是对它们的简要概述：

- hasAnyAuthority()——指定多个权限。用户必须至少拥有其中一种权限才能调用该方法。
- hasRole()——指定用户调用该方法所必须具有的角色。
- hasAnyRole()——指定多个角色。用户必须至少拥有其中一个角色才能调用该方法。

接下来扩展这个示例，以表明如何使用方法参数的值定义授权规则(见图 16.6)。可以在名为 ssia-ch16-ex2 的项目中找到这个示例。

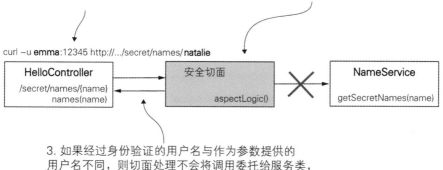

图 16.6　在实现预授权时，可以在授权规则中使用方法参数值。在此处的示例中，只有经过身份验证的用户才能检索有关其私密名称的信息

对于这个项目，此处定义了与第一个示例相同的 ProjectConfig 类，这样就可以继续使用之前的两个用户，Emma 和 Natalie。端点现在通过路径变量获取一个值，并调用一个服务类来获取给定用户名的"私密名称"。当然，在本示例中，私密名称只是一个指代用户的某个特征的名词而已，该特征不是每个人都能看到的。代码清单 16.5 定义控制器类。

代码清单 16.5　定义测试端点的控制器类

```
@RestController
```

```java
public class HelloController {

  @Autowired
  private NameService nameService;

  @GetMapping("/secret/names/{name}")
  public List<String> names(@PathVariable String name) {
      return nameService.getSecretNames(name);
  }
}
```

从上下文注入定义受保护方法的
服务类的实例

定义接收路径变量
值的端点

调用受保护的方法
以获取用户的秘密
名称

接下来看一下如何实现代码清单 16.6 中的 NameService 类。现在用于授权的表达式是#name == authentication.principal.username。在这个表达式中，我们使用#name 引用名为 name 的 getSecretNames()方法参数的值，并且可以直接访问身份验证对象，可以使用该对象来引用当前经过身份验证的用户。这里使用的表达式表明，只有在经过身份验证的用户的用户名与通过方法参数发送的值相同的情况下，才能调用该方法。换句话说，也就是用户只能检索自己的秘密名称。

代码清单 16.6　NameService 类定义了受保护的方法

```java
@Service
public class NameService {

  private Map<String, List<String>> secretNames =
    Map.of(
      "natalie", List.of("Energico", "Perfecto"),
       "emma", List.of("Fantastico"));

  @PreAuthorize
     ("#name == authentication.principal.username")
  public List<String> getSecretNames(String name) {
    return secretNames.get(name);
  }
}
```

使用#name 表示授权表
达式中的方法参数的值

现在启动该应用程序并测试它，以证明它能按预期工作。下面的代码片段展示了调用端点时应用程序的行为，其中将提供与用户名相等的路径变量的值。

```
curl -u emma:12345 http://localhost:8080/secret/names/emma
```

其响应体是：

```
["Fantastico"]
```

在使用用户 Emma 进行身份验证时，我们试图获取 Natalie 的秘密名称。但该调用
不起作用：

```
curl -u emma:12345 http://localhost:8080/secret/names/natalie
```

其响应体是：

```
{
    "status":403,
    "error":"Forbidden",
    "message":"Forbidden",
    "path":"/secret/names/natalie"
}
```

不过，用户 Natalie 可以获得她的秘密名称。下面的代码片段证明了这一点：

```
curl -u natalie:12345 http://localhost:8080/secret/names/natalie
```

其响应体是：

```
["Energico","Perfecto"]
```

提示：
请记住，可以将全局方法安全性应用于应用程序的任何层。在本章给出的示例中，
可以看到应用于服务类方法的授权规则。但是也可以在应用程序的任何部分应用具有
全局方法安全性的授权规则：存储库、管理器、代理等。

16.3　应用后授权

现在，假设希望允许对方法的调用，但在某些情况下，又希望确保调用者不会接
收到返回值。当我们希望在方法调用后应用经过验证的授权规则时，就需要使用后授
权。刚开始听起来这可能有点奇怪：为什么有人能够执行代码却得不到结果？当然，
这与方法本身无关，但想象一下，假设这个方法会从数据源(比如 Web 服务或数据库)
检索一些数据。我们可以确信该方法所做的处理，但是并不信任方法所调用的第三方。
因此我们要允许执行该方法，但要验证它返回的是什么，如果不满足条件，则不允许
调用者访问返回值。

要使用 Spring Security 应用后授权规则，需要使用@PostAuthorize 注解，它类似

于 16.2 节讨论的@PreAuthorize。该注解会接收定义授权规则的 SpEL 作为值。接下来将处理一个示例，在这个示例中，将展示如何使用@PostAuthorize 注解并为方法定义后授权规则(见图 16.7)。

该示例的场景(这里为此创建了一个名为 ssia-ch16-cx3 的项目)定义了一个 Employee 对象。该 Employee 对象包含姓名、书籍列表和权限列表。我们要将每个 Employee 与应用程序的一个用户关联起来。为了与本章中的其他示例保持一致，这里定义了相同的用户，Emma 和 Natalie。我们希望确保方法的调用者只有在该员工具有读取权限的情况下才能获得该员工的详细信息。因为在检索员工记录之前，我们并不知道与该员工记录相关联的权限，所以需要在方法执行之后应用授权规则。为此，需要使用@PostAuthorize 注解。

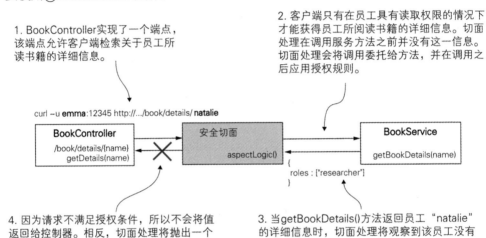

图 16.7　使用后授权，我们将不会保护方法不被调用，但如果违背了所定义的授权规则，则会保护返回值不被暴露

该配置类与前面示例中使用的类相同。但为了方便你理解，代码清单 16.7 重复实现了它。

代码清单 16.7　启用全局方法安全性并定义用户

```
@Configuration
@EnableGlobalMethodSecurity(prePostEnabled = true)
public class ProjectConfig {

    @Bean
    public UserDetailsService userDetailsService() {
        var service = new InMemoryUserDetailsManager();
```

```
var u1 = User.withUsername("natalie")
             .password("12345")
             .authorities("read")
             .build();

var u2 = User.withUsername("emma")
             .password("12345")
             .authorities("write")
             .build();

service.createUser(u1);
service.createUser(u2);

return service;
}

@Bean
public PasswordEncoder passwordEncoder() {
  return NoOpPasswordEncoder.getInstance();
}
}
```

还需要声明一个类，以便用员工的姓名、书籍列表和角色列表来表示 Employee
对象。代码清单 16.8 定义了 Employee 类。

代码清单 16.8　Employee 类的定义

```
public class Employee {

  private String name;
  private List<String> books;
  private List<String> roles;

  // Omitted constructor, getters, and setters
}
```

我们可能需要从数据库获取员工的详细信息。为了使这个示例更简短，这里使用
了一个 Map，其中包含一些记录，我们将这些记录视为数据源。代码清单 16.9 提供了
BookService 类的定义。BookService 类还包含为其应用授权规则的方法。注意，

@PostAuthorize 注解中使用的表达式引用了 returnObject 方法返回的值。后授权表达式可以使用方法返回的值，该值可在方法执行后使用。

代码清单 16.9 定义已授权方法的 BookService 类

```
@Service
public class BookService {

  private Map<String, Employee> records =
    Map.of("emma",
            new Employee("Emma Thompson",
                List.of("Karamazov Brothers"),
                List.of("accountant", "reader")),
            "natalie",
            new Employee("Natalie Parker",
                List.of("Beautiful Paris"),
                List.of("researcher"))
      );
  @PostAuthorize
➡ ("returnObject.roles.contains('reader')")        ⟵┐  定义用于后授权的
  public Employee getBookDetails(String name) {        │  表达式
      return records.get(name);                        │
  }
}
```

还要编写一个控制器并实现一个端点，以便调用为其应用授权规则的方法。代码清单 16.10 展示了这个控制器类。

代码清单 16.10 实现端点的控制器类

```
@RestController
public class BookController {

  @Autowired
  private BookService bookService;

  @GetMapping("/book/details/{name}")
  public Employee getDetails(@PathVariable String name) {
      return bookService.getBookDetails(name);
  }
}
```

现在可以启动该应用程序并调用端点来观察该应用程序的行为。下面的代码片段展示了调用端点的示例。任何用户都可以访问 Emma 的详细信息，因为返回的角色列表包含字符串"reader"，但是没有用户可以获取 Natalie 的详细信息。要调用端点获取 Emma 的详细信息，并使用用户 Emma 进行身份验证，需要使用以下命令：

```
curl -u emma:12345 http://localhost:8080/book/details/emma
```

其响应体是：

```
{
    "name":"Emma Thompson",
    "books":["Karamazov Brothers"],
    "roles":["accountant","reader"]
}
```

要调用端点获取 Emma 的详细信息，并使用用户 Natalie 进行身份验证，需要使用这个命令：

```
curl -u natalie:12345 http://localhost:8080/book/details/emma
```

其响应体是：

```
{
    "name":"Emma Thompson",
    "books":["Karamazov Brothers"],
    "roles":["accountant","reader"]
}
```

要调用端点获取 Natalie 的详细信息，并使用用户 Emma 进行身份验证，需要使用以下命令：

```
curl -u emma:12345 http://localhost:8080/book/details/natalie
```

其响应体是：

```
{
    "status":403,
    "error":"Forbidden",
    "message":"Forbidden",
    "path":"/book/details/natalie"
}
```

要调用端点获取 Natalie 的详细信息，并使用用户 Natalie 进行身份验证，需要使用这个命令：

```
curl -u natalie:12345 http://localhost:8080/book/details/natalie
```

其响应体是：

```
{
    "status":403,
    "error":"Forbidden",
    "message":"Forbidden",
    "path":"/book/details/natalie"
}
```

提示：

如果所面临的需求需要同时具有预授权和后授权，则可以在同一方法上同时使用 @PreAuthorize 和@PostAuthorize。

16.4 实现方法的许可

到目前为止，本章已经介绍了如何使用简单的表达式定义用于预授权和后授权的规则。现在，假设授权逻辑更复杂，并且不能在一行代码中编写它。编写冗长的 SpEL 表达式肯定会让人不舒服。我从不建议在任何情况下使用长的 SpEL 表达式，无论它是否是授权规则。这只会生成难以阅读的代码，并且会影响应用程序的可维护性。当需要实现复杂的授权规则时，不要编写冗长的 SpEL 表达式，而是要将逻辑放在一个单独的类中。Spring Security 提供了许可的概念，这使得在单独的类中编写授权规则变得很容易，从而使应用程序更易于阅读和理解。

本节将使用项目内的许可应用授权规则。这里将这个项目命名为 ssia-ch16-ex4。这个场景中有一个管理文档的应用程序。任何文档都有一个所有者，即创建该文档的用户。要获取现有文档的详细信息，用户要么必须是管理员，要么必须是文档的所有者。需要实现一个许可评估器来解决这个需求。代码清单 16.11 定义了文档，它只是一个普通的 Java 对象。

代码清单 16.11 Document 类

```
public class Document {
```

```
  private String owner;

  // Omitted constructor, getters, and setters
}
```

为了模拟数据库并简化示例，这里创建了一个存储库类，它会在 Map 中管理几个文档实例。在代码清单 16.12 中可以找到这个类。

代码清单 16.12　管理几个 Document 实例的 DocumentRepository 类

```
@Repository
public class DocumentRepository {

  private Map<String, Document> documents =          ◁───  用唯一的编码标识
    Map.of("abc123", new Document("natalie"),               每个文档，并命名文
           "qwe123", new Document("natalie"),               档所有者
           "asd555", new Document("emma"));

  public Document findDocument(String code) {
    return documents.get(code);          ◁───  通过使用文档的唯
  }                                            一标识码获得文档
}
```

服务类定义了一个方法，该方法使用存储库根据文档编码来获取文档。该服务类中的方法就是应用授权规则的方法。这个类的逻辑很简单。它定义了一个方法，该方法将根据文档的唯一编码返回 Document。这里要用@PostAuthorize 注解这个方法，并使用 hasPermission() SpEL 表达式。该方法允许引用本示例中进一步实现的外部授权表达式。同时，请注意提供给 hasPermission()方法的参数是 returnObject，它表示方法返回的值，以及允许访问的角色的名称，也就是'ROLE_admin'。可以在代码清单 16.13 中找到这个类的定义。

代码清单 16.13　实现受保护方法的 DocumentService 类

```
@Service
public class DocumentService {

  @Autowired
  private DocumentRepository documentRepository;
```

```
@PostAuthorize
("hasPermission(returnObject, 'ROLE_admin')")
public Document getDocument(String code) {
    return documentRepository.findDocument(code);
}
```

使用 hasPermission()
表达式引用授权表
达式

还需要实现许可逻辑。要通过编写一个实现 PermissionEvaluator 契约的对象来实现这一点。PermissionEvaluator 契约提供了两种实现许可逻辑的方法。

- 根据对象和许可—— 当前示例中使用了该方法，假定许可评估器要接收两个对象：一个是授权规则的对象，另一个则会提供实现许可逻辑所需的额外细节。
- 根据对象 ID、对象类型和许可——假定许可评估器接收一个对象 ID，可以使用该对象 ID 检索所需的对象。它还要接收一种对象类型，如果同一个许可评估器应用于多个对象类型，就可以使用这种类型的对象，而且它还需要一个提供额外详细信息的对象来对许可进行评估。

代码清单 16.14 展示了 PermissionEvaluator 契约，它有两个方法。

代码清单 16.14　PermissionEvaluator 契约定义

```
public interface PermissionEvaluator {

    boolean hasPermission(
            Authentication a,
            Object subject,
            Object permission);

    boolean hasPermission(
            Authentication a,
            Serializable id,
            String type,
            Object permission);
}
```

对于当前的示例，使用第一种方法就足够了。我们已经有了对象，在我们的示例中，它就是方法返回的值。还要发送角色名称'ROLE_admin'，根据示例场景的定义，该角色可以访问任何文档。当然，在这个示例中，可以直接在许可评估器类中使用角色的名称，并避免将其作为 hasPermission()对象的值发送。这里只是出于示例目的的考虑而使用前者。在实际的场景中，情况可能更复杂，我们有多种方法可用，而每种方法之间授权过程所需的详细信息也可能不同。由于这个原因，有一个参数可用于发送所需的详细信息，以便在方法级别的授权逻辑中使用这些详细信息。

为了让你理解并避免混淆，这里还想提一下，我们不必传递 Authentication 对象。Spring Security 在调用 hasPermission()方法时会自动提供此参数值。框架知道身份验证实例的值，因为它已经位于 SecurityContext 中。代码清单 16.15 展示了 DocumentsPermissionEvaluator 类，在我们的示例中，它实现了 PermissionEvaluator 契约，以定义自定义授权规则。

代码清单 16.15　实现授权规则

```
@Component
public class DocumentsPermissionEvaluator
  implements PermissionEvaluator {          ◁  实现 PermissionEvaluator 契约

  @Override
  public boolean hasPermission(
    Authentication authentication,
    Object target,
    Object permission) {
                                              将目标对象强制转
                                              换为 Document
    Document document = (Document) target;   ◁
    String p = (String) permission;          ◁
                                              在我们的示例中，permission 对象是角
                                              色名，因此要将其强制转换为 String
    boolean admin =
     authentication.getAuthorities()         检查身份验证用户是否具有作为
       .stream()                             参数而接收的角色
       .anyMatch(a -> a.getAuthority().equals(p));

    return admin ||                          ◁
     document.getOwner()                     如果管理员或经过身份验证的用
       .equals(authentication.getName());    户是文档的所有者，则授予该许可
  }

  @Override
  public boolean hasPermission(Authentication authentication,
                               Serializable targetId,
                               String targetType,
                               Object permission) {
```

```
        return false;
    }
}
```
这里不需要实现第二种方法, 因为不会使用它

为了让 Spring Security 知道新的 PermissionEvaluator 实现, 必须在配置类中定义一个 MethodSecurityExpressionHandler。代码清单 16.16 展示了如何定义 MethodSecurity-ExpressionHandler 以便使框架获知该自定义 PermissionEvaluator。

代码清单 16.16 在配置类中配置 PermissionEvaluator

```
@Configuration
@EnableGlobalMethodSecurity(prePostEnabled = true)
public class ProjectConfig
    extends GlobalMethodSecurityConfiguration {

    @Autowired
    private DocumentsPermissionEvaluator evaluator;

    @Override
    protected MethodSecurityExpressionHandler createExpressionHandler(){
        var expressionHandler =
            new DefaultMethodSecurityExpressionHandler();

        expressionHandler.setPermissionEvaluator(
            evaluator);

        return expressionHandler;
    }

    // Omitted definition of the UserDetailsService and PasswordEncoder beans
}
```
重写 createExpressionHandler()方法

定义默认的安全表达式处理程序来设置自定义许可评估器

设置自定义许可评估器

返回自定义表达式处理程序

提示:

这里为 MethodSecurityExpressionHandler 使用了一个名为 DefaultMethodSecurity-ExpressionHandler 的实现, 它是 Spring Security 提供的。也可以实现一个自定义 MethodSecurityExpressionHandler 来定义用于应用授权规则的自定义 SpEL 表达式。在实际场景中很少需要这样做, 由于这个原因, 这里不会在示例中实现这样的自定义对象。只是希望让你知道这是可行的。

这里将 UserDetailsService 和 PasswordEncoder 的定义分开，让你只关注新代码。代码清单16.17展示了配置类的其余部分。关于用户，唯一需要注意的是他们的角色。用户 Natalie 是管理员，可以访问任何文档。用户 Emma 是经理，只能访问她自己的文档。

代码清单 16.17 配置类的完整定义

```
@Configuration
@EnableGlobalMethodSecurity(prePostEnabled = true)
public class ProjectConfig
  extends GlobalMethodSecurityConfiguration {

  @Autowired
  private DocumentsPermissionEvaluator evaluator;

  @Override
  protected MethodSecurityExpressionHandler createExpressionHandler(){
    var expressionHandler =
        new DefaultMethodSecurityExpressionHandler();
    expressionHandler.setPermissionEvaluator(evaluator);

    return expressionHandler;
  }

  @Bean
  public UserDetailsService userDetailsService() {
    var service = new InMemoryUserDetailsManager();

    var u1 = User.withUsername("natalie")
                .password("12345")
                .roles("admin")
                .build();

    var u2 = User.withUsername("emma")
                .password("12345")
                .roles("manager")
                .build();

    service.createUser(u1);
    service.createUser(u2);
```

```
    return service;
  }

  @Bean
  public PasswordEncoder passwordEncoder() {
    return NoOpPasswordEncoder.getInstance();
  }
}
```

为了测试应用程序，这里要定义一个端点。代码清单 16.18 给出了这个定义。

代码清单 16.18 定义控制器类并实现端点

```
@RestController
public class DocumentController {

  @Autowired
  private DocumentService documentService;

  @GetMapping("/documents/{code}")
  public Document getDetails(@PathVariable String code) {
    return documentService.getDocument(code);
  }
}
```

接下来运行该应用程序并调用端点来观察其行为。用户 Natalie 可以访问文档，而不管文档的所有者是谁。用户 Emma 只能访问她拥有的文档。要调用端点获取属于 Natalie 的文档，并使用用户 natalie 进行身份验证，可以使用以下命令。

```
curl -u natalie:12345 http://localhost:8080/documents/abc123
```

其响应体是：

```
{
    "owner":"natalie"
}
```

要调用端点以获取一个属于 Emma 的文档，并使用用户 natalie 进行身份验证，可以使用以下命令。

```
curl -u natalie:12345 http://localhost:8080/documents/asd555
```

其响应体是：

```
{
    "owner":"emma"
}
```

要调用端点以获取属于 Emma 的文档，并使用用户 emma 进行身份验证，可以使用以下命令。

```
curl -u emma:12345 http://localhost:8080/documents/asd555
```

其响应体是：

```
{
    "owner":"emma"
}
```

要调用端点以获取属于 Natalie 的文档，并使用用户 emma 进行身份验证，可以使用以下命令。

```
curl -u emma:12345 http://localhost:8080/documents/abc123
```

其响应体是：

```
{
    "status":403,
    "error":"Forbidden",
    "message":"Forbidden",
    "path":"/documents/abc123"
}
```

以类似的方式，可以使用第二种 PermissionEvaluator 方法来编写授权表达式。第二种方法指的是使用标识符和对象主体类型，而不是对象本身。例如，假设希望修改当前示例，以便使用@PreAuthorize 在方法执行之前应用授权规则。本示例中还没有返回对象。但是这里并没有使用对象本身，而是使用文档的编码，也就是文档的唯一标识符。代码清单 16.19 展示了如何更改许可评估器类来实现这个场景。这里将该示例分隔在名为 ssia-ch16-ex5 的项目中，该项目可以单独运行。

代码清单 16.19 DocumentsPermissionEvaluator 类中的变更

```
@Component
public class DocumentsPermissionEvaluator
  implements PermissionEvaluator {

  @Autowired
  private DocumentRepository documentRepository;

  @Override
  public boolean hasPermission(Authentication authentication,
                               Object target,
                               Object permission) {
    return false;                        ◁──┐ 不再通过第一种方法定义授权
  }                                          │ 规则

  @Override
  public boolean hasPermission(Authentication authentication,
                               Serializable targetId,
                               String targetType,
                               Object permission) {

    String code = targetId.toString();   ◁──┐ 这里没有使用对象, 而是使用它的
                                             │ ID, 并且要使用该 ID 获取对象
    Document document = documentRepository.findDocument(code);

    String p = (String) permission;

    boolean admin =
        authentication.getAuthorities()  ◁──┐ 检查用户是否是管理员
          .stream()                          │
          .anyMatch(a -> a.getAuthority().equals(p));

    return admin ||                      ◁──┐ 如果用户是管理员或者该文档的所有
        document.getOwner().equals(          │ 者, 则该用户可以访问此文档
        authentication.getName());
  }
}
```

当然，还需要对带有@PreAuthorize 注解的许可评估器进行正确的调用。代码清单 16.20 展示了 DocumentService 类中所做的更改，以便使用这一新方法应用授权规则。

代码清单 16.20　DocumentService 类

```
@Service
public class DocumentService {

  @Autowired
  private DocumentRepository documentRepository;

  @PreAuthorize
    ("hasPermission(#code, 'document', 'ROLE_admin')")     通过使用许可评估器
                                                           的第二种方法应用预
  public Document getDocument(String code) {               授权规则
    return documentRepository.findDocument(code);
  }
}
```

可以重新运行该应用程序并检查端点的行为。应该可以看到与使用许可评估器的第一种方法来实现授权规则的情况相同的结果。用户 Natalie 是管理员，可以访问任何文档，而用户 Emma 只能访问她所拥有的文档。要调用端点以便访问属于 Natalie 的文档，并使用用户 natalie 进行身份验证，可以运行以下命令。

```
curl -u natalie:12345 http://localhost:8080/documents/abc123
```

其响应体是：

```
{
    "owner":"natalie"
}
```

要调用端点以便访问属于 Emma 的文档，并使用用户 natalie 进行身份验证，可以运行以下命令。

```
curl -u natalie:12345 http://localhost:8080/documents/asd555
```

其响应体是：

```
{
    "owner":"emma"
}
```

要调用端点以便访问属于 Emma 的文档，并使用用户 emma 进行身份验证，可以
运行以下命令。

```
curl -u emma:12345 http://localhost:8080/documents/asd555
```

其响应体是：

```
{
    "owner":"emma"
}
```

要调用端点以便访问属于 Natalie 的文档，并使用用户 emma 进行身份验证，可以
运行以下命令。

```
curl -u emma:12345 http://localhost:8080/documents/abc123
```

其响应体是：

```
{
    "status":403,
    "error":"Forbidden",
    "message":"Forbidden",
    "path":"/documents/abc123"
}
```

使用@Secured 和@RolesAllowed 注解

本章讨论了如何使用全局方法安全性应用授权规则。首先介绍了这个功能在默认
情况下是禁用的，并且可以使用配置类上的@EnableGlobalMethodSecurity 注解来启用
它。此外，还必须指定使用@EnableGlobalMethodSecurity 注解的属性应用授权规则的
特定方法。这里像这样使用了该注解：

```
@EnableGlobalMethodSecurity(prePostEnabled = true)
```

prePostEnabled 属性启用@PreAuthorize 和@PostAuthorize 注解来指定授权规则。
@EnableGlobalMethodSecurity 注解提供了另外两个类似的属性，可以使用它们启用不
同 的 注 解 。 可 以 使 用 jsr250Enabled 属 性 启 用 @RolesAllowed 注 解 ， 并 使 用

securedEnabled 属性启用 @Secured 注解。使用这两个注解，@Secured 和
@RolesAllowed，从功能上而言不如使用 @PreAuthorize 和 @PostAuthorize 强大，而且
在实际场景中使用它们的概率很小。尽管如此，还是希望让你知道这两个注解，但不
必花太多时间考虑其细节。

通过将 @EnableGlobalMethodSecurity 的属性设置为 true，就可以使用与预授权和
后授权相同的方式来启用这些注解。接下来将启用表示使用一种注解的属性，可以是
@Secure 或 @RolesAllowed。可以在下面的代码片段中找到如何做到这一点的示例：

```
@EnableGlobalMethodSecurity(
        jsr250Enabled = true,
        securedEnabled = true
)
```

一旦启用了这些属性，就可以使用 @RolesAllowed 或 @Secured 注解来指定登录用
户调用某个方法所必需的角色或权限。下面的代码片段展示了如何使用
@RolesAllowed 注解来指定只有具有 ADMIN 角色的用户才能调用 getName() 方法。

```
@Service
public class NameService {

    @RolesAllowed("ROLE_ADMIN")
    public String getName() {
        return "Fantastico";
    }
}
```

类似地，也可以使用 @Secured 注解替代 @RolesAllowed 注解，如下面的代码片段
所示。

```
@Service
public class NameService {

    @Secured("ROLE_ADMIN")
    public String getName() {
        return "Fantastico";
    }
}
```

现在可以测试该示例了。下面的代码片段展示了如何做到这一点：

```
curl -u emma:12345 http://localhost:8080/hello
```

其响应体是：

```
Hello, Fantastico
```

要调用端点并使用用户 Natalie 进行身份验证，可以使用下面的命令。

```
curl -u natalie:12345 http://localhost:8080/hello
```

其响应体是：

```
{
    "status":403,
    "error":"Forbidden",
    "message":"Forbidden",
    "path":"/hello"
}
```

可以在项目 ssia-ch16-ex6 中找到使用@RolesAllowed 和@Secured 注解的完整示例。

16.5 本章小结

- Spring Security 允许我们为应用程序的任何层应用授权规则，而不仅仅是端点层。要做到这一点，需要启用全局方法安全性功能。
- 全局方法安全性功能在默认情况下是禁用的。要启用它，可以在应用程序的配置类上使用@EnableGlobalMethodSecurity 注解。
- 可以应用应用程序在调用方法之前进行检查的授权规则。如果违背了这些授权规则，框架就不允许执行该方法。当我们在方法调用之前检验授权规则时，需要使用预授权。
- 要实现预授权，可以使用@PreAuthorize 注解，并使用定义授权规则的 SpEL 表达式的值。
- 如果希望仅在方法调用之后决定调用者是否可以使用返回值，以及执行流程是否可以继续，则要使用后授权。

- 要实现后授权，需要使用@PostAuthorize 注解，并且要使用代表授权规则的 SpEL 表达式的值。

- 在实现复杂的授权逻辑时，应该将此逻辑分离到另一个类中，以使代码更易于阅读。在 Spring Security 中，实现这一点的一种常见方法是实现 PermissionEvaluator。

- Spring Security 提供了像@RolesAllowed 和@Secured 注解这样的较老规范的兼容性。我们可以使用这些注解，但它们不如@PreAuthorize 和@PostAuthorize 强大，而且在实际场景中，在 Spring 中使用这些注解的概率非常小。

第17章

全局方法安全性：预过滤和后过滤

本章内容
- 使用预过滤限制方法作为参数值接收的内容
- 使用后过滤限制方法返回的内容
- 使用 Spring Data 集成过滤处理

第 16 章介绍了如何使用全局方法安全性应用授权规则。其中使用了@PreAuthorize 和@PostAuthorize 注解处理示例。通过使用这些注解，就可以应用一种方法，在这种方法中应用程序要么允许方法调用，要么完全拒绝调用。假设不希望禁止对方法的调用，但又希望确保发送给它的参数遵循某些规则。或者，在另一种场景中，希望确保在有人调用该方法之后，该方法的调用者只接收返回值的授权部分。我们将这种功能称为过滤，并将其分为两类：

- 预过滤——框架在调用方法之前过滤参数的值。
- 后过滤——框架在调用方法之后过滤返回的值。

过滤的工作方式与调用授权不同(见图 17.1)。使用过滤，框架将执行调用，并且即使参数或返回值不符合所定义的授权规则，也不会抛出异常。相反，它会过滤掉不符合指定条件的元素。

需要从一开始就重点强调的一点是，只能对集合和数组应用过滤。只有当方法接收到一个数组或一个对象集合作为参数时，才可以使用预过滤。框架会根据所定义的规则过滤此集合或数组。后过滤也是相同的：只有方法返回集合或数组时，才能应用这种方法。框架会根据所指定的规则过滤方法返回的值。

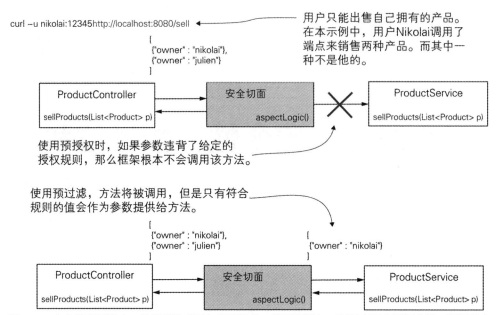

图 17.1　客户端调用端点，并提供违背授权规则的值。使用预授权，则根本不会调用方法，调用者会接收到异常。使用预过滤，则切面处理会调用方法，但只提供符合给定规则的值

17.1　为方法权限应用预过滤

本节将讨论预过滤背后的机制，然后将在一个示例中实现预过滤。当有人调用方法时，可以使用过滤指示框架验证通过方法参数发送的值。框架将过滤掉不符合给定条件的值，并且只使用符合条件的值调用方法。我们将此功能称为预过滤(见图 17.2)。

用户只能出售自己拥有的产品。在本示例中，用户Nikolai调用端点来销售两种产品。其中一种不是他的。

切面处理会拦截调用并过滤所提供的列表，只使用符合给定条件的值调用方法。

curl --unikolai :12345 http://localhost:8080/sell

```
[
  {"owner" : "nikolai"),
  {"owner" : "julien"}
]
```

```
[
  {"owner" : "nikolai"}
]
```

ProductController	安全切面	ProductService
sellProducts(List<Product> p)	aspectLogic()	sellProducts(List<Product> p)

图 17.2　使用预过滤，切面处理就会拦截对受保护方法的调用。切面处理会过滤调用者提供的作为参数的值，并只向方法发送符合所定义的规则的值

现实世界的示例中包含这样一类需求，其中预过滤很适用，因为它将授权规则从方法实现的业务逻辑中解耦出来了。假设实现了一个用例，其中只处理经过身份验证的用户所拥有的特定详细信息。这个用例可以从多个地方被调用。尽管如此，它的职责始终声明只能处理经过身份验证的用户的详细信息，而不管调用用例的是谁。相较于确保用例的调用者正确地应用授权规则，应该让用例应用它自己的授权规则。当然，也可以在方法内部进行这样的处理。但是将授权逻辑从业务逻辑分离可以增强代码的可维护性，并使其他人更容易阅读和理解代码。

与第 16 章讨论的调用授权一样，Spring Security 也通过使用切面实现过滤。切面处理会拦截特定的方法调用，并可以用其他指令增强它们。对于预过滤，切面处理会拦截用@PreFilter 注解的方法，并根据所定义的条件来过滤作为参数提供的集合中的值(见图 17.3)。

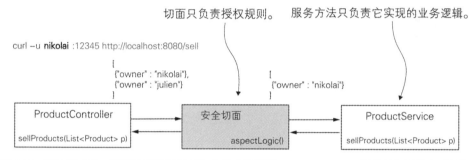

图 17.3　通过预过滤，就可以将授权责任与业务实现解耦。Spring Security 提供的切面只负责授权规则，而服务方法只负责它实现的用例的业务逻辑

与第 16 章讨论的@PreAuthorize 和@PostAuthorize 注解类似，可以将授权规则设置为@PreFilter 注解的值。在这些作为 SpEL 表达式提供的规则中，可以使用 filterObject 引用作为方法参数提供的集合或数组中的任何元素。

要了解所应用的预过滤，让我们研究一个项目。此处将这个项目命名为 ssia-ch17-ex1。假设有一个用于购买和销售产品的应用程序，它的后端实现了端点/sell。当用户销售产品时，应用程序的前端将调用这个端点。但已登录的用户只能销售自己拥有的产品。接下来要实现一个简单的服务方法场景，可以调用该服务方法来销售作为参数接收的产品。这个示例将介绍如何应用@PreFilter 注解，因为我们要使用它确保该方法只接收当前登录用户所拥有的产品。

创建了项目之后，需要编写一个配置类以确保具有几个用户测试该实现。可以在代码清单 17.1 中找到配置类的简单定义名称。这个名称为 ProjectConfig 的配置类只声明了 UserDetailsService 和 PasswordEncoder，并且使用了@GlobalMethodSecurity (prePostEnabled=true)注解它。对于过滤注解，仍然需要使用@GlobalMethodSecurity 注

454   第 II 部分   实   现

解并启用预授权/后授权注解。所提供的 UserDetailsService 定义了测试中需要的两个用户：Nikolai 和 Julien。

代码清单 17.1   配置用户并启用全局方法安全性

```
@Configuration
@EnableGlobalMethodSecurity(prePostEnabled = true)
public class ProjectConfig {

  @Bean
  public UserDetailsService userDetailsService() {
    var uds = new InMemoryUserDetailsManager();

    var u1 = User.withUsername("nikolai")
                 .password("12345")
                 .authorities("read")
                 .build();

    var u2 = User.withUsername("julien")
                 .password("12345")
                 .authorities("write")
                 .build();

    uds.createUser(u1);
    uds.createUser(u2);

    return uds;
  }

  @Bean
    public PasswordEncoder passwordEncoder() {
    return NoOpPasswordEncoder.getInstance();
  }
}
```

这里要使用代码清单 17.2 提供的模型类描述该产品。

代码清单 17.2   Product 类定义

```
public class Product {

  private String name;
```

```
    private String owner;          ◁─────┐
                                         属性所有者具有用户名的值

    // Omitted constructor, getters, and setters
}
```

ProductService 类定义了要使用@PreFilter 保护的服务方法。可以在代码清单 17.3 中找到 ProductService 类。在该代码清单中，在 sellProducts()方法之前，可以看到 @PreFilter 注解的使用。与该注解一起使用的 SpEL 是 filterObject.owner == authentication.name，它表示只接受 Product 的 owner 属性值等于登录用户的用户名的情况。在该 SpEL 表达式的等号操作符的左侧，我们使用了 filterObject。使用 filterObject，就可以将列表中的对象引用为参数。因为这里使用了一个产品列表，所以这里的 filterObject 是 Product 类型。出于这个原因，可以引用产品的 owner 属性。在该表达式中等号操作符的右边，我们使用了身份验证对象。对于@PreFilter 和@PostFilter 注解，可以直接引用身份验证对象，在经过身份验证后，该对象就可以在 SecurityContext 中使用了(见图 17.4)。

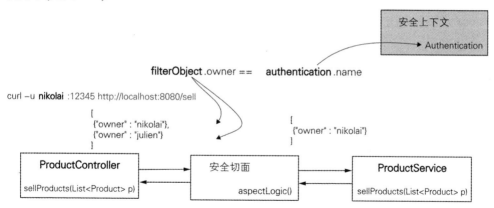

图 17.4 当通过 filterObject 使用预过滤时，需要引用调用者作为参数提供的列表中的对象。身份验证对象是在身份验证过程之后存储在安全上下文中的对象

该服务方法返回的列表与方法接收到的列表完全相同。这样，通过检查 HTTP 响应体中返回的列表，就可以测试和验证框架是否按照预期过滤了列表。

代码清单 17.3 在 ProductService 类中使用@PreFilter 注解

```
@Service
public class ProductService {
                                ┌── 作为参数提供的列表只允许包含经过
                                │   身份验证的用户拥有的产品
    @PreFilter          ◁───────┘
```

```
➥("filterObject.owner == authentication.name")
public List<Product> sellProducts(List<Product> products) {
  // sell products and return the sold products list
  return products;          ◄────
}                                     返回满足测试目的
}                                     的产品
```

为了简化测试，这里定义了一个端点来调用受保护的服务方法。代码清单 17.4 在
名为 ProductController 的控制器类中定义了这个端点。为了简化端点调用，这里创建
了一个列表，并直接将它作为参数提供给该服务方法。在实际场景中，这个列表应该
由客户端在请求体中提供。还可以从中看到的是，对表示变更的操作使用了
@GetMapping，这并非标准做法。但是要知道，这样做是为了避免在这个示例中处理
CSRF 防护，这样就可以将注意力集中在手头的主题上。第 10 章介绍过 CSRF 防护。

代码清单 17.4　实现用于测试的端点的控制器类

```
@RestController
public class ProductController {

  @Autowired
  private ProductService productService;

  @GetMapping("/sell")
  public List<Product> sellProduct() {
    List<Product> products = new ArrayList<>();

    products.add(new Product("beer", "nikolai"));
    products.add(new Product("candy", "nikolai"));
    products.add(new Product("chocolate", "julien"));

    return productService.sellProducts(products);
  }
}
```

接下来启动该应用程序，看看调用/sell 端点时会发生什么。观察一下作为参数提
供给服务方法的列表中的 3 个产品。此处把两个产品分配给用户 Nikolai，而将另一个
产品分配给用户 Julien。当调用端点并使用用户 Nikolai 进行身份验证时，我们希望在
响应中只看到与她相关的两个产品。当调用端点并使用 Julien 进行身份验证时，响应
中应该只包含与 Julien 相关的一个产品。下面的代码片段展示了测试调用及其结果。

要调用端点/sell 并使用用户 Nikolai 进行身份验证，可以使用下面的命令。

```
curl -u nikolai:12345 http://localhost:8080/sell
```

其响应体是：

```
[
  {"name":"beer","owner":"nikolai"},
  {"name":"candy","owner":"nikolai"}
]
```

要调用端点/sell 并使用用户 Julien 进行身份验证，可以使用下面的命令。

```
curl -u julien:12345 http://localhost:8080/sell
```

其响应体是：

```
[
    {"name":"chocolate","owner":"julien"}
]
```

需要注意的是，切面处理修改了指定的集合。在这个示例中，不要期望它会返回一个新的 List 实例。事实上，就是从这个实例中，切面处理移除了不符合给定条件的元素。考虑到这一点是很重要的。必须始终确保所提供的集合实例不是不可变的。提供一个要处理的不可变集合会在执行时导致异常，因为过滤切面无法更改集合的内容（见图 17.5）。

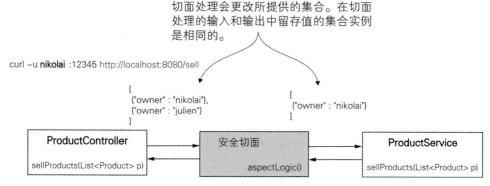

图 17.5　切面处理会拦截并更改作为参数提供的集合。需要提供集合的可变实例，以便切面处理可以更改它

代码清单 17.5 展示了本节之前处理过的同一个项目，但是这里用 List.of()方法返回的一个不可变实例更改了 List 定义，以测试在这种情况下会发生什么。

代码清单 17.5　使用不可变集合

```
@RestController
public class ProductController {

  @Autowired
  private ProductService productService;

  @GetMapping("/sell")
  public List<Product> sellProduct() {
    List<Product> products = List.of(          ◄───────   List.of()会返回列表
            new Product("beer", "nikolai"),               的不可变实例
            new Product("candy", "nikolai"),
            new Product("chocolate", "julien"));

    return productService.sellProducts(products);
  }
}
```

这个示例被分离在项目 ssia-ch17-ex2 文件夹中，以便你也可以自行测试它。运行该应用程序并调用/sell 端点会产生状态为 500 Internal Server Error 的 HTTP 响应以及控制台日志中的异常，如下面的代码片段所示。

```
curl -u julien:12345 http://localhost:8080/sell
```

其响应体是：

```
{
  "status":500,
  "error":"Internal Server Error",
  "message":"No message available",
  "path":"/sell"
}
```

在应用程序控制台中，可以看到一个类似于下面代码片段中的异常：

```
java.lang.UnsupportedOperationException: null
at java.base/java.util.ImmutableCollections.uoe(ImmutableCollections.
java:73)
~[na:na]
...
```

17.2　为方法授权应用后过滤

本节将实现后过滤。假设有以下情形。一个应用程序有一个用 Angular 实现的前端和一个基于 Spring 的后端来管理一些产品。用户拥有产品，他们只能获得属于他们的产品的详细信息。为了获得产品的详细信息，前端要调用后端暴露的端点(见图 17.6)。

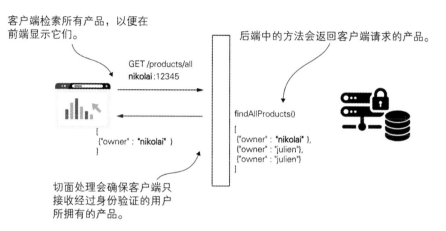

图 17.6　后过滤场景。客户端调用端点来检索需要在前端显示的数据。后过滤实现将确保客户端只获得当前经过身份验证的用户所拥有的数据

在服务类的后端，开发人员编写了一个方法 List<Product> findProducts()，用于检索产品的详细信息。客户端应用程序在前端显示这些详细信息。那么开发人员如何确保调用此方法的任何人只接收他们自己拥有的产品，而不是其他人拥有的产品呢？通过保持授权规则与应用程序的业务规则解耦来实现此功能的一个选项被称为后过滤。本节将讨论后过滤的工作原理，并揭示其在应用程序中的实现。

与预过滤类似，后过滤也依赖于切面。这个切面允许调用方法，但是在方法返回后，该切面会接收返回的值，并确保它遵循所定义的规则。与预过滤的情况一样，后过滤将更改方法返回的集合或数组。需要提供返回集合内的元素应该遵循的条件。后过滤切面会从返回的集合或数组中过滤掉那些不符合规则的元素。

要应用后过滤，需要使用@PostFilter 注解。@PostFilter 注解的工作原理类似于第 14 章和本章中使用的所有其他 pre-/post-注解。要将授权规则作为注解值的 SpEL 表达式来提供，该规则就是过滤切面所使用的规则，如图 17.7 所示。与预过滤类似，后过滤只适用于数组和集合。要确保只对返回类型为数组或集合的方法应用@PostFilter注解。

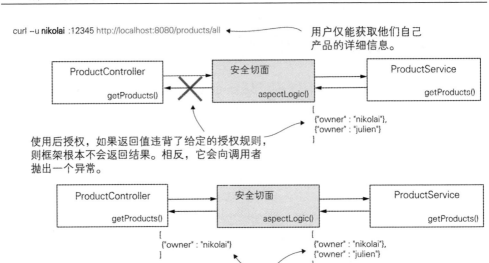

使用后过滤，调用者将接收返回的集合，但仅会得到符合所提供规则的值。

图 17.7　后过滤。切面处理会拦截受保护方法返回的集合，并过滤不符合所提供规则的值。与后授权不同，当返回值不符合授权规则时，后过滤不会向调用方抛出异常

接下来要在一个示例中应用后过滤。这里为本示例创建了一个名为 ssia-ch17-ex3 的项目。为了保持一致，此处保留了本章前面示例中的相同用户，这样配置类就不会改变了。为了方便起见，代码清单 17.6 重复展示了所提供的配置。

代码清单 17.6　配置类

```
@Configuration
@EnableGlobalMethodSecurity(prePostEnabled = true)
public class ProjectConfig {

  @Bean
  public UserDetailsService userDetailsService() {
    var uds = new InMemoryUserDetailsManager();

    var u1 = User.withUsername("nikolai")
                 .password("12345")
                 .authorities("read")
                 .build();

    var u2 = User.withUsername("julien")
                 .password("12345")
                 .authorities("write")
                 .build();
    uds.createUser(u1);
```

```
        uds.createUser(u2);

        return uds;
    }

    @Bean
    public PasswordEncoder passwordEncoder() {
        return NoOpPasswordEncoder.getInstance();
    }
}
```

下面的代码片段显示出，Product 类也保持不变。

```
public class Product {

    private String name;
    private String owner;

    // Omitted constructor, getters, and setters
}
```

在 ProductService 类中，现在实现了一个返回产品列表的方法。在真实的场景中，应用程序应该会从数据库或任何其他数据源读取产品。为了使这个示例保持简短，并使你能够专注于我们讨论的内容，这里使用了一个简单的集合，如代码清单 17.7 所示。

这里使用@PostFilter 注解了 findProducts()方法，该方法会返回产品列表。所添加的条件将作为该注解的值，filterObject.owner == authentication.name，只允许返回其所有者等于经过身份验证的用户的产品(见图 17.8)。在等号操作符的左边，使用了 filterObject 引用所返回集合内的元素。在该操作符的右边，使用了 authentication 引用存储在 SecurityContext 中的 Authentication 对象。

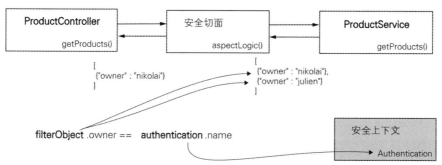

图 17.8　在用于授权的 SpEL 表达式中，使用了 filterObject 引用所返回集合中的对象，并且使用了 authentication 引用安全上下文中的 Authentication 实例

代码清单 17.7　ProductService 类

```
@Service
public class ProductService {

  @PostFilter                                    为方法返回的集合中的对象添加
➥("filterObject.owner == authentication.name")   过滤条件
  public List<Product> findProducts() {
      List<Product> products = new ArrayList<>();

      products.add(new Product("beer", "nikolai"));
      products.add(new Product("candy", "nikolai"));
      products.add(new Product("chocolate", "julien"));

      return products;
  }
}
```

这里定义了一个控制器类，以使这个方法可以通过端点访问。代码清单 17.8 展示了该控制器类。

代码清单 17.8　ProductController 类

```
@RestController
public class ProductController {

  @Autowired
  private ProductService productService;

  @GetMapping("/find")
  public List<Product> findProducts() {
    return productService.findProducts();
  }
}
```

现在可以运行该应用程序并通过调用/find 端点来测试其行为了。我们希望在 HTTP 响应主体中只看到经过身份验证的用户所拥有的产品。下面的代码片段显示了分别使用这两个用户 Nikolai 和 Julien 调用端点的结果。要调用端点/find 并使用用户 Julien 进行身份验证，可以使用这个 cURL 命令：

```
curl -u julien:12345 http://localhost:8080/find
```

其响应体是：

```
[
  {"name":"chocolate","owner":"julien"}
]
```

要调用端点/find 并使用用户 Nikolai 进行身份验证，可以使用这个 cURL 命令：

```
curl -u nikolai:12345 http://localhost:8080/find
```

其响应体是：

```
[
  {"name":"beer","owner":"nikolai"},
  {"name":"candy","owner":"nikolai"}
]
```

17.3　在 Spring Data 存储库中使用过滤

本节将讨论如何使用 Spring Data 存储库进行过滤的问题。理解这种方法很重要，因为我们经常使用数据库持久化应用程序的数据。实现使用 Spring Data 作为高级层来连接数据库(无论是 SQL 还是 NoSQL)的 Spring Boot 应用程序是非常常见的。接下来将讨论在使用 Spring Data 时在存储库级别应用过滤的两种方法，并通过示例实现它们。

要采用的第一种方法是到目前为止本章介绍过的方法：即使用@PreFilter 和 @PostFilter 注解。要讨论的第二种方法是在查询中直接集成授权规则。如本节将介绍的，在选择要在 Spring Data 存储库中应用过滤的方式时需要谨慎。如上所述，我们有如下两种选择：

- 使用@PreFilter 和@PostFilter 注解。
- 直接在查询内应用过滤。

在存储库中使用@PreFilter 注解与在应用程序的任何其他层中应用该注解相同。但是当涉及后过滤时，情况就有所不同了。在存储库方法上使用@PostFilter 从技术上看将是行之有效的，但是从性能的角度来看，这通常并非是一个好的选择。

假设有一个管理公司文档的应用程序。开发人员需要实现一个特性，在用户登录后将所有文档列示在 Web 页面上。开发人员决定使用 Spring Data 存储库的 findAll() 方法，并使用@PostFilter 对其进行注解，以允许 Spring Security 过滤文档，这样该方法就只会返回当前登录用户所拥有的文档。这种方法显然是错误的，因为它允许应用程序从数据库检索所有记录，然后过滤这些记录本身。如果有大量文档，那么在不分页的情况下调用 findAll()可能会直接导致 OutOfMemoryError。即使文档的数量不足以填满内存堆，但是在应用程序中过滤记录而不是一开始就从数据库中检索所需的记录，这样的做法仍然是性能较低的(见图 17.9)。

在服务级别，我们没有其他选择，只能在应用程序中过滤记录。不过，如果清楚从存储库中只需要检索登录用户所拥有的记录，那么就应该执行一个查询，只从数据库中提取所需的文档即可。

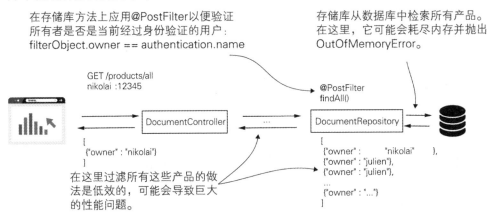

图 17.9　对糟糕设计的剖析。当需要在存储库级别应用过滤时，最好首先确保只检索所需的数据。否则，应用程序将面临大量消耗内存和性能差的问题

提示：

在所有从数据源(比如数据库、Web 服务、输入流等)中检索数据的情况下，应该确保应用程序只检索它所需要的数据。尽可能避免在应用程序中过滤数据的需要。

接下来要处理一个应用程序，在这个应用程序中，首先要在 Spring Data 存储库方法上使用@PostFilter 注解，然后变更为第二种方法，在这种方法中，要直接在查询中写入条件。这样，就可以对这两种方法进行测试和比较了。

这里创建了一个名为 ssia-ch17-ex4 的新项目，其中使用了与本章前面示例相同的配置类。与前面的示例一样，我们要编写一个管理产品的应用程序，但这次需要从数据库的一个表中检索产品详细信息。对于这个示例，需要实现产品的搜索功能(见图 17.10)。这里要编写一个端点用来接收一个字符串，并返回产品名称中包含指定字符串的产品列表。但是需要确保只返回与经过身份验证的用户相关的产品。

此处要使用 Spring Data JPA 连接数据库。出于这个原因，还需要依照数据库管理服务器技术将 spring-boot-starter-data-jpa 依赖项和连接驱动程序添加到 pom.xml 文件中。下面的代码片段提供了 pom.xml 文件中使用的依赖项：

```xml
<dependency>
  <groupId>org.springframework.boot</groupId>
  <artifactId>spring-boot-starter-data-jpa</artifactId>
</dependency>
<dependency>
  <groupId>org.springframework.boot</groupId>
  <artifactId>spring-boot-starter-security</artifactId>
</dependency>
<dependency>
  <groupId>org.springframework.boot</groupId>
  <artifactId>spring-boot-starter-web</artifactId>
</dependency>
<dependency>
  <groupId>mysql</groupId>
  <artifactId>mysql-connector-java</artifactId>
  <scope>runtime</scope>
</dependency>
```

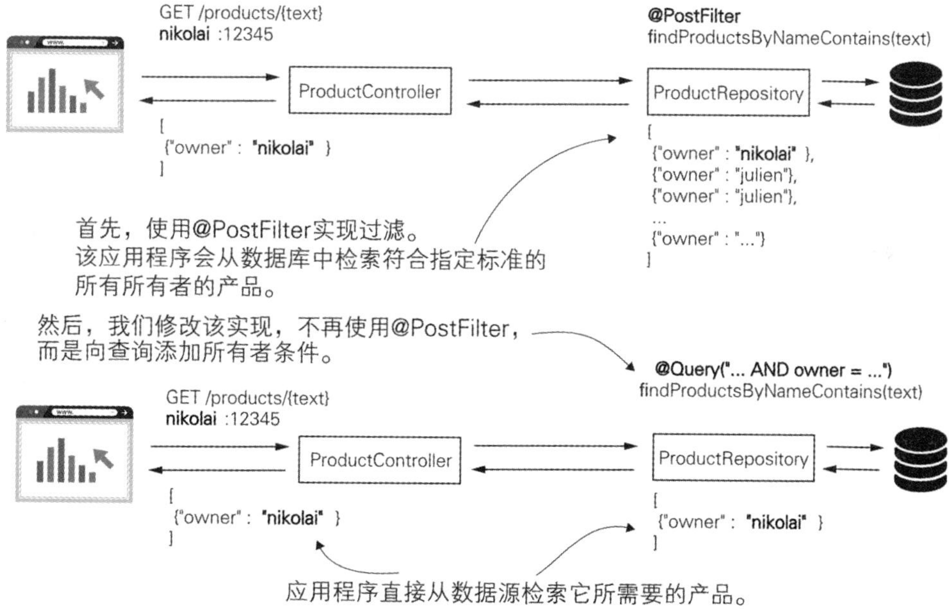

图 17.10　在这个场景中，首先使用了@PostFilter 实现应用程序，以便根据产品的所有者过滤产品。然后更改了该实现，以便直接在查询中添加条件。通过这种方式，就可以确保应用程序只从数据源获取所需的记录

在 application.properties 文件中添加 Spring Boot 创建数据源所需的属性。下面的代

码片段展示了添加到 application.properties 文件中的属性。

```
spring.datasource.url=jdbc:mysql://localhost/spring
➥?useLegacyDatetimeCode=false&serverTimezone=UTC
spring.datasource.username=root
spring.datasource.password=
spring.datasource.initialization-mode=always
```

还需要数据库中的一个表，用来存储应用程序检索的产品详细信息。这需要定义一个 schema.sql 文件，并在其中编写用于创建表的脚本，还要定义一个 data.sql 文件，在其中要编写查询以便将测试数据插入这个表中。需要将这两个文件(schema.sql 和 data.sql)放在 Spring Boot 项目的 resources 文件夹中，这样应用程序启动时就可以找到并执行它们。下面的代码片段展示了用于创建表的查询，需要在 schema.sql 文件中编写该查询。

```
CREATE TABLE IF NOT EXISTS `spring`.`product` (
  `id` INT NOT NULL AUTO_INCREMENT,
  `name` VARCHAR(45) NULL,
  `owner` VARCHAR(45) NULL,
  PRIMARY KEY (`id`));
```

data.sql 文件中编写了 3 个 INSERT 语句，下面的代码片段展示了它们。这些语句将创建测试数据，稍后需要这些数据证明应用程序的行为。

```
INSERT IGNORE INTO `spring`.`product` (`id`, `name`, `owner`) VALUES
    ('1','beer', 'nikolai');
INSERT IGNORE INTO `spring`.`product` (`id`, `name`, `owner`) VALUES
    ('2','candy', 'nikolai');
INSERT IGNORE INTO `spring`.`product` (`id`, `name`, `owner`) VALUES
    ('3','chocolate', 'julien');
```

提示:
请记住，本书的其他示例中使用了相同的表名。如果已经使用了与前面示例相同名称的表，那么应该在启动这个项目之前删除它们。另一种方法是使用不同的模式。

要在应用程序中映射该产品表，需要编写一个实体类。代码清单 17.9 定义了 Product 实体。

代码清单 17.9　Product 实体类

```
@Entity
public class Product {

    @Id
    @GeneratedValue(strategy = GenerationType.IDENTITY)
    private int id;
    private String name;
    private String owner;


    // Omitted getters and setters
}
```

对于 Product 实体，还要编写一个 Spring Data 存储库接口，代码清单 17.10 展示了其定义。注意，这次要直接在存储库接口声明的方法上使用@PostFilter 注解。

代码清单 17.10　ProductRepository 接口

```
public interface ProductRepository
        extends JpaRepository<Product, Integer> {
    @PostFilter                                          ← 对 Spring Data 存储库声明的
    ➤("filterObject.owner == authentication.name")          方法使用@PostFilter 注解
    List<Product> findProductByNameContains(String text);
}
```

代码清单 17.11 展示了如何定义一个控制器类，该类实现了用于测试应用程序行为的端点。

代码清单 17.11　ProductController 类

```
@RestController
public class ProductController {

    @Autowired
    private ProductRepository productRepository;

    @GetMapping("/products/{text}")
    public List<Product> findProductsContaining(@PathVariable String
    text) {

        return productRepository.findProductByNameContains(text);
    }
}
```

启动应用程序时，可以测试在调用/products/{text}端点时发生了什么。通过在用户 Nikolai 进行身份验证时搜索字母 c，HTTP 响应将只包含产品 candy。即使 chocolate 也含有 c，但因为 chocolate 是 Julien 所有的，所以 chocolate 不会出现在响应中。下面的代码片段展示了这些调用及其响应。要调用端点/products 并使用用户 Nikolai 进行身份验证，请执行以下命令。

```
curl -u nikolai:12345 http://localhost:8080/products/c
```

其响应体是：

```
[
    {"id":2,"name":"candy","owner":"nikolai"}
]
```

要调用端点/products 并使用用户 Julien 进行身份验证，请执行以下命令。

```
curl -u julien:12345 http://localhost:8080/products/c
```

其响应体是：

```
[
    {"id":3,"name":"chocolate","owner":"julien"}
]
```

本节前面的内容中讨论过，在存储库中使用@PostFilter 并不是最好的选择。应该确保不从数据库中选择不需要的数据。那么，应如何修改这个示例，以便只选择所需的数据，而不是在选择之后过滤数据呢？可以在存储库类使用的查询中直接提供 SpEL 表达式。为了做到这一点，需要遵循以下两个简单的步骤：

(1) 向 Spring 上下文添加一个 SecurityEvaluationContextExtension 类型的对象。可以在配置类中使用一个简单的@Bean 方法做到这一点。

(2) 使用适当的子查询语句来调整存储库类中的查询。

在我们的项目中，要在上下文中添加 SecurityEvaluationContextExtension bean，需要更改配置类，如代码清单 17.12 所示。为了使所有代码与书中的示例相关联，我在这里使用了另一个名为 ssia-ch17-ex5 的项目。

代码清单 17.12　将 SecurityEvaluationContextExtension 添加到上下文

```
@Configuration
@EnableGlobalMethodSecurity(prePostEnabled = true)
public class ProjectConfig {
```

```
@Bean
public SecurityEvaluationContextExtension
  securityEvaluationContextExtension() {


  return new SecurityEvaluationContextExtension();
}


// Omitted declaration of the UserDetailsService and PasswordEncoder
}
```

将 SecurityEvaluationContextExtension 添加到 Spring 上下文

在 ProductRepository 接口中，需要在方法之前添加查询，并使用 SpEL 表达式通过恰当的条件调整 WHERE 子句。代码清单 17.13 展示了此更改。

代码清单 17.13　在存储库接口的查询中使用 SpEL

```
public interface ProductRepository
        extends JpaRepository<Product, Integer> {

  @Query("SELECT p FROM Product p
  ➥WHERE p.name LIKE %:text% AND
        ➥p.owner=?#{authentication.name}")
  List<Product> findProductByNameContains(String text);
}
```

在查询中使用 SpEL 向记录的所有者添加一个条件

现在可以启动该应用程序，并通过调用/products/{text}端点对其进行测试。我们期望其行为与使用@PostFilter 的情况相同。但是现在，应用程序只会从数据库中检索所指定的所有者的记录，这使得该功能更快、更可靠。接下来的代码片段将展示对端点的调用。要调用端点/products 并使用用户 Nikolai 进行身份验证，需要使用以下命令：

```
curl -u nikolai:12345 http://localhost:8080/products/c
```

其响应体是：

```
[
  {"id":2,"name":"candy","owner":"nikolai"}
]
```

要调用端点/products 并使用用户 Julien 进行身份验证，需要使用以下命令：

```
curl -u julien:12345 http://localhost:8080/products/c
```

其响应体是：

```
[
  {"id":3,"name":"chocolate","owner":"julien"}
]
```

17.4　本章小结

- 过滤是一种授权方法，在这种方法中，框架会验证方法的输入参数或方法返回的值，并排除不符合所定义的某些标准的元素。作为一种授权方法，过滤主要关注方法的输入和输出值，而不是方法执行本身。

- 可以使用过滤确保一个方法仅得到它有权处理的值而不会得到其他值，并且也不会返回方法调用者不应该得到的值。

- 在使用过滤时，将不会限制对方法的访问，而是限制可以通过方法参数发送的内容或方法返回的内容。这种方法允许我们控制方法的输入和输出。

- 要限制可以通过方法参数发送的值，可以使用@PreFilter 注解。@PreFilter 注解会接收允许将值作为方法参数发送的条件。框架将从作为参数给定的集合中过滤掉所有不符合指定规则的值。

- 要使用@PreFilter 注解，方法的参数必须是一个集合或数组。从定义规则的注解的 SpEL 表达式中，可以使用 filterObject 引用集合内的对象。

- 要限制方法返回的值，可以使用@PostFilter 注解。当使用@PostFilter 注解时，该方法的返回类型必须是一个集合或数组。框架会根据被定义为@PostFilter 注解的值的规则来过滤所返回集合中的值。

- 也可以在 Spring Data 存储库中使用@PreFilter 和@PostFilter 注解。但是在 Spring Data 存储库方法上使用@PostFilter 通常并非是一个好的选择。为了避免性能问题，在这种情况下，过滤结果应该直接在数据库级别执行。

- Spring Security 可以很容易地与 Spring Data 集成，通过这样的集成就可以避免使用 Spring Data 存储库的方法执行@PostFilter。

第*18*章

动手实践：一个 OAuth 2 应用程序

本章内容
- 配置 Keycloak 作为 OAuth 2 的授权服务器
- 在 OAuth 2 资源服务器中使用全局方法安全性

在第 12~15 章中，我们详细讨论了 OAuth 2 系统是如何工作的，以及如何使用 Spring Security 实现一个这样的系统。然后我们转变了讨论的主题，在第 16 和 17 章中介绍了如何使用全局方法安全性在应用程序的任何层应用授权规则。本章将结合这两个必要的主题，并在 OAuth 2 资源服务器中应用全局方法安全性。

除了在资源服务器实现的不同层定义授权规则外，本章还将讲解如何使用名为 Keycloak 的工具作为系统的授权服务器。本章中使用的示例很有用，原因如下：

- 在现实场景的实现中，系统通常会使用第三方工具(如 Keycloak)定义用于身份验证的抽象层。很有可能需要在 OAuth 2 实现中使用 Keycloak 或类似的第三方工具。对于 Keycloak，有许多替代品可用，比如 Okta、Auth0 和 LoginRadius。本章将重点讨论需要在所开发的系统中使用这样一个工具的场景。

- 在实际场景中，不仅要将授权应用于端点，还要将授权应用于应用程序的其他层。对于 OAuth 2 系统而言也是如此。

- 本章将让你更好地理解所讨论的技术和方法的总体情况。为了做到这一点，我们将再次使用一个示例巩固第 12~17 章介绍的知识。

下面将进行深入介绍，以便详细讲解将在这一动手实践章节中实现的应用程序的场景。

18.1 应用程序场景

假设需要为一个健身应用程序构建后端。除了其他极为有用的功能之外，该应用程序还存储了用户的锻炼历史。本章将重点介绍应用程序中存储锻炼历史的部分。后端应该需要实现 3 个用例。对于用例定义的每个操作，都要使用特定的安全限制(见图 18.1)。这 3 个用例是：

- **为一个用户添加一条新的锻炼记录**。在一个名为 workout 的数据库表中，我们添加了一条新记录，该记录将存储用户、锻炼的开始和结束时间以及锻炼的难度，使用一个 1~5 的整数表示锻炼难度。

图 18.1　无论是锻炼历史记录还是银行账户，应用程序都需要实现适当的授权规则，以保护用户数据不被窃取或被非预期更改

这个用例的授权限制会断言，经过身份验证的用户只能为自己添加锻炼记录。客户端可以调用资源服务器暴露的端点来添加新的锻炼记录。

● **查找一个用户的所有锻炼记录**。客户端需要显示一份用户历史锻炼记录的列
表。客户端要调用端点来检索该列表。

本示例中的授权限制规定，用户只能获得自己的锻炼记录。

● **删除一条锻炼记录**。具有管理角色的任何用户都可以为任何其他用户删除一
条锻炼记录。客户端要调用端点来删除锻炼记录。

授权限制表明，只有管理员才能删除记录。

我们需要实现 3 个具有两个操作角色的用例。这两个角色就是标准用户 fitnessuser
和管理员 fitnessadmin。fitnessuser 可以为自己添加一条锻炼记录，并可以查看自己的
锻炼历史。fitnessadmin 则只能删除任何用户的锻炼记录。当然，管理员也可以是一个
用户，在这种情况下，他们还可以为自己添加锻炼记录，或者查看自己的锻炼记录。

我们用这 3 个用例实现的后端就是 OAuth 2 资源服务器(见图 18.2)。还需要一个
授权服务器。对于本示例，将使用名为 Keycloak 的工具来为系统配置授权服务器。
Keycloak 提供了所有的可能性，以便可以在本地设置用户或者通过与其他用户管理服
务集成来设置用户。

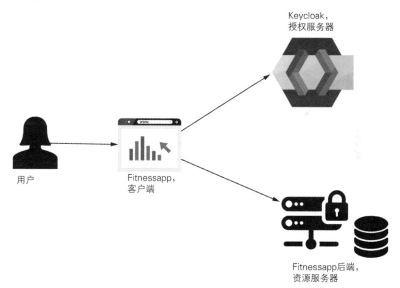

图 18.2　系统中的参与者是用户、客户端、授权服务器和资源服务器。这里使用 Keycloak 配置授权
服务器，并使用 Spring Security 实现资源服务器

需要通过将本地 Keycloak 实例配置为授权服务器来着手处理该实现。然后，需要
实现资源服务器，并使用 Spring Security 设置授权规则。一旦有了一个可以工作的应
用程序，就可以用 cURL 调用端点来测试它。

18.2 将 Keycloak 配置为授权服务器

本节要将 Keycloak 配置为系统的授权服务器(见图 18.3)。Keycloak 是一个优秀的开源工具,它被设计用于身份和访问管理。可以从 keycloak.org 下载 Keycloak。Keycloak 提供了在本地管理简单用户的能力,还提供了高级功能,比如用户联合。可以将它连接到 LDAP 和 Active Directory 服务或者另外的身份提供程序。例如,可以通过将 Keycloak 连接到常见 OAuth 2 提供程序之一,从而将它用作高级身份验证层。

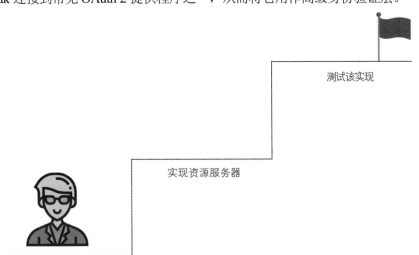

测试该实现

实现资源服务器

将Keycloak配置为授权服务器

图 18.3 作为本章中要实现的动手实践应用程序的一部分,我们将遵循 3 个主要步骤。本节要将 Keycloak 配置为系统的授权服务器作为第一步

Keycloak 的配置是很灵活的,尽管它可以变得复杂,而这取决于想要达成什么目的。本章将只讨论示例中需要做的设置。这些设置将只定义几个用户及其角色。但是 Keycloak 可以做的远不止这些。如果计划在真实场景中使用 Keycloak,则建议首先阅读官方网站上的详细文档: https://www.keycloak.org/documentation。在 Ken Finnigan 撰著的 *Enterprise Java Microservices*(Manning,2018)一书的第 9 章中,可以找到一个很好的关于保护微服务的讨论,作者在其中使用 Keycloak 进行了用户管理。这是其链接:

```
https://livebook.manning.com/book/enterprise-java-microservices/
chapter-9
```

(如果对关于微服务的讨论感兴趣,则建议阅读整本书,而不只是第 9 章。作者提供了关于任何使用 Java 实现微服务的人都应该知道的主题的深刻见解。)

要安装 Keycloak，只需要从官方网站 https://www.keycloak.org/downloads 下载包含最新版本的存档文件即可。然后，可以解压文件夹中的存档文件，可以使用其独立的可执行文件启动 Keycloak，该可执行文件位于 bin 文件夹中。如果使用的是 Linux，则需要运行 standalone.sh。对于 Windows，则要运行 standalone.bat。

启动 Keycloak 服务器后，在浏览器中输入 http://localhost:8080 访问它。在 Keycloak 的首页，可以通过输入用户名和密码来配置一个管理员账户(见图 18.4)。

通过设置管理员凭据来创建管理员账户。

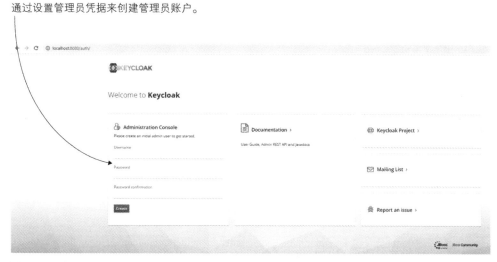

图 18.4　要管理 Keycloak，首先需要设置管理员凭据。可以通过在第一次启动 Keycloak 时访问它来做到这一点

这样就可以了。现在已经成功设置了管理员凭据。之后，可以登录该凭据管理 Keycloak，如图 18.5 所示。

图 18.5　一旦设置了管理员账户，就可以使用刚刚设置的凭据登录到 Keycloak 的 Administration Console

在 Administration Console 中，可以开始配置授权服务器。我们需要知道 Keycloak 暴露了哪些与 OAuth 2 相关的端点。可以在 Realm Settings 页面的 General 部分找到这些端点，这是登录到 Administration Console 后所展示的第一个页面(见图 18.6)。

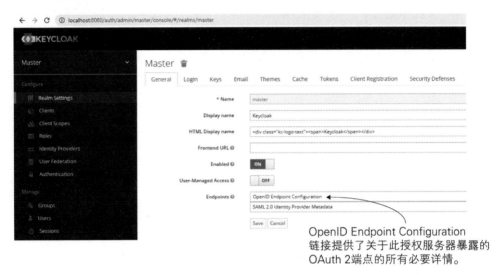

图 18.6　通过单击 OpenID Endpoint Configuration 链接，可以找到与授权服务器相关的端点。需要这些端点获取访问令牌并配置资源服务器

下面的代码片段提取自 OAuth 2 配置的一部分，可以通过单击 OpenID Endpoint Configuration 链接找到它。此配置提供了令牌端点、授权端点和支持的授权类型列表。这些详细信息你应该很熟悉，如第 12~15 章讨论的那样。

```
{

    "issuer":
        "http://localhost:8080/auth/realms/master",

    "authorization_endpoint":
      "http://localhost:8080/auth/realms/master/
      ➥protocol/openid-connect/auth",

      "token_endpoint":
      "http://localhost:8080/auth/realms/master/
      ➥protocol/openid-connect/token",

      "jwks_uri":
```

```
    "http://localhost:8080/auth/realms/master/protocol/
➥openid-connect/certs",

    "grant_types_supported":[
      "authorization_code",
      "implicit",
      "refresh_token",
      "password",
      "client_credentials"
    ],
...
  }
```

如果配置了长生命周期的访问令牌，则可能会发现应用程序的测试将更容易(见图 18.7)。但是，在真实场景中，请记住不要让令牌的生命周期太长。例如，在生产环境的系统中，令牌应该在几分钟内过期。但是为了测试，可以让它的生命周期保持一天。可以从 Tokens 选项卡中更改令牌生命周期的长度，如图 18.8 所示。

图 18.7 为了测试该应用程序，需要手动生成访问令牌，我们要使用它调用端点。如果为令牌定义一个较短的生命周期，则需要更频繁地生成它们。当令牌在可以使用之前就过期时，我们可能会感到恼火

图 18.8　如果颁发的访问令牌没有很快过期，则测试可能会更容易。可以在 Tokens 选项卡中更改它
的生命周期

现在已经安装了 Keycloak，设置了管理员凭据，并做了一些调整，接下来可以配置授权服务器了。下面是配置步骤的清单。

(1) 为系统注册一个客户端。OAuth 2 系统需要至少一个可被授权服务器识别的客户端。客户端为用户发出身份验证请求。18.2.1 节将介绍如何添加新的客户端注册。

(2) 定义客户端作用域。客户端作用域标识了客户端在系统中的目的。需要使用客户端作用域定义来自定义授权服务器颁发的访问令牌。18.2.2 节将介绍如何添加客户端作用域，18.2.4 节将配置它以便自定义访问令牌。

(3) 为应用程序添加用户。要调用资源服务器上的端点，需要为应用程序添加用户。18.2.3 节将介绍如何添加 Keycloak 管理的用户。

(4) 定义用户角色和自定义访问令牌。在添加用户之后，可以为他们颁发访问令牌。我们将注意到，访问令牌没有包含完成此场景所需的所有详情。接下来将介绍如何为用户配置角色并自定义访问令牌，以展示将在 18.2.4 节中使用 Spring Security 实现的资源服务器所期望的详细信息。

18.2.1　为系统注册一个客户端

本节将讨论如何在使用 Keycloak 作为授权服务器时注册客户端。与任何其他 OAuth 2 系统一样，这里也需要在授权服务器级别注册客户端应用程序。要添加新客户端，需要使用 Keycloak Administration Console。如图 18.9 所示，导航到左侧菜单上的 Clients 选项卡，可以找到一个客户端列表。从这里，还可以添加一个新的客户端注册。

图 18.9　要添加新客户端，可以使用左侧菜单上的 Clients 选项卡导航到客户端列表。在这里，可以通过单击 Clients 表右上角的 Create 按钮来添加一个新的客户端注册

这里添加了一个名为 fitnessapp 的新客户端。这个客户端表示允许从资源服务器调用端点的应用程序，18.3 节将实现该应用程序。图 18.10 显示了 Add Client 表单。

图 18.10　添加客户端时，只需要给它分配一个唯一的客户端 ID(fitnessapp)，然后单击 Save 按钮即可

18.2.2　指定客户端作用域

本节要为 18.2.1 节中注册的客户端定义一个作用域。客户端作用域会标识客户端的目的。在 18.2.4 节中，还将使用客户端作用域来自定义 Keycloak 颁发的访问令牌。为了向客户端添加作用域，需要再次使用 Keycloak Administration Console。如图 18.11 所示，当从左侧菜单导航到 Client Scopes 选项卡时，就会显示一个客户端作用域列表。从这里，还可以向列表添加一个新的客户端作用域。

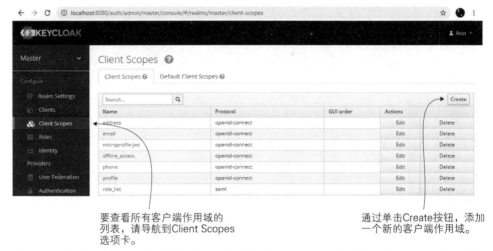

要查看所有客户端作用域的
列表，请导航到Client Scopes
选项卡。

通过单击Create按钮，添加
一个新的客户端作用域。

图18.11 要查看所有客户端作用域的列表，请导航到 Client Scopes 选项卡。在这里，可以通过单击
Client Scope 表右上角的 Create 按钮来添加一个新的客户端作用域

对于在这个动手实践示例中构建的应用程序，这里添加了一个名为 fitnessapp 的新
客户端作用域。在添加新作用域时，还要确保为其设置客户端作用域的协议是
openid-connect(见图 18.12)。

为客户端作用域
提供唯一的名称。

要确保为所期望的
协议定义作用域。

图18.12 在添加新的客户端作用域时，要给它一个唯一的名称，并确保为所期望的协议定义它。在
这个示例中，我们想要的协议是 openid-connect

提示：

另一个可以选择的协议是 SAML 2.0。Spring Security 之前为这个协议提供了一个扩展，仍然可以在 https://projects.spring.io/spring-security-saml/#quick-start 上找到它。本书不会讨论如何使用 SAML 2.0，因为它已经不再为 Spring Security 所大力发展了。此外，在应用程序中，SAML 2.0 比 OAuth 2 的使用频率要低。

创建新角色后，要将其分配给客户端，如图 18.13 所示。通过导航到 Clients 菜单，然后选择 Client Scopes 选项卡，就可以看到这个屏幕。

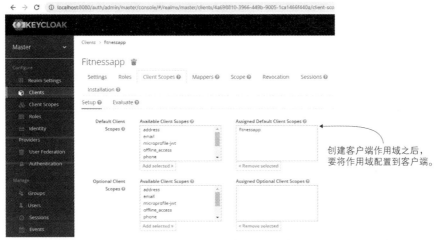

图 18.13　一旦有了客户端作用域，就可以将其分配给客户端。图中已经将需要的作用域移动到右边名为 Assigned Default Client Scopes 的框中。这样，现在就可以对特定的客户端使用定义好的作用域了

18.2.3　添加用户并获取访问令牌

本节将为应用程序创建和配置用户。之前在 18.2.1 节和 18.2.2 节中配置了客户端及其作用域。但是除了客户端应用程序之外，还需要进行身份验证的用户以及访问资源服务器提供的服务。这里要配置 3 个用户，用来测试该应用程序(见图 18.14)。这 3 个用户被命名为 Mary、Bill 和 Rachel。

当在 Add User 表单中添加新用户时，需要给它一个唯一的用户名，并选中声明电子邮件已验证的复选框(见图 18.15)。另外，还要确保该用户没有 Required User Actions。当用户具有 Required User Actions 挂起时，则不能将其用于身份验证；因此，也就无法为该用户获取访问令牌。

如果没有显示用户，则可以选择View All Users。

要添加新用户，
可以单击Add User按钮。

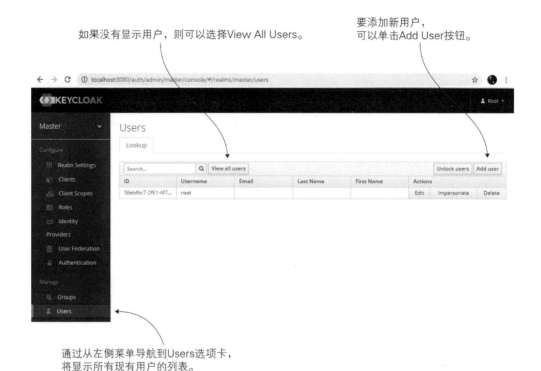

通过从左侧菜单导航到Users选项卡，
将显示所有现有用户的列表。

图18.14   从左边的菜单导航到 Users 选项卡，将显示应用程序的所有用户列表。在这里，还可以通过单击 Users 表右上角的 Add User 来添加一个新用户

为该用户提供一个
唯一的用户名。

要确保选中电子邮件
已验证，并确保该用
户没有挂起的
Required Actions。

图18.15   当添加一个新用户时，需要给该用户一个唯一的用户名，并确保该用户没有
Required User Actions

创建用户之后，应该可以在 Users 列表中找到所有用户。图 18.16 显示了 Users
列表。

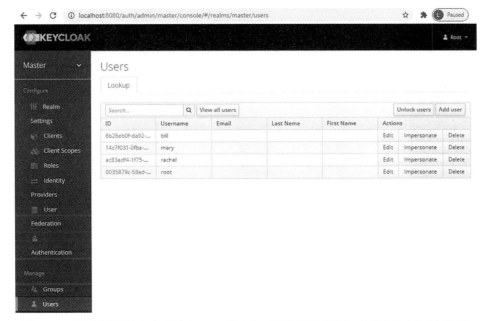

图 18.16　新创建的用户现在出现在 Users 列表中。可以从这里选择一个用户进行编辑或删除

当然，用户也需要密码才能登录。通常，他们会配置自己的密码，而管理员不应
该知道他们的凭据。在这个示例中，我们别无选择，只能自己为这 3 个用户配置密码(见
图 18.17)。为了使示例简单，这里为所有用户配置了密码"12345"。其中还通过取消
勾选 Temporary 复选框来确保密码不是临时的。如果将密码设置为临时的，则 Keycloak
会自动添加用户在第一次登录时修改密码所需的操作。由于这一必需的操作，我们将
无法对该用户进行身份验证。

配置好用户后，接下来可以从使用 Keycloak 实现的授权服务器获得访问令牌。下
面的代码片段将展示如何使用密码授权类型获取令牌，以保持示例的简单性。然而，
如 18.2.1 节所述，Keycloak 也支持第 12 章讨论的其他授权类型。图 18.18 回顾了之前
讨论过的密码授予类型。

要获取访问令牌，可以调用授权服务器的/token 端点。

```
curl -XPOST "http://localhost:8080/auth/realms/master/protocol/
     openid-connect/token" \
-H "Content-Type: application/x-www-form-urlencoded" \
--data-urlencode "grant_type=password" \
--data-urlencode "username=rachel" \
```

```
--data-urlencode "password=12345" \
--data-urlencode "scope=fitnessapp" \
--data-urlencode "client_id=fitnessapp"
```

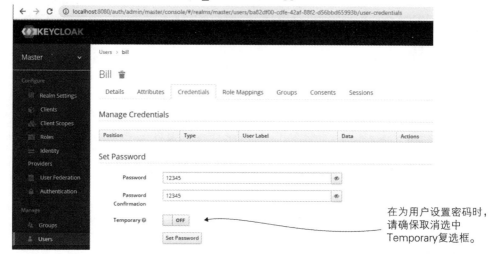

图 18.17　可以从列表中选择一个用户来更改或配置其凭据。在保存更改之前，请记住要确保将 Temporary 复选框设置为 OFF。如果凭据是临时的，那么将无法预先对用户进行身份验证

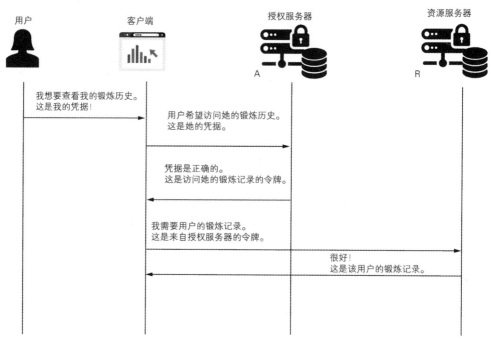

图 18.18　当使用密码授予类型时，用户将与客户端共享他们的凭据。客户端使用该凭据从授权服务器获得访问令牌。有了令牌，客户端就可以访问资源服务器暴露的用户资源

可以在 HTTP 响应体中接收到访问令牌。下面的代码片段显示了该响应：

```
{
    "access_token":"eyJhbGciOiJIUzI…",
    "expires_in":6000,
    "refresh_expires_in":1800,
    "refresh_token":"eyJhbGciOiJIUz… ",
    "token_type":"bearer",
    "not-before-policy":0,
    "session_state":"1f4ddae7-7fe0-407e-8314-a8e7fcd34d1b",
    "scope":"fitnessapp"
}
```

提示：
在该 HTTP 响应中，截取出了一部分 JWT 令牌，因为它们很长。

下面的代码片段展示了 JWT 访问令牌的已解码的 JSON 体。浏览该代码片段，可以观察到令牌并没有包含让这个应用程序正常工作所需的所有详情。其中缺少了角色和用户名。18.2.4 节将介绍如何为用户分配角色并自定义 JWT 以包含资源服务器需要的所有数据。

```
{
  "exp": 1585392296,
  "iat": 1585386296,
  "jti": "01117f5c-360c-40fa-936b-763d446c7873",
  "iss": "http://localhost:8080/auth/realms/master",
  "sub": "c42b534f-7f08-4505-8958-59ea65fb3b47",
  "typ": "Bearer",
  "azp": "fitnessapp",
  "session_state": "fce70fc0-e93c-42aa-8ebc-1aac9a0dba31",
  "acr": "1",
  "scope": "fitnessapp"
}
```

18.2.4　定义用户角色

18.2.3 节中设法获得了一个访问令牌。还添加了一个客户端注册，并配置了用户来获得令牌。但是，令牌仍然没有包含资源服务器应用授权规则所需的所有详情。要为示例场景编写一个完整的应用程序，需要为用户添加角色。

向用户添加角色很简单。左边菜单中的 Roles 选项卡允许我们查找所有角色的列表并添加新角色，如图 18.19 所示。这里创建了两个新角色，fitnessuser 和 fitnessadmin。

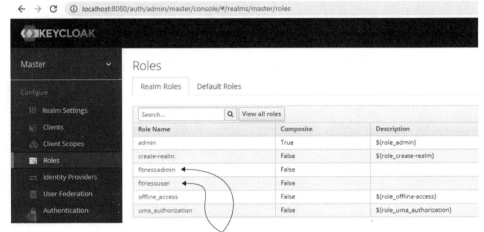

图 18.19 通过访问左侧菜单中的 Roles 选项卡，就可以找到所有已定义的角色，并且可以创建新的角色。然后将它们分配给用户

现在要将这些角色分配给用户。这里将角色 fitnessadmin 分配给管理员 Mary，而 Bill 和 Rachel，他们是普通用户，所以要使用角色 fitnessuser。图 18.20 显示了如何将角色附加到用户。

图 18.20 可以从所选用户的 Role Mappings 区域分配角色。这些角色映射将作为访问令牌中的用户权限出现，可以使用它们实现授权配置

遗憾的是，默认情况下，这些新详情不会出现在访问令牌中。必须根据应用程序的要求自定义令牌。要通过配置 18.2.2 节中创建并分配给令牌的客户端作用域来自定义令牌。需要在令牌中再添加 3 个详情：

- 角色——用于根据场景在端点层应用部分授权规则。
- 用户名——在应用授权规则时对数据进行过滤。
- 受众声明——资源服务器用它确认请求，18.3 节将对其进行介绍。

下面的代码片段显示了在完成设置后添加到令牌中的字段。然后，需要通过在客户端作用域上定义映射器来添加自定义声明，如图 18.21 所示。

```
{
  // ...

  "authorities": [
  "fitnessuser"
  ],
  "aud": "fitnessapp",
  "user_name": "rachel",

  // ...
}
```

图 18.21 为特定的客户端作用域创建映射器，以便自定义访问令牌。这样，就可以提供资源服务器授权请求所需的所有详情

图 18.22 显示了如何创建映射器来将角色添加到令牌。这里将在令牌中添加带有 authorities 键的角色，因为这是资源服务器所期望的方式。

使用类似于图 18.22 所示的方法，还可以定义一个映射器，以便将用户名添加到令牌中。图 18.23 显示了如何为用户名创建映射器。

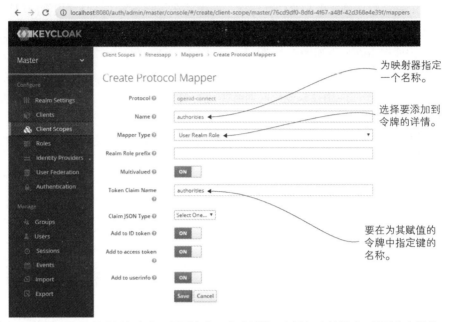

图 18.22 要在访问令牌中添加角色，需要定义一个映射器。在添加映射器时，需要为它提供一个名
称。还要指定要添加到令牌的详情以及标识已分配详情的声明名称

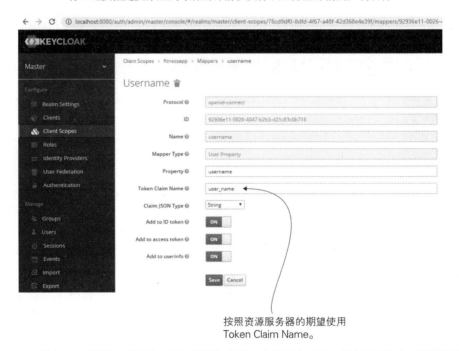

图 18.23 创建一个映射器，将用户名添加到访问令牌。当将用户名添加到访问令牌时，需要选择声
明的名称 user_name，这是资源服务器期望在令牌中找到它的方式

最后，需要指定受众。受众声明(aud)会定义访问令牌的预期接收者。需要为该声明设置一个值，并为资源服务器配置相同的值，18.3 节将对其进行介绍。图 18.24 显示了如何定义映射器，以便 Keycloak 可以将 aud 声明添加到 JWT 中。

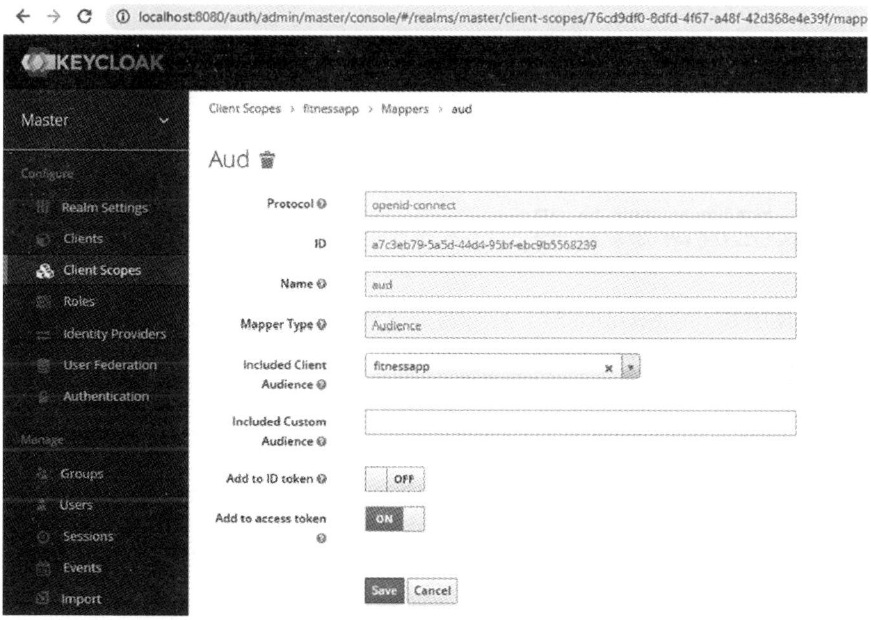

图 18.24　该 aud 声明表示 Audience 映射器类型，它定义了访问令牌的接收者。在这个示例中，该接收者就是资源服务器。要在资源服务器端为资源服务器配置相同的值以接收令牌

如果再次获得一个访问令牌并对其进行解码，则应该在令牌的主体中找到权限、user_name 和 aud 声明。现在可以使用这个 JWT 对资源服务器暴露的端点进行身份验证和调用。由于有了一个完全配置好的授权服务器，因此在 18.3 节中，我们将为 18.1 节介绍的场景实现资源服务器。下面的代码片段显示了令牌的主体：

```
{
    "exp": 1585395055,
    "iat": 1585389055,
    "jti": "305a8f99-3a83-4c32-b625-5f8fc8c2722c",
    "iss": "http://localhost:8080/auth/realms/master",
    "aud": "fitnessapp",                          ← 自定义添加的声
    "sub": "c42b534f-7f08-4505-8958-59ea65fb3b47",   明现在出现在令
    "typ": "Bearer",                                 牌中了
    "azp": "fitnessapp",
    "session_state": "f88a4f08-6cfa-42b6-9a8d-a2b3ed363bdd",
```

```
"acr": "1",
"scope": "fitnessapp",
"user_name": "rachel",
"authorities": [
    "fitnessuser"
]
}
```

自定义添加的声明现在出现在令牌中了

18.3 实现资源服务器

本节要使用 Spring Security 为示例场景实现资源服务器。18.2 节将 Keycloak 配置为系统的授权服务器(见图 18.25)。

测试该实现

实现资源服务器

配置Keycloak作为授权服务器

图 18.25 既然已经设置了 Keycloak 授权服务器，接下来就可以开始该动手实践示例中的下一步——实现资源服务器

为了构建资源服务器，这里创建了一个新项目，名为 ssia-ch18-ex1。这个类的设计很简单(见图 18.26)，并且是基于 3 个层来设计的：一个控制器、一个服务和一个存储库。接下来要为每个层实现授权规则。

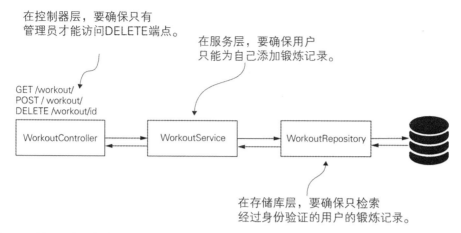

图 18.26　资源服务器的类设计。其中有 3 层：控制器、服务和存储库。根据所实现的用例，需要为
每一层配置授权规则

需要将依赖项添加到 pom.xml 文件，如下所示。

```xml
<dependency>
  <groupId>org.springframework.boot</groupId>
  <artifactId>spring-boot-starter-security</artifactId>
</dependency>
<dependency>
  <groupId>org.springframework.boot</groupId>
  <artifactId>spring-boot-starter-web</artifactId>
</dependency>
<dependency>
  <groupId>org.springframework.cloud</groupId>
  <artifactId>spring-cloud-starter-oauth2</artifactId>
</dependency>
<dependency>
  <groupId>org.springframework.boot</groupId>
  <artifactId>spring-boot-starter-data-jpa</artifactId>
</dependency>
<dependency>
  <groupId>org.springframework.security</groupId>
  <artifactId>spring-security-data</artifactId>
</dependency>
<dependency>
  <groupId>mysql</groupId>
```

```
<artifactId>mysql-connector-java</artifactId>
<scope>runtime</scope>
</dependency>
```

因为将锻炼详情存储在数据库中，所以这里还要将 schema.sql 和 data.sql 文件添加到项目中。在这些文件中，需要放置 SQL 查询来创建数据库结构和一些数据，以便稍后测试应用程序时使用。此处只需要一个简单的表，因此 schema.sql 文件只存储创建该表的查询。

```
CREATE TABLE IF NOT EXISTS `spring`.`workout` (
  `id` INT NOT NULL AUTO_INCREMENT,
  `user` VARCHAR(45) NULL,
  `start` DATETIME NULL,
  `end` DATETIME NULL,
  `difficulty` INT NULL,
  PRIMARY KEY (`id`));
```

还需要在 workout 表中添加一些记录来测试应用程序。要添加这些记录，需要在 data.sql 文件中写入一些 INSERT 查询。

```
INSERT IGNORE INTO `spring`.`workout`
(`id`, `user`, `start`, `end`, `difficulty`) VALUES
(1, 'bill', '2020-06-10 15:05:05', '2020-06-10 16:10:07', '3');

INSERT IGNORE INTO `spring`.`workout`
(`id`, `user`, `start`, `end`, `difficulty`) VALUES
(2, 'rachel', '2020-06-10 15:05:10', '2020-06-10 16:10:20', '3');

INSERT IGNORE INTO `spring`.`workout`
(`id`, `user`, `start`, `end`, `difficulty`) VALUES
(3, 'bill', '2020-06-12 12:00:10', '2020-06-12 13:01:10', '4');

INSERT IGNORE INTO `spring`.`workout`
(`id`, `user`, `start`, `end`, `difficulty`) VALUES
(4, 'rachel', '2020-06-12 12:00:05', '2020-06-12 12:00:11', '4');
```

有了这 4 个 INSERT 语句，现在就有了可用于测试的用户 Bill 的两条锻炼记录以及用户 Rachel 的两条记录。在开始编写应用程序逻辑之前，需要定义 application.properties 文件。我们已经在端口 8080 上运行了 Keycloak 授权服务器，所以要将资源服务器的端口更改为 9090。此外，在 application.properties 文件中，还要写入 Spring Boot 创建数据源所需的属性。下面的代码片段显示了 application.properties 文件的内容。

```
server.port=9090

spring.datasource.url=jdbc:mysql://localhost/spring
      ?useLegacyDatetimeCode=false&serverTimezone=UTC
spring.datasource.username=root
spring.datasource.password=
spring.datasource.initialization-mode=always
```

接下来首先要实现 JPA 实体和 Spring Data JPA 存储库。代码清单 18.1 展示了名为 Workout 的 JPA 实体类。

代码清单 18.1　Workout 类

```
@Entity
public class Workout {

    @Id
    @GeneratedValue(strategy = GenerationType.IDENTITY)
    private int id;
    private String user;
    private LocalDateTime start;
    private LocalDateTime end;
    private int difficulty;

    // Omitted getter and setters
}
```

代码清单 18.2 展示了 Workout 实体的 Spring Data JPA 存储库接口。这里，在存储库层，我们定义了一个方法来从数据库中检索特定用户的所有锻炼记录。如第 17 章所述，我们选择直接在查询中应用约束，而不是使用@PostFilter。

代码清单 18.2　WorkoutRepository 接口

```
public interface WorkoutRepository
  extends JpaRepository<Workout, Integer> {

    @Query("SELECT w FROM Workout w WHERE
    ➥w.user = ?#{authentication.name}")            ◁── SpEL 表达式从安全上下文检索经
                                                         过身份验证的用户名的值
```

```
    List<Workout> findAllByUser();
}
```

因为现在有了存储库，所以可以继续实现名为 WorkoutService 的服务类。代码清单 18.3 给出了 WorkoutService 类的实现。控制器会直接调用这个类的方法。根据示例场景，需要实现 3 个方法。

- saveWorkout()——在数据库中添加一条新的锻炼记录。
- findWorkouts()——检索一个用户的锻炼记录。
- deleteWorkout()——删除指定 ID 的一条锻炼记录。

代码清单 18.3　WorkoutService 类

```
@Service
public class WorkoutService {

    @Autowired
    private WorkoutRepository workoutRepository;

    @PreAuthorize
  ➡ ("#workout.user == authentication.name")    ◄── 通过预授权，可以确保在锻
    public void saveWorkout(Workout workout) {        炼记录不属于用户时不会调
        workoutRepository.save(workout);             用该方法
    }

    public List<Workout> findWorkouts() {        ◄── 对于这个方法，我们已
      return workoutRepository.findAllByUser();      经在存储库层应用了
    }                                                过滤

    public void deleteWorkout(Integer id) {      ◄── 在端点层为该方法
      workoutRepository.deleteById(id);             应用授权
    }
}
```

提示：

你可能想知道，为什么这里选择完全像示例中所示的那样实现授权规则，而不是采用不同的方式。对于 deleteWorkout()方法，为什么这里要在端点级别而不是在服务层编写授权规则？对于这个用例，选择这样做的原因是为了介绍配置授权的更多方法。如果在服务层设置了锻炼删除的授权规则，那么这将与之前的示例相同。而且，在一个更复杂的应用程序中，比如在一个真实的应用程序中，可能会有一些限制，迫使我

们选择特定的层来应用授权规则。

控制器类只定义端点，端点将进一步调用服务方法。代码清单 18.4 给出了控制器类的实现。

代码清单 18.4 WorkoutController 类

```
@RestController
@RequestMapping("/workout")
public class WorkoutController {

  @Autowired
  private WorkoutService workoutService;

  @PostMapping("/")
  public void add(@RequestBody Workout workout) {
    workoutService.saveWorkout(workout);
  }

  @GetMapping("/")
  public List<Workout> findAll() {
    return workoutService.findWorkouts();
  }

  @DeleteMapping("/{id}")
  public void delete(@PathVariable Integer id) {
    workoutService.deleteWorkout(id);
  }
}
```

为了拥有一个完整的应用程序，需要定义的最后一项就是配置类。这里需要选择资源服务器验证授权服务器所颁发令牌的方式。第 14 和 15 章讨论了 3 种方法。

- 直接调用授权服务器。
- 使用黑板方法。
- 使用加密签名。

因为已经知道授权服务器会颁发 JWT，所以最合适的选择是依赖令牌的加密签名。如第 15 章所述，需要向资源服务器提供密钥来验证签名。幸运的是，Keycloak 提供了暴露公钥的端点：

```
http://localhost:8080/auth/realms/master/protocol/openid-connect/
certs
```

接下来要在 application.properties 文件中添加这个 URI，以及在令牌上设置的 aud
声明的值。

```
server.port=9090

spring.datasource.url=jdbc:mysql://localhost/spring
spring.datasource.username=root
spring.datasource.password=
spring.datasource.initialization-mode=always
claim.aud=fitnessapp
jwkSetUri=http://localhost:8080/auth/realms/master/protocol/openid-
connect/certs
```

现在可以编写配置文件了。为此，代码清单 18.5 展示了这个配置类。

代码清单 18.5 资源服务器配置类

```
@Configuration
@EnableResourceServer                        启用全局方法安全性预
@EnableGlobalMethodSecurity    ◁──────────   注解/后注解
  (prePostEnabled = true)
public class ResourceServerConfig    ◁────────
  extends ResourceServerConfigurerAdapter {    扩展 ResourceServerConfigurerAdapter
                                               以自定义资源服务器配置

  @Value("${claim.aud}")    ◁────────
  private String claimAud;                从上下文注入密
                                          钥的 URI 和 aud
                                          声明值
  @Value("${jwkSetUri}")    ◁────────
  private String urlJwk;

  @Override
  public void configure(ResourceServerSecurityConfigurer resources) {
    resources.tokenStore(tokenStore());
    resources.resourceId(claimAud);         设置令牌存储和 aud
  }                                          声明的预期值

  @Bean
  public TokenStore tokenStore() {
```

```
        return new JwkTokenStore(urlJwk);
    }
}
```

创建 TokenStore bean，该 bean 会
基于在所提供的 URI 中找到的密
钥验证令牌

为了创建 TokenStore 的实例，需要使用一个名为 JwkTokenStore 的实现。这个实现使用了一个端点，可以在其中暴露多个密钥。为了验证一个令牌，JwkTokenStore 将寻找一个特定的密钥，该密钥的 ID 需要存在于所提供的 JWT 令牌的头信息中(见图 18.27)。

提示：

请记住，在本章的开头，我们使用了路径/openid-connect/certs 指向 Keycloak 的端点，其中 Keycloak 暴露了密钥。其他工具可能会为这个端点使用不同的路径。

为了获得授权，客户端要将已签名令牌
发送到资源服务器。令牌头信息包含密钥
对的 ID。授权服务器会使用该密钥对的私
钥对令牌进行签名。

资源服务器从令牌头信息获取密钥 ID。
然后，它会调用授权服务器的端点，
从具有该 ID 的密钥对中获取公钥。
资源服务器将使用公钥验证令牌签名。

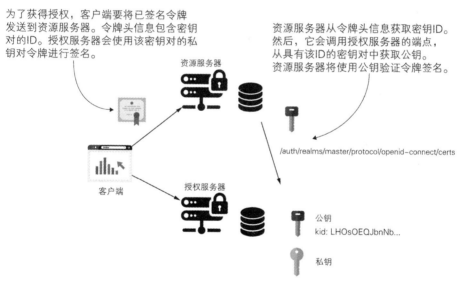

资源服务器

/auth/realms/master/protocol/openid-connect/certs

公钥
kid: LHOsOEQJbnNb...

私钥

客户端

授权服务器

图 18.27　授权服务器使用私钥对令牌进行签名。在对令牌进行签名时，授权服务器还会在令牌头信息中添加密钥对的 ID。为了验证令牌，资源服务器要调用授权服务器的端点，并获取在令牌头信息中找到的 ID 的公钥。资源服务器将使用此公钥验证令牌签名

如果调用密钥 URI，则将看到类似于下面的代码片段的内容。HTTP 响应体中将包含多个密钥。我们称这个密钥集合为密钥集。每个密钥都有多个属性，包括密钥的值和每个密钥的唯一 ID。属性 kid 表示 JSON 响应中的密钥 ID。

```
{
  "keys":[
    {
      "kid":"LHOsOEQJbnNbUn8PmZXA9TUoP56hYOtc3VOk0kUvj5U",
      "kty":"RSA",
      "alg":"RS256",
      "use":"sig",
      …
    }
    …
  ]
}
```

　　密钥的 ID

　　JWT 需要指定使用哪个密钥 ID 对令牌进行签名。资源服务器需要在 JWT 头信息中找到密钥 ID。如果使用资源服务器生成一个令牌，就像 18.2 节中所做的那样，并解码令牌的头信息，那么可以看到该令牌如预期的那样包含了密钥 ID。下面的代码片段展示了 Keycloak 授权服务器生成的已解码的令牌头信息。

```
{
  "alg": "RS256",
  "typ": "JWT",
  "kid": "LHOsOEQJbnNbUn8PmZXA9TUoP56hYOtc3VOk0kUvj5U"
}
```

　　为了完成这个配置类，接下来要添加端点级别的授权规则和 SecurityEvaluation-ContextExtension。示例应用程序需要这个扩展来计算在存储库层使用的 SpEL 表达式。最终的配置类如代码清单 18.6 所示。

代码清单 18.6　配置类

```
@Configuration
@EnableResourceServer
@EnableGlobalMethodSecurity(prePostEnabled = true)
public class ResourceServerConfig
  extends ResourceServerConfigurerAdapter {

  @Value("${claim.aud}")
  private String claimAud;

  @Value("${jwkSetUri}")
```

```
private String urlJwk;

@Override
public void configure(ResourceServerSecurityConfigurer resources) {
  resources.tokenStore(tokenStore());
  resources.resourceId(claimAud);
}

@Bean
public TokenStore tokenStore() {
  return new JwkTokenStore(urlJwk);
}

@Override
public void configure(HttpSecurity http) throws Exception {
  http.authorizeRequests()                              在端点级别应用授权规则
      .mvcMatchers(HttpMethod.DELETE, "/**")
        .hasAuthority("fitnessadmin")
      .anyRequest().authenticated();
}

@Bean
public SecurityEvaluationContextExtension      将SecurityEvaluationContextExtension
  securityEvaluationContextExtension() {       bean 添加到 Spring 上下文

  return new SecurityEvaluationContextExtension();
}
}
```

使用 OAuth 2 Web 安全表达式

在大多数情况下，使用通用表达式定义授权规则就足够了。Spring Security 允许我们轻松地引用权限、角色和用户名。但是对于 OAuth 2 资源服务器，有时需要引用特定于该协议的其他值，比如客户端角色或作用域。虽然 JWT 令牌包含这些详情，但我们不能直接使用 SpEL 表达式访问它们，也无法在所定义的授权规则中快速使用它们。

幸运的是，Spring Security 提供了通过添加与 OAuth 2 直接相关的条件来增强 SpEL 表达式的可能性。要使用这样的 SpEL 表达式，需要配置 SecurityExpressionHandler。SecurityExpressionHandler 实现允许我们使用特定于 OAuth2 的元素来增强授权表达式，该实现就是 OAuth2WebSecurityExpressionHandler。为了配置它，需要修改配置类，如下面的代码片段所示。

```
@Configuration
@EnableResourceServer
@EnableGlobalMethodSecurity(prePostEnabled = true)
public class ResourceServerConfig
  extends ResourceServerConfigurerAdapter {

  // Omitted code

  public void configure(ResourceServerSecurityConfigurer resources) {
    resources.tokenStore(tokenStore());
    resources.resourceId(claimAud);
    resources.expressionHandler(handler());
  }

  @Bean
  public SecurityExpressionHandler<FilterInvocation> handler() {
    return new OAuth2WebSecurityExpressionHandler();
  }
}
```

有了这样一个表达式处理程序，就可以像这样编写一个表达式。

```
@PreAuthorize(
    "#workout.user == authentication.name and
    #oauth2.hasScope('fitnessapp')")
public void saveWorkout(Workout workout) {
    workoutRepository.save(workout);
}
```

观察这里添加到 @PreAuthorize 注解中的条件，它会检查客户端作用域 #oauth2.hasScope('fitnessapp')。现在，可以添加这样的表达式，以便由添加到配置中的 OAuth2WebSecurityExpressionHandler 进行计算。还可以在表达式中使用 clientHasRole()

方法来代替 hasScope()，从而测试客户端是否具有特定的角色。请注意，可以将客户端角色与客户端凭据授予类型一起使用。为了避免将此示例与当前的动手实践项目混在一起，此处将其单独划分为一个名为 ssia-ch18-ex2 的项目。

18.4　对应用程序进行测试

现在我们有了一个完整的系统，可以运行一些测试来证明它按预期工作(见图 18.28)。本节将运行授权服务器和资源服务器，并使用 cURL 测试所实现的行为。

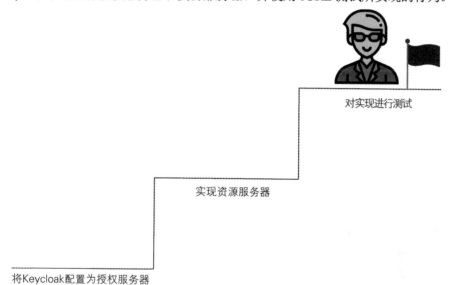

对实现进行测试

实现资源服务器

将Keycloak配置为授权服务器

图 18.28　我们快到终点了！这是实现本章动手实践应用程序的最后一步。现在可以测试该系统，并证明所配置和实现的处理符合预期

需要测试的场景如下：
- 客户端只能为经过身份验证的用户添加锻炼记录。
- 客户端只能检索自己的锻炼记录。
- 只有管理员用户可以删除一条锻炼记录。

在这个示例中，Keycloak 授权服务器运行在端口 8080 上，而在 application.properties 文件中配置的资源服务器是在端口 9090 上运行的。需要确保通过使用所配置的端口来调用正确的组件。接下来将以这三种测试场景为例，证明系统处于正确的安全防护之下。

18.4.1　证明经过身份验证的用户只能为自己添加记录

根据场景，用户只能为自己添加记录。换句话说，如果某人以 Bill 进行身份验证，则这个人就不能为 Rachel 添加锻炼记录。为了证明这正是应用程序的行为，就需要调用授权服务器并为其中一个用户(比如 Bill)颁发令牌。然后要尝试为 Bill 和 Rachel 各添加一条锻炼记录。可以证明 Bill 能够为自己添加一条记录，但是应用程序不允许他为 Rachel 添加一条记录。为了颁发令牌，需要调用授权服务器，如下面的代码片段所示。

```
curl -XPOST 'http://localhost:8080/auth/realms/master/protocol/
    openid -connect/token' \
-H 'Content-Type: application/x-www-form-urlencoded' \
--data-urlencode 'grant_type=password' \
--data-urlencode 'username=bill' \
--data-urlencode 'password=12345' \
--data-urlencode 'scope=fitnessapp' \
--data-urlencode 'client_id=fitnessapp'
```

在这些详细信息中，还可以获得 Bill 的访问令牌。下面的代码片段中截断了该令牌的值，以使其更简短。访问令牌包含授权所需的所有详情，比如前面在 18.1 节中通过配置 Keycloak 所添加的用户名和权限。

```
{
  "access_token": "eyJhbGciOiJSUzI1NiIsInR…",
  "expires_in": 6000,
  "refresh_expires_in": 1800,
  "refresh_token": "eyJhbGciOiJIUzI1NiIsInR5cCI…",
  "token_type": "bearer",
  "not-before-policy": 0,
  "session_state": "0630a3e4-c4fb-499c-946b-294176de57c5",
  "scope": "fitnessapp"
}
```

有了访问令牌，就可以通过调用端点添加新的锻炼记录。首先尝试给 Bill 添加一条锻炼记录。我们希望为 Bill 添加一条锻炼记录的处理是有效的，因为所拥有的访问令牌是为 Bill 生成的。

下面的代码片段展示了用于为 Bill 添加新锻炼记录的 cURL 命令。运行这个命令，就会得到一个 200 OK 的 HTTP 响应状态，并且一条新的锻炼记录会被添加到数据库中。当然，应该添加之前生成的访问令牌作为 Authorization 头信息的值。下一个代码片段中截取了部分令牌值，以便使命令更简短且更易于阅读。

```
curl -v -XPOST 'localhost:9090/workout/' \
-H 'Authorization: Bearer eyJhbGciOiJSUzI1NiIsInR5cCIgOi...' \
-H 'Content-Type: application/json' \
--data-raw '{
"user" : "bill",
"start" : "2020-06-10T15:05:05",
"end" : "2020-06-10T16:05:05",
"difficulty" : 2
}'
```

如果调用端点并尝试为 Rachel 添加一条记录，则会得到一个 403 Forbidden 的 HTTP 响应状态。

```
curl -v -XPOST 'localhost:9090/workout/' \
-H 'Authorization: Bearer eyJhbGciOiJSUzI1NiIsInR5cCIgOi...' \
-H 'Content-Type: application/json' \
--data-raw '{
"user" : "rachel",
"start" : "2020-06-10T15:05:05",
"end" : "2020-06-10T16:05:05",
"difficulty" : 2
}'
```

其响应体是：

```
{
  "error": "access_denied",
  "error_description": "Access is denied"
}
```

18.4.2　证明用户只能检索自己的记录

本节将证明第二个测试场景：资源服务器只返回经过身份验证的用户的测试记录。为了揭示此行为，需要同时为 Bill 和 Rachel 生成访问令牌，并调用端点来检索他们的锻炼历史。他们都不应该看到对方的记录。要为 Bill 生成一个访问令牌，需要使用这个 curl 命令。

```
curl -XPOST 'http://localhost:8080/auth/realms/master/protocol/
openid-connect/token' \
  -H 'Content-Type: application/x-www-form-urlencoded' \
  --data-urlencode 'grant_type=password' \
  --data-urlencode 'username=bill' \
  --data-urlencode 'password=12345' \
  --data-urlencode 'scope=fitnessapp' \
  --data-urlencode 'client_id=fitnessapp'
```

使用为 Bill 生成的访问令牌调用端点来检索锻炼历史，应用程序将只返回 Bill 的测试记录。

```
curl 'localhost:9090/workout/' \
-H 'Authorization: Bearer eyJhbGciOiJSUzI1NiIsInR5cCIgOiAiSl...'
```

其响应体是：

```
[
  {
    "id": 1,
    "user": "bill",
    "start": "2020-06-10T15:05:05",
    "end": "2020-06-10T16:10:07",
    "difficulty": 3
  },
  . . .
]
```

接下来，要为 Rachel 生成一个令牌并调用相同的端点。要为 Rachel 生成一个访问令牌，需要运行这个 curl 命令。

```
curl -XPOST 'http://localhost:8080/auth/realms/master/protocol/
    openid-connect/token' \
-H 'Content-Type: application/x-www-form-urlencoded' \
--data-urlencode 'grant_type=password' \
--data-urlencode 'username=rachel' \
--data-urlencode 'password=12345' \
--data-urlencode 'scope=fitnessapp' \
--data-urlencode 'client_id=fitnessapp'
```

使用 Rachel 的访问令牌获取锻炼历史，应用程序将只返回 Rachel 拥有的记录。

```
curl 'localhost:9090/workout/' \
-H 'Authorization: Bearer eyJhaXciOiJSUzI1NiIsInR5cCIgOiAiSl...'
```

其响应体是：

```
[
  {
    "id": 2,
    "user": "rachel",
    "start": "2020-06-10T15:05:10",
    "end": "2020-06-10T16:10:20",
    "difficulty": 3
  },
  ...
]
```

18.4.3 证明只有管理员才能删除记录

第三个也是最后一个测试场景，我们想要证明应用程序的行为符合预期，那就是只有管理员用户才能删除锻炼记录。为了揭示此行为，需要为管理员用户 Mary 生成一个访问令牌，并为其他非管理员用户之一(例如 Rachel)生成一个访问令牌。使用为 Mary 生成的访问令牌可以删除锻炼记录。但是应用程序会禁止使用为 Rachel 生成的访问令牌来调用端点删除锻炼记录。要为 Rachel 生成一个令牌，可以使用这个 curl 命令。

```
curl -XPOST 'http://localhost:8080/auth/realms/master/protocol/
    openid-connect/token' \
-H 'Content-Type: application/x-www-form-urlencoded' \
--data-urlencode 'grant_type=password' \
--data-urlencode 'username=rachel' \
--data-urlencode 'password=12345' \
--data-urlencode 'scope=fitnessapp' \
--data-urlencode 'client_id=fitnessapp'
```

如果使用 Rachel 的令牌删除现有的锻炼记录，则将得到 403 Forbidden HTTP 响应状态。当然，该记录不会从数据库中删除。这是其调用：

```
curl -XDELETE 'localhost:9090/workout/2' \
--header 'Authorization: Bearer eyJhbGciOiJSUzI1NiIsIn...'
```

为 Mary 生成一个令牌，并使用新的访问令牌对端点重新执行相同的调用。要为 Mary 生成一个令牌，请使用这个 curl 命令。

```
curl -XPOST 'http://localhost:8080/auth/realms/master/protocol/
    openid-connect/token' \
-H 'Content-Type: application/x-www-form-urlencoded' \
--data-urlencode 'grant_type=password' \
--data-urlencode 'username=mary' \
--data-urlencode 'password=12345' \
--data-urlencode 'scope=fitnessapp' \
--data-urlencode 'client_id=fitnessapp'
```

使用 Mary 的访问令牌调用端点以删除一条锻炼记录，这将返回 HTTP 状态 200 OK。该锻炼记录将从数据库中移除。这是其调用：

```
curl -XDELETE 'localhost:9090/workout/2' \
--header 'Authorization: Bearer eyJhbGciOiJSUzI1NiIsIn...'
```

18.5　本章小结

- 我们不必实现自定义授权服务器。通常，在真实场景中，可以使用诸如 Keycloak 的工具实现授权服务器。

- Keycloak 是开源的，它是一种访问管理解决方案，在处理用户管理和授权方面提供了很大的灵活性。通常，我们可能更喜欢使用这样的工具，而不是实现自定义解决方案。
- 拥有像 Keycloak 这样的解决方案并不意味着我们永远不会为授权实现自定义解决方案。在真实的场景中，可能会面临所需构建应用程序的干系方并不认为第三方实现是可信的这一情况。我们需要准备好应对所有可能遇到的情况。
- 可以在通过 OAuth 2 框架实现的系统中使用全局方法安全性。在这样的系统中，可以在资源服务器级别实现全局方法安全性限制，从而保护用户资源。
- 可以在 SpEL 表达式中使用特定的 OAuth 2 元素进行授权。要编写这样的 SpEL 表达式，需要配置一个 OAuth2WebSecurityExpressionHandler 来解释表达式。

第*19*章

在反应式应用程序中使用 Spring Security

本章内容
- 在反应式应用程序中使用 Spring Security
- 在使用 OAuth 2 设计的系统中使用反应式应用程序

反应式是一种编程范式,它是开发应用程序时采用的另一种思维方式。反应式编程是开发 Web 应用程序的一种强大方法,已得到广泛认可。甚至可以说,几年前,当一些重要的会议上至少出现了几场讨论反应式应用程序的演讲时,它就变得很流行了。但是,就像软件开发中的其他技术一样,反应式编程并不代表适用于所有情况的解决方案。

在某些情况下,反应式方法非常适合。在其他情况下,它可能只会使开发工作变得复杂。但是,归根结底,反应式方法之所以存在,是因为它解决了命令式编程的一些限制,因此被用来规避这些限制。其中一个限制涉及执行可能以某种方式而碎片化的大型任务。使用命令式方法,可以给应用程序提供一个要执行的任务,而应用程序有责任完成这个任务。但如果任务很大,则应用程序可能需要花费大量时间处理它。分配任务的客户端需要在收到响应之前等待任务完全处理完成。使用反应式编程,就可以划分任务,以便应用程序有机会同时处理一些子任务。这样,客户端就可以更快地接收处理过的数据。

本章将讨论在反应式应用程序中如何使用 Spring Security 实现应用程序级别的安全性。与任何其他应用程序一样,安全性是反应式应用程序的一个重要方面。但由于反应式应用程序的设计不同，因此 Spring Security 已经采用了本书前面讨论过的实现特性的方式。

19.1 节首先简要概述如何使用 Spring 框架实现反应式应用程序。然后，我们将应用本书全部内容中讲解过的关于安全应用程序的安全特性。19.2 节将讨论反应式应用程序中的用户管理，19.3 节将继续讨论如何应用授权规则。最后，19.4 节将介绍如何在基于 OAuth 2 设计的系统中实现反应式应用程序。本章将从 Spring Security 的角度介绍在反应式应用程序应用 Spring Security 所需要进行的变更处理，当然，还将通过示例讲解如何应用这些变更。

19.1 什么是反应式应用程序

这一节将简要讨论反应式应用程序。本章是关于为反应式应用程序应用安全性的，所以通过本节，希望确保你在深入了解 Spring Security 配置之前理解反应式应用程序的本质。因为反应式应用程序的主题非常大，所以在本节将只回顾反应式应用程序的主要方面，以便作为回顾。如果你还不知道反应式应用程序是如何工作的，或者需要更详细地了解它们，建议阅读 Craig Walls 撰著的 *Spring in Action*，Sixth Edition (Manning，2020)的第 10 章。

```
https://livebook.manning.com/book/spring-in-action-sixth-edition/
chapter-10/
```

在实现反应式应用程序时，可以使用两种方式实现功能。以下详细阐述了这两种方式：

- 通过命令式方法，应用程序可以一次处理大批量数据。例如，客户端应用程序调用服务器暴露的端点，并将需要处理的所有数据发送到后端。假设实现了一个用户上传文件的功能。如果用户选择了许多文件，所有这些文件都被后端应用程序接收并同时处理，那么所使用的就是命令式方法。
- 使用反应式方法，应用程序可以用分段方式接收和处理数据。并非所有的数据都必须从一开始就完全可用。后端接收并且在获取到数据时对其进行处理。假设用户选择了一些文件，后端需要上传和处理它们。后端不会在处理之前等待接收所有的文件。后端可能一个接一个地接收文件，并在等待更多文件到来的同时处理每个文件。

图 19.1 给出了这两种编程方式的类比。假设有一个生产瓶装牛奶的工厂。如果该工厂在早上拿到所有的牛奶，并且一旦装瓶完毕，就把牛奶送出去，那么就可以说这

是非反应式的(命令式的)。而如果该工厂一整天都在接收牛奶，并且一旦它为订单装好了足够的牛奶瓶，就会交付订单，那么就可以说它是反应式的。显然，对于这家牛奶工厂来说，使用反应式方法比非反应式方法更有利。

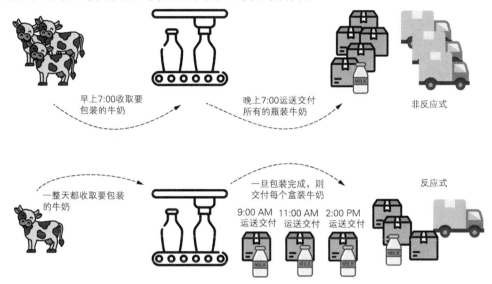

图 19.1　非反应式与反应式的对比。在非反应式方法中，牛奶工厂在早上把所有的牛奶打包，然后在晚上把所有打包好的盒子送出去。在反应式方法中，当牛奶被送到工厂时，它会被包装，然后运送交付。对于这个场景，反应式方法更好，因为它允许在一整天中都收取牛奶并更快地交付给客户

为了实现反应式应用程序，Reactive Streams 规范(http://www.reactive-streams.org/)提供了异步流处理的标准方法。该规范的实现之一是 Project Reactor，它构建了 Spring 反应式编程模型的基础。Project Reactor 提供了一个用于编排 Reactive Streams 的功能 API。

为了获得更直观的感受，接下来我们要开始处理一个简单的反应式应用程序的实现。在 19.2 节讨论反应式应用程序的用户管理时，我们将继续处理这个应用程序。这里创建了一个名为 ssia-ch19-ex1 的新项目，在其中将开发一个暴露演示端点的反应式 Web 应用程序。在 pom.xml 文件中，需要添加反应式 Web 依赖项，如下面的代码片段所示。这个依赖项包含了 Project Reactor，使我们能够在项目中使用它的相关类和接口。

```
<dependency>
  <groupId>org.springframework.boot</groupId>
  <artifactId>spring-boot-starter-webflux</artifactId>
</dependency>
```

接下来，需要定义一个简单的 HelloController 来保存演示端点的定义。代码清单

19.1 显示了 HelloController 类的定义。在该端点的定义中，可以看到使用了 Mono 返回类型。Mono 是由 Reactor 实现所定义的基本概念之一。在使用 Reactor 时，通常会使用 Mono 和 Flux，它们都定义了发布者(数据源)。在 Reactive Streams 规范中，发布者由 Publisher 接口描述。这个接口描述了一个用于 Reactive Streams 的基本契约。另一个契约是 Subscriber。这个契约描述了使用数据的组件。

代码清单 19.1　HelloController 类的定义

```java
@RestController
public class HelloController {

    @GetMapping("/hello")
    public Mono<String> hello() {
        return Mono.just("Hello!");      创建并返回流上具有一个值的
    }                                     Mono 流的源
}
```

在设计一个返回某些内容的端点时，该端点就会成为发布者，因此它必须返回 Publisher 实现。如果使用 Project Reactor，这将是一个 Mono 或 Flux。Mono 是用于单个值的发布者，而 Flux 是用于多个值的发布者。图 19.2 描述了这些组件以及它们之间的关系。

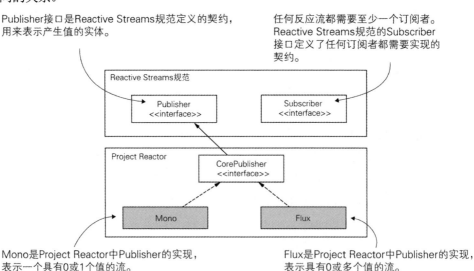

图 19.2　在反应流中，发布者会生成值，而订阅者则会消费这些值。Reactive Streams 规范所定义的契约描述了发布者和订阅者。Project Reactor 实现了 Reactive Streams 规范，并实现了发布者和订阅者契约。在这张图中，要在本章示例中使用的组件是以阴影形式呈现的

为了使这个解释更为精确，让我们回到牛奶工厂的类比。牛奶工厂是一个反应式后端实现，它暴露了一个端点来接收要处理的牛奶。这个端点会生成一些东西(瓶装牛奶)，因此它需要返回一个 Publisher。如果请求的牛奶不止一瓶，那么牛奶工厂需要返回一个 Flux，这是 Project Reactor 的发布者实现，它可以处理 0 或多个生成的值。

现在可以启动并测试该应用程序了。通过查看该应用程序的终端，将首先观察到的是 Spring Boot 不再配置 Tomcat 服务器。默认情况下，Spring Boot 会为 Web 应用程序配置一个 Tomcat，你可能已经在本书之前开发的任何示例中观察到了这方面的内容。相反，现在 Spring Boot 会自动将 Netty 配置为 Spring Boot 项目的默认反应式 Web 服务器。

在调用端点时，可能会注意到的第二件事是，它与使用非反应式方法开发的端点的行为相比并没有什么不同。仍然可以在 HTTP 响应体中找到端点在其定义的 Mono 流中返回的 Hello!消息。下面的代码片段展示了调用端点时应用程序的行为：

```
curl http://localhost:8080/hello
```

其响应体是：

```
Hello!
```

但是为什么反应式方法在 Spring Security 方面会有所不同呢？在后台，反应式实现会使用多个线程解决流上的任务。换句话说，它改变了"每个请求一个线程"的理念，使用命令式方法设计的 Web 应用程序中用到了该理念(见图 19.3)。基于此，就出现了更多的差异。

- SecurityContext 实现在反应式应用程序中的工作方式是不同的。请记住，SecurityContext 是基于 ThreadLocal 的，而现在每个请求有多个线程。(第 5 章中讨论过这个组件)
- 由于 SecurityContext，任何授权配置现在都会受到影响。请记住，授权规则通常依赖于存储在 SecurityContext 中的 Authentication 实例。所以现在，端点层应用的安全配置以及全局方法安全功能都受到了影响。
- 负责检索用户详细信息的组件 UserDetailsService 是一个数据源。因此，用户详细信息服务还需要支持反应式方法。(第 2 章讨论过这个契约)

幸运的是，Spring Security 提供了对反应式应用程序的支持，并涵盖了所有不能将其实现用于非反应式应用程序的情况。本章将继续讨论如何使用 Spring Security 为反应式应用程序实现安全配置。首先，19.2 节将介绍如何实现用户管理，继而 19.3 节将应用端点授权规则，其中还将介绍安全上下文在反应式应用程序中的工作原理。之后将继续讨论反应式方法安全性，它取代了命令式应用程序的全局方法安全性。

在非反应式Web应用程序中，每个请求都会分配一个线程。
我们知道，在同一个线程中，总是会处理相同请求的任务。
出于这个原因，应用程序会按照每个线程管理SecurityContext。

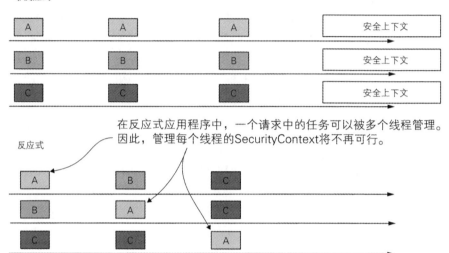

图19.3　在这张图中，每个箭头都代表一个不同的线程的时间线，而方框则代表请求 A、B 和 C 的处理任务。因为在反应式应用程序中，来自一个请求的多个任务可能会在多个线程中处理，所以身份验证详情将不能存储在线程级别

19.2　反应式应用程序中的用户管理

在应用程序中，用户身份验证的方式通常会基于一对用户名和密码凭据。这种方式是基本的，并且从第 2 章实现的最简单的应用程序开始我们就讨论过它了。但是对于反应式应用程序而言，组件的实现也会负责处理用户管理的变化。本节将讨论如何在一个反应式应用程序中实现用户管理。

接下来要向应用程序的上下文添加一个 ReactiveUserDetailsService，以便继续实现在 19.1 节中开始的 ssia-ch19-ex1 应用程序。我们希望确保/hello 端点只能由经过身份验证的用户调用。顾名思义，ReactiveUserDetailsService 契约为反应式应用程序定义了用户详细信息服务。

该契约的定义与 UserDetailsService 的契约定义一样简单。ReactiveUserDetailsService 定义了 Spring Security 所使用的通过用户名检索用户的方法。区别在于，由 ReactiveUserDetailsService 描述的方法会直接返回一个 Mono<UserDetails>，而不是 UserDetailsService 返回的 UserDetails。下面的代码片段显示了 ReactiveUserDetailsService

接口的定义：

```
public interface ReactiveUserDetailsService {
  Mono<UserDetails> findByUsername(String username);
}
```

与 UserDetailsService 的情况一样，可以编写一个 ReactiveUserDetailsService 的自定义实现，以便为 Spring Security 提供一种获取用户详细信息的方法。为了简化这个演示，这里将使用 Spring Security 提供的一个实现。MapReactiveUserDetailsService 实现会将用户的详细信息存储在内存中(与第 2 章介绍的 InMemoryUserDetailsManager 相同)。这里更改了 ssia-ch19-ex1 项目的 pom.xml 文件，并添加了 Spring Security 依赖项，如下面的代码片段所示。

```
<dependency>
    <groupId>org.springframework.boot</groupId>
    <artifactId>spring-boot-starter-security</artifactId>
</dependency>
<dependency>
    <groupId>org.springframework.boot</groupId>
    <artifactId>spring-boot-starter-webflux</artifactId>
</dependency>
```

接下来要创建一个配置类，并向 Spring Security 上下文添加一个 ReactiveUser-DetailsService 和一个 PasswordEncoder。此处将配置类命名为 ProjectConfig。可以在代码清单 19.2 中找到这个类的定义。然后要使用 ReactiveUserDetailsService 定义一个用户，该用户的用户名是 john，密码是 12345，权限是 read。从中可以看出，它类似于使用 UserDetailsService。ReactiveUserDetailsService 实现的主要区别在于，该方法会返回一个包含 UserDetails 的反应式 Publisher 对象，而不是 UserDetails 实例本身。Spring Security 将负责集成的其余职责。

代码清单 19.2　ProjectConfig 类

```
@Configuration
public class ProjectConfig {
                                        将 ReactiveUserDetailsService 添加到 Spring 上
                                        下文
  @Bean
  public ReactiveUserDetailsService userDetailsService() {
    var u = User.withUsername("john")    创建一个具有其用户名、密码和权限
              .password("12345")          的新用户
```

```
              .authorities("read")
              .build();

    var uds = new MapReactiveUserDetailsService(u);
```
创建一个 MapReactiveUserDetailsService 以便管理 UserDetails 实例

```
    return uds;
}

@Bean
```
将 PasswordEncoder 添加到 Spring 上下文
```
public PasswordEncoder passwordEncoder() {
    return NoOpPasswordEncoder.getInstance();
}
}
```

启动并测试该应用程序，可以看到，只有在使用正确的凭据进行身份验证时才能调用端点。这个示例中只能使用密码为 12345 的 john，因为它是我们添加的唯一用户记录。下面的代码片段展示了应用程序在使用有效凭据调用端点时的行为：

```
curl -u john:12345 http://localhost:8080/hello
```

其响应体是：

```
Hello!
```

图 19.4 揭示了这个应用程序中使用的架构。在后台，AuthenticationWebFilter 会拦截 HTTP 请求。此过滤器会将身份验证职责委托给身份验证管理器。此身份验证管理器实现了 ReactiveAuthenticationManager 契约。与非反应式应用程序不同，此处没有使用身份验证提供程序。ReactiveAuthenticationManager 直接实现了身份验证逻辑。

如果想要创建自己的自定义身份验证逻辑，请实现 ReactiveAuthenticationManager 接口。反应式应用程序的架构与本书中已经讨论过的非反应式应用程序的架构没有太大不同。如图 19.4 所示，如果身份验证涉及用户凭据，就可以使用 ReactiveUserDetailsService 获取用户详细信息，并使用 PasswordEncoder 验证密码。

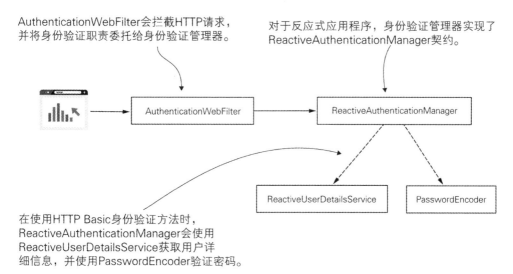

图 19.4　AuthenticationWebFilter 会拦截请求并将身份验证职责委托给 ReactiveAuthenticationManager。
　　　　如果身份验证逻辑涉及用户和密码，则 ReactiveAuthenticationManager 将使用一个
　　　　ReactiveUserDetailsService 查找用户详细信息，并使用一个 PasswordEncoder 验证密码

　　此外，框架仍然知道在请求时注入一个身份验证实例。可以通过将 Mono<Authentication>
作为参数添加到控制器类中的方法来请求 Authentication 详细信息。代码清单 19.3 显
示了对控制器类所做的更改。同样，重要的变化是此处使用了反应式发布者。注意，
这里需要使用 Mono<Authentication>，而不是在非反应式应用程序中使用的普通
Authentication。

代码清单 19.3　HelloController 类

```
@RestController
public class HelloController {

  @GetMapping("/hello")
  public Mono<String> hello(
    Mono<Authentication> auth) {          ◁──  请求框架以便提供
                                               身份验证对象
    Mono<String> message =
     auth.map(a -> "Hello " + a.getName());   ◁── 在响应中返回主体的名称

    return message;
  }
}
```

重新运行该应用程序并调用端点，可以观察到如下代码片段所示的行为。

```
curl -u john:12345 http://localhost:8080/hello
```

其响应体是：

```
Hello john
```

现在，你可能会问，Authentication 对象来自哪里？由于这是一个反应式应用程序，因此不能再使用 ThreadLocal 了，因为该框架旨在管理 SecurityContext。但是 Spring Security 为反应式应用程序提供了一个不同的上下文持有器实现，即 ReactiveSecurityContextHolder。需要使用这个实现来处理反应式应用程序中的 SecurityContext。因此仍然可以使用 SecurityContext，但其管理方式不同了。当 ReactiveAuthenticationManager 成功对请求进行了身份验证的时候，身份验证过程就会结束，如图 19.5 所示。

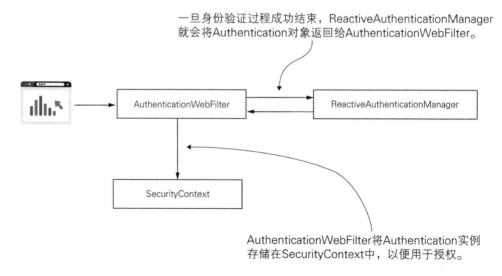

图 19.5　一旦 ReactiveAuthenticationManager 成功地对请求进行了身份验证，它就会将 Authentication 对象返回给过滤器。过滤器会将该 Authentication 实例存储在 SecurityContext 中

代码清单 19.4 展示了，在打算直接从安全上下文中获得身份验证详细信息时，如何重写控制器类。这种方法是允许框架通过方法的参数注入身份验证对象的替代方法。可以在项目 ssia-ch19-ex2 中找到这个更改。

代码清单 19.4　使用 ReactiveSecurityContextHolder

```
@RestController
```

```
public class HelloController {

    @GetMapping("/hello")
    public Mono<String> hello() {
        Mono<String> message =
            ReactiveSecurityContextHolder.getContext()

                .map(ctx -> ctx.getAuthentication())

                .map(auth -> "Hello " + auth.getName());

        return message;
    }
}
```

从 ReactiveSecurityContextHolder 中获取
Mono<SecurityContext>

将 SecurityContext 映射到 Authentication 对象

将 Authentication 对象映射到所返回的消息

如果再次运行该应用程序并再次测试端点，则可以观察到它的行为与本节前面的示例中相同。这是要运行的命令：

```
curl -u john:12345 http://localhost:8080/hello
```

其响应体是：

```
Hello john
```

现在你已经知道，Spring Security 提供了一个实现以便在一个反应式环境中正确地管理 SecurityContext，并且这就是应用程序应用授权规则的方式。刚刚介绍的这些细节内容呈现了配置授权规则的方法，19.3 节将讨论如何配置这些授权规则。

19.3　在反应式应用程序中配置授权规则

本节将讨论如何配置授权规则。前面的章节中已经介绍过，授权处理位于身份验证之后。19.1 节和 19.2 节中讨论过 Spring Security 如何在反应式应用程序中管理用户和 SecurityContext。但是，一旦应用程序完成身份验证并在 SecurityContext 中存储经过身份验证的请求的详细信息，就该进行授权了。

对于任何其他应用程序，在开发反应式应用程序时可能也需要配置授权规则。为了讲解如何在反应式应用程序中设置授权规则，我们将在 19.3.1 节首先讨论如何在端点层进行配置。在讨论完端点层的授权配置之后，19.3.2 节中将介绍如何使用方法安全性在应用程序的任何其他层应用授权规则。

19.3.1　在反应式应用程序的端点层应用授权

本节将讨论如何在反应式应用程序的端点层配置授权。在端点层设置授权规则是在 Web 应用程序中配置授权最常见的方法。本书前面的示例已经展示了这一点。端点层的授权配置是必不可少的——几乎在每个应用程序中都会使用它。因此，我们需要了解如何将它应用到反应式应用程序中。

前面的章节介绍了通过重写 WebSecurityConfigurerAdapter 类的 configure (httpSecurity http)方法来设置授权规则。这种方法不适用于反应式应用程序。为了讲解如何正确地为反应式应用程序配置端点层的授权规则，这里将创建一个新项目，此处将其命名为 ssia-ch19-ex3。

在反应式应用程序中，Spring Security 使用一个名为 SecurityWebFilterChain 的契约来应用配置，而就像前面章节讨论的那样，之前是通过重写 WebSecurityConfigurerAdapter 类的一个 configure()方法来应用配置的。对于反应式应用程序，需要在 Spring 上下文中添加一个 SecurityWebFilterChain 类型的 bean。为了讲解如何做到这一点，让我们实现一个基本的应用程序，它有两个被独立防护的端点。在新创建的 ssia-ch19-ex3 项目的 pom.xml 文件中，需要添加反应式 Web 应用程序的依赖项，当然还有 Spring Security。

```
<dependency>
    <groupId>org.springframework.boot</groupId>
    <artifactId>spring-boot-starter-security</artifactId>
</dependency>
<dependency>
    <groupId>org.springframework.boot</groupId>
    <artifactId>spring-boot-starter-webflux</artifactId>
</dependency>
```

创建一个控制器类来定义要为其配置授权规则的两个端点。这两个端点可以通过路径/hello 和/ciao 访问。要调用/hello 端点，用户需要进行身份验证，但是可以在不进行身份验证的情况下调用/ciao 端点。代码清单 19.5 给出了该控制器的定义。

代码清单 19.5　定义要防护端点的 HelloController 类

```
@RestController
public class HelloController {

    @GetMapping("/hello")
    public Mono<String> hello(Mono<Authentication> auth) {
```

```
  Mono<String> message = auth.map(a -> "Hello " + a.getName());
  return message;
}


@GetMapping("/ciao")
public Mono<String> ciao() {
  return Mono.just("Ciao!");
}
}
```

在配置类中，需要确保声明一个 ReactiveUserDetailsService 和一个 Password-Encoder 来定义用户，正如 19.2 节介绍的那样。代码清单 19.6 定义了这些声明。

代码清单 19.6　声明用于用户管理的组件的配置类

```
@Configuration
public class ProjectConfig {

  @Bean
  public ReactiveUserDetailsService userDetailsService() {
    var u = User.withUsername("john")
            .password("12345")
            .authorities("read")
            .build();

    var uds = new MapReactiveUserDetailsService(u);

    return uds;
  }

  @Bean
  public PasswordEncoder passwordEncoder() {
    return NoOpPasswordEncoder.getInstance();
  }

  // ...
}
```

代码清单 19.7 使用了与代码清单 19.6 中声明的相同的配置类，但是省略了

ReactiveUserDetailsService 和 PasswordEncoder 的声明，以便你可以将重点放在目前讨论的授权配置上。在代码清单 19.7 中，可以看到我们向 Spring 上下文添加了 SecurityWebFilterChain 类型的 bean。该方法会接收一个 ServerHttpSecurity 类型的对象作为参数，该对象是由 Spring 注入的。ServerHttpSecurity 使我们能够构建 SecurityWebFilterChain 的实例。ServerHttpSecurity 提供的配置方法与为非反应式应用程序配置授权时使用的方法类似。

代码清单 19.7　为反应式应用程序配置端点授权

```
@Configuration
public class ProjectConfig {

  // Omitted code

  @Bean
  public SecurityWebFilterChain securityWebFilterChain(
    ServerHttpSecurity http) {
                                            开始端点授权配置

    return http.authorizeExchange()         ◁
              .pathMatchers(HttpMethod.GET, "/hello")    选择要应用授权规
                                            ◁       则的请求
                .authenticated()
                .anyExchange()              ◁       将所选请求配置为仅在经过
                  .permitAll()                      身份验证时才可访问
  意指所有其他
  请求          .and().httpBasic()          ◁       允许在不需要身份验证的
                                                    情况下调用请求
                .and().build();             ◁
  }
}                                           构建要返回的 SecurityWebFilterChain
                                            对象
```

可以使用 authorizeExchange()方法开启授权配置。调用这个方法的方式与为非反应式应用程序配置端点授权时调用 authorizeRequests()方法的方式类似。接下来要使用 pathMatchers()方法。可以将此方法视为在为非反应式应用程序配置端点授权时所使用的 mvcMatchers()的等效方法。

对于非反应式应用程序，一旦使用匹配器方法对应用授权规则的请求进行分组，那么之后就可以指定授权规则是什么。在这个示例中，我们调用了 authenticated()方法，该方法声明只接受经过身份验证的请求。在为非反应式应用程序配置端点授权时，也使用了名为 authenticated()的方法。反应式应用程序的方法命名相同，以使它们更直观。与 authenticated()方法类似，也可以调用以下方法。

- permitAll()——配置应用程序以便允许未经身份验证的请求。

- denyAll()——拒绝所有请求。
- hasRole()和 hasAnyRole()——基于角色应用规则。
- hasAuthority()和 hasAnyAuthority()——基于权限应用规则。

好像少了什么东西，对吧？这里是否也有一个 access()方法，就像在非反应式应用程序中配置授权规则那样？答案是肯定的。但它有点不同，所以这里将用一个单独的示例来证明这一点。在命名方面的另一个相似之处是 anyExchange()方法，它在非反应式应用程序中扮演了之前的 anyRequest()的角色。

提示：

为什么它被称为 anyExchange()，为什么开发人员没有保留与 anyRequest()方法相同的名称？为什么是 authorizeExchange()，为什么不是 authorizeRequests()？这只是来自于反应式应用程序的术语。我们通常将两个组件之间的反应式通信称为数据交换。这加强了一个概念，即在连续流中分段发送数据，而不是在一个请求中大量发送数据。

还需要像其他相关配置一样指定身份验证方法。为此要使用相同的 ServerHttpSecurity 实例，其中需要用到方法，其名称以及使用方式与非反应式应用程序中所使用的相同：httpBasic()、formLogin()、csrf()、cors()、添加过滤器和自定义过滤器链等。最后，要调用 build()方法创建 SecurityWebFilterChain 的实例，并最终返回该实例以添加到 Spring 上下文。

本节前面的内容已经提到过，也可以在反应式应用程序的端点授权配置中使用 access()方法，就像可以在非反应式应用程序中使用 access()方法一样。但正如第 7 章和第 8 章讨论非反应式应用程序的配置时所介绍的那样，只有在无法应用配置时才使用 access()方法。access()方法提供了极大的灵活性，但也会使应用程序配置更难阅读。应该总是选用简单的解决方案而不是复杂的解决方案。但是在某些情况下我们可能需要这种灵活性。例如，假设需要应用更复杂的授权规则，那么仅使用 hasAuthority()或 hasRole()及其配套方法是不够的。出于这个原因，这里还将介绍如何使用 access()方法。此处为这个示例创建了一个名为 ssia-ch19-ex4 的新项目。代码清单 19.8 展示了如何构建 SecurityWebFilterChain 对象，以便仅当用户具有管理员角色时才允许访问/hello 路径。此外，只能在中午之前进行访问。而对于所有其他端点，则完全限制访问。

代码清单 19.8　在实现配置规则时使用 access()方法

```
@Configuration
public class ProjectConfig {

  // Omitted code
```

```
@Bean
public SecurityWebFilterChain
  securityWebFilterChain(ServerHttpSecurity http) {

  return http.authorizeExchange()          对于任何请求, 都应
     .anyExchange()            ◁─────      用自定义授权规则
        .access(this::getAuthorizationDecisionMono)
     .and().httpBasic()
     .and().build();
  }
                                           定义自定义授权规
                                           则 的 方 法 会 接 收
private Mono<AuthorizationDecision>        Authentication  和请
  getAuthorizationDecisionMono(     ◁───── 求上下文作为参数
         Mono<Authentication> a,
         AuthorizationContext c) {
                                           从上下文中获取请
                                           求的路径
  String path = getRequestPath(c);  ◁─────

  boolean restrictedTime =          ◁─────
    LocalTime.now().isAfter(LocalTime.NOON);   定义限制的时间

  if(path.equals("/hello")) {       ◁─────
   return a.map(isAdmin())                 对于/hello 路径, 应用自定义授权规则
          .map(auth -> auth && !restrictedTime)
          .map(AuthorizationDecision::new);
  }
   return Mono.just(new AuthorizationDecision(false));
}

  // Omitted code
}
```

这看起来可能很难, 但其实没有那么复杂。在使用 access() 方法时, 需要提供一个函数来接收关于请求的所有可能的详细信息, 也就是 Authentication 对象和 AuthorizationContext。使用 Authentication 对象, 就可以获得已验证用户的详细信息: 用户名、角色或权限, 以及其他自定义详细信息, 具体取决于如何实现身份验证逻辑。AuthorizationContext 会提供关于请求的信息: 路径、头信息、查询参数、cookies 等。

作为 access() 方法参数提供的函数应该返回 AuthorizationDecision 类型的对象。你可能已经猜到了, AuthorizationDecision 就是告知应用程序是否允许该请求的判定结

果。在使用 new AuthorizationDecision(true)创建实例时，这意味着允许该请求。如果使用 new AuthorizationDecision(false)创建它，这就意味着不允许该请求。

代码清单 19.9 加入了代码清单 19.8 为了方便而省略的两个方法: getRequestPath()和 isAdmin()。通过省略这两个方法，你就可以专注于 access()方法使用的逻辑。这两个方法很简单。isAdmin()方法会返回一个函数，对于具有 ROLE_ADMIN 属性的 Authentication 实例，该函数将返回 true。而 getRequestPath()方法只返回请求的路径。

代码清单 19.9　getRequestPath()和 isAdmin()方法的定义

```
@Configuration
public class ProjectConfig {

  // Omitted code

  private String getRequestPath(AuthorizationContext c) {
    return c.getExchange()
            .getRequest()
            .getPath()
            .toString();
  }

  private Function<Authentication, Boolean> isAdmin() {
    return p ->
      p.getAuthorities().stream()
        .anyMatch(e -> e.getAuthority().equals("ROLE_ADMIN"));
  }
}
```

运行该应用程序并调用端点，如果应用的任何授权规则未得到满足，则会导致响应状态为 403 Forbidden; 如果满足规则，则会直接在 HTTP 响应体中显示一条消息。

```
curl -u john:12345 http://localhost:8080/hello
```

其响应体是:

```
Hello john
```

在本节的示例中，后台发生了什么呢? 当身份验证结束时，另一个过滤器会拦截请求。AuthorizationWebFilter 会将授权职责委托给 ReactiveAuthorizationManager(见图 19.6)。

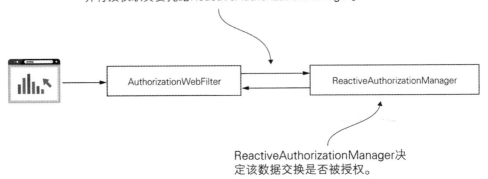

图 19.6 身份验证过程成功结束后，另一个名为 AuthorizationWebFilter 的过滤器将拦截请求。此过滤
器会将授权职责委托给 ReactiveAuthorizationManager

等等！这是否意味着我们只有 ReactiveAuthorizationManager？这个组件怎么知道
如何根据所做的配置来授权请求？对于第一个问题，答案是否定的，
ReactiveAuthorizationManager 实际上有多个实现可用。AuthorizationWebFilter 将使用添
加到 Spring 上下文中的 SecurityWebFilterChain bean。使用这个 bean，过滤器就可以决
定将授权职责委托给哪个 ReactiveAuthorizationManager 实现(见图 19.7)。

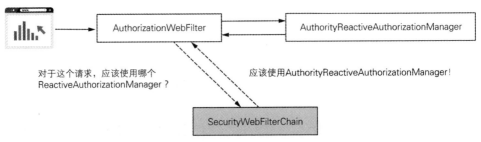

图 19.7 AuthorizationFilter 会使用 SecurityWebFilterChain bean(阴影部分)，它是我们添加到上下文中
的，以便获知要使用哪个 ReactiveAuthorizationManager

19.3.2 在反应式应用程序中使用方法安全性

本节将讨论如何对反应式应用程序的所有层应用授权规则。对于非反应式应用程
序，之前使用了全局方法安全性，第 16 和 17 章中讲解了如何在方法级别应用授权规
则的不同方式。在端点层以外的其他层应用授权规则的能力为我们提供了极大的灵活
性，并使我们能够为非 Web 应用程序应用授权。为了讲解如何在反应式应用程序中使
用方法安全性，这里要使用一个单独的示例，并将其命名为 ssia-ch19-ex5。

相较于全局方法安全性，我们将处理非反应式应用程序时所用的方法称为反应式方法安全性，其中需要直接在方法级别应用授权规则。遗憾的是，反应式方法安全性还不是一个成熟的实现，它只允许我们使用@PreAuthorize 和@PostAuthorize 注解。在使用@PreFilter 和@PostFilter 注解时，Spring Security 团队早在 2018 年就添加了一个问题，但还没有实现。要了解更多详细信息，请参见

https://github.com/spring-projects/spring-security/issues/5249

对于这里的示例，需要使用@PreAuthorize 验证用户是否具有调用测试端点的特定角色。为了保持示例的简单性，这里直接在定义端点的方法上使用@PreAuthorize 注解。但是也可以像第 16 章讨论的为非反应式应用程序所做的处理那样使用它：在反应式应用程序中的任何其他组件方法上使用它。代码清单 19.10 显示了其控制器类的定义。注意，这里使用了@PreAuthorize，这与第 16 章中介绍的处理类似。使用 SpEL 表达式，就可以声明只有管理员才能调用带注解的方法。

代码清单 19.10　控制器类的定义

```
@RestController
public class HelloController {

    @GetMapping("/hello")
    @PreAuthorize("hasRole('ADMIN')")      ◁─────  使用@PreAuthorize 限制对方法
    public Mono<String> hello() {                   的访问
        return Mono.just("Hello");
    }
}
```

在此处的配置类中，使用了注解@EnableReactiveMethodSecurity 启用反应式方法安全特性(见代码清单 19.11)。与全局方法安全性类似，需要显式地使用注解启用它。除了这个注解之外，在该配置类中，还包含常用的用户管理定义。

代码清单 19.11　配置类

```
@Configuration
@EnableReactiveMethodSecurity      ◁─────  启用反应式方法安全特性
public class ProjectConfig {

  @Bean
  public ReactiveUserDetailsService userDetailsService() {
    var u1 = User.withUsername("john")
            .password("12345")
```

```
                   .roles("ADMIN")
                   .build();

        var u2 = User.withUsername("bill")
                   .password("12345")
                   .roles("REGULAR_USER")
                   .build();

        var uds = new MapReactiveUserDetailsService(u1, u2);

        return uds;
    }

    @Bean
    public PasswordEncoder passwordEncoder() {
        return NoOpPasswordEncoder.getInstance();
    }
}
```

现在可以启动该应用程序,并通过为每个用户调用端点来测试端点的行为。只有 John 可以调用端点,因为此处将他定义为管理员。而 Bill 只是一个普通用户,所以如果尝试用 Bill 进行身份验证来调用端点,则将会得到一个状态为 HTTP 403 Forbidden 的响应。可以像这样使用用户 John 进行身份验证来调用/hello 端点:

```
curl -u john:12345 http://localhost:8080/hello
```

其响应体是:

```
Hello
```

可以像这样使用用户 Bill 进行身份验证来调用/hello 端点:

```
curl -u bill:12345 http://localhost:8080/hello
```

其响应体是:

```
Denied
```

在后台,这个功能与非反应式应用程序的工作原理相同。第 16 和第 17 章讲解过,切面处理会拦截对方法的调用并实现授权。如果调用没有满足指定的预授权规则,则切面处理不会将调用委托给该方法(见图 19.8)。

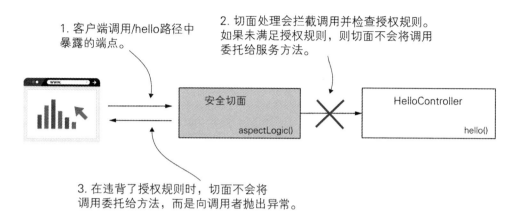

1. 客户端调用/hello路径中
暴露的端点。

2. 切面处理会拦截调用并检查授权规则。
如果未满足授权规则，则切面不会将调用
委托给服务方法。

3. 在违背了授权规则时，切面不会将
调用委托给方法，而是向调用者抛出异常。

图 19.8　当使用方法安全性时，切面处理会拦截对受保护方法的调用。如果调用未满足预授权规则，
则切面不会将调用委托给该方法

19.4　反应式应用程序和 OAuth 2

到目前为止，你可能想知道是否可以在基于 OAuth 2 框架设计的系统中使用反应式应用程序。本节将讨论如何将资源服务器实现为反应式应用程序。其中将介绍如何配置反应式应用程序，使其依赖于通过 OAuth 2 实现的身份验证方法。由于目前使用 OAuth 2 非常普遍，因此你可能会遇到需要将资源服务器应用程序设计为反应式服务器的需求。这里创建了一个名为 ssia-ch19-ex6 的新项目，其中将实现一个反应式资源服务器应用程序。需要在 pom.xml 中添加依赖项，如下面的代码片段所示。

```
<dependency>
    <groupId>org.springframework.boot</groupId>
    <artifactId>spring-boot-starter-webflux</artifactId>
</dependency>
<dependency>
    <groupId>org.springframework.boot</groupId>
    <artifactId>spring-boot-starter-security</artifactId>
</dependency>
<dependency>
    <groupId>org.springframework.cloud</groupId>
    <artifactId>spring-cloud-starter-oauth2</artifactId>
</dependency>
<dependency>
    <groupId>org.springframework.boot</groupId>
```

```
    <artifactId>spring-boot-starter-oauth2-resource-server
</artifactId>
</dependency>
```

还需要一个端点用来测试该应用程序，因此要添加一个控制器类。下面的代码片段展示了该控制器类。

```
@RestController
public class HelloController {

  @GetMapping("/hello")
  public Mono<String> hello() {
      return Mono.just("Hello!");
  }
}
```

现在将介绍这个示例中最重要的部分：安全配置。对于本示例，需要配置资源服务器以便使用授权服务器暴露的公钥进行令牌签名验证。这种方法与第 18 章使用 Keycloak 作为授权服务器时的处理相同。在这个示例中，实际上使用了同一个配置好的服务器。你可以选择这样做，也可以实现自定义授权服务器，正如第 13 章讨论的那样。

要配置身份验证方法，需要使用 SecurityWebFilterChain，正如 19.3 节介绍的那样。但是这里没有使用 httpBasic()方法，而是调用了 oauth2ResourceServer()方法。然后，通过调用 jwt()方法，就可以定义要使用的令牌类型，并且通过使用 Customizer 对象，就可以指定验证令牌签名的方式。代码清单 19.12 展示了配置类的定义。

代码清单 19.12　配置类

```
@Configuration
public class ProjectConfig {

  @Value("${jwk.endpoint}")
  private String jwkEndpoint;

  @Bean
  public SecurityWebFilterChain securityWebFilterChain(
    ServerHttpSecurity http) {

    return http.authorizeExchange()
```

```
          .anyExchange().authenticated()        配置资源服务器身
        .and().oauth2ResourceServer()  ◄─┘      份验证方法
          .jwt(jwtSpec -> {           ◄──┐
              jwtSpec.jwkSetUri(jwkEndpoint);    指定验证令牌的
          })                                     方式
        .and().build();

  }
}
```

可以相同方式配置公钥，而不是指定暴露公钥的 URI。唯一的变化就是调用
jwtSpec 实例的 publicKey()方法，并提供一个有效的公钥作为参数。可以使用第 14 章
和第 15 章中讨论过的任何方法,第 14 和 15 章详细分析过资源服务器验证访问令牌的
各种方法。

接下来，需要更改 application.properties 文件以便添加暴露密钥集的 URI 的值，并
将服务器端口更改为 9090。这样，就可以允许 Keycloak 在端口 8080 上运行。下面的
代码片段中展示了该 application.properties 文件的内容。

```
server.port=9090
jwk.endpoint=http://localhost:8080/auth/realms/master/protocol/
➥openid-connect/certs
```

下面要运行并证明该应用程序具有期望的行为。需要使用本地安装的 Keycloak 服
务器生成一个访问令牌。

```
curl -XPOST 'http://localhost:8080/auth/realms/master/protocol/
➥openid-connect/token' \
-H 'Content-Type: application/x-www-form-urlencoded' \
--data-urlencode 'grant_type=password' \
--data-urlencode 'username=bill' \
--data-urlencode 'password=12345' \
--data-urlencode 'client_id=fitnessapp' \
--data-urlencode 'scope=fitnessapp'
```

在 HTTP 响应体中，将会接收到如下所示的访问令牌。

```
{
  "access_token": "eyJhbGciOiJSUzI1NiIsInR5cCI…",
  "expires_in": 6000,
```

```
"refresh_expires_in": 1800,
"refresh_token": "eyJhbGciOiJIUzI1NiIsInR5c… ",
"token_type": "bearer",
"not-before-policy": 0,
"session_state": "610f49d7-78d2-4532-8b13-285f64642caa",
"scope": "fitnessapp"
}
```

使用该访问令牌，就可以像这样调用应用程序的/hello 端点。

```
curl -H 'Authorization: Bearer
➥eyJhbGciOiJSUzI1NiIsInR5cCIgOiAiSldUIiwia2lkIiA6ICJMSE9zT0VRSmJuTm
➥JVbjhQbVpYQTlUVW9QNTZoWU90YzNWT2swa1V2ajVVIn…' \
'http://localhost:9090/hello'
```

其响应体是：

```
Hello!
```

19.5　本章小结

- 反应式应用程序在处理数据和与其他组件交换消息方面有不同的方式。在某些情况下，反应式应用程序可能是更好的选择，比如可以将数据分割成单独的小段进行处理和交换的情况。

- 与任何其他应用程序一样，也需要通过使用安全配置来保护反应式应用程序。Spring Security 提供了一组优秀的工具，可以使用它们为反应式应用程序和非反应式应用程序应用安全配置。

- 为了使用 Spring Security 在反应式应用程序中实现用户管理，需要使用 ReactiveUserDetailsService 契约。这个组件与 UserDetailsService 对于非反应式应用程序的作用相同：它会告知应用程序如何获取用户的详细信息。

- 要为反应式 Web 应用程序实现端点授权规则，需要创建 SecurityWebFilter-Chain 类型的实例，并将其添加到 Spring 上下文中。可以使用 ServerHttpSecurity 构建器创建 SecurityWebFilterChain 实例。

- 通常，用于定义授权配置的方法的名称与用于非反应式应用程序的方法名称相同。但是，其间存在与反应式术语相关的一些小的命名差异。例如，相较于使用 authorizeRequests()这个名称，反应式应用程序的对应方法名称是 authorizeExchange()。

- Spring Security 还提供了一种方法来定义方法级别上的授权规则，它被称为反应式方法安全性，它为在反应式应用程序的任何一层应用授权规则提供了很大的灵活性。它类似于我们所说的非反应式应用程序的全局方法安全性。

- 然而，反应式方法安全性并不是一种像用于非反应式应用程序的全局方法安全性那样成熟的实现。我们已经可以使用@PreAuthorize 和@PostAuthorize 注解，但是@PreFilter 和@PostFilter 的功能还有待开发。

第*20*章

Spring Security 测试

本章内容
- 集成测试用于端点的 Spring Security 配置
- 定义用于测试的模拟用户
- 集成测试用于方法级别安全性的 Spring Security
- 测试反应式 Spring 实现

随着时间的推移，软件变得越来越复杂，而团队也变得越来越大。了解过往其他人逐步实现的所有功能是不可能的。开发人员需要一种方法来确保他们在修复 bug 或实现新功能时不会破坏现有功能。

在开发应用程序时，我们会不断地编写测试，以验证所实现的功能是否如预期的那样有效。编写单元测试和集成测试的主要原因是为了确保在修改代码以修复 bug 或实现新特性时不会破坏现有的功能。这也被称为回归测试。

现如今，当开发人员完成变更时，他们会将变更上传到团队使用的服务器上，以管理代码版本。此操作会自动触发一个运行所有现有测试的持续集成工具。如果有任何变更破坏了现有的功能，测试就会失败，而持续集成工具则会通知团队(见图 20.1)。这样，就不太可能交付会影响到现有特性的变更。

提示：
图 20.1 中使用了 Jenkins，它并非是唯一可用的持续集成工具，也不能说它是最好的。有许多选择可供使用，如 Bamboo、GitLab CI、CircleCI 等。

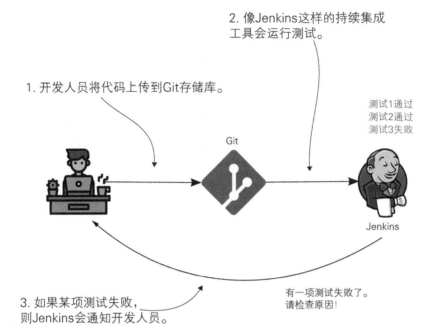

图 20.1　测试是开发过程的一部分。只要开发人员上传代码，测试就会运行。如果有任何测试失败，
则持续集成工具会通知开发人员

　　在测试应用程序时，需要记住，需要测试的不仅仅是应用程序代码。还需要确保对所使用的框架和库进行集成测试(见图 20.2)。在将来的某个时候，我们可能会将该框架或库升级到一个新版本。当改变某个依赖项的版本时，需要确保应用程序仍然能够很好地与该依赖项的新版本集成。如果应用程序不能以同样的方式进行集成，那么我们就希望能够轻易地找到需要修改的地方以修复集成问题。

图 20.2　应用程序的功能依赖于许多依赖项。升级或更改依赖项时，可能会影响现有的功能。对依赖
项进行集成测试有助于快速发现依赖项中的变更是否会影响应用程序的现有功能

这就是我们需要了解本章将要讨论的内容的原因——如何测试应用程序与 Spring Security 的集成。Spring Security 发展很快，就像整体的 Spring 框架生态系统一样。我们可能会将应用程序升级到新版本，而且当然希望知道升级到特定版本是否会在应用程序中造成漏洞、错误或不兼容。记住第 1 章讨论的内容：需要从应用程序的最初设计开始就考虑安全性问题，并且需要认真对待它。为任何安全配置实现测试应该是一项强制性的任务，并且应该定义为"已完成"这一项目状态定义的一部分。如果安全测试还没有准备好，就不应该认为任务已经完成。

本章将讨论几个对应用程序与 Spring Security 进行集成测试的实践。这里将回顾前面章节中讨论过的一些示例，并且将介绍如何为所实现的功能编写集成测试。总的来说，测试是一个宏大的主题，但详尽理解这个主题将会带来很多好处。

本章将关注应用程序和 Spring Security 之间的集成测试。在开始讲解示例之前，这里要推荐一些帮助你深入理解这个主题的参考资料。如果需要更详细地了解这个主题，或作为复习回顾，则可以阅读这些书。相信你会发现这些书的内容很棒！

- Cătălin Tudose 等人撰著的 *JUnit in Action*，Third Edition(Manning，2020)
- Vladimir Khorikov 撰著的 *Unit Testing Principles, Practices, and Patterns* (Manning，2020)
- Alex Soto Bueno 等人撰著的 *Testing Java Microservices*(Manning，2018)

为安全性实现编写测试的工作将从测试授权配置开始。20.1 节将介绍如何跳过身份验证并定义模拟用户来测试端点级别的授权配置。然后，20.2 节将介绍如何使用 UserDetailsService 中的用户测试授权配置。20.3 节将讨论在需要使用 Authentication 对象的特定实现时，如何设置完整的安全上下文。最后，20.4 节将应用前面几节中讲解的方法测试方法安全性上的授权配置。

讨论完关于测试授权的内容之后，20.5 节将介绍如何测试身份验证流程。然后，在 20.6 节和 20.7 节中将讨论其他安全配置的测试，如跨站请求伪造(CSRF)和跨源资源共享(CORS)。本章的最后一节是 20.8 节，其中将讨论 Spring Security 和反应式应用程序的集成测试。

20.1　使用模拟用户进行测试

本节将讨论如何使用模拟用户测试授权配置。这种方法是用于测试授权配置的最简单、最常用的方法。当使用模拟用户时，测试将完全跳过身份验证过程(见图 20.3)。模拟用户仅对测试执行有效，对于该用户，可以配置验证特定场景所需的任何特征。

例如，可以给该用户指定特定的角色(ADMIN、MANAGER 等)，或者使用不同的权限来验证应用程序在这些条件下的行为是否符合预期。

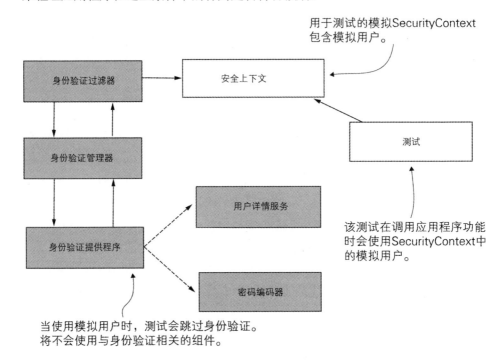

图 20.3　执行测试时将跳过 Spring Security 身份验证流程中的阴影组件。测试将直接使用模拟的 SecurityContext，其中包含所定义的用于调用测试功能的模拟用户

提示：
　　了解集成测试中涉及框架的哪些组件是很重要的。这样才能知道测试涉及集成的哪一部分。例如，模拟用户只能用于覆盖授权测试。(20.5 节将介绍如何处理身份验证。)有时开发人员会在这方面感到困惑。例如，他们认为在处理模拟用户时还涉及 AuthenticationProvider 的自定义实现，但事实并非如此。要确保正确地理解所测试的内容。

　　为了展示如何编写这样的测试，要回顾本书中处理过的最简单的示例，即项目 ssia-ch2-ex1。该项目仅使用默认的 Spring Security 配置来暴露路径/hello 的端点。可以预期到会发生什么处理呢？

- 在没有用户的情况下调用端点时，HTTP 响应状态应该是 401 Unauthorized。
- 当使用经过身份验证的用户调用端点时，HTTP 响应状态应该是 200 OK，响应体应该是 Hello!。

接下来要测试这两个场景！要编写其测试，需要在 pom.xml 文件中设置几个依赖项。下面的代码片段展示了本章示例中使用的类。在开始编写测试之前，应该确保在 pom.xml 文件中包含这些内容。这些依赖项如下：

```
<dependency>
  <groupId>org.springframework.boot</groupId>
  <artifactId>spring-boot-starter-test</artifactId>
  <scope>test</scope>
  <exclusions>
    <exclusion>
      <groupId>org.junit.vintage</groupId>
      <artifactId>junit-vintage-engine</artifactId>
    </exclusion>
  </exclusions>
</dependency>
<dependency>
  <groupId>org.springframework.security</groupId>
  <artifactId>spring-security-test</artifactId>
  <scope>test</scope>
</dependency>
```

提示：

本章的示例将使用 JUnit 5 编写测试。但是，如果你仍然在使用 JUnit 4，也不要担心。从 Spring Security 集成的角度来看，这里将介绍的注解以及其他类的工作原理是一样的。Cătălin Tudose 等人撰著的 *JUnit in Action*，Third Edition(Manning，2020)的第 4 章专门讨论过如何从 JUnit 4 迁移到 JUnit 5，其中包含一些有趣的表格，这些表格显示了版本 4 和版本 5 的类与注解之间的对应关系。其链接是：https://livebook.manning.com/ book/junit-in-action-third-edition/chapter-4。

在 Spring Boot Maven 项目的 test 文件夹中，需要添加一个名为 MainTests 的类。要将这个类编写为应用程序主包的一部分。主包的名称是 com.laurentiuspilca.ssia。代码清单 20.1 展示了用于测试的空白类的定义。其中使用了@SpringBootTest 注解，它代表一种管理用于测试集的 Spring 上下文的便捷方式。

代码清单 20.1　用于编写测试的类

```
@SpringBootTest
public class MainTests {
```
使 Spring Boot 负责管理测试的 Spring
上下文

```

}
```

实现端点行为测试的一种便捷方法是使用 Spring 的 MockMvc。在 Spring Boot 应用程序中，可以通过在类上添加注解来自动配置 MockMvc 实用程序，以测试端点调用，如代码清单 20.2 所示。

代码清单 20.2　添加实现测试场景的 MockMvc

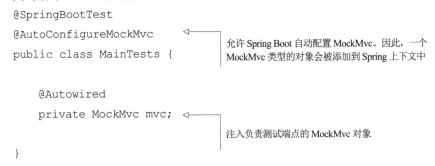

```
@SpringBootTest
@AutoConfigureMockMvc
public class MainTests {
```
允许 Spring Boot 自动配置 MockMvc。因此，一个
MockMvc 类型的对象会被添加到 Spring 上下文中

```

    @Autowired
    private MockMvc mvc;
```
注入负责测试端点的 MockMvc 对象

```

}
```

现在我们有了一个可以用来测试端点行为的工具，让我们从第一个场景开始。在没有经过身份验证的用户的情况下调用/hello 端点时，HTTP 响应状态应该是 401 Unauthorized。

可以在图 20.4 中看到用于运行这个测试的各组件之间的关系。测试会调用端点，但将使用模拟 SecurityContext。我们需要决定向这个 SecurityContext 添加什么内容。对于这个测试而言，我们需要检查确认，如果没有添加一个用户来表示某人在没有经过身份验证的情况下调用端点，那么应用程序将拒绝调用，并使用状态为 401 Unauthorized 的 HTTP 响应。当我们向 SecurityContext 添加用户时，应用程序将接受调用，而 HTTP 响应状态则为 200 OK。

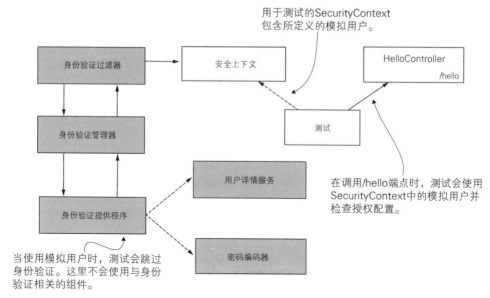

图 20.4　在运行测试时，将会跳过身份验证。测试会使用模拟 SecurityContext 并调用 HelloController
暴露的/hello 端点。这里在测试所用的 SecurityContext 中添加了一个模拟用户，以根据授权规则验证
行为是否正确。如果没有定义模拟用户，则预期应用程序不会授权调用，而如果定义了用户，则预期
会调用成功

代码清单 20.3 展示了这个场景的实现。

代码清单 20.3　测试在没有经过身份验证的用户的情况下不能调用端点

```
@SpringBootTest
@AutoConfigureMockMvc
public class MainTests {

  @Autowired
  private MockMvc mvc;

  @Test
  public void helloUnauthenticated() throws Exception {
    mvc.perform(get("/hello"))
        .andExpect(status().isUnauthorized());
  }
}
```

当对/hello 路径执行 GET 请求时，
我们期望得到一个状态为
Unauthorized 的响应

注意，这里静态地导入了 get() 和 status() 方法。可以在这个类中找到与本章示例所使用的请求相关的 get() 方法和类似的方法。

```
org.springframework.test.web.servlet.request.MockMvcRequestBuilders
```

此外，还可以在这个类中找到在本章的下一个示例中所使用的与调用结果相关的方法 status() 以及类似的方法。

```
org.springframework.test.web.servlet.result.MockMvcResultMatchers
```

现在可以运行测试并在 IDE 中查看其状态。通常，在任何 IDE 中，要运行测试，都可以右击测试的类，然后选择 Run 按钮。IDE 会用绿色显示成功的测试，并用另一种颜色(通常是红色或黄色)显示失败的测试。

提示:

在本书提供的项目中，在每个实现测试的方法上面，还使用了 @DisplayName 注解。这个注解允许我们对测试场景进行更长的、更详细的描述。为了占用更少的空间并让你专注于此处讨论的测试的功能，本书的代码清单中去掉了 @DisplayName 注解。

要测试第二个场景，需要一个模拟用户。为了验证使用经过身份验证的用户调用 /hello 端点的行为，这里要使用 @WithMockUser 注解。通过在测试方法之上添加这个注解，就可以指示 Spring 设置一个包含 UserDetails 实现实例的 SecurityContext。它基本上跳过了身份验证。现在，调用端点的行为就像用 @WithMockUser 注解定义的用户成功经过了身份验证一样。

对于这个简单的示例，我们并不关心模拟用户的详细信息，比如用户名、角色或权限。因此，我们要添加 @WithMockUser 注解，它会为模拟用户的属性提供一些默认值。在本章后续的内容中，将介绍如何为测试场景配置用户属性，这些属性的值在测试场景中很重要。代码清单 20.4 提供了第二个测试场景的实现。

代码清单 20.4　使用 @WithMockUser 定义一个模拟的经过身份验证的用户

```
@SpringBootTest
@AutoConfigureMockMvc
public class MainTests {

    @Autowired
    private MockMvc mvc;

    // Omitted code
```

```
@Test
@WithMockUser                    ◁────  使用模拟的经过身份验证的用户调
public void helloAuthenticated() throws Exception {    用方法
  mvc.perform(get("/hello"))                    ◁──────
      .andExpect(content().string("Hello!"))    在该示例中,当执行对/hello
      .andExpect(status().isOk());              路径的 GET 请求时,我们期
}                                               望响应状态为 OK
}
```

现在运行这个测试并观察它成功与否。但在某些情况下，我们需要使用特定的名称，或者给用户特定的角色或权限来实现测试。假设希望测试在 ssia-ch5-ex2 中定义的端点。对于这个示例，端点会根据经过身份验证的用户名返回一个响应体。为了编写该测试，需要给用户一个已知的用户名。代码清单 20.5 显示了如何通过为 ssia-ch5-ex2 项目中的/hello 端点编写测试来配置模拟用户的详细信息。

代码清单 20.5　配置模拟用户的详细信息

```
@SpringBootTest
@AutoConfigureMockMvc
public class MainTests {

  // Omitted code

  @Test
  @WithMockUser(username = "mary")  ◁──  为模拟用户设置一
  public void helloAuthenticated() throws Exception {   个用户名
    mvc.perform(get("/hello"))
        .andExpect(content().string("Hello, mary!"))
        .andExpect(status().isOk());
  }
}
```

图 20.5 显示了使用注解定义测试安全性环境与使用 RequestPostProcessor 的不同之处的对比。框架在执行测试方法之前会解析@WithMockUser 这样的注解。这样，测试方法就会创建测试请求，并在已经配置好的安全性环境中执行它。在使用 RequestPostProcessor 时，框架首先会调用测试方法并构建测试请求。然后，框架会应用 RequestPostProcessor，该处理程序在发送请求之前修改请求或执行请求的环境。在本示例中，框架会在构建测试请求之后配置测试依赖项，比如模拟用户和 SecurityContext。

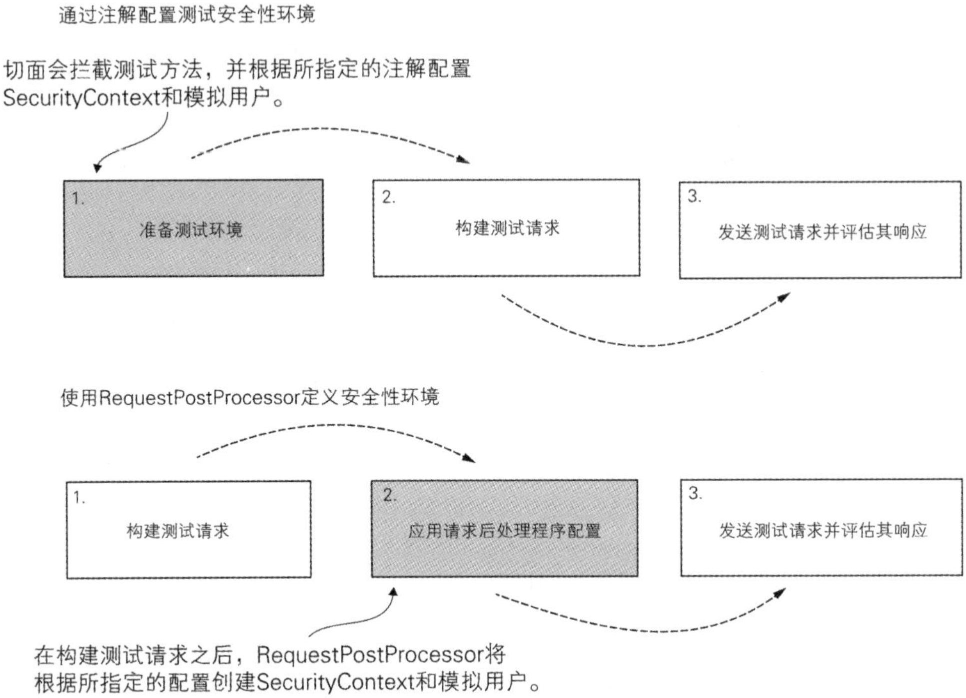

通过注解配置测试安全性环境

切面会拦截测试方法，并根据所指定的注解配置
SecurityContext和模拟用户。

使用RequestPostProcessor定义安全性环境

在构建测试请求之后，RequestPostProcessor将
根据所指定的配置创建SecurityContext和模拟用户。

图 20.5　使用注解和使用 RequestPostProcessor 创建测试安全性环境之间的区别。在使用注解时，
框架首先会设置测试安全性环境。当使用 RequestPostProcessor 时，将首先创建测试请求，然后将对
其进行更改以便定义其他约束，比如测试安全性环境。图中用阴影标出了框架应用测试安全性环境的
位置

　　与设置用户名一样，可以设置用于测试授权规则的权限和角色。创建模拟用户的
另一种方法是使用 RequestPostProcessor。可以为 RequestPostProcessor 提供一个 with()
方法，如代码清单 20.6 所示。Spring Security 提供的 SecurityMockMvcRequestPost-
Processors 类为我们提供了很多 RequestPostProcessor 的实现，这有助于覆盖各种测试
场景。

　　本章还将讨论 RequestPostProcessor 的常用实现。SecurityMockMvcRequest-
PostProcessors 类的 user()方法会返回一个 RequestPostProcessor，可以使用它作为
@WithMockUser 注解的替代项。

代码清单 20.6　使用 RequestPostProcessor 定义模拟用户

```
@SpringBootTest
@AutoConfigureMockMvc
public class MainTests {
```

```
// Omitted code

@Test
public void helloAuthenticatedWithUser() throws Exception {
  mvc.perform(
      get("/hello")
        .with(user("mary")))
    .andExpect(content().string("Hello!"))
    .andExpect(status().isOk());
  }
}
```

使用用户名为Mary 的模拟用户
调用/hello 端点

　　如本节所述，为授权配置编写测试既有意思又简单！为与应用程序的功能进行
Spring Security 集成而编写的大多数测试都是针对授权配置的。你现在可能会想，为什
么不同时测试身份验证呢？20.5 节将讨论如何测试身份验证。但一般来说，将测试授
权和测试身份验证分开是有意义的。通常，一个应用程序只有一种方式来验证用户，
但可能会暴露几十个配置了不同授权的端点。这就是要用少量测试分别测试身份验证，
然后为端点的每个授权配置分别实现这些测试的原因。只要逻辑没有改变，对所测试
的每个端点重复身份验证的做法就是在浪费执行时间。

20.2　使用 UserDetailsService 提供的用户进行测试

　　本节将讨论如何从 UserDetailsService 中获取要用于测试的用户的详细信息。这种
方法是创建模拟用户的另一种选择。不同的是，这次需要从给定的 UserDetailsService
中获取用户，而不是创建一个虚拟用户。如果还打算测试与应用程序从中加载用户详
细信息的数据源的集成，则可以使用这种方法(见图 20.6)。

　　为了揭示这种方法，让我们打开项目 ssia-ch2-ex2，并为/hello 路径中暴露的端点
实现测试。这需要使用项目已经添加到上下文中的 UserDetailsService bean。注意，使
用这种方法，就需要在上下文中包含一个 UserDetailsService bean。为了指定要从这个
UserDetailsService 中进行身份验证的用户，需要使用@WithUserDetails 注解测试方法。
通过@WithUserDetails 注解，就可以指定用户名查找用户。代码清单 20.7 给出了使用
@WithUserDetails 注解定义经过身份验证的用户从而进行/hello 端点测试的实现。

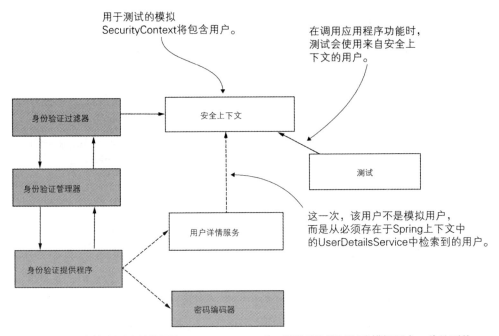

图 20.6　在构建测试所使用的 SecurityContext 时，相较于为测试创建模拟用户，此处要从
UserDetailsService 中获取用户详细信息。这样，就可以使用来自数据源的真实用户测试授权。在测试
期间，执行流程会跳过图中的阴影组件

代码清单 20.7　使用@WithUserDetails 注解定义经过身份验证的用户

```
@SpringBootTest
@AutoConfigureMockMvc
public class MainTests {

  @Autowired
  private MockMvc mvc;

  @Test
  @WithUserDetails("john")
  public void helloAuthenticated() throws Exception {
    mvc.perform(get("/hello"))
        .andExpect(status().isOk());
  }

}
```

使用 UserDetailsService 加载用户
John 以运行测试场景

20.3　将自定义 Authentication 对象用于测试

通常,在使用模拟用户进行测试时,我们并不关心框架使用哪个类在 SecurityContext 中创建 Authentication 实例。但假设控制器中有一些依赖于对象类型的逻辑。那么我们能以某种方式指示框架使用特定类型为测试创建 Authentication 对象吗?答案是肯定的,并且这就是本节要讨论的内容。

这种方法背后的逻辑很简单。其中涉及定义一个负责构建 SecurityContext 的工厂类。这样,就可以完全控制构建用于测试的 SecurityContext 的方式,这也包括其中的内容(见图 20.7)。例如,可以选择使用一个自定义 Authentication 对象。

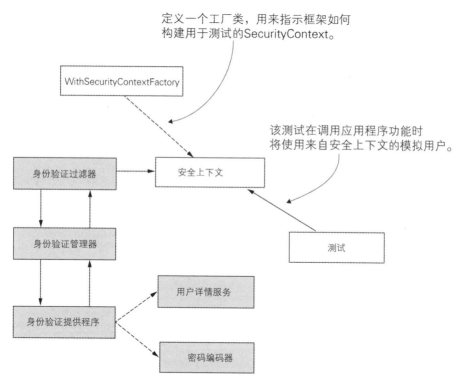

图 20.7　为了获得对如何定义用于测试的 SecurityContext 的完全控制,这里构建了一个工厂类,它会指示测试如何构建 SecurityContext。通过这种方式,我们就获得了更大的灵活性,并且可以选择作为 Authentication 对象使用的对象类型等详情。该图将测试期间从流程中跳过的组件标记为阴影

接下来要打开项目 ssia-ch2-ex5 并编写一个测试,需要在该测试中配置模拟 SecurityContext 并指示框架如何创建 Authentication 对象。关于这个示例,需要记住的一个有意思的方面是,我们将使用它展示自定义 AuthenticationProvider 的实现。本示

例中实现的自定义 AuthenticationProvider 仅对名为 John 的用户进行身份验证。然而，正如 20.1 节和 20.2 节中讨论的其他两种方法一样，当前方法跳过了身份验证。出于这个原因，可以在该示例的结尾处看到，实际上可以为模拟用户提供任何名称。接下来要遵循 3 个步骤实现这一行为(见图 20.8)。

(1) 编写一个要在测试中使用的注解，这类似于使用@WithMockUser 或@WithUserDetails 的方式。

(2) 编写一个实现 WithSecurityContextFactory 接口的类。这个类会实现 createSecurityContext()方法，该方法将返回框架用于测试的模拟 SecurityContext。

(3) 通过@WithSecurityContext 注解将步骤(1)中创建的自定义注解与步骤(2)中创建的工厂类关联起来。

图 20.8　要使测试能够使用自定义 SecurityContext，需要按照图中所示的 3 个步骤进行处理

步骤 1：定义自定义注解

代码清单 20.8 展示了为测试而定义的自定义注解的定义，其名称为@WithCustomUser。作为注解的属性，可以定义创建模拟 Authentication 对象所需的任何详情。这里只添加了用户名以用于展示。另外，不要忘记使用注解

@Retention(RetentionPolicy.RUNTIME)，以便将保留策略设置为运行时。Spring 需要
在运行时使用 Java 反射读取这个注解。要让 Spring 读取这个注解，就需要将其保留策略更改为 RetentionPolicy.RUNTIME。

代码清单 20.8　定义@WithCustomUser 注解

```
@Retention(RetentionPolicy.RUNTIME)
public @interface WithCustomUser {

    String username();

}
```

步骤 2：为模拟 SecurityContext 创建工厂类

第二步要实现构建框架用于执行测试的 SecurityContext 的代码。这里将决定在测试中使用哪种 Authentication。代码清单 20.9 展示了该工厂类的实现。

代码清单 20.9　用于 SecurityContext 的工厂实现

```
                                                    实现 WithSecurityContextFactory
                                                    注解，并指定用于测试的自定义
                                                    注解
public class CustomSecurityContextFactory ◄
  implements WithSecurityContextFactory<WithCustomUser> {

                                                    实现 createSecurityContext() 以
  @Override                                         便定义如何为测试创建
  public SecurityContext createSecurityContext(     SecurityContext
    WithCustomUser withCustomUser) {
      SecurityContext context =
        SecurityContextHolder.createEmptyContext();   构建一个空的安全上下文

    var a = new UsernamePasswordAuthenticationToken(
      withCustomUser.username(), null, null);◄
                                                    创建一个
                                                    Authentication 实例
    context.setAuthentication(a); ◄
                                                将模拟 Authentication 添加到
                                                SecurityContext
    return context;
  }
}
```

步骤 3：将自定义注解关联到工厂类

使用@WithSecurityContext 注解，现在可以将步骤 1 中创建的自定义注解关联到步骤 2 中实现的 SecurityContext 的工厂类。代码清单 20.10 显示了对@WithCustomUser 注解所做的更改，以将其关联到 SecurityContext 工厂类。

代码清单 20.10　将自定义注解关联到 SecurityContext 工厂类

```
@Retention(RetentionPolicy.RUNTIME)
@WithSecurityContext(factory = CustomSecurityContextFactory.class)
public @interface WithCustomUser {

    String username();
}
```

完成这个设置后，就可以编写一个使用自定义 SecurityContext 的测试。代码清单 20.11 定义了该测试。

代码清单 20.11　编写使用自定义 SecurityContext 的测试

```
@SpringBootTest
@AutoConfigureMockMvc
public class MainTests {

    @Autowired
     private MockMvc mvc;

    @Test
     @WithCustomUser(username = "mary")    ◁─┐   使用用户名为 mary 的用
    public void helloAuthenticated() throws Exception {   户执行测试
      mvc.perform(get("/hello"))
          .andExpect(status().isOk());
    }
}
```

运行该测试，将生成一个成功的结果。你可能会想："等等！本示例中实现了一个自定义 AuthenticationProvider，它只对名为 John 的用户进行身份验证。那么使用用户名 Mary 的测试是如何成功的？与@WithMockUser 和@WithUserDetails 的情况一样，使用这种方法也跳过了身份验证逻辑。因此，只能使用它测试与授权及后续处理相关的内容。

20.4　测试方法安全性

本节将讨论如何测试方法安全性。到目前为止，本章中编写的所有测试都涉及了端点。但是，如果应用程序没有端点怎么办？事实上，如果它不是一个 Web 应用程序，那么该应用程序就根本没有端点！不过，如第 16 和 17 章讨论的那样，你可能已经在全局方法安全性中使用了 Spring Security。在这些场景中，我们仍然需要测试安全配置。

幸运的是，我们可以使用前面几节讨论过的相同方法实现这一点。我们仍然可以使用@WithMockUser、@WithUserDetails 或自定义注解来定义自己的 SecurityContext。但是不使用 MockMvc，而是直接从上下文注入定义需要测试的方法的 bean。

接下来打开项目 ssia-ch16-ex1，并在 NameService 类中实现 getName()方法的测试。这里要使用@PreAuthorize 注解保护 getName()方法。代码清单 20.12 展示了包含 3 个测试的测试类的实现，图 20.9 图形化地呈现了要测试的 3 个场景。

(1)　在不使用经过身份验证的用户的情况下调用方法，该方法应该抛出 AuthenticationException 异常。

(2)　使用权限不同于预期权限(write)的经过身份验证的用户调用该方法，该方法应该抛出 AccessDeniedException 异常。

(3)　使用具有预期权限的经过身份验证的用户调用该方法将返回预期的结果。

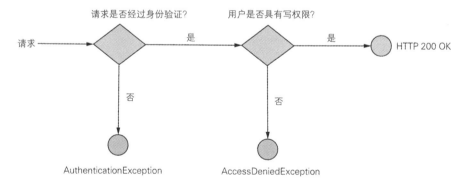

图 20.9　所测试的场景。如果 HTTP 请求没有经过身份验证，则预期的结果是 AuthenticationException
　　　异常。如果 HTTP 请求经过了身份验证，但用户没有预期的权限，则预期的结果是
　　　AccessDeniedException 异常。如果经过身份验证的用户具有预期的权限，则调用成功

代码清单 20.12　实现 getName()方法的 3 个测试场景

```
@SpringBootTest
class MainTests {
```

```
@Autowired
private NameService nameService;

@Test
void testNameServiceWithNoUser() {
  assertThrows(AuthenticationException.class,
        () -> nameService.getName());
}

@Test
@WithMockUser(authorities = "read")
void testNameServiceWithUserButWrongAuthority() {
  assertThrows(AccessDeniedException.class,
        () -> nameService.getName());
}

@Test
@WithMockUser(authorities = "write")
void testNameServiceWithUserButCorrectAuthority() {
  var result = nameService.getName();

  assertEquals("Fantastico", result);
  }
}
```

此处不再配置 MockMvc，因为并不需要调用端点。相反，这里直接注入了 NameService 实例来调用被测试的方法。其中使用了在 20.1 节讨论过的@WithMockUser 注解。类似地，可以像 20.2 节讨论的那样使用@WithUserDetails，或者像 20.3 节讨论 的那样设计一种自定义方法构建 SecurityContext。

20.5　测试身份验证

本节将讨论如何测试身份验证。在本章前面的内容中，讲解了如何定义模拟用户 和测试授权配置。但是身份验证呢？也可以测试身份验证逻辑吗？例如，如果为身份 验证实现了自定义逻辑，并且希望确保整个流程正常工作，则需要这样做。在测试身 份验证时，测试实现的请求就像正常的客户端请求一样工作，如图 20.10 所示。

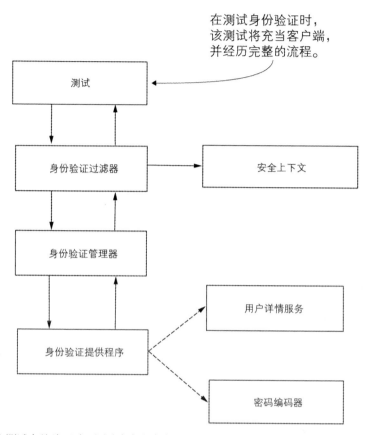

图 20.10　在测试身份验证时，测试会充当客户端，并且会经历本书讨论的完整的 Spring Security 流程。这样，就还可以测试自定义的 AuthenticationProvider 对象

例如，回到项目 ssia-ch2-ex5，我们能否通过测试证明所实现的自定义身份验证提供程序是正确的并安全的？在这个项目中，我们实现了一个自定义 AuthenticationProvider，并且希望通过测试确保这个自定义身份验证逻辑的安全性。答案是肯定的，身份验证逻辑也是可以测试的。

这里实现的逻辑很简单。只接受一组凭据：用户名 john 和密码 12345。我们需要证明，当使用有效的凭据时，调用是成功的；而当使用其他凭据时，则 HTTP 响应状态会是 401 Unauthorized。接下来再次打开项目 ssia-ch2-ex5 并实现两个测试来验证身份验证行为是否正确。

代码清单 20.13　使用 httpBasic() RequestPostProcessor 测试身份验证

```
@SpringBootTest
@AutoConfigureMockMvc
public class AuthenticationTests {
```

```
@Autowired
private MockMvc mvc;

@Test
public void helloAuthenticatingWithValidUser() throws Exception {
  mvc.perform(
    get("/hello")
      .with(httpBasic("john","12345")))
      .andExpect(status().isOk());
}

@Test
public void helloAuthenticatingWithInvalidUser() throws Exception {
  mvc.perform(
    get("/hello")
      .with(httpBasic("mary","12345")))
      .andExpect(status().isUnauthorized());
  }
}
```

← 使用正确的凭据进
行身份验证

← 使用错误的凭据进
行身份验证

　　使用 httpBasic()请求后处理程序，就是在指示测试执行身份验证。这样，就可以在使用有效或无效凭据进行身份验证时验证端点的行为。可以使用相同的方法测试使用表单登录的身份验证(见代码清单 20.13)。接下来打开项目 ssia-ch5-ex4，在这个项目中将使用表单登录进行身份验证,并编写一些测试来证明身份验证是可以正确执行的。要在以下场景中测试应用程序的行为：

- 使用一组错误凭据进行身份验证的情况。
- 使用一组有效凭据进行身份验证，但根据 AuthenticationSuccessHandler 中编写的实现，用户并没有有效权限的情况。
- 根据 AuthenticationSuccessHandler 中编写的实现，使用一组有效的凭据和一个拥有有效权限的用户进行身份验证的情况。

　　代码清单 20.14 展示了第一个场景的实现。如果使用无效的凭据进行身份验证，那么应用程序就不会对用户进行身份验证，并且会在 HTTP 响应中添加头信息"failed"。在第 5 章讨论身份验证时，我们自定义了一个应用重写，并添加了带有 AuthenticationFailureHandler 的"failed"头信息。

代码清单 20.14　测试表单登录失败的身份验证

```
@SpringBootTest
```

```
@AutoConfigureMockMvc
public class MainTests {

  @Autowired
  private MockMvc mvc;

  @Test
  public void loggingInWithWrongUser() throws Exception {
    mvc.perform(formLogin()
            .user("joey").password("12345"))
            .andExpect(header().exists("failed"))
            .andExpect(unauthenticated());
  }
}
```

使用带有无效凭据的表单登录进行身份验证

第 5 章使用 AuthenticationSuccessHandler 自定义了身份验证逻辑。在该实现中，如果用户有读取权限，则应用程序会将他们重定向到/home 页面。否则，应用程序就会将用户重定向到/error 页面。代码清单 20.15 给出了这两个场景的实现。

代码清单 20.15　在对用户进行身份验证时测试应用程序的行为

```
@SpringBootTest
@AutoConfigureMockMvc
public class MainTests {

  @Autowired
  private MockMvc mvc;

  // Omitted code

  @Test
  public void loggingInWithWrongAuthority() throws Exception {
    mvc.perform(formLogin()
               .user("mary").password("12345")
            )
            .andExpect(redirectedUrl("/error"))
            .andExpect(status().isFound())
            .andExpect(authenticated());
  }

  @Test
```

在对一个没有读取权限的用户进行身份验证时，应用程序会将用户重定向到路径/error

```
public void loggingInWithCorrectAuthority() throws Exception {
  mvc.perform(formLogin()
              .user("bill").password("12345")
        )
      .andExpect(redirectedUrl("/home"))
      .andExpect(status().isFound())
      .andExpect(authenticated());
  }
}
```

当一个用户具有读取权限时，应用程序会将用户重定向到路径/home

20.6 测试 CSRF 配置

本节将讨论如何为应用程序测试跨站请求伪造(CSRF)的防护配置。当应用程序出现 CSRF 漏洞时，攻击者可以欺骗用户在登录到应用程序后执行他们不打算执行的操作。如第 10 章所述，Spring Security 使用 CSRF 令牌来避免这些漏洞。这样，对于任何变更操作(POST、PUT、DELETE)，请求的头信息中都需要有一个有效的 CSRF 令牌。当然，在某些时候，需要测试的不仅仅是 HTTP GET 请求。如第 10 章讨论的，根据应用程序的实现方式，可能需要测试 CSRF 防护。我们需要确保它按预期工作，并保护实现变更操作的端点。

幸运的是，Spring Security 提供了一种使用 RequestPostProcessor 测试 CSRF 防护的简单方法。接下来打开项目 ssia-ch10-ex1，并在以下场景中测试使用 HTTP POST 调用端点/hello 时是否启用了 CSRF 防护。

- 如果不使用 CSRF 令牌，则 HTTP 响应状态为 403 Forbidden。
- 如果发送一个 CSRF 令牌，则 HTTP 响应状态是 200 OK。

代码清单 20.16 展示了这两个场景的实现。观察这里如何通过使用 csrf()RequestPost-Processor 在响应中发送 CSRF 令牌。

代码清单 20.16 实现 CSRF 防护测试场景

```
@SpringBootTest
@AutoConfigureMockMvc
public class MainTests {

  @Autowired
  private MockMvc mvc;

  @Test
```

```
public void testHelloPOST() throws Exception {
  mvc.perform(post("/hello"))
        .andExpect(status().isForbidden());
}
```

在不使用 CSRF 令牌调用端点时，HTTP 响应状态为 403 Forbidden

```
@Test
public void testHelloPOSTWithCSRF() throws Exception {
  mvc.perform(post("/hello").with(csrf()))
        .andExpect(status().isOk());
}
}
```

当使用 CSRF 令牌调用端点时，HTTP 响应状态为 200 OK

20.7　测试 CORS 配置

本节将讨论如何测试跨源资源共享(CORS)配置。如第 10 章所述，如果浏览器从一个源(例如 example.com)加载一个 Web 应用程序，那么浏览器将不允许应用程序使用来自另一个来源(例如 example.org)的 HTTP 响应。可以使用 CORS 策略放宽这些限制。通过这种方式，就可以将应用程序配置为使用多个源。当然，就像任何其他安全配置一样，也需要对 CORS 策略进行测试。第 10 章讲解过，CORS 与响应上的特定头信息有关，其值定义了 HTTP 响应是否会被接受。与 CORS 规范相关的两个头信息是 Access-Control-Allow-Origin 和 Access-Control-Allow-Methods。第 10 章使用了这些头信息为应用程序配置多个源。

在为 CORS 策略编写测试时，所需要做的就是确保这些头信息(以及可能用到的其他与 CORS 相关的头信息，这取决于配置的复杂性)存在并具有正确的值。对于这种验证，完全可以像浏览器在发出预检请求时那样进行操作。可以使用 HTTP OPTIONS 方法发出请求，从而请求 CORS 头信息的值。接下来打开项目 ssia-ch10-ex4 并编写一个测试来验证 CORS 头信息的值。代码清单 20.17 展示了该测试的定义。

代码清单 20.17　CORS 策略的实现

```
@SpringBootTest
@AutoConfigureMockMvc
public class MainTests {

  @Autowired
  private MockMvc mvc;
```

```
                              对端点执行请求 CORS 头信息值的 HTTP OPTIONS 请求
@Test
public void testCORSForTestEndpoint() throws Exception {
  mvc.perform(options("/test")
            .header("Access-Control-Request-Method", "POST")
            .header("Origin", "http://www.example.com")
    )
    .andExpect(header().exists("Access-Control-Allow-Origin"))
    .andExpect(header().string("Access-Control-Allow-Origin",
    "*"))
    .andExpect(header().exists("Access-Control-Allow-Methods"))
    .andExpect(header().string("Access-Control-Allow-Methods",
    "POST"))
    .andExpect(status().isOk());            根据应用程序中所
  }                                          做的配置来验证头
                                             信息的值
}
```

20.8　测试反应式 Spring Security 实现

本节将讨论如何测试 Spring Security 与反应式应用程序中所开发功能的集成。毫不意外的是，Spring Security 也为反应式应用程序提供了测试安全配置的支持。与非反应式应用程序一样，反应式应用程序的安全性也是一个至关重要的方面。因此，测试它们的安全配置也很重要。为了展示如何为安全配置实现测试，我们需要回到第19 章中的示例。要将 Spring Security 用于反应式应用程序，需要了解两种编写测试的方法。

- 通过@WithMockUser 注解使用模拟用户
- 使用 WebTestClientConfigurer

使用@WithMockUser 注解很简单，因为它与非反应式应用程序的工作原理相同，正如 20.1 节讨论过的那样。然而，测试的定义是不同的，因为作为一个反应式应用程序，将不能再使用 MockMvc 了。但是这一变化与 Spring Security 无关。在测试反应式应用程序时可以使用类似的工具，一个名为 WebTestClient 的工具。代码清单 20.18 展示了一个简单测试的实现，它使用模拟用户验证反应式端点的行为。

代码清单 20.18　在测试反应式实现时使用@WithMockUser

```
@SpringBootTest
@AutoConfigureWebTestClient          请求 Spring Boot 自动配置用于测试的
                                      WebTestClient
```

```
class MainTests {

  @Autowired
  private WebTestClient client;          从 Spring 上下文注入 Spring Boot
                                          所配置的 WebTestClient 实例

  @Test
  @WithMockUser                          使用@WithMockUser 注解定义一个
  void testCallHelloWithValidUser() {    用于测试的模拟用户
    client.get()
          .uri("/hello")                 进行数据交换并验
          .exchange()                    证其结果
          .expectStatus().isOk();
  }
}
```

如上所示，使用@WithMockUser 注解与非反应式应用程序中的处理几乎是一样的。框架会使用模拟用户创建 SecurityContext。应用程序会跳过身份验证过程，并使用来自测试的 SecurityContext 的模拟用户来验证授权规则。

可以使用的第二种方法是 WebTestClientConfigurer。这种方法类似于在非反应式应用程序的情况下所使用的 RequestPostProcessor。在反应式应用程序的情况下，对于所使用的 WebTestClient，需要设置一个 WebTestClientConfigurer，这有助于变更测试上下文。例如，可以定义模拟用户或发送 CSRF 令牌以便测试 CSRF 防护，就像 20.6 节中对非反应式应用程序所做的那样。代码清单 20.19 展示了如何使用 WebTestClientConfigurer。

代码清单 20.19　使用 WebTestClientConfigurer 定义模拟用户

```
@SpringBootTest
@AutoConfigureWebTestClient
class MainTests {

  @Autowired
  private WebTestClient client;

  // Omitted code                                        在执行 GET 请求之
                                                          前，变更调用以使用
                                                          模拟用户
  @Test
  void testCallHelloWithValidUserWithMockUser() {
    client.mutateWith(mockUser())
```

```
        .get()
        .uri("/hello")
        .exchange()
        .expectStatus().isOk();
    }
}
```

假设正在测试一个 POST 调用的 CSRF 防护，就需要编写类似于这样的代码：

```
client.mutateWith(csrf())
        .post()
        .uri("/hello")
        .exchange()
        .expectStatus().isOk();
```

模拟依赖项

通常我们的功能都依赖于外部依赖项。与安全性相关的实现有时也依赖于外部依赖项。比如用来存储用户凭据、身份验证密钥或令牌的数据库。外部应用程序也意味着依赖关系，例如在 OAuth 2 系统中，资源服务器需要调用授权服务器的令牌内省端点，以获取有关不透明令牌的详细信息。在处理这种情况时，通常要为依赖项创建模拟。例如，相较于从数据库中查找用户，这里要转而模拟存储库，并让它的方法返回我们认为适合要实现的测试场景的内容。

本书所处理的项目中包含一些模拟依赖项的示例。为此，你可以看一下以下内容：

● 项目 ssia-ch6-ex1 中对存储库进行了模拟，以支持测试身份验证流程。通过这种方式，就不需要依赖真实的数据库来获取用户，但是仍然可以测试集成了所有组件的身份验证流程。

● 项目 ssia-ch11-ex1-s2 中模拟了代理来测试两个身份验证步骤，而不需要依赖项目 ssia-ch11-ex1-s1 中实现的应用程序。

● 项目 ssia-ch14-ex1-rs 中使用了一个名为 WireMockServer 的工具来模拟授权服务器的令牌内省端点。

不同的测试框架为我们提供了不同的解决方案来创建模拟或存根(stubs)，以模仿功能所依赖的依赖项。尽管这与 Spring Security 没有直接关系，但也希望你理解这个主题及其重要性。这里有一些资源可用于继续了解这个主题：

● Cătălin Tudose 等人撰著的 *JUnit in Action*，Third Edition(Manning, 2020)的第 8 章：

https://livebook.manning.com/book/junit-in-action-third-edition/chapter-8

● Vladimir　Khorikov　撰著的 *Unit　Testing　Principles,　Practices,　and　Patterns* (Manning，2020)的第 5 章和第 9 章：

```
https://livebook.manning.com/book/unit-testing/chapter-5
https://livebook.manning.com/book/unit-testing/chapter-9
```

20.9　本章小结

● 编写测试是一种最佳实践。需要编写测试以确保新实现或缺陷修复不会破坏现有功能。

● 不仅需要对代码进行测试，还需要测试与所使用的库和框架的集成。

● Spring Security 为实现安全性配置的测试提供了出色的支持。

● 可以通过使用模拟用户直接测试授权。需要为不经过身份验证的授权编写单独的测试，因为通常，身份验证测试的需求会比授权测试少。

● 应该在数量较少的单独测试中测试身份验证，然后测试端点和方法的授权配置，这样就可以节省执行时间。

● 为了测试非反应式应用程序中端点的安全性配置，Spring　Security　为使用 MockMvc 编写测试提供了出色的支持。

● 为了测试反应式应用程序中端点的安全性配置，Spring　Security　为使用 WebTestClient 编写测试提供了出色的支持。

● 可以直接为使用方法安全性编写安全性配置的方法编写测试。

创建一个 Spring Boot 项目

本附录提供了创建 Spring Boot 项目的几个选项。本书所展示的示例中使用了 Spring Boot。尽管本书预计读者会具有使用 Spring Boot 的一些基本经验，但本附录将用作创建项目选项的回顾。关于 Spring Boot 和创建 Spring Boot 项目的更多详情，推荐你阅读 Craig Walls 撰写的一本有意思且易于阅读的书籍 *Spring Boot in Action* (Manning，2015)。

本附录将介绍创建 Spring 项目的两个简单选项。在创建项目之后，如果使用的是 Maven 项目，则可以随时选择通过更改 pom.xml 文件添加其他依赖项。如果选择 Maven，那么这两个选项都会使用预定义的 Maven 父项目来创建项目，其中包括一些依赖项、一个主类，通常还有一个演示单元测试。

也可以手动创建一个空 Maven 项目，在其中添加父项目和依赖项，然后使用 @SpringBootApplication 注解创建一个主类。如果选择手动创建，那么设置每个项目所需的时间可能会大于使用所提供的两个选项之一。即使如此，也可以使用所选择的 IDE 运行本书的项目。你可以选择已经习惯的运行 Spring 项目的方式。

A.1　使用 start.spring.io 创建项目

创建 Spring Boot 项目最直接的方式就是使用 start.spring.io 生成器。从 Spring Initializr Web 页面 https://start.spring.io/中，可以选择所需的所有选项和依赖项，然后将 Maven 或 Gradle 项目作为 zip 存档下载(见图 A.1)。

下载完项目后，将其解压，并在所选择的 IDE 中将其作为标准 Maven 或 Gradle 项目打开。在 Initializr 中开始创建项目时，可以选择是使用 Maven 还是 Gradle。图 A.2 展示了 Maven 项目的 Import 对话框。

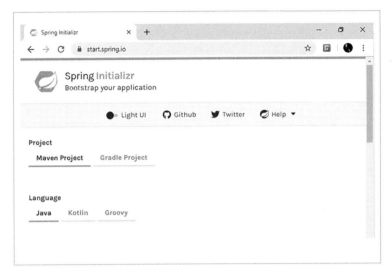

图 A.1　Spring Initializr 页面的部分视图。它提供了一个轻量级的 UI，可以使用它创建 Spring Boot 项目。在 Initializr 中，选择构建工具(Maven 或 Gradle)、要使用的语言(Java、Kotlin 或 Groovy)、Spring Boot 版本和依赖项。然后，可以 zip 文件的形式下载该项目

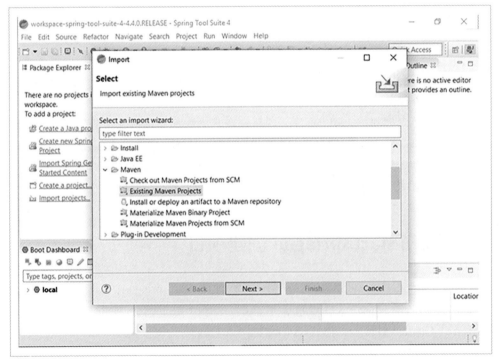

图 A.2　可以在任何编程环境中打开现有的 Maven 项目。一旦用 start.spring.io 创建了项目并下载它，就可以将其解压缩并在 IDE 中将其作为 Maven 项目打开

A.2　使用 Spring Tool Suite(STS)创建一个项目

A.1 节介绍的第一个选项允许我们轻松地创建 Spring 项目，然后将其导入任何地方。不过很多 IDE 都允许从开发环境中实现这一点。开发环境通常要调用 start.spring.io Web 服务并获取项目存档文件。在大多数开发环境中，都需要选择一个新项目，然后选择 Spring Starter Project 选项，如图 A.3 所示。

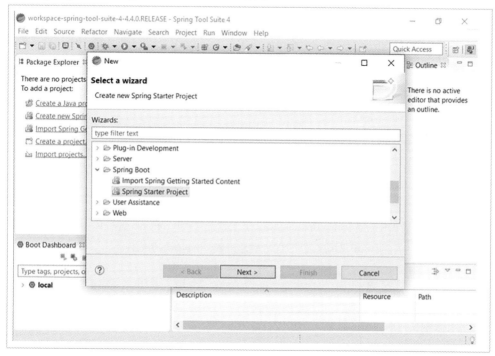

图 A.3　有些 IDE 允许直接创建 Spring Boot 项目。这些 IDE 会在后台调用 start.spring.io，然后下载、解压缩并导入项目

在选择一个新项目后，只需要填写与图 A.1 的 start.spring.io Web 应用程序中相同的选项即可：语言、版本、组、构件名称、依赖项等。然后，STS 就会创建该项目(见图 A.4)。

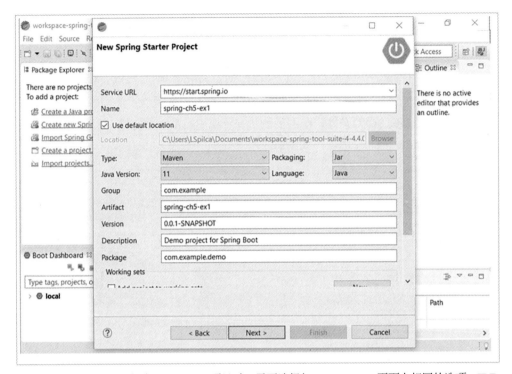

图 A.4　当直接从 IDE 创建 Spring Boot 项目时，需要选择与 start.spring.io 页面上相同的选项。IDE
会提示填写构建工具类型、首选语言、语言版本和依赖项等